宇宙は「もつれ」でできている

「量子論最大の難問」はどう解き明かされたか

ルイーザ・ギルダー　著

山田 克哉　監訳

窪田 恭子　訳

ブルーバックス

カバー装幀／芦澤泰偉・児崎雅淑
カバー写真／アフロ
編集協力／小都一郎
本文デザイン／鈴木知哉＋あざみ野図案室

監訳者まえがき

本書の最大の魅力は、数式をまったく使うことなく、量子力学の構築に携わった物理学者たちがどんな考えやきっかけからどのような着想を得て、そしてどんな議論を通じてこの理論を精緻化していったかを、個々の人物のエピソードをふんだんに交えつつ、巧みに描写している点にある。

量子力学は、原子や原子核、素粒子から、広大な宇宙にいたるまで、その性質とふるまいを理解するためになくてはならない存在だが、たった一人の独創によって誕生した相対性理論とは対照的に、一夜にして生まれたものではない。数多くの物理学者たちが取り組んだ結果、個々の科学者が打ち出した理論がすべて相互に関係していることが判明したのである。この驚くべき科学史上の紆余曲折（うよきょくせつ）について、本書は丹念に順を追って説明している。

量子力学の完成は必然的に、彼ら当時の物理学者たちが互いにコミュニケーションを取り合わないかぎり、ありえなかった。アインシュタインやボーア、ハイゼンベルク、シュレーディンガー、パウリ、ボーム、ディラックら、錚々（そうそう）たる物理学者たちが直接会って会話をしたり、手紙のやり取り（当時は電子メールなどあろうはずがない！）をしたりすることで侃々諤々（かんかんがくがく）の議論が闘わされ、

20世紀の初頭から約30年の歳月をかけて、１９３０年代に量子力学が完成したのである。

　本書の著者であるルイーザ・ギルダーは、長年にわたって彼らが交わしたさまざまな形によるコミュニケーションを、あたかも彼女自身が直接、見聞（けんぶん）したかのような鮮やかな〝口調〟で語っている。本書の執筆にあたり、ギルダーは8年半もの歳月をかけて、先人たちが執筆した論文や書簡、公の場での発言や討論の記録などを渉猟（しょうりょう）したという。史実に裏打ちされた再現ドラマは実にヴィヴィッドに描かれており、時に激しく、時に哀感をもって語られる物理学者たちのやりとりに、読者は生々しささえ感じることだろう。

　量子力学誕生の舞台となった当時のヨーロッパは、ナチスドイツの台頭に伴って風雲急を告げる時代でもあった。純粋に科学だけを追究できない難しい時代の空気を追体験することもできる本書からは、理論物理学者である私自身、初めて知るエピソードが多く、大いに興味をそそられた。

　ルイーザ・ギルダーは、２０００年にアメリカの名門・ダートマス大学を卒業した若い科学ジャーナリストだが、描写が実に巧妙で、往時の物理学者たちの会話を見事に再現している。存命の科学者たちへのインタビューも含め、20世紀初頭からの約1世紀におよぶ量子力学構築の物語を、まるで現場に居合わせているかのような迫力で体感させてくれる。その一端をご紹介しよう。

　アルベルト・アインシュタインは「神はサイコロを振らない」と言って、量子力学を受け入れようとしなかったことで有名だ。彼は量子力学が「不完全な理論」であると主張したが、ニールス・ボーアは徹頭徹尾、量子力学を支持し、両者は互いに自身の主張を譲ろうとはしなかった。アインシュタインは巧妙な思考実験を思いつき、ある物理学会（ソルヴェイ会議）でボーアにそれを披露している。さすがのボーアも「うーん」となってしまったが、「もしアインシュタインの主張が正しいなら、物理学はもうおしまいだ」と考えて、何としても量子力学を擁護しようと試みた。

その場ですぐには反論できなかった彼だが、翌日になって（前夜はおそらく、一睡もしなかったことだろう）、論敵の「一般相対性理論」を逆手に取り、こんどはアインシュタインをぎゃふんと言わせてみせたのだった。ギルダーは本書中で、彼らの〝論争〟を間近に見ていたような鮮やかな描写で紹介している。

ギルダーはまた、ドイツでナチスが台頭し、ヒトラーが実権を握るようになって以降の、優秀なユダヤ人物理学者たちが散り散りになっていく姿を哀感を込めて描写している（235ページ「間奏 人も物も散り散りになる」参照）。その象徴が、ノーベル賞こそ受賞しなかったものの、当時を代表する優秀なユダヤ人物理学者だったエーレンフェストを襲った悲劇である。障害のある息子とナチスの非道な政策の狭間でついに命を落とす彼の末期について、私は本書で初めて知った。

ギルダーが描く量子力学の発展史のなかで、とりわけ重要な役割を果たすのが「量子もつれ」という概念である。これもまた、アインシュタインとボーアの間で大きな論争の火種となった難問だ。本書の理解を促すために、ここでかんたんに「量子もつれ」について解説しておこう。

量子力学が一応の完成を見たとされる1930年からわずか5年後の1935年、「EPR論文」とよばれる有名な論文が発表されている。それは、「量子もつれ」を用いて、量子力学が「不完全な理論」であると指摘するものだった。EPRとは、この論文の三人の共同執筆者であるアインシュタイン（Einstein）、ポドルスキー（Podolsky）、ローゼン（Rosen）の頭文字をとったもので、その内容からしばしば「EPRパラドックス」ともよばれている。

「量子」とは、ときに〝波〟のごとくふるまったり、ときに〝粒子〟のごとくふるまったりする物理的な「実体」で、光子や電子が典型的な量子である。一般に、量子は内部構造をもたないが、エネルギーや運動量、スピン（自転）などの物理量を有している。

二つの量子のあいだでいったん相互作用が生じると、その二つの量子は「相関」をもつと言われる。相関をもった二つの量子がどんなに離れていっても――たとえ互いに100兆km離れても――、その相関性は完全に保たれる。二つのうち、一方の量子の物理状態（たとえばスピン）だけを実際に測定器を使って測定し、その値をはっきりと確定してしまうと、その瞬間（同時に、すなわちゼロ秒間で！）、100兆kmのはるか彼方にあるもう一方の量子の物理状態が、いっさい測定することなく自動的に決定してしまうのである。このような意味で、二つの量子の間の相関性は「量子のもつれ」とよばれるようになった（名付け親はシュレーディンガー）。

EPR論文が提起したのは、100兆kmも離れた二つの量子の相関関係は崩れることなく、完全に保たれることに対しての疑問であった。

話を簡素化するために、ここでは二つの量子に二つの電子を選ぶ。電子にもまた内部構造がなく、粒子としてふるまうときは点のごとくふるまうのだが、スピンしている。電子は2回転して初めて元の状態に戻るような量子であるため、1回転では「半分」まで戻るという意味で「スピン1/2」とよばれている。右ネジを右回りに回すと前進し、左回りに回すと後進するように、スピン1/2の電子の「自転軸」には「上向き」と「下向き」の二つの方向がある（前者を「スピン・アップ」、後者を「スピン・ダウン」とよぶことにする）。

実際に、相関をもっていて100兆km離れた電子Aと電子Bとからなる系に測定器をかけて、それぞれの電子の状態を測定してみるとどうなるだろうか。たとえば、測定器を電子Aに向けた結果、電子Aのスピンがアップであると測定されたとする。電子Aがスピン・アップと観測されたその瞬間（そう、まさにその瞬間、ゼロ秒間で！）、100兆km離れた場所にある電子Bのスピンは自動的に（観測することなしに！）スピン・ダウンに決定する。相関をもつ（つまり、もつれた）二つの電子の合計スピンは、必ずゼロにならなければならないからだ。

では、100兆km離れたところにある電子Bは、いったいどうやって電子Aのスピンが上向き（スピン・アップ）であることを知ったのか？

アインシュタインの特殊相対性理論によれば、信号伝達の最高速度は光の速度＝秒速30万kmである。電子Aの測定結果が、光速度で100兆km離れた電子Bに到達するまでに要する時間は3・3億秒（約10年）であり、とても「瞬時」とは言えない。観測によって実際に現れる電子Aのスピンの状態が瞬時に電子Bに到達することは、明らかに特殊相対性理論に違反している。それにもかかわらず、電子Aの測定結果が瞬時に（測定することなく）電子Bのスピンの状態を完全に決定してしまうということは、電子Aを測定する以前に（電子Aのスピンの状態いかんにかかわらず）、電子Bのスピンの状態がすでに「下向き」に決まっていたということにはならないか？

　逆もまたしかりで、もし電子Aのスピン状態を測定した結果が「下向き（スピン・ダウン）」であったなら、その瞬間、100兆km離れたところにある電子Bのスピン状態は、何の測定もなしに「上向き（スピン・アップ）」となる。やはり、電子Aに測定操作を施す以前に、電子Bのスピン状態はすでに決まっていたと結論せざるを得ない——。

　アインシュタインは、あたかも因果律を破るかのようなこの現象を〝幽霊〟による遠隔作用であると非難し、こうした不条理な結論をもたらす量子力学を「不完全な理論」であると批判したのである。

　この問題を解決するためにアインシュタインやその他の高名な物理学者たちが持ち出したのが、「隠れた変数」理論だった。量子力学は、ハイゼンベルクの「不確定性原理」等によって、実際に測定しても量子の測定値（物理量）をはっきりと決めることができないが、相関している二つの電子（合計スピンがゼロ）の場合には、一方の電子のスピンを正確に測定すると、もう一方の電子のスピン状態が測定なしに正確に決まってしまう。

「隠れた変数」理論とは、それがどんなものであるかは具体的にわからないものの、「隠れた変数」を用いることで不確定性原理による測定値の「あいまいさ」が消えてしまい、すべては古典物理学のように（測定器による測定誤差を除けば）測定値には何のあいまいさも残らず、明瞭に決定できる「決定論」に帰着できるというものだ。

つまり、「隠れた変数」によって、「EPRパラドックス」はパラドックスではなくなるというのである。この「隠れた変数」理論は、デヴィッド・ボームを虜（とりこ）にした。本文でギルダーが詳しく紹介しているように、ボームは1980年代まで、執拗にこの理論に固執することになる。

一方、物語の転換点が、1964年に訪れる。北アイルランド出身の物理学者、ジョン・ベルは当時、EPR論文にすっかりとりつかれ、夢中になっていた。ベルは当初、ボームの「隠れた変数」理論に大きな関心を寄せていたが、ある日、自ら「思考実験」を思いついたのである。彼は、二つの粒子間の「相関性」について深く考え、EPR論文が理論を「局所的」に考えていることに気づいた。局所的とは、「情報が部分から部分へと伝わる」という意味である。

ベルは、二つの相関している電子が100兆km も離れているのに、一方の電子の測定結果が瞬時にもう一方の電子の状態に影響を及ぼすということは、二つの電子の相関関係は局所的ではなく、「分離不可能」な一つの系（そう、全体で一つ！）を成していて、その系の中で起こることは部分から部分へと伝わるのではなく、系全体に瞬時に影響を及ぼすと考えたのだ。すなわち、すべては系内の全範囲にわたって「非局所的」に起こるのだ、と。

「EPR論文」が示す二つの相関した電子は、たとえ100兆km離れていても一つの系内に収まっており、測定結果は系全体に非局所的に及ぶ。そこには、信号が伝わるという現象はいっさい起きていない。なぜ信号なしで情報が伝わるのか？　それは、系内の粒子（量子）たちが「もつれて」いるから――。

もつれた粒子たちからなる一つの系は、「部分」に分けることができず、したがって「部分から部分に伝わる」ような局所的な現象は起こらない。「非局所性」と「分離不可能性」が一致しているのである。ジョン・ベルは、もつれた二つの量子の相関性の強さから、ある「不等式」を数学的に導き出し、それはやがて「ベルの不等式」とよばれるようになった。

その着想のもととなったのが、彼の同僚のラインホルト・ベルトマンの履く、左右で色の異なる靴下だった（このユーモラスなエピソードの顛末も本文で詳しく語られている）。

ベルの不等式が成り立てば「隠れた変数」の必要性が生じ、「非局所性」や「分離不可能性」は現れない。その場合には、系の部分部分を考えねばならず（局所的）、すべては決定論に従うこととなって、量子力学は不完全な理論となってしまう。一方、ベルの不等式が成立しなければ、すべては量子力学が主張するとおりの結果が得られる——。

1970年代以降、このベルの不等式を実験的に検証する試みが多くなされ、1980年代に入ってようやく、ある決定的な実験事実が発表されることになる。それは、ベルの不等式が成立しない（破れる）ということであった。その結果、量子力学が完全に成り立ち、晴れてその正当性が認められることになったのだが、時すでに遅く、あれほど「量子力学は不完全であり、神はサイコロを振らない」と主張していたアインシュタインは、すでに他界していた。草葉の陰で、彼はどう思っていることだろう。

量子力学の理論としての正当性に難問を投げかけ、やがてその正当性を明確に示すことにつながった「量子もつれ」(Quantum Entanglement)。その奇妙でふしぎな現象は、アインシュタインやボーアをはじめとするあまたの物理学者たちの頭を悩ませ、時に人間関係をももつれさせながら、量子論の精緻化に貢献してきた。ギルダーが見事に解きほぐす「もつれの物語」を、ぜひ堪能していただきたい。

そして、本書で紹介されているエピソードの数々は、一般の量子力学について書かれた本(教科書や啓蒙書)では見受けることがないものが多い。この点においてもギルダーの仕事は貴重な存在であり、物理学専攻の学生にも一読する価値があると信じる。

なお、本書には2種類の註記がつけられている。ギルダーが本文に解説を加えた「注〜」についてでは各章末に、また記述に関する参照先(「※〜」と記載)については「注釈」として本書の特設サイト(http://bluebacks.kodansha.co.jp/special/entanglement.html)に掲載した。あわせてご参照いただきたい。

２０１６年初秋、ロサンゼルス郊外にて

山田 克哉

もくじ

第2部 研究と告発

「決定論」を信奉する物理学者たちは、〝不完全〟な量子論にとうてい納得できず、「隠れた変数」理論に救いを求める。量子がはらむ〝幽霊〟と現実の苦境の狭間でもがく彼ら。自然は本来、確率が支配する世界なのか――!?

第3部 発見 1952年〜1979年 ……419

「隠れた変数」を否定するフォン・ノイマンに反発を覚えた若きジョン・ベルは、「測定に関係なく実在する」実体を求めて自らの理論を追究する。量子力学の運命を大きく転換させる1964年が、目前に迫っていた――。

第4部 「もつれの時代」の到来 1981年～2005年 ……517

EPR論文50周年を記念する学会で、あるいは「不確定性の62年」学会で、ベルを追う世代の科学者たちが「もつれ」を論じ合う。ついに操作が可能となり、実用の場へと躍り出た「もつれ」は、世界をどう変えていくのか——。

読者のみなさんへ

ヴェルナー・ハイゼンベルクは、物質と光の基本的なふるまいの法則を初めて定めた先駆者だが、自身の人生について書き始めたときにはすでに高齢になっていた。主に彼を取り巻く人々との会話の再現からなるその本は彼の自伝というよりもむしろ、〝知性の自伝〟であった。

ハイゼンベルクの最も有名な二つの論文はそれぞれ別の事柄を扱っている——一つは「量子力学」（物質と光の基本的なふるまいの法則）で、もう一つは「不確定性原理」（いかなるときも粒子の位置が特定されればされるほどその速度と方向はあいまいになり、その逆もしかりとする原理）である。だが、どちらの論文の根底にも、名だたる量子物理学者たちと何ヵ月にもわたって熱く、慎重に重ねた対話がある。彼は「科学は実験に基づく」と述べているが、「科学は対話に根差している」とも述べているのだ。※1

ところが、物理学の教科書が学生に与える印象はこれとはかけ離れている。教科書に書かれた物理学は、完全に真空密閉されたケースに鎮座する完璧な彫像のようだ。それはまるで、肉体とほとんどつながりのない頭脳が理論を完全に形あるものにして生み出したかのようである。これらの女神アテネのごとき理論と、ゼウスさながらの理論物理学者は光り輝き、ガラスのようで、なめらかに見える——場合によっては、理論や理論物理学者を通して物理学的宇宙の神秘と美を覗き込むこともあるが、そこには人間性の痕跡やなお答えられるべき質問の類いがほとんど見られない。

実際の物理学は、人間による果てしない探索の過程である。頭だけの預言者の前に神や天使が完成された理論をもって現れ、それをすぐさま預言者が教科書に書き上げるわけではない。教科書的な単純化は、一つひとつのアイデアから過去にも未来にも伸びている奇妙にねじれた、しかし魅力的な道筋をあいまいにしてしまう。普遍性と完璧さを追い求める一方で、あたかもすでに到達したかのように書いたのでは、嘘をついていることになる。

対話は科学にとって必要不可欠なものである。しかし、対話の即興的な本質は困難をも突きつける。このデジタルの時代にあっても、ある一日に二人の人間が交わした言葉の完璧な記録が残るのはまれである。たとえその会話が、いつの日かこの世界について新たな理解をもたらすほど重要なものだったとしても。結果的に、歴史書は人と人の交流の大部分を割愛せざるをえない。ハイゼンベルクの発言は、そのために何かが失われると示唆しているのだ。

20世紀の量子物理学者の回想録や伝記を読み始めると、私は映画を観ているような気分になった。登場人物は生き生きと動き、ひねりのきいた筋書きはまったく予測がつかない。科学の強みというのは、歴史の偶然性を取り除き、純粋な知識に到達することができるということである。その一方で、この知識というものは、特定の時代の特定の場所で、特定の情熱をもって生きる人々によって、パズルのピースをはめるように一つずつ構築されているのだ。状況次第で、科学はある方向ではなく別の方向に展開していく。往々にして、癖のある人物の登場（それは決して肉体から離れた脳ではない）や予想外の出来事（真実を求めるわき目もふらない前進ではない）によって、それが決定的となる。

作家トム・ウルフは著書『クール・クールＬＳＤ交感テスト』の冒頭で次のように述べた。「私はメリー・プランクスターズが何をしたかを伝えようとしただけでなく、精神的雰囲気やその主観的な現実も再現しようとした。それなくして彼らの冒険を理解することはできないのだ」。大きく異なる分野の精神史について語っているとはいえ、ウルフの主張は「もつれの時代」として展開した科学と知性の重要な歴史にも、そっくりあてはまるように思われる。

本書は「会話」から成り立っている。会話によって、我々が日々暮らし、体験する世界がさりげなく、あるいは劇的に変わることがあるように、物理学者たちの活発な会話によって、いかに量子力学の発展の方向性が繰り返し変わってきたかについて語った本である。本書で描かれる会話はすべて何らかの形で、本文に明記された日付に交わされたものであり、その一つひとつの要旨を完全に記録したものである（本書特設サイト上の「注釈」に引用の出典を記してある。http://bluebacks.kodansha.co.jp/special/entanglement.html参照）。その大半は、物理学者たちの遺した膨大な書簡や論文、回想録からの直接引用（あるいはそれに近い言い換え）である。ところどころでつなぎ言葉（「はじめまして」や「同感だ」など）が必要な場面では、できるだけ自然に、そして会話している人物の性格や信念、経歴に配慮しつつ用いた。注釈を見ていただければ、引用部分とつなぎ言葉を区別できるはずである。

本文から一例を挙げたい。以下は1923年夏にコペンハーゲンの市電で量子論の創始者の二人、アルベルト・アインシュタインおよびニールス・ボーアと、量子論の偉大な教師であったアルノルト・ゾンマーフェルトとの間で交わされた会話である。

「ああ、元気にやっているようで何よりです」とアインシュタインが言った。

ボーアは微笑みながら首を振った。「科学的観点から見れば僕の人生は有頂天と絶望を繰り返して過ぎていくのです……活力と過労の感覚を、論文執筆時と未発表のときの感覚をあなた方もご存じでしょう」そう言うとボーアは真顔になった。「僕はいつも、量子論という難題に対する考え方を徐々に変えているからなのです」

「そうだ」ゾンマーフェルトは繰り返した。「そうなのだ」

アインシュタインはほとんど目をつぶり、頷（うなず）いていた。「その壁が僕の前に立ちはだかっている。その困難といったらひどいものだ」彼は目を開けて言った。「量子との格闘に比べれば、相対性理論なんて息抜きみたいなものですよ」

この会話（やりとりのほんの一部を載せている）が交わされたとわかるのは、後年ボーアが息子と親しい同僚とのインタビューの中で言及しているためである。会話の内容は、アインシュタインら三人がその時期に何に取り組み、友人への手紙にどんなことを書いていたのかを見れば容易に情報が得られる。ボーアはインタビューで、１９２３年のこの日について次のように語っている。

ゾンマーフェルトはそつがないというか、おおむね実務能力を備えていました。でも、アインシュタインは私と同じくらい実務能力に欠けていたので、彼がコペンハーゲンに来た際、私が駅まで迎えに行くのは当然のなりゆきでした……。

私たちは駅から市電に乗りましたが、話に熱中するあまり、降りるはずの停留所をずいぶん過ぎてしまいました。そこでいったん降りて戻ろうとしましたが、また乗り過ごしてしまったのです。何駅乗り過ごしたのか覚えていませんが、市電で行ったり来たりしました。というのもアインシュタインがそのときとても興がのっていたので。彼の抱いていた関心がいくらか懐疑的なものだったかどうかはわかりません――いずれにしても、市電で何度も往復したんです。まわりの乗客はどう思ったでしょうね。※2

前半部の短い会話は、以下のものからの引用である。１９１８年8月にボーアがイギリス人の同僚に宛てた手紙である。

科学的観点から見れば、僕の人生がどのように有頂天と絶望、活力と過労、論文執筆と未発表の時期を繰り返して過ぎていくか……おわかりになるでしょう。それは、僕がいつも量子論という難題に対する考え方を徐々に変えているからなのです。[※3]

アインシュタインに会う5年前に書かれたこの文章がどう関係しているのだろうか？　5年の間にボーアは変化も体験しているが、手紙で触れている内容は変わらない――興奮、落胆、過労である（彼は当時、ずっとコペンハーゲンの理論物理学研究所建設にあたっていた）。骨の折れる長文の論文はその一部が発表されたに過ぎず、何よりも量子論を理解しようとするボーアの戦いは、1925年にハイゼンベルクが突破口を開くまではさまざまに変化したのである。

後半部の引用は、1年前の列車の旅が元になっている。パリ天文台の天文学者がベルギーからパリまでアインシュタインと乗り合わせ、量子問題について訊ねた。アインシュタインはこう答えている。「その壁が僕の前に立ちはだかっています。その困難といったらひどいものです。相対性理論なんて量子問題の検討の合間にする息抜きみたいなものですよ」[※4]。量子問題に対する彼の見解は、前述の1923年夏の場面でも変わっていない。翌年の夏、インドから届いた思いがけない手紙が、この量子の壁を崩す助けとなるまでは。

つなぎとなる部分についてであるが、ボーアは自身の幸せを周囲の人々に感染させるような人柄であった――アインシュタインを出迎え、完成したばかりの研究所を案内したときのボーアは、どれだけ過労状態であっても、内心ではひそかに絶望していたとしても、元気そうに見えたことだろう。そして、量子論の初期に知的な面でつねにボーアと関わっていたゾンマーフェルトは、「この難題」が意味するところを詳しく知っていただろう。

このような手法で物語ることに危険はつきものだが、その見返りは補って余りあると考えている。それは、精神と精神の邂逅(かいこう)によって量子論がいかに展開したかという感覚である。本書に登場する物理学者たちが「そんなことを言うはずがない！」と読者が思われたなら、別掲の注釈を確認していただきたい。

読者のみなさんの信頼を得られれば幸いである。

ハイゼンベルクが考える「科学のあるべき形」に敬意を表して――。

２００７年10月

ルイーザ・ギルダー

追　記

右記の「読者のみなさんへ」で、本書の推測的でコラージュ的な会話がよくわかる一例を挙げた。その後の調査研究によってこの箇所に一部矛盾する点が見つかったが、驚くにはあたらないだろう。

1923年のあの日、ゾンマーフェルトはボーアと一緒に市電に乗っておらず、実際はアインシュタインも乗っていなかったことが判明したのだ。

1961年7月12日、スカンジナヴィアの日の長い夏の日のこと、シェラン海岸沿いの自宅で、ボーアはとりとめのない会話の中でアインシュタインと乗った市電について語った。ボーアは76歳になろうとしており（彼は翌年この世を去る）、息子のオーゲと腹心の助手であるレオン・ローゼンフェルトによるインタビューを受けていた。ボーアは、アインシュタインがスウェーデンのイエテボリ（1923年に市制300周年を祝っていた）で講演をしたのちにコペンハーゲンを訪れたのではなかったかと語った。

だが、ボーアとアインシュタインの保存資料をつき合わせた結果、アインシュタインがコペンハーゲンを訪れたのは一度きりだったと今では考えられている。それは1920年のことで、クリスティアニア（オスロは1924年まで、この大昔のノルウェーおよびデンマークの王の名前で呼ばれていた）への講演旅行を終えたあとの訪問だった。その直後に、アインシュタインは父のように慕っていた偉大なオランダ人物理学者ヘンドリク・ローレンツに手紙を書き送っている。

クリスティアニア旅行はすばらしいものでした。最もすばらしかったのは、コペンハーゲンでボーアと過ごした時間でした。非常に才能のある、優れた人物です。

著名な物理学者の多くがすばらしい人物であるのは物理学にとって幸先のよいことです。

アインシュタインとボーアの伝記作家アブラハム・パイスは、『ニールス・ボーアの時代』で「この訪問に関するボーアの発言は見つからなかった」と述べている。[※5] 年代は正確でなかったとはいえ、ボーアが語った市電のエピソードが、アインシュタインの言う「すばらしい」時間を裏付けるものとわかって、今ではむしろよかったと思う。

ボーアの市電の話にはゾンマーフェルトの名前も登場するが、彼がその場にいた（私はそう思っていた）からではなく、出来事を話すうちにゾンマーフェルトがボーアの心の中に浮かんだからである。あの頃ボーア、ゾンマーフェルト、アインシュタインは密に連絡を取り合っており、ボーアとゾンマーフェルトは原子モデルを練り上げ、アインシュタインとゾンマーフェルトは揺籃（ようらん）期の一般相対性理論を議論していた。1908年から1928年にかけての20年間は、数理物理学者としてのゾンマーフェルトの全盛期であった（信じがたいことだが、この間にゾンマーフェルトは計4人の未来のノーベル賞受賞者の博士論文を指導している）。

そんな折、1920年にアインシュタインとボーアが何度も乗り過ごすほどに夢中になった話題とは何だったのだろうか？　そう、１９２０年当時の議論の焦点や意見の不一致は、１９２３年になっても変わらなかった――「光量子」である。会話に織り込まれた各人の発言が、厳密にいつ（そして誰に宛てて）なされたかは注釈に記載してあることをあらためて強調しておきたい。

本書の目的は、既存の歴史書や教科書を補完することである。予測のつかないすばらしい会話ややりとり、実験があったこと、そして時にそこから明断さが生まれる感動的な瞬間があったことを伝えたい。本書は、発見を生み出す輝かしい人間らしさを、そして欠点を抱えながらも勇敢に進む探究者を称えるものである。

２００９年３月25日

L・G

序章　もつれ

John Stewart Bell

二つの実体が互いに作用すると、必ず「もつれ」が生じる。光子（光の小さな破片）や原子（物質の小さな破片）であっても、原子からなるもっと大きな塵埃（じんあい）や顕微鏡、あるいはネコやヒトのような命あるものであっても同様だ。のちに別の何かと相互作用しないかぎり――ネコやヒトにはそれができないためにその影響に気づかないが――どれほど互いに遠く離れていても、もつれは持続する。

このもつれこそが、原子を構成する粒子の動きを支配している。まず、互いに作用しあうと、粒子は単独としての存在を失う。どれほど遠く離れても、片方に力が加えられ、測定され、観測されると、もう片方は即座に反応するらしい。両者の間に地球がすっぽり入るほどの距離があったとしても、だ。だが、そのしくみは未解明だ。

奇妙に感じられるかもしれないが、こうした相互作用は四六時中起こっている——それがわかったのはジョン・ベルのおかげだ。第二次世界大戦中の、混乱を極めたアイルランドで育ったベルは、平和なスイスで活躍し、62歳でその生涯を閉じた。同年にノーベル賞の候補者となっていたが、それを知ることなく他界している。ベルの名を広く知らしめた業績——量子力学の論理的基礎の探究——は、本人に言わせれば〝趣味〟だった。1964年に発表した2本めの論文では、もつれた粒子をつなぐ常識的なメカニズムがまったく存在しないことを簡潔かつ美しく示した。実は、1935年にアインシュタインがほぼ無名の同僚ボリス・ポドルスキーとネイサン・ローゼンとともに、この問題に関する論文を発表している。ベルは、それまで鼻であしらわれていたその論文の内容を拡大して掘り下げたのだ。ジョン・ベルの手で名誉を回復されてから40年、同論文は世界を揺るがしたアインシュタインの輝かしいすべての業績の中でもずば抜けて引用回数の多い論文となり[注1]、また20世紀後半の物理学の主要誌『フィジカル・レビュー』で最も多く引用された論文となったのである。[※1]

もつれの存在（特に水素分子内部など、ミクロの距離の場合）が明らかになりはじめたのは20世紀初頭、初期量子論の時代である。しかし、この大きな矛盾を単純な代数と深い思考で世に示したのはベルであった。

量子力学上のこの謎に対して、その創始者たちの反応は大きく4つに分かれた。ボーア、ハイゼンベルク、パウリの三人は正統派解釈の立場を取った。のちに「コペンハーゲン解釈」とよばれるものである。それに対し、アインシュタインら三人の物理学者はいわば異端派で、自分たちがその発展に大きく貢献した量子力学は「何かがおかしい」と考えていた。懐疑派は実際主義的な考えに立ち、謎の解明は時期尚早と主張した。最後に、量子力学が突きつける謎に困惑して単純化しすぎた説明で片づけた者もいた。

魚に水が必要なように、理論も解釈を必要とする。もつれに対する解釈をめぐってさまざまな反応が巻き起こり、量子力学のその後に甚大な影響を及ぼした。この事実一つをとっても、「もつれの時代」が過去の科学史とは大きく断絶していることがわかる。従来の古典的な（量子論以前の）数式は、用語が定義されれば本質的に説明を要しなかった。ところが、量子論革命が起こると数式は沈黙してしまい、解釈があってはじめて数式は自然界について語るようになったのである。

こういうたとえはどうだろうか。ブータンの芸術家がメトロポリタン美術館に足を運び、初めて西洋絵画に触れたとしよう。ユダヤ人の乙女ユディトがたおやかな片手に剣を、もう片方の手に敵将ホロフェルネスの首をぶら下げた姿を描いた絵が数枚ある。どれを見てもブータンから来た芸術家はその血なまぐさい物語の本質をたやすく理解できる。このように1900年以前であれば画家の意図を絵画に語らせることができた。だが、それが現代美術の殿堂であるグッゲンハイム美術館であったらどうだろうか。ある絵を見ると、鋭く切り取られたような茶色の帯状の形が連なり、何やら動いている印象を受ける。その絵の前に立ったブータンの芸術家が小さなタイトルカード（今では世界中の画廊で慣例となった）にちらりと目をやっても許されるだろう。そこでようやくこの絵が「汽車の中の悲しげな青年」を描いたものだとわかるのだ。

首をもつユダヤ人の乙女よりもセンセーションを巻き起こしたのは、悲しげな青年の絵と対をなす、マルセル・デュシャンの「階段を降りる裸体」であった。1913年に発表されるやニューヨークの美術界を揺るがしたこの絵画は、ハイゼンベルクの著作の表紙を飾っている。そのまさに同じ時期に、量子力学も過去と断絶していたのである。デュシャンや後進の画家が描いた絵画がまさしくそうであったように、量子力学も、その美しい数学を取り巻く現実への橋渡しをしてくれる小さなタイトルカードを必要としていた。1920〜30年代の物理学者たちは、誰がそこに解釈を書き込むかをめぐって議論したのだった。

以下がその議論の主役たちである。

1 コペンハーゲン解釈

ニールス・ボーアはアインシュタインの生涯の友人であり、知性を戦わせたライバルであった。[※2]
コペンハーゲンに理論物理学研究所を創設し、自らが「相補性」と名づけた概念を用いて謎を解明しようとした。ボーアにとって相補性は宗教的信念に近く、量子世界のパラドックスは基本的なものとして受け入れられなければならず、「実際に何がそこで起きているか」の解明を試みることで「解決」したり矮小化したりすべきではないと考えていた。ボーアは、相補性という言葉に独特の意味合いをもたせた。たとえば波動や粒子（あるいは位置や運動量）の「相補性」と言えば、それは片方が完全に存在するときに、もう片方はまったく存在しないという意味である。

　この考え方に立つために、ボーアは相補性のない、大きな「古典的」な世界がなければならないと強調した。アイザック・ニュートンが見事に説明した周回する惑星やリンゴが落ちる世界が、量子の深淵を覗き込むための土台として役立つと考えたのである。だが、ボーアはリンゴやネコといった古典的な大きさの物体が原子などの量子物体で成り立つとは考えず、むしろその逆の解釈をした。1927年にコモで行われた有名な講演では、波動や粒子は「抽象的概念であり、その特性は他の系との相互作用によってのみ定義され、観測されうる」と強調した。そして、ここでいう「他の系」は、測定装置など「古典的」なものでなければならないのだ、と。

　ボーアは、他の物理学者たちに「抽象的概念」を超えてより正確な記述法を模索するよう促すことはなかった。むしろ「こうした抽象的概念は、一般的な時空の視点に基づく経験を語るうえで不可欠である」[※3]と強調した。つまり、量子問題はそれを記述するにふさわしくない古典的な言葉で語られなければならず、量子物体に認識可能な特性が存在するかどうかは、「古典的」な形で相互作用する別の系を発見できるか否かにつねにかかっている。逆説的ではあるが、古典的な系はそれを構成する量子系を語るために必要なのだ、と。

　ボーアを熱烈に支持していたヴェルナー・ハイゼンベルク[※4]と、一流の批評家であったヴォルフガング・パウリ[※5]は、原子は測定するまでは特性をもたないように見えることから、量子世界はある意味で「観測することでつくられる、もしくは変容する」とまで主張した。

「初めて量子論を目の当たりにして衝撃を受けないようなら、理解などとうていできない」[※6]
ボーアは、ハイゼンベルクとパウリにこう語っている。

2 異端派――「何かがおかしい」[注2]

量子論の試みが始まってわずか9年後の1909年以降、アルベルト・アインシュタイン[※7]は量子論が「相互に独立していない」不可分な断片から成り立つ世界を示唆しているのではないかと疑問を抱くようになった。[※8] 一つひとつの粒子を個別に扱うと、粒子は「実に謎めいた影響を相互に」[※9]及ぼしているように思われた。それどころか「〝幽霊〟による遠隔作用」[※10]あるいは「テレパシーのような結びつき」[※11]と皮肉を言ったように、粒子は相互に影響を与えているように見えたのである。アインシュタインにとって、理論に致命的な欠陥があるのは明白に思えた。

エルヴィン・シュレーディンガー[※12]は、量子論（とりわけ彼の名を冠した基本方程式）が表面的には奇妙なパラドックスに行きつくことを示した。「ネコのように大きなものは量子力学の法則に従わない」とボーアのようにはっきりと宣言しなければ（その法則に従う粒子で成り立っているのは間違いないのだが）、ネコが生きていると同時に死んでいると証明できてしまう。シュレーディンガーはコペンハーゲン解釈の二元論を否定し、自らの方程式で表される単一の世界を切に願っていたが、ついにその方法を発見することはできなかった。

フランスの青年、ルイ・ド・ブロイ[※13]は量子論の異説を提唱した。彼の理論では、光速よりも速く働くとされる遠距離力が我々の世界を構成する粒子を〝幽霊〟のように導く現象を、シュレーディンガー方程式で説明できるというのだ。

この種の解釈は、一般に「隠れた変数」理論と呼ばれる。ド・ブロイの理論も含め、このあいまいな名称で重要なのは「観測者なき量子論[※14]」、つまり、粒子の実在性は観測の有無によって左右されないとする量子論である。

❸懐疑派――機が熟していない

ポール・ディラック[※15]（つねにファーストネームのイニシャルであるP・A・Mで通した）による電子[注3]に関するディラック方程式は、量子論の驚異的な結果の一つに数えられる。彼はもつれについて頭を悩ませるのは時期尚早で、やがて筋の通った説明が見つかるはずだと考えていた。

❹否定派

マックス・ボルン[※16]はボーアと同じくアインシュタインの終生の友であり、コペンハーゲン解釈に貢献したが、なぜ量子論の意味がそれほどまでに重要な難題となるとみんなが考えるのか、最後まで理解できなかった。

1930年代以降、アインシュタイン、シュレーディンガー、ド・ブロイの分析が行き詰まったのは明らかに思われた。事実、量子論の後世に残る偉大な功績は、他の学派から生まれている。

だが、ボーアやハイゼンベルク、パウリ、ディラック、ボルンに続いた研究者たちは、「もつれ」という最も深遠な謎の解明や測定はおろか、その謎に名前をつけることすらしようとしなかった。そこに、ジョン・ベルが登場したのである。アインシュタイン、シュレーディンガー、ド・ブロイを信奉していたベルは、彼ら少数派の意見を最後まで丹念にたどり、霧に包まれたような謎に思いがけない明瞭さを与えた。霧の中に隠れていたのは、鮮烈で不可思議としかいいようのないものだったのである。

「真実と明瞭性は相補関係にある」[※17]とは、ボーアがよく語っていた言葉である。誠実であろうとすればするほど、自分が語る言葉は不明瞭になり、その逆もまた然りという意味だ。まさしくボーア自身がそうであったが、ベルはそれをよしとせず、ボーアの戦後の弟子として名を知られたジョン・ホイーラーにかつてこう語っている。「僕はあいまいで正しいくらいなら、明瞭で間違っているほうがいい[※18]」

検討できない事柄についての周到な禁止事項と、「相補性」「不可分性」「不合理性」に関するあいまいな記述であふれたボーアの著作や論文は、新しい世代ごとに物理学者が解釈、再解釈すべき聖典となった。しかし、もつれの歴史の観点から見ると、アインシュタイン、シュレーディンガー、ド・ブロイ、ジョン・ベルの明瞭な一言には比肩すべくもなかった。「ほら、これを見てよ」。彼らは、それぞれに新しい世界を広げて見せてくれたのである。

注1　ある論文が、後の論文によって100回以上引用されれば有名とみなされる。※19 歴史に残るアインシュタインの特殊相対性理論（1905年）や量子論に関する論文（1917年）はそれぞれ700回以上引用され、1905年に発表された原子の大きさに関する博士論文の引用は1500回を超える。一方、1964年のもつれに関するベルの論文が物理学誌で引用された回数は実に2500回を数え、彼がインスピレーションを受けた1935年のアインシュタイン＝ポドルスキー＝ローゼンの論文の引用回数に匹敵する。

注2　ハムレットとジョン・ベルがともに使った言葉である。

注3　電気を帯びた原子内部の粒子で、あらゆる物質のきわめて重要な構成要素である。

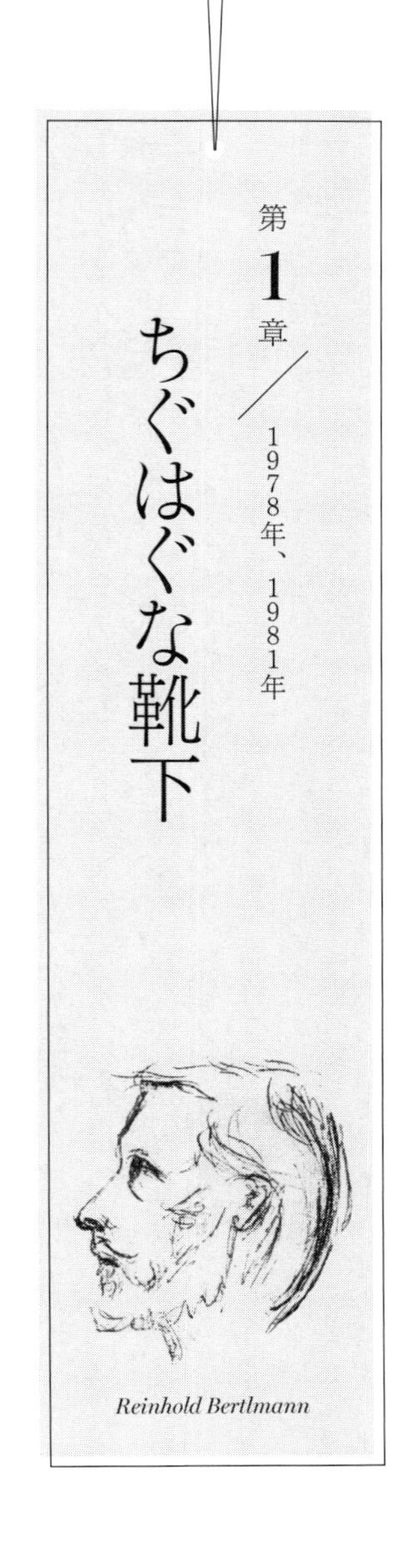

第1章　ちぐはぐな靴下

1978年、1981年

ジョン・ベルが初めてラインホルト・ベルトマンに出会ったのは[※1]1978年、ジュネーヴ近郊の欧州合同原子核研究機構（CERN）で毎週開かれるティー・パーティーでの席だった。そのときベルは、短い黒ひげをたくわえて笑顔を見せるこの細身のオーストリア人青年が左右ちぐはぐな靴下を履いているとは知る由もなかった。ベルトマンもまた、ベルが履いていたビニール靴——それは菜食主義者の彼らしい理屈の結果だ——に気づかなかった。[※2]

この型破りな二人の足元の地中深くでは、磁場を強化した直径250メートルほどのドーナツ型の円形軌道を、陽子（プロトン：原子の中心部を構成する粒子）が加速しながらぐるぐる回っていた。CERNで日々行われている素粒子の研究である。1950年代前半、アイルランド出身で当時25歳だった物理学者ベルは、「プロトン・シンクロトロン」というギリシャ語もどきの名前がつけられた地下加速器の設計チームにコンサルタントとして携わった経験をもっていた。その後はしばらく離れていたが、ベルは同じく物理学者で加速器の設計を手がけたスコットランド人の妻メアリーを伴い、1960年にふたたびスイスに戻ってきたのである。CERNは、ジュネーヴ周辺の山々に挟まれた緑豊かな牧草地にあった。地下で陽子を飛ばすための建物が立ち並ぶ構内は魅力的とは言い難く、地味な色合いであったが、ここが終生ベルの知的生活の拠点となった。

とにかく巨大で人間的な温かみに欠ける施設だから、やってきたばかりの若者を精一杯歓迎しなければとベルは考えた。ベルトマンとまだ面識がなかったベルは彼に歩み寄り、20年近くジュネーヴに暮らしながらいまだはっきりと残るアイルランド訛り（なま）で話しかけた。「ジョン・ベルです」[※3]

それはベルトマンが聞いたことのある名前だった。聞いたことがあるどころか、二人の足下で起きている素粒子の高速衝突（素粒子物理学や場の量子論の分野）を研究している者なら誰もが知る名前だ。ベルは、素粒子の飛行、崩壊、破砕という奥深い研究に四半世紀を費やしてきた。シャーロック・ホームズさながらに、誰も見向きもしないような細かな点に着目し、いつも驚くほど明確に予期せぬ見方を示した。「彼は常識的な考えを受け入れるのをよしとせず、『どうしてわかる？』と訊ねていたものだ」[※4]と、ベルの指導教授であり、彼の前の世代の偉大な物理学者であるサー・ルドルフ・パイエルスは語っている。若い頃の仕事仲間は「いつだってベルの能力は抜きん出ていて、どんな議論もその奥底まで見通し、ごく単純な論理的思考を用いて欠陥を見出していた」[※5]と回想している。1978年にはベルが書いた論文の数は100本を超えていたが、それはそうした疑問への回答であり、結果的に見つかった欠点や貴重な発見を記したリストといえた。

ベルトマンはそのことをすでに承知で、ベルが時代遅れなほど責任感の強い理論学者であり、大げさな推論を避け、CERNでの実験に直接関係する事柄にのみ注力していることも知っていた。しかし、ベルはその責任感の強さゆえに、同僚たちが取り組んでいた量子力学という理論の根底に潜む、彼が「おかしい」「汚い」とよんだものを見過ごすわけにはいかなかった。彼は余暇を使って、「プロの仕事になっていない」と言及した、この理論の基礎にある弱点を探求した。[※6]研究室の人間がそのことを知ったら、眉をひそめたことだろう。ところが1964年、CERNから1万㎞も離れた研究休暇（サバティカル）先のカリフォルニアで、ベルは量子力学の深い部分ですばらしい発見をしたのである。

この1964年の並外れた論文によって、量子力学――我々の世界を形づくる土台――の世界が、物理学の専門用語で言う「局所的因果関係」もなく、「完全な分離可能性」もなく、「観測者なき実在性」さえもない実体から成り立つことをベルは証明した。

量子世界の実体に局所的因果関係がないとすれば、粒子の測定などの行動は瞬時に「〝幽霊〟による」影響を宇宙全体に及ぼす。分離可能性について、「離れた空間にある物は互いに独立した存在であるとする前提がなければ、通常の物理的思考は不可能になる」とアインシュタインは主張した。「明確な分離性がなければ、どのように物理法則を定式化し、証明すればよいか誰にもわからなくなる」[※7]。分離不可能性を突きつめれば、「量子の実体は観測されるまで確定しない」という考えに行きつく。「聞く人がいなければ木は倒れる際に音を立てない」という有名な諺（ことわざ）に出てくる木と同じだ。アインシュタインにとって、それはバカげた話だった。「じゃあ、誰も月を見なければ、月は存在しないとでも言うのかね？」[※8]

　アインシュタインの言う通り、それ以前の科学は分離性の考え方に基づいていた。それは、魔術（局所的因果関係がない）や人間中心主義（観測するまでは実在しない）から離れようとする、人類の長きにわたる知的な道のりだった。ベル本人も驚いたことに、あいにく彼の定理によって物理学は、そのような不合理性の中から理論を導かざるを得ないところまできているように思われた。

　それがどんなに厄介なものであるにしても、21世紀初めまでにベルの論文が物理学に激変をもたらしたのは間違いない。だが１９７８年当時、目立たない雑誌に14年も前に掲載されたベルの論文はまだ、ほとんどその存在を知られていなかった。

　ベルトマンは自分に話しかけてきた先輩を興味深そうに見つめた。ベルは大きなメタルフレームの眼鏡の奥の目を閉じたかと思うほど細め、相好を崩している。赤い髪が耳までかかっていた。真っ赤ではないが、母国アイルランドでは「ジンジャー」と言われる赤褐色だ。短い髭も生やしていた。シャツは髪の色より明るく、ネクタイは着けていなかった。

　ベルトマンは、ウィーン訛りの英語でたどたどしく自己紹介した。「オーストリアから研究員として新しくやってきましたラインホルト・ベルトマンです」[※9]

　ベルは大きな笑みを浮かべた。「そうですか。ご研究は何を？」

二人はともに、物質の最小単位であるクォークに関する同じ計算を行っていることを知った。ベルはあるやり方で卓上型計算機を使って、ベルトマンは自作のコンピュータプログラムを用いて同じ結果を導き出していたのだ。

こうして、充実した共同研究が幕を上げることとなった。そしてある日、ベルはベルトマンの靴下にふと気づくのである。

二人の出会いから3年後[※10]、ウィーン大学の荘厳な石造りの建物の一つの上階にある質素な研究室にベルトマンはいた。物理学部のコンピュータの画面を覗き込み、言葉ではなく数式を用いてクォークの世界の探究に没頭していた。彼が使っていたのは物理学部でもかなり小型のコンピュータであったが、それでも幅4・6メートル、奥行き1・8メートル、高さ1・8メートルもあり、部屋をほぼ埋め尽くしていた。外は早春の肌寒い気候だったが、室内では冷房装置が、うなりをあげるこの巨大な計算機が発する熱気と戦っていた。ベルトマンはときおり、プログラムコードを記す穴が穿(うが)たれたパンチカードをコンピュータに差し込む。彼がこの作業を何時間も続ける間に、日差しが静かに部屋を横切っていった。

誰かが慣れた手つきでドアの解錠ボタンを押す音がしたときも、ドアがバンと開いたときも、ベルトマンは顔を上げなかった。ゲアハルト・エッカーが紙束を手に、研究室のロビーを横切ってまっすぐ彼のところに来た。エッカーはプレプリント（見本刷り。著者が関係分野の研究者に送付する発表前の論文）を担当する大学の事務員だった。

エッカーは笑っていた。1メートルも離れていないというのに「ベルトマン！」と声を張り上げた。

プレプリントを突き出すエッカーの顔を、ベルトマンは困惑気味に見上げた。「これで君も有名人の仲間入りだ！」

プレプリントを手に取ってみるとタイトルが目に入った。

ベルトマンの靴下と実在性の本質

J・S・ベル
CERN（スイス、ジュネーヴ）

それはフランスの物理学誌『ジュルナル・ド・フィジーク』に掲載される予定の論文だった。タイトルを見ても、ベルトマンにはちんぷんかんぷんだった。一般読者向けに書いた文章みたいじゃないか。

「これは何なんだ？　一体どうして……」

エッカーは急かした。「いいから、読んでみろよ」

彼は読み始めた。

思索にふける（物理学者ではない）一般の人は量子力学を授業で学んだことがなく、アインシュタイン＝ポドルスキー＝ローゼン相関（EPR相関）なるものにもまったく感銘を受けない。彼は日常生活で起こる同様の相関の例をいくらでも挙げられるからだ。そこで、よく引き合いに出されるのがベルトマンの靴下である。

僕の靴下？　一体なんの話だ？　EPR相関だって？　悪い冗談だ、ジョン・ベルは雑誌でひどい悪ふざけをしているに違いない。

「EPR」とは、論文の著者であるアルベルト・アインシュタイン、ボリス・ポドルスキー、ネイサン・ローゼンの頭文字をとったものだ。この論文は発表からおよそ30年後の1964年、ベルの定理に大きな影響を与えることになるが、ベルの論文同様、物理学にとっていささか厄介なものであった。タイトルが示すように、「物理的実在の量子力学的記述は完全と考えられるだろうか？」という問いかけに対して、アインシュタインと無名の二人の著者が出した答えはノーだった。三人は量子力学における謎の存在を提示して物理学者たちの関心を集めた。いったん互いにつながった二つの粒子は、どれほど遠く離れようとも、「もつれ」――シュレーディンガーがEPR論文と同じ1935年につくった言葉である――が続く可能性がある。量子力学の法則を厳格に当てはめれば、一つめの粒子の測定が二つめの状態に影響を与えていると結論づけざるを得ないように思われた。遠く離れた相手方の粒子に「まるで幽霊のように」作用するというのだ。そのためアインシュタインらは、将来は新しい理論が量子力学に取って代わり、粒子間の相関現象を解明できるだろうと考えていた。

だが、世界中の物理学者は自分たちの計算に集中し、彼らの主張にほとんど関心を払わなかった。年月は流れ、量子力学は、説明のつかない部分があるとはいえ、科学史上最も正確な理論だということがますます明らかになった。しかし、量子力学の細部まで見通していたジョン・ベルは、EPR論文がそれにふさわしい扱いを受けていないと感じていた。

ベルトマンは混乱のあまり笑い出しそうだった。そばでエッカーがにやにやしている。「いいから続きを」

ベルトマン博士は、好んで左右で色の違う靴下を履く。ある決まった日に、どちらの足に何色の靴下を履くかを予測するのはきわめて困難だ。だが、片方の靴下がピンクだったとしたら（図1）……

図1？　僕の靴下？　ページをめくると、論文の最後にベルが好んで描いたスケッチが添えられていた。ベルトマンは続きを読んだ。

図１

だが、片方の靴下がピンクだったとしたら、もう片方はピンクではないとわかる。片方の靴下の観測、さらにベルトマン自身の経験から、ただちにもう片方の色に関する情報が得られる。彼の好みをとやかく言うつもりはないが、それ以外に謎などないのだ。ＥＰＲの問題も、これとまったく同じではないだろうか？

愉快そうにそう話すベルの顔をベルトマンは思い浮かべた。3年間も毎日一緒に仕事をしてきて、一度だってそんなこと言わなかったじゃないか。

エッカーは笑っていた。「どう、感想は？」

ベルトマンはもう彼の脇を駆け抜けていた。部屋を出てホールを横切り、電話にたどりつくと、震える指でCERNの番号を回した。

電話が鳴ったとき、ベルは部屋にいた。電話はつながったが、ベルトマンは完全に取り乱していた。「一体どういうことですか？　一体どういうことですか？」[※11]

ベルは電話の向こうで、いつもの淡々としたよく通る声で笑った。ベルトマンははっと我に返った。ベルはことの一部始終を楽しんでいた。「ベルトマン、これで君も有名人だ」

「だけど一体あの論文は何なのです？　何の冗談ですか？」

「論文を読んでから君の意見を聞かせてくれないか」


1頭のメスのトラが鏡の前を歩いている。鏡に映る像はその動作の一つひとつ、滑らかな筋肉の動き、わずかな尻尾の動きまでつぶさに再現する。トラとその鏡像はどう相関しているのだろうか？　細くしなやかな肩を照らす光はあらゆる方向に反射し、その一部が観る者の目に入ってくる。毛皮から直接反射した光かもしれないし、トラから鏡、そして目と、長い距離を進んだ光かもしれない。観る者の目には、この2頭のトラが正反対の同時性を保って完璧に連動しているように映る。

もっと近づいて見てみると、滑らかな毛皮は毛の集まりになる。毛よりさらに小さくなると毛を構成する分子構造の複雑な配列が現れ、さらに分子を構成する原子が見えてくる。原子の幅はおよそ10億分の1メートル、ざっくり言えばその一つひとつが太陽系に似た構造をしている。原子には高密度の「核」があり、そのまわりを「電子」が離れて回っている。この分子、原子、電子の世界こそが、量子力学が生まれた場所だ。

トラが大きく鮮やかな色をしているとはいっても、観察者が相関する2頭を見るには、トラが鏡のそばにいる必要がある。これがジャングルなら、数メートルも離れてしまえば下生えや揺れる蔓しか鏡に映らない。開けた場所であっても、一定の距離になると地平の湾曲が映ってトラの像は見えなくなり、同時性は失われる。だが、ベルが論文で述べた「もつれた粒子」であれば、宇宙がすっぽり入るほど離れていても両者は一致した動きを見せるというのだ。

ベルは論文でその続きを説明しているが、量子のもつれはベルトマンの靴下のようにはいかない。彼が違う色の靴下をいつもどう選ぼうと、靴下をどう履こうと困惑する者はいない。だが、量子力学では離れた粒子を「選択」して連携させる奇妙な脳は存在しない。だからこそ、魔法とよびたくなるほどふしぎな事象なのである。

「現実の世界」における相関とは、局所的な影響、言い換えれば途切れない接触の連鎖の結果である。たとえば、羊が別の羊にぶつかるのは局所的な影響だ。母羊が鳴くと子羊が駆け寄るのは、母羊の声帯が発した空気の分子の波が完全に局所的なドミノ効果で次々とぶつかっていき、最後に子羊の小さな鼓膜を震わせて、子羊がそれを母羊の声だと認識するからである。あるいは、コヨーテが近づくと羊は散り散りに逃げる。それはコヨーテのにおいやフケが風に運ばれて羊の鼻孔に入り込む、もしくは電磁波である月光がコヨーテの毛皮に反射して羊の瞳の網膜に飛び込んでくるためだ。いずれにせよ、それらはすべて局所的である。羊の脳内で神経細胞が興奮して「危険」と警告するのも、筋肉にそのメッセージを運ぶのも、局所的な影響なのである。

双子の子羊は、成長し、売られて別々の農場に別れても、どちらも食べたものの反芻（はんすう）を続け、不気味なほどそっくりな子羊を生む。この相関もまだ局所的と言える。最終的にどれほど子羊が引き離されても、遺伝形質は母羊の子宮の中で一つの受精卵だったときに決定されているからだ。

ベルは双子の話をするのが好きで、[※12]「ベルトマンの靴下」について書いた頃、オハイオ州の一卵性双生児の写真をよく見せていた。二人とも名前は「ジム」で、生後すぐに引き離されたが、40歳で再会している。二人が驚くほど似通っていたために、双子の研究施設がミネソタ大学（双子の研究にはもってこいの「ツイン・シティー」という町にある）に設立されたほどであった。

二人のジムはどちらも爪を噛む癖があり、同じ銘柄のタバコを吸い、同じ型の同じ色の車に乗っていた。飼い犬の名前はどちらも「トイ」、前妻と今の妻の名はともに「リンダ」と「ベティ」だ。二人は同じ日に結婚していた。片方のジムは息子にジェームズ・アランという名前をつけ、もう一人はジェームズ・アレンと名づけた。大工仕事が好きで、かたやミニチュアのピクニックテーブルを、かたやミニチュアのロッキングチェアをつくっていた。

ベルの定理が考察した相関性はこの双子を彷彿（ほうふつ）させるもので、その相関は一目瞭然だった。したがって人間や羊の双子のように、ほぼ同じDNAのようなものをもっているのではないかと考えてもおかしくはない。だが、それこそが謎なのである。ベルの定理が証明したのは、まさにその「遺伝子」がいかに奇妙で非局所的な——そこが「幽霊のよう」なのだが——ふるまいを見せるかという点だったからである。

ベルの定理の知的な謎を一般の人々にはっきりと示してみせたのが、コーネル大学の固体物理学者デヴィッド・マーミンである。彼は1979年に『サイエンティフィック・アメリカン』誌に掲載された、ベルの友人ベルナール・デスパーニアの論文を読んだ。マーミンは、そのとき初めてベルの定理を知った。彼の専門分野はベルとはまったく異なり、あと数度で絶対零度に達する低温状態における低速の原子の研究であったが、まさにベルがそうであったように、すぐにこの問題が彼の趣味となった。彼はベルの定理を突きつめて「単純化したので、単純な算数を超える数学や量子力学を一切使わずに要旨を伝えられた[※13]」。

こうした思索を経て、マーミンは「喩(たと)え話と実演講義の中間のようなもの[※14]」を生み出した。それは、ベルが「ベルトマンの靴下」の論文で用いたような3つの部分からなる単純な装置だった。これを使えば量子力学の数式や予測、結果を具体的かつ視覚的に説明できる。さらにこの装置は、近頃の量子光学研究所にある機器の原理を抽象化したものでもあった。中央には箱があり、ボタンを押すと一対の粒子が反対方向に飛び出す。箱の両側の離れたところに2台の検出器が置かれ、片側についているレバーかクランクで内部を調整することで、角度を変えて粒子を測定できるようになっている。粒子を正面から測定する「ノーマル」から「垂直」、あるいは「水平」の位置まで、ク

左の検出器の設定	右の検出器の設定	左の検出器の結果	右の検出器の結果
水平	**ノーマル**	**緑**	**赤**
水平	**垂直**	**緑**	**赤**
ノーマル	**垂直**	**赤**	**緑**
ノーマル	ノーマル	赤	赤
ノーマル	**垂直**	**緑**	**赤**
水平	水平	緑	緑
垂直	垂直	赤	赤
ノーマル	ノーマル	赤	赤
垂直	垂直	赤	赤
垂直	**ノーマル**	**緑**	**赤**
ノーマル	**水平**	**赤**	**赤**
ノーマル	**水平**	**赤**	**緑**

ランクで3段階に調節することができる。検出器の上部にはライトがあり、粒子を感知すると赤色か緑色に点灯する。[※15]

何も知らずに偶然この機器を見かけたとしよう。ちょっといじってスタートボタンを押すと、すぐに2台の検出器が赤か緑に光る。3つの設定のどれかを選んではボタンを押し、何色に光るかを記録してできるかぎりの情報を集める。

一見ランダムに思われる膨大なデータを数時間かけて集めるとどうなるだろうか。結果はランダムにはならず、まさしく量子力学が特定の2粒子状態について予測した通りになるのだ。

実験結果の一部を表すと上の表のようになる。

この結果からデータを二つに分けることができる。

ケース①――検出器が二つとも同じ設定だった場合、つねに同じ色が点灯する。

ケース②(太字で記載)――検出器の設定が異なる場合、同じ色が点灯する確率は25パーセント以下である。

「この数字は一見、問題がなさそうだが、少し精査すればマジックショーの出し物さながらの驚きで、見えないワイヤーや鏡、床下で操る人間がいるのではないかと疑ってしまう[※16]」とマーミンは述べている。

検出器の設定が同一の場合を見てみよう。このとき、必ず同じ色が点灯する。「2台の検出器に何のつながりもないことを考えれば、きわめて単純な(そしておそらく唯一の)方法」でこのふるまいを説明できるとマーミンは言う。「個々の粒子の特性(速さ、大きさ、形など)によって、3つの設定に対して検出器が何色に点灯するかが決まると推測すればよい[※17]」。つまり、粒子は一種の「遺伝子」を共有しており、双子の粒子だから同色のライトが点灯するというわけだ。

これは至極もっともな説明だ。だからこそ、同じデータからとんでもない結果が得られると落胆も大きい。

もしこの遺伝子仮説が正しいなら、結果を予測して書き出すことができる。一例として、対をなす粒子がすべて「ノーマルなら赤色、水平か垂直ならば緑色に点灯する」遺伝子をもつと仮定した場合に取りうるすべての組み合わせは次ページの表のようになる。

ところが、実際の結果は決して予測通りにはならない[※18]。この表で設定が異なる場合(太字で記載)に注目すると、同色のライトが点灯するのは6回のうち2回、つまり確率は33・3パーセント

左の検出器の設定	右の検出器の設定	左の検出器の結果	右の検出器の結果
ノーマル	ノーマル	赤	赤
ノーマル	**水平**	**赤**	**緑**
ノーマル	**垂直**	**赤**	**緑**
水平	**ノーマル**	**緑**	**赤**
水平	水平	緑	緑
水平	**垂直**	**緑**	**緑**
垂直	**ノーマル**	**緑**	**赤**
垂直	**水平**	**緑**	**緑**
垂直	垂直	緑	緑

で、25パーセントではないのだ。

この結果は「ベルの不等式」として知られ、長らく明らかにされてこなかった。一つには、検出器が一列に並んでいない状況で量子力学の数式を解き、その状況と所定の属性を備えた粒子の予測とを比較するなど、ベル以前には誰も考えつかなかったためである。ベルの発見から50年以上が経ったが、問題は未解決で謎に包まれたままである。——2台の検出器の間に関係がなく、検出器に到達するのが同一「遺伝子」をもつ一対の粒子でないのなら、一体どういうわけで検出器が同じ設定のときに同色のライトが点灯するのだろうか？

ある意味でベルの定理の論点は単純明快である。少なくとも、ベルにとってはそうだった。彼が言うように「何かがおかしい」のだが、初めは誰もその議論についていけなかった。そのため1964年当初の5行からなる数学的証明から、類推を多用したいくつかの公式——そのうち少なくとも二つが「ベルトマンの靴下」に出てくる——まで、ベル自身がさまざまに言い換えて論じてきた経緯がある。ベルの友人のベルナール・デスパーニアなどは、ユーモアたっぷりにベルの不等式のたとえを挙げている。

若者の非喫煙者数に全年齢層の女性喫煙者数を足すと、若い女性の喫煙者・非喫煙者の合計数と等しいか、それより大きくなる。※19

量子力学が破っているのは、まさしくこのように自明な論理的主張である。問題は論理なのではなく、一人の人間にジェンダー、年齢、喫煙を同時に割り当てるという「前提」なのだ。代わりに量子論では、全体が部分の合計よりも大きくなるように見えるのである。

頭突きされて跳ね返る雄羊、母羊の呼びかけに駆け寄る子羊、コヨーテが近づき逃げ出す羊。こうした相関には「原因」と「結果」があり、すべて順番に起こる。

雄羊の硬い頭は、筋肉やひづめと同じくらい、おそらく秒速10m（時速36km）ほどの速さですばやく動く。母羊の啼（な）き声はそれより速く、肌寒い春の日であれば3秒で約1km（時速1200km）の速さで遠くまで進む。コヨーテと判別できる臭いが拡散する速さはこれより遅く、規則的でもない。加えて、この臭いが拡散されるかどうかは羊の啼き声以上に空気の状態に左右される。温度や気圧、さらに風を作り出すこれらの変化の局所的な偶然性がすべて、ピクピク動く羊の鼻孔に届く速さを加速あるいは減速させる。

視覚的な信号は最も速く、1秒あたり約30万㎞（ちなみに音速は約３３０ｍ）で、1秒間に地球を7周半回る光の速さに近い。想像を絶する速さではあるものの、他の局所的な影響の及ぼし合いと同様の速さであり、決して瞬時の速さではない。

ベルの言う、奇妙につながった二つの粒子が量子ＤＮＡや共通の過去などの指示を受けて飛ぶ可能性がないとすれば、代わりに何か信号のようなものが働いているのだろうか。検出器が緑と赤に点灯する際に、一つの粒子がなんらかの形でもう一つの粒子と情報をやりとりして結果が揃うのかもしれない。１９７9年にパリで講演を行ったジョン・ベルは、フランスのテレビ局の奇妙な話を持ち出してこの考えを説明した。

「テレビは、憂慮すべきフランスの出生率低下の原因ではないかと懸念されています」と、オルセーのパリ第11大学で物理学者たちを前に話し始めた。聴衆は、量子力学と一体何の関係があるのかといぶかしく思ったに違いない。「二つのチャンネル（フランス1とフランス2）」――ベルは「プログラム」という古い言い回しを使った――「のどちらの責任が重いのかははっきりしていません。この問題を調査するために、リール市とリヨン市で綿密に実験を行うよう提言がなされていました。市長は毎朝コインでも投げて、どちらのチャンネルをその日に放送するかを決めるかもしれません」。十分に時間が経てば、リールとリヨンの各都市でどちらかのチャンネルが放送されてからの妊娠者数（両都市の同時確率分布）が大体わかるようになるのです、とベルは述べた。
「さしたる意味もなく独立した要因に分かれるのだから、独立性のある同時確率分布を考えるなど的外れだと最初は感じるかもしれません」と、彼は続けた。「ですが少し考えてみれば、そうではないとわかります。たとえば二つの都市の天気は、完全とはいえないまでも相関しています。晴れた夜にはテレビを観ないで公園を歩き、木々や記念碑、一緒に歩く相手の美しさに感動するでしょう。日曜日などは特にね」。きっちり調査するなら両都市に影響を与える外部要因を認識し、分析からその影響を排除しなければならない。

もし原因となる外部要因を排除してもなお両都市間に相関があれば、それは注目に値する。「リールのチャンネル選択がリヨンの原因要素である、あるいは逆にリヨンのチャンネル選択がリールの原因要素であるとわかれば」――つまり、リヨンでフランス1を放送した結果がリールの妊娠率の急上昇をもたらしたならば――なおのこと注目に値するだろう。「量子力学では、まさにそんなジレンマを抱えた状況が作り出されるのです」彼は話の核心に触れた。「さらに言えば、問題となっている奇妙な長距離作用はどうやら、光より速く進むようなのです[※20]」

相対性理論が証明したように、それはありえない。空間と時間は、何物の影響も受けない「不変の実在」ではない。空間は単に定規で測れるものにすぎず、[※21]時間もまた時計で測れるものにすぎない[※22]とアインシュタインは語った。そして、物体が速く進めば進むほどその物体は圧縮され、その物体がもつ何らかの時計（たとえば心臓の鼓動）は遅くなることがわかったのだ。実際には、空間は必要なぶんだけ圧縮され、時計の針も必要なぶんだけ遅くなるため、光速に達することはない。ジョン・ベルとメアリー・ベル夫妻が設計したような加速器が毎日、光速に近い速さで進む粒子を数多く飛ばしながら、アインシュタインの驚異的な予測を正確かつ詳細に実証している。宇宙の絶対的な速度の上限は1秒あたり29万9800㎞なのだ。

パリ第11大学での講演から2年後、ベルが「ベルトマンの靴下」を発表した頃、同大学の若き実験物理学者アラン・アスペ（彼は、エルキュール・ポアロのような立派な髭を生やしている）がベルやマーミンとよく似た装置を作り[※23]、長距離作用は本当に超光速でなければならないのか確かめようとしていた。やがて、検出器のスイッチをどれほど速く切り替えても得体のしれない相関は残ることがわかった。光速程度の物理的信号では、この結果を説明できなかったのである。

こうして、このふしぎな現象の背後には、遺伝子もなければ信号もないことがはっきりした。この宇宙は美しく神秘的にもつれているのだ。我々は80年以上この考えとともに歩み、21世紀に入ってもなおこの魔法をすっきり説明できずにいる。しかしこの状況も、やがて少しずつ変わってくるだろう。

早い時期にもつれから何かを構築しようとした一人に、リチャード・ファインマンがいる。1981年当時、存命中の物理学者の中では最も偉大で最も有名な人物であった。実際彼は、マーミンと同じようにベルの定理をとらえていた（ファインマンは1984年にマーミンの論文を読み、彼に宛てて「私が知る中で最も美しい物理学の論文は『アメリカン・ジャーナル・オブ・フィジックス』誌に掲載されたあなたの論文です……」と書いている）。「大人になってからというもの、私は量子力学の奇妙さを抽出して、単純な状況にあてはめようと努めてきました」と説明している。そのため「あなたのこの上なく純粋な発表がなされたとき[※24]」、ファインマンは、似てはいても倍も複雑な思考の実証方法を考えついたのである。

ファインマンはコンピュータを念頭においていたが、ベルの定理があるかぎりコンピュータでは量子レベルで自然を再現できないと直感した。ファインマンは性格上、これを問題ではなくチャンスと考えるタイプだった。同年、アスペが機械の微調整を行っていた頃、ファインマンはマサチューセッツ工科大学で[※25]世界の一流コンピュータ科学者を前にベルの不等式を取り上げ、彼らにまったく新しい形のコンピュータ、すなわち「量子コンピュータ」を製作するよう促した。

だがそれは、とうていコンピュータとは認識できないようなものだろう（実際に20世紀末につくられた初の量子コンピュータは、小瓶に入った特殊加工された分子の液体であった）。このコンピュータは、形はともあれ、量子の状態を操作することで計算を行う。ファインマンにとって最も重要なのは、量子コンピュータはもつれという魔法を使うこと、そしてその過程で我々がもつれを理解できるようになるということであった。

ファインマンの講演からほどなくして、数人の優秀な頭脳が量子コンピュータの潜在能力の一部を証明した。これが物理学と無縁な人々にも大きな影響を与えたのは、銀行や政府、インターネットの安全性を担保しているあらゆる暗号を量子コンピュータが解読できるようになるからである。

世界中の量子物理学の実験研究グループが量子コンピュータの製作に関心を寄せる中、もつれは今もなお謎に包まれている。とはいえ、この謎は着実に解明が進んでいる。この摩訶不思議な相関はエネルギーや情報と同じくらい基本的なものであり、追究する価値がある、と物理学者たちは考えるようになっている。よく知られているように、さまざまな機械づくりを通じて科学者はエネルギーや情報の基本的思想を理解するようになった。19世紀、エネルギーに対する理解の進歩は蒸気エンジンの製造や稼働と切り離せなかった。20世紀、コンピュータと情報理論の台頭は表裏一体であった。21世紀、量子コンピュータやもつれから生まれたもう一つの奇跡といえる「量子暗号」に実践的に取り組めば、もつれになじみを覚えると同時にいっそう畏怖の念を強めるだろう。

もつれについて語ることは、量子物理学そのものについて語ることである。物理学者が初めてもつれの問題に直面したのは20世紀であった。それまで何世紀もの間、物理学は世界を完璧に理解しようとがむしゃらに進んできた。20世紀の初頭、量子論の気味悪さを疑うところからもつれの物語が始まった。その20世紀の夜明けは、我々にニュースをもたらした。物質と光の両方を探究すればするほど、謎が立ち現れてくるのだ、と。

Albert Einstein and Paul Ehrenfest, ca. 1920

第 1 部

侃々諤々 ── 闘わされた議論

*1909*年 ~ *1935*年

第2章　光の量子化
1909年9月〜1913年6月

ザルツブルクは秋を迎えていた。「フェーン」とよばれる乾いた熱風がアルプスの山肌を駆け下り、肌寒い空気に包まれた町を吹き抜けていた。熱風は霞(かすみ)や霧を吹き飛ばし、遠くにぼんやりと見えていたものが突如としてはっきりと姿を現した。大気は重く、季節外れで不快だった。頭痛やイライラはフェーンのせいだと人々は言い合った。

しわくちゃの服で麦わら帽をかぶり、大きな目をした30歳のアルベルト・アインシュタインは、特許庁の職員から大学教授へとまさに職を転じようとしているときだった。1909年9月下旬、彼は物理学の学会に初めて参加するためにザルツブルクにやってきた。淡色の漆喰(しっくい)の建物と銅屋根の塔のあるこの町は特に美しい陽光で知られるが、アインシュタインの脳裏にあったのもまた光であった。

鮮やかな雄鶏の尾羽やハチドリ、真珠のような貝殻の内側や甲虫の鞘翅(さやばね)、しゃぼん玉や油膜、分厚いガラスやまだらに差し込む木漏れ日――これらを詳しく調べれば、いずれも光が波であることを示している。それは決して、ザルツブルクの「まっすぐな糸の雨(シュニュールルレーゲン)」のように降り注ぐわけではない――光はさざ波となり、干渉するのだ。

実際に干渉するようすを肉眼で見ることはできないが、その痕跡には驚かされる。光の「糸のような雨」が照らす場所には暗い帯が、光の滴が影を残すと考えられる場所には光の帯が現れるのだ。我々の視覚がとらえる色もまた、純粋な波動現象――色の違いは、光の波が1秒間に上昇・下降する回数、すなわち振動数による――である。光が液体や筋のある表面にぶつかる際の屈折は色によって異なり、しゃぼん玉や甲虫では虹色に見える。こうした現象すべてを理解することが、数世紀にわたる電磁波の研究の頂点であった（電磁波の波長は家の大きさより長いものから原子の大きさより短いものまで幅広く、光はその可視光領域の波長をもつ電磁波にすぎない）。

「奇跡の年」と称される1905年に、アインシュタインは[※1]最大の謎の端緒を開いた。光は明らかに波でありながら、時として粒子のようにふるまうように見えた。この謎は、北極海沿岸で発見された一角獣（ユニコーン）の角と同じくらい奇妙なものであった。このふしぎな角にまったく取り合わない者もいれば、魔法の角をもつ馬の存在を声高に唱える者もいた。海でイッカクを探そうと考える者はごく少数だろう。だが北極に生息するこの歯クジラこそが、その角の持ち主なのだ。アインシュタインはザルツブルクに赴(おもむ)き、まだ会ったことのない物理学者仲間を前に話す予定であった。光は波でも粒子でもなく、現時点では理解できないが波と粒子の融合したものである、と。

実際のイッカクは、神話に出てくる一角獣よりも奇妙な動物である。アインシュタインは、光の粒子(と物質)が他のどの粒子とももつれない独立性、粒子の局所的実在性、独自の分離可能な状態を有していると考え、その解明に乗り出した。[※2] その後50年も分離可能性を研究する中で、アインシュタインは宿敵であるもつれと繰り返し対峙し、望ましくない結果を得た際も、それについてきっちりと報告した。その探究は失敗に終わったが、20世紀で最も実りある研究の一つとなったのである。

学会の前年、アインシュタインは光の研究に没頭していた。「私は放射線の構造の問題に取り組んでいて休む間もなく忙しい」[※3] アインシュタインは1908年に、オランダのライデン大学のヘンドリク・A・ローレンツとベルリン大学のマックス・プランクと書簡で議論を交わす中でそう書いている。ローレンツとプランクはともに傑出した理論物理学者で、アインシュタインより20歳以上も年上であった。

アインシュタインはプランクのことを「自分よりも他人のことを考える真っ正直な人間」[※4] だと感じていた(自分の妻よりもプランクのほうにゆるぎない忠誠心を示していたほどだった)。だが、1908年には意を決してこう書いている。「プランクには一つ欠点がある。彼はなじみのない思考の流れについていくのが苦手だ」[※5]。一方のローレンツについては同年に、「驚嘆するほど思慮深く」[※6]、「他の誰よりもこの男を尊敬する。愛していると言っていいほどだ」[※7] と記している。

アインシュタインとローレンツは、19世紀最後のひと月にプランクが物理学をひっくり返したと思っていた。すべては内壁が光を反射する箱に光を当てることから始まった（アインシュタインが繰り返し立ち返ったイメージである）。長年にわたる研究の末、1900年にプランクは公式を見出した。任意の温度で箱の内部にある光のそれぞれの色がもつエネルギーを予測するというものだ（「箱」はどんな形でも色でもよいが、当たった光をすべて吸収できなければならない）。

プランクは正しい公式を得るために、（$h\nu$で表される一定の大きさの「量子」に含まれるエネルギー）を測定しなければならなかった。量子――「クオンタム」はドイツ語で単に「量」を表す――はまだ謎でも何でもなく、ν（ニュー）は光の色（振動数）、hはごく小さな新しい定数（プランク定数）であった。

そして1905年、青色寄りの高周波の光の実験結果から、プランクの発見が単なる計数手段でなかったことをアインシュタインは発見した。箱の内側でも外側でも、紫外線、X線、γ線は「互いに独立したエネルギー量子[※8]」――光の原子――で実際に構築されているかのようにふるまったのである。

この問題に取り組むために物理学者たちが用いたのが、ルートヴィッヒ・ボルツマンの数学解析である。ウィーン出身のボルツマンは、物質が原子で構成されていることを誰よりも論理的に証明してみせた人物である。だが、たえず鬱に悩まされていた彼は、1906年に62歳で自ら命を絶った。この悲劇が明らかになった頃、彼の教え子である26歳のパウル・エーレンフェストは、プランクの新しい公式が従来の物理学からは生じえない、あるいは調和すらしない「まったく新しい何か」を持ち込んだことを証明した。純粋な波動理論に立つと、高エネルギーで高周波の光に関しては予測が大きく外れてしまうことがわかったのである。エーレンフェストはこれを「紫外発散[※9]」とよんだ。

アインシュタインは、「この量子の問題は並外れて重要かつ難解であり、誰もが関心をもつべきだ[※10]」と1908年に述べている。当時、プランク、ローレンツ、エーレンフェストを除けば、ほとんど誰もこの言葉を気に留めていなかった。

1909年5月初旬、ローレンツはアインシュタインに示唆に富む長い手紙を送り、彼の説く「光の粒子性」を批判した。アインシュタインは同月末に返事を書いている。「私は光量子に関してはあいまいな態度を取ってきたようです。つまり、私は光が互いに独立する量子で構成され、比較的小さな空間に局在しているとはまったく考えておりません[※11]」。互いに依存し、非局所的な量子とは、どんな奇妙なものだろうか？　探究が進んで真実が明らかになり、つぎはぎのキメラ状態から解放されることをアインシュタインは切に願っていた。

スイスの自宅からザルツブルクに向かう途中、アインシュタインはミュンヘンに立ち寄り、彼に影響を与えたただ一人の学校教師のもとを訪ねた。ルース博士は4年生と5年生の国語と歴史を受け持っていた。いつも愉快そうで頑固一徹な特許庁の役人は、恩師の前に立った。アインシュタインはこのとき、後に自身を世界的に有名にした業績の多くをすでに成し遂げていた。運動は基準点に対して相対的であるが、光の速さや物理法則はそうではないことをすでに証明していた。エネルギーと物質は転換可能（$E=mc^2$）であることも示していた。ところが、ルース博士はアインシュタインの擦り切れた服を見て、てっきり金の無心に来たものと思って追い返したのである。初めての学会参加を目前に控えるアインシュタインにとって、それは不吉な前兆となった。[※12]

「理論物理学の発展が次の段階に進めば、波動と粒子理論の一種の融合と言える光理論が生まれるだろうと私は考えています」[※13]アインシュタインは、ザルツブルクに集った物理学者たちにそう語りかけた。講演の目的は「この意見の正しさを証明し、光の性質や構造に対する考え方の大きな転換が不可欠だと示すこと」だと説明した。疑いと戸惑いが広がる聴衆に対し、アインシュタインは、プランクの公式では実際に光が粒子であると同時に波動でなければならないことを示した。

煙（けむ）に巻かれた聴衆の拍手が鳴りやむなり、プランクは立ち上がった。父方も母方も神学者という家系に生まれ、まじめな目つきで威厳のある口髭を生やし、細身であったプランク自身も、さまざまな意味でドイツの物理学者の精神的指導者であった。「私は、演者と意見が異なる点にしぼって話したいのですが[※14]」と彼は口を開いた。「私の意見ではまだ必要でない一歩」をアインシュタインは踏み出したと彼は感じていた。「いずれにせよ、私たちはまず量子論の問題を物質と放射エネルギーの相互作用の領域に移す努力を払うべきでしょう」

好戦的な性格のヨハネス・シュタルクも立ち上がった。バイエルン出身の35歳の実験主義者で、鼻眼鏡をかけ、流れるような口髭のために整った顔立ちが小さく見えた。アインシュタインの19

05年の論文では、数少ない脚注にプランクとともに引用された一人であった。アインシュタインは気難しい人間に煩わされるほど繊細ではなかったので、敵ばかり増やしていたシュタルクとも友人になったようである。10年にわたって彼は唯一、アインシュタインの光量子説を支持していた。だが、アインシュタインの名声が高まるにつれて病的な嫉妬心にとらわれるようになり、ヒトラーが政権に就くと、シュタルクは先頭に立ってアインシュタインの抹殺を叫び、ドイツから「ユダヤ人の物理学」を排除するよう強く求めたのである。

それは後の話として、1909年当時のシュタルクは、アインシュタインの根拠のある論点を評価していた。「もともとは私も同じ意見でした」シュタルクはプランクに向かってこう言った。「しかし、ある現象のために、電磁波は物質と分離され、空間に集中していると考えざるを得なくなったのです」。その現象とは、当時レントゲン線とよばれていたX線である。「たとえ10m離れても集中的に「全ての力で」一つの原子に作用できるのですから」。つまり、同心円状に広がって世界に拡散する波とは正反対の働きをみせるのだ。

「レントゲン線にはどこか独特な特性がある」とプランクも頷いた。「シュタルク氏が量子論を支持する意見を述べられたので、私は反対意見をつけ加えたい」と続けた。光のふるまいの多く、とりわけ「干渉」とよばれる現象は、粒子説ではほとんど説明がつかない。「もし量子が自分自身と干渉するのなら、何十万という波長の光が空間に広がっていなければならない」とプランクは言った。糸のような粒子の雨が、どうすればきっちりと光と影の帯をつくれるというのだろうか？　光を波と考えなければ、干渉の説明がつかないのだ。

それに対してシュタルクは、自信たっぷりにこう答えた。「放射線密度が非常に低ければ、おそらく干渉の結果は変わってくるでしょう」。ちなみに、このもっともらしい発言の誤りが明らかになったのは75年ほど後の話で、たった一つの光量子でも自分自身と干渉することが実験により証明されたときである。

そこでアインシュタインが口を開き、後に彼が「幽霊波（ゲスペンシュテルフェルダー）」とよんだ現象について説明した。電子が電場に囲まれているように、個々の量子も同様に場を放射し、その中を幽霊波が広がっていく可能性があるのではないか、と。この希望的な言葉をもって学会は幕を閉じた。

アインシュタインはその後何年も、粒子は分離可能で「一つの粒子が一つの波」をもつとする説の証明を試みた。結果的にはこの考えは誤っていたが、その理由は数十年かけてしだいに明確に浮かび上がってきた。——原因はもつれであった。もつれでは、二つの粒子がはっきりと分離できないが、それは一つの波で記述できてしまうためである。

「光量子問題の解決の糸口が見つからない」と、アインシュタインは大晦日（おおみそか）にある友人に宛てて書いた。「それでもこのお気に入りの問題をなんとか解決できないかやってみようと思う[※15]」。だが、1910年12月になっても進展はなかった。「放射線の謎をまだ突き止められない[※16]」。1911年の春にアインシュタインは親友でエンジニアのミケーレ・アンジェロ・ベッソに手紙を書いた。「私はもう、光量子が本当に存在するのかと問うのをやめたよ。光量子なるものを構築したりもしない。

私の頭ではその方向性で進められないとわかったのだ[※17]」

アインシュタインは3年半にわたって光量子の問題だけを考え続けたが、行き詰まっていた。1911年6月、彼は新たに別の問題に取り組み、最大の成功を収めることになる。「私は目下、重力の問題に専念している[※18]」と1912年に記している。

しかし、分離できない（よって数えられない）量子の問題は、ずっとアインシュタインの頭の片隅に残っていた。「〝数えられる量子〟の存在を信じられない。光の干渉の性質と……相容れないのだから」と繰り返しつつも、分離可能性という単純明快さを切望していた。「これまでに見つかっている折衷案に取って代わられるくらいなら『ごまかしのない』理論のほうがまだましだ[※19]」


1913年6月、チューリッヒの暖かい夜だった[※20]。アインシュタインはカフェの庭に面した席に腰を下ろし、テーブルには飲み終えたマグカップが置かれていた。一緒にいたのはアインシュタインの終生の友人、エーレンフェストとマックス・フォン・ラウエである。

三人は学会から戻ったばかりだった。ミュンヘン大学のラウエが前年にはなばなしい発見をしていた。硫酸銅の青い結晶は原子が規則正しく配列しているが、この結晶を用いてX線を回折できることをラウエは突き止めたのだ。結晶中の原子にはすき間があるため、X線を当てると反対側から同心円状のさざ波となって扇状に広がっていく。すると結晶内の原子配列のすき間を通って生じるさざ波は干渉しあい、波と波のピークが重なると二つの波を合わせたよりも大きくなり、波の底とピークが重なれば打ち消し合って波は消える。フォン・ラウエはすぐさまアインシュタインに写真を送った。アインシュタインは「すばらしい成功だ。君の実験は物理学で最高の実験の一つだよ」[※21]と返信で祝福したが、アインシュタインの量子仮説がこの結果にどうあてはまるのかはまだ謎のままであった。

ラウエはハンサムで思慮深く、後のナチス政権下においても高潔さを失わなかった。[※22]全国を巡回するプロイセン官吏を父にもち、子供時代は引っ越しと転校を繰り返した。1903年にプランクのもとで博士号を取得している。プランクは彼に初めて相対性理論を教え、夢中になったラウエは夏休みにスイスの山々をハイキングしながら、ベルンの特許庁に勤める相対性理論の著者に会いに行った。アインシュタインが自分と同い歳の24歳と知ってショックを受けたものの、二人で葉巻を吸いながら何時間も話し込んだ。ひどい葉巻[※23]のせいで、「うっかり」川に落ちたりした。ラウエはベルリンでは町中をオートバイで疾走する姿でつとに有名だったが、彼が1911年に相対性理論に関する本を出版すると、アインシュタインは「ちょっとした傑作[※24]」だと評した。

一方のエーレンフェストは、[※25]1903年にローレンツの講演を聞いて以来、量子問題に正面から取り組んでいた。彼はたびたび鬱に悩まされたが持ち前の陽気さで押し隠し、その卓越した批評眼から「物理学の良心」と称された。ウィーンっ子には珍しく、ロシア人物理学者の妻タチアナとともにサンクトペテルブルクに暮らしていた。ロシアを愛していたが、革命前の混乱期にあった同国では外国人でユダヤ人、かつ無神論者である彼に大学の職はなかった。1912年、エーレンフェストはアインシュタインの住まいにもほど近いチューリッヒへの引っ越しを決めたのだが（同年にラウエがそうしている）、時を同じくしてローレンツが自分の後継者としてエーレンフェストをライデン大学に呼び寄せた。エーレンフェストのおかげで、ライデン大学は客員で来ている大勢の物理学者にとっては最高に居心地のよい場所となったが、本人は最後までくつろげなかった。背は高くないが肩幅が広く、ベルトで留めたロシア風のハイネックチュニックに身をつつみ、黒いごわごわの前髪の陰から奥まった黒い目をきらりとのぞかせていた。彼は学生に向かって「ここでカエルは水に飛び込むんだ！」、（アインシュタインに敬意を表して）「特許申請が出ている！」[※26]などと言いながら、複雑な科学概念の本質を説いてみせた。

エーレンフェストがアインシュタインに初めて会うことになったと聞いたとき、ラウエは彼に忠告した。「延々と話し続けるから気をつけろよ。わかるだろう、あいつは大の議論好きなんだ」[※27]。だが、エーレンフェストはアインシュタインに負けないくらい話した。2回めに会ったときなど、アインシュタインとエーレンフェストは霞がかった暑い丘を二人きりで歩きながら5日間ぶっ通しで話し続けたのである。[※28]その数日前に熱心な物理学者たちが地元の山に集まって二人に合流していた。アインシュタインは自分の研究内容を彼らに解説し、エーレンフェストは納得がいくまで鋭い質問を投げかけた。「わかったぞ！」[※29]という歓喜に満ちた彼の声が、その場にいたラウエの耳にこだましていた。

こんどはエーレンフェストが量子論への取り組みをアインシュタインに説明する番だった。アインシュタインはわかっているという風に頷いていた。「量子論がうまくいけばいくほど、バカげて見えるんだ[※30]」

エーレンフェストはラウエに向き直った。「アインシュタインはプラハの公園の話をしたかい？」

ラウエは首を横に振った。

「1年前、プラハにいたアインシュタインを訪ねたときのことだ——アインシュタイン、君が話せよ」

「僕の研究室からは公園が見えるんだ。木や庭園もあって、本当にいい眺めでね」アインシュタインが話し始めた。「多くの人が公園内を歩き回っていた。歩きながら物思いにふける人もいれば、グループで熱心に身ぶりを交えて話す人もいた」と言って、にやっと笑った。「ただ、奇妙なことに、そこでは朝は女性、夕方は男性しか見かけないんだ。それで僕がここは何の場所ですかと訊ねたら、病院だと言われたのさ」

エーレンフェストはラウエに向かって言った。「そしたらアインシュタインはなんて言ったと思う、『彼らは量子論に没頭していないほうの病人だ[※31]』ってね」

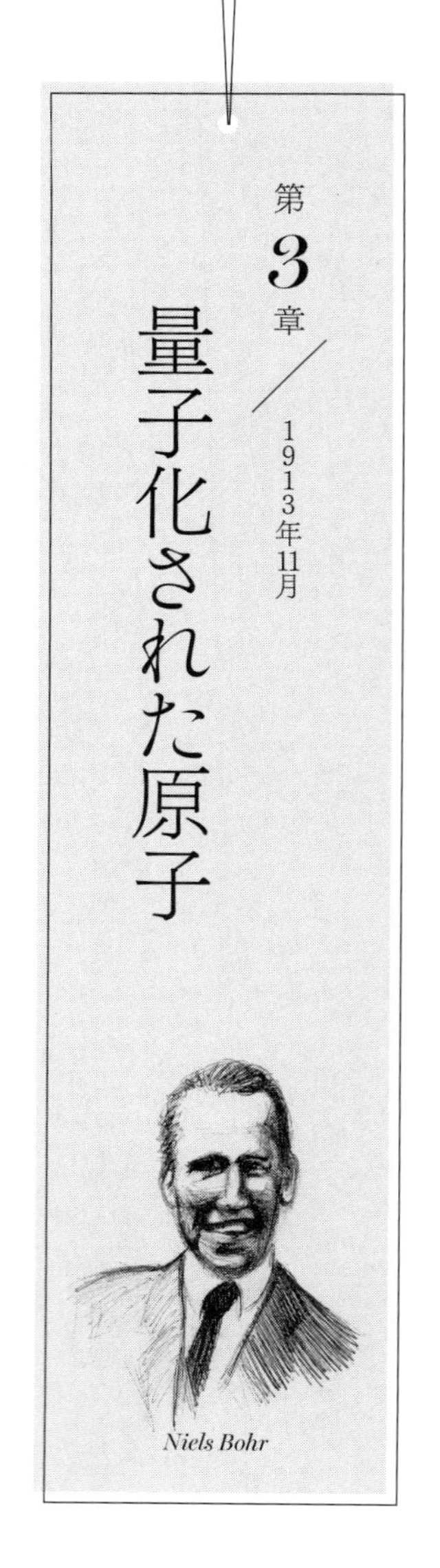
第3章 量子化された原子

1913年11月

Niels Bohr

マックス・フォン・ラウエとオットー・シュテルンがユトリベルク山を登る道すがら、11月も終わりの霧がつきまとっていた。エーレンフェストが訪れてから5ヵ月が経っていた。どんよりとした空の下でハイキングに出かけたのは、山頂なら雲より高く晴れているからだ。その日の朝、シュテルンとラウエは霧に包まれた道で「ユトリベルク・ヘル(陽光のユトリベルク)」と書かれた看板を見かけた。[※1][※2]

ラウエとシュテルンはつい最近、地元住民となったばかりであった。ラウエはチューリッヒ大学教授に、シュテルンはチューリッヒ工科大学の講師に就任したのである。アルザス出身のラウエと同じく、シュテルンもビスマルク率いる成長著しいドイツ帝国の周辺地域で紛争の多いシュレジエン地方(当時はまだ無名で平凡な街にすぎなかったアウシュヴィッツが境界地帯に位置していた)

で育った。

ラウエより10歳年下のシュテルンは、顎が長く太り気味で、陽気な雰囲気を醸し出していた。見事に理論と実験の中道をいく彼であったが、手先がひどく不器用で、教授となり助手がついてからは、壊れやすい実験機器を決して操作しようとしなかった。機器が倒れてきても、「受け止めようとするよりも倒れるがままにしたほうが被害は小さい」[※3]と、葉巻で身振りをつけて語っていた。1911年にシュテルンは自費でアインシュタインのいるプラハに移り住み、そこで彼の唯一の親友となっていた。ユダヤ系であったシュテルンはのちに、ナチスに追われて地球の反対側に逃れることになる。晩年は目に涙を浮かべてかつての「美しき日々」[※4]を思い返す生活を余儀なくされた。

ユトリベルクの山頂で冷えた空気を胸いっぱいに吸い込むと、背中の汗が冷たくなるのを感じた。ラウエとシュテルンは白い霧の海を眺めた。二人が背後に残してきた街は消え、代わりに荘厳なアルプスが見えた。雪を戴(いただ)いたアイガー、メンヒ、ユングフラウの3つの山、そして切り立った暗い尖頂をもつフィンスターアールホルンである。この眺望をバックに、背が低く樽を思わせる体格のシュテルンと長身で痩せ型のラウエが並び、ユーモラスな輪郭を描いていた。

二人は他の物理学者たち同様、原子について語り合っていた。1911年に原子は何か小さな太陽系（正電荷をもつ原子核が太陽で、惑星に相当する負電荷をもつ電子に恒常的な電気的引力を働かせている）のようなものだと明らかになったが、問題が残っていた。電子のように電荷を帯びた物体は、自らがつくり出す電場とは分離できない。もしその物体が動くと磁場も生成してしまう。

また、もし速度を変えれば（速める、遅くする、回転する）、その変化によって周囲の電場や磁場に波が生じる。この電磁波がいわゆる光である。帯電して原子の中心軌道を回る電子は、たえず電磁場に光波のさざ波を作り出し、それぞれの波にエネルギーを放出して、ついには宇宙の原子はみなパンクしたタイヤのように平べったくなってしまうはずだ。だが、もちろんそんなことは起こらない。

1913年、シュテルンとラウエがユトリベルクに登った数週間前、説明のつかないこの原子の安定性※5の問題は、28歳の無名のデンマーク人物理学者の手によって解決をみた。ニールス・ボーアはイギリス・マンチェスターでの1年間の研究を終え、コペンハーゲンに戻ったばかりだった。論文は71ページにわたり、その説明は非論理的だった。電子はつねに光を放射するのではなく、言葉で言い表せない一種の遷移が起こるときのみ発光するとボーアは説明した（かの有名な「量子飛躍」である）。このような飛躍は、ネコのなめらかな跳躍とはまったく別物である。不可解で、量子化され、一か八かというように、ある軌道から消え失せ、別の軌道に出現する。それはまるで、地球が火星の軌道に突如として姿を現すようなものだ。

量子飛躍一つとっても、従来の物理理論には一度としてなかったものであるが、それと同じくらい不気味に感じられたのは、飛躍する電子が放出する光の周波数であった。光の周波数は色として認識されるが、周波数の概念は、車輪のように文字どおり丸いものから周期的にめぐる季節まで、循環するものであれば何にでもあてはまる。たとえばメリーゴーラウンドの周波数といえば、立って手を振るあなたの前をぶち模様のポニーにまたがった幼い妹が1分間に通り過ぎる回数だ。その内部では、レコード・プレーヤーがバンドオルガンの高い音色を流している。このレコードの周波数は1分ごとの回転数（rpm）で、再生される音の周波数と直接関係している。45回転のレコードを33⅓回転で再生すれば、鈴のような音色は低くなり、どんよりしたピチカートになるだろう。逆に速く回転させれば、狂ったようなリズムで甲高く鳴り響く。

だが、ボーアの原子モデルによれば、電子の軌道の周波数は原子が発する光の周波数と同じではない。信じられないことだが、それは単独の純粋な周波数で、移る前の軌道と移った後の軌道のエネルギー差（をプランク定数*h*で割ったもの）に等しいのだ——まるで、電子が光を放射しながらすでに到着地点を知っているかのように。

「バカげている。[※6] そんなものは物理じゃない」眺望から視線を戻したラウエがようやく口を開いた。「ボーアは原子に命令して安定させただけで——」

シュテルンがにやっと笑った。「独裁者だな！」

ラウエはむっとして口の端を上げた。

二人は腰を下ろし、遠くに見える山の頂にふたたび目をやった。そして、同時に顔を見合わせて言った。「アインシュタインには話したか？」

「ボーア理論が発表された直近の国際会議で、僕は最後に立ち上がって言ったんだ」と、ラウエは冷静な顔つきでシュテルンを見た。「『けれどもそれはナンセンスです！　電子が円軌道を描くのなら、光を放射しなくてはならないでしょう』と」

　シュテルンは一つ頷いた。

「なのにアインシュタインは――『いかにも奇妙だ。何かがあるに違いない』と」。ラウエはちらりとシュテルンを見やった。「基礎定数を用いてリュードベリ定数をそこまで正確に予測できたのは、純粋な偶然とは思えない、と言ったんだ」[※7]

　リュードベリ定数とは、周期表の各元素の発光色を予測する数式の中で30年もの間説明がつかなかった定数である。常識破りのボーア理論は、偶然にもこれまで恣意的だったこの数をやすやすと導き出し、それまではただ必須とされていた部分に意味が与えられたのである。

　とうとうラウエが言った。「まあ、彼が本気で考えたらボーアの理論を気に入らないだろうな」

「まったくだ」とシュテルンも言った。「電子の飛行経路を決め、説明不可能な飛躍を命令する独裁的な決定なんて――今のところはうまくいっているように見えるかもしれないが、そんなものは物理じゃない」

「誰かが立ち上がってこのバカげたことを止めないと」ラウエは皮肉な顔つきで言った。

　シュテルンはふざけて哀しげな声を出し、14世紀に誕生した伝説的なスイスの民主主義の時代へ戻って言った。「2本の矢を携えた孤独な男……ヴィルヘルム・テルはいずこに？　リュトリで誓った男たちはどこへ消えてしまったのだ？」

　シラーの有名な劇の世界に浸り、ラウエは一節を引用した。「否、暴君の権力にも限りはある」。

彼とシュテルンはどれほど慈悲深かろうと独裁者を受け入れられなかった。

二人は笑い出した。「マックス・ラウエよ、汝は誓うか」――シュテルンはにやっと笑って言い直した――「マックス・フォン・ラウエよ（ラウエの父は同年に世襲貴族の称号を与えられ、フォンを名乗っていた）、ボーアが正しいと判明した暁には物理学をあきらめると汝は誓うか？」

フォン・ラウエは歯を見せて笑った。「もちろん。そんなことは耐えられない。オットー・シュテルン、汝は誓うか？」

「リュトリの誓いはどう続くのだっけ？　たしか分かちがたく不滅の星がどうとか……」

「いや」とラウエは手を伸ばした。二人がいたのはユトリベルク山頂だった。「新しい誓いが必要だな」そう言ってラウエはにやりとした。

シュテルンもピンときた。「ユトリの誓いのために！」

ラウエが続けた。「原子に誓って」


原子は、紀元前5世紀にギリシャの哲学者がその存在を予見して以来、最大の謎の一つであった。人も、腰かけている椅子も、吸い込んでいる空気も、あらゆる物質は突き詰めれば同じ構成要素から成り立っているのだろうか？　その究極的な構成要素とは、どのようなものだろうか？　人々は答えを求めてその原理を模索した。18世紀半ばになると、探求心旺盛なスコットランド人のトーマス・メルヴィルが食卓塩を燃やしてその発光をプリズムにかざして見た。アイザック・ニュートンが白色光をプリズムに通して虹色のスペクトルを発見したのと同じように実験したところ、虹色のスペクトルは現れず、黄色からオレンジ色が暗線にはさまれた形の縞模様が現れた。

その62年後、ヨゼフ・フォン・フラウンホーファーは、軍事用の光学機器を製作する会社で測量レンズを調整する仕事のかたわら、太陽光をプリズムに通す実験をしていた。彼は初めて、ニュートンの虹のスペクトルの中に暗線を発見した。虹の暖色の黄色部分が2ヵ所欠けており、それはちょうど塩のスペクトルをひっくり返した模様であった。

このふしぎな一致は半世紀近くも放置されていたが、ハイデルベルク大学の中世建築のホールを松葉づえできびきびと歩き回る小柄な物理学者が黄色い部分が欠けている原因を追究した。グスタフ・キルヒホッフは、この黄色い部分は太陽周辺のナトリウムガスによって吸収されているためだと考えた（食卓塩は塩化ナトリウムである）。そこに手を差し伸べたのが、彼の親友で心優しい大柄なロベルト・ブンゼンであった（ブンゼンは20年前にシャーレが爆発した際の破片で片目を失明していた）。「目下のところ、キルヒホッフと僕は共同作業をしていて眠れないのだ」と、1859年にブンゼンはある友人に語っている。「キルヒホッフはまったく予想だにしなかったすばらしい発見をした。太陽スペクトルの中に暗線ができる理由を突き止めたのだ」※8

キルヒホッフが発見したのは、距離が大きく離れていても、その特徴的なスペクトルの観測によってガスがどんな種類の元素でできているのかを識別できるということだ。この発見により、星の組成は突然、誰もが知るところとなった。炎自体のスペクトルが生成されないように十分に高温の炎で燃焼させると、地球上の元素も——どれほど微量でも——その種類がわかる。ブンゼンはそのためのバーナーを考案し、キルヒホッフは正確な「スペクトロスコープ（分光器）」を即席で作り上げた。プリズムが真っ黒な葉巻の箱で保護されただけの代物だが、使い捨ての顕微鏡の先端から覗くことができる。

これにより、「これまで知られていなかった元素[※9]」が現れはじめた。ブンゼンは次のように書いている。「新たな金属を発見できた私は幸運だ……青いスペクトル線をもっているので、これをセシウムと名づけよう。[注1]こんどの日曜日、原子の重さを初めて決定する時間を見つけたい[※10]」

こうしてヘリウム（「太陽から」の意味）が見つかり、次々と新たな元素が発見されていった。一部の物理学者がこの分光学に熱狂した。1900年に刊行されたスペクトル線の一覧表「ハンドブーフ・デア・スペクトロスコピー[※11]」の第1巻だけで800ページもある。誰もその背後にあるメカニズムはわからなかったが、ボーアは（彼の特徴的な英語で）、スペクトルは「すばらしいが、進歩する可能性はない。蝶に翅（はね）があり、その色に規則性があるからといって、蝶の翅の色の生物学的特性を理解できるとは誰も思わないだろう[※12]」と述べた。

ボーアはコペンハーゲンにある大邸宅で生まれた。[※13]ボーアの父親は心地よいおしゃべりでゲストをもてなし、家の中は夜更けまで賑（にぎ）わっていた。父親はノーベル生理学・医学賞にも数回ノミネートされた生理学者で、彼の三人の親友は言語学者、哲学者、物理学者としていずれもデンマークでは名の通った知識人であった。ボーアは非常に恵まれた子供時代を送った。彼は衝動的でやんちゃな子供で、取っ組み合いのケンカでは自分の腕力を知らずに友達をあざだらけにしていたが、悪意のない大きな笑顔を見せる少年でもあった。彼の優しさと謙虚さは、時折見せる鈍感な力強さ（大きくなってからは知的分野で発揮された）とともに、生涯を通じて彼の特質として知られた。

1911年、ボーアは26歳のときに原子研究の中心地であったイギリスに到着し、J・J・トムソンの下で研究に従事した。トムソンは10年ほど前に電子を発見しており、古めかしいネオゴシック様式の廊下や雨漏りのする天井がある偉大なケンブリッジ大学キャヴェンディッシュ研究所で、聡明な若手研究者集団を率いていた。その一人が、ニュージーランド出身のアーネスト・ラザフォードであり、謎に満ちた放射能研究の第一線で活躍していた。ボーアは教授職に就いたばかりのラザフォードを訪ねてマンチェスター大学に会いに行った。折しもこの年、ラザフォードは同大学で原子核を発見したところだった。

父を亡くしたばかりのボーアはたちまち14歳年上のラザフォードと意気投合した。二人とも社交的で、生まれながらのリーダーであった（讃美歌「すすめ、つわもの」[※14]を調子はずれの大声で歌って原子研究に打ち込む者たちを奮い立たせたラザフォードはみんなに愛されていた）。どちらもアウトドア派[※15]でサッカー選手という共通項もあった（ボーアの弟ハラルトもサッカー選手で、オリンピック銀メダリストに輝いている）。

イギリスでの1年が過ぎようとしていた1912年夏、ボーアはラザフォードに原子理論の仮説を説明した。「[それを] 選んだのは、プランクとアインシュタインが提唱したような放射メカニズムの概念に関係し、それを裏付けているように見えるすべての実験結果を説明できそうなただ一つの仮説だった」[※16]からだ。ラザフォードは「女性バーテンダーにわかるように説明できなければ」[※17]完全な理論にはなりえないと信じており、ボーアは自らの仮説に若干の修正を加えるべきだと考えていた。

だが、ボーアには修正する気などまるでなかった。コペンハーゲンに戻った彼は、自身が生まれた1885年に発表された論文の中に分光の数式を偶然に見出した。著者は故ヨハン・ヤコブ・バルマーで、数式を書き上げた当時60歳だった彼はスイス・バーゼルの女学校で教鞭をとっていた。その数式はいまだ見ぬスペクトル線の配列を予測したもので、30年をかけてきわめて正確なものであると証明された。〝蝶の翅〟の色を表すこの数式は、ボーアの手によって原子の内部を見る手段へと姿を変えたのだった。フラウンホーファーの虹における暗い部分は「吸収スペクトル」であった。つまり、欠けている部分は原子が吸収できる光の周波数であり、電子がエネルギーの高い外側の軌道へと遷移する飛躍である。メルヴィルが燃焼させた塩のスペクトルはちょうど正反対だった。こちらは「放出スペクトル」で、最もエネルギーの低い軌道（「基底状態」という）へ向けて内側に飛躍し、その際に発光してエネルギーを失う。

1913年の秋にボーアが論文を発表し、彼が正しければ物理学をあきらめるとラウエとシュテルンが誓い合った頃、アインシュタインはウィーンを訪れていた。彼はそこで、ボーアのよき友人でありハンガリー人実験物理学者であったゲオルク・ド・ヘヴェシーと偶然出会った。

ヘヴェシーは間違いだらけの英語でボーアに手紙を書いている。「アインシュタインに君の理論についての意見を求めたところ、『それが正しければ非常に興味深いと話してくれた』[※18]」(アインシュタインの友人で伝記作家でもあるアブラハム・パイスによれば、「ウソの称賛だ。別の件で彼がこうコメントするのを私が聞いたかぎりでは[※19]」という)。

そのときヘヴェシーは「星の光に見られるふしぎなスペクトル線がヘリウムのものであることをボーアは説明できる」とアインシュタインに話している。ボーアの理論からは「実験の値とぴったり一致した[※20]」結果がすでに出ており、それは分光学の分野における前代未聞の偉業であった。「アインシュタインの大きな目がいっそう大きくなったように見えました[※21]」ヘヴェシーはラザフォードにこう報告している。興奮のあまり、ヘヴェシーはますますひどい綴りで書いた。「彼は本当に驚き、『光の周波数と電子の周波数はまったく別物なので……これは大きな業績だ。それならボーアの理論は正しいに違いない』と語っていました[※22]」

「私はアインシュタインがそう言うのを聞いてとても嬉しかったのです[※23]」と、ヘヴェシーはラザフォードに打ち明けている。

だが、ラウエとシュテルンの反応のほうが、アインシュタインのそれに比べてはるかに広く共有された。「(『フィロソフィカル・マガジン』誌に発表された)ボーアの量子論の論文……を読んで、私は絶望的な気分になりました」とエーレンフェストはヘンドリク・ローレンツに書き送っている。「これが目標に到達する方法だというのなら……私は物理学をあきらめなければなりません」[24]。エーレンフェストは「ほら、君は欠点を見つけたじゃないか！」[25]と言って学生たちを称えるのが好きだった。彼はボーアの理論がまだ多くの欠点を抱えていると感じ、その原子モデルは「まったく手に負えない」[26]と言って無視した。

大半の物理学者がボーアの原子理論の抽象性を理解しきれていなかった。また、第一次世界大戦による物資不足や困難が続いていた１９１５年には、アインシュタインが科学における最大の芸術作品とも言うべき「一般相対性理論」を発表した。地球は太陽のまわりを回る――ところが一般相対性理論によれば、太陽もまた地球のまわりを回るのだ。この宇宙において、あらゆる回転を客観的に眺められるような正しい基準系はなく、「固定されているように見える恒星」も「静止した観察者」も存在しえない。一般相対性理論は銀河の動き方のみならず、空から降り注ぐ最小の原子の粒子を説明するためにも必要となる。ところが、この一般相対性理論は量子化と相性が悪いことで知られ、二者択一を迫られればアインシュタインは疑いなく前者を選んだだろうと言われている。

エーレンフェストは、自分は「古典的な領域」（相対性理論を含む、量子を扱わない物理学）と「量子の領域」の境界線がわかるような「一般的な視点」――のちにボーアは、それを見つけて喜んだが――がほしいだけなのだと１９１７年に述べている。[27]一方アインシュタインは、統一された物理学を望み、そのような妥協をよしとしなかった。

ボーアは１９１９年、エーレンフェストのいるライデン大学を訪れ、原子についての講義を行った。ボーアは「柔らかい声でぼそぼそと、誰かが先に考えていた可能性には触れずに、お世辞と受け取られないよう慎重に言葉を選びつつ、熱心に語った」※[28]（J・J・トムソンの息子ジョージ・パジェット・トムソンは、いかにもイギリス人らしい控えめな表現でそう評した）

ぼそぼそと不明瞭な話し方をするボーアの説明に添えられていたのは、催眠術をかけるような複雑な描画で、それには中心の点のまわりを周回する電子の軌道が描かれていた。※[29]いわゆる「ボーアの電子」である。それは、すべてのイメージが抽象化の雲の中に消えるまでの、最初で最後の量子のアイコンとなった。彼は、これらの軌道は文字どおりに受け取るべきではないと説明したが、美しい惑星のような描画を眺める聴衆の中に、ボーアの言葉に耳を貸す者はほとんどいなかった。誰もがボーア理論の成功を目の当たりにした。たとえその内容は理解できなかったとしても——。

エーレンフェストは彼の理論はもちろんボーア本人にも魅了されていた。「エーレンフェストはボーアの原子理論について熱心に書いています。彼はボーアのもとを訪れています」アインシュタインは1921年に、友人でもあり同僚でもあったマックス・ボルンに宛てた手紙にそう書いている。アインシュタインとマックス・ボルンは1908年のザルツブルクでの学会講演で知り合い、生涯の友となっていた。「エーレンフェストが納得しているのなら、何かがあるに違いありません。なにせ彼は懐疑論者ですから」※[30]

注1　「新たなアルカリ金属について」と題した論文で、ブンゼンとキルヒホッフはセシウムという名前を、「古代人が天空の青を指して使った」ラテン語のカエシウスから取ったと説明している。※[31]

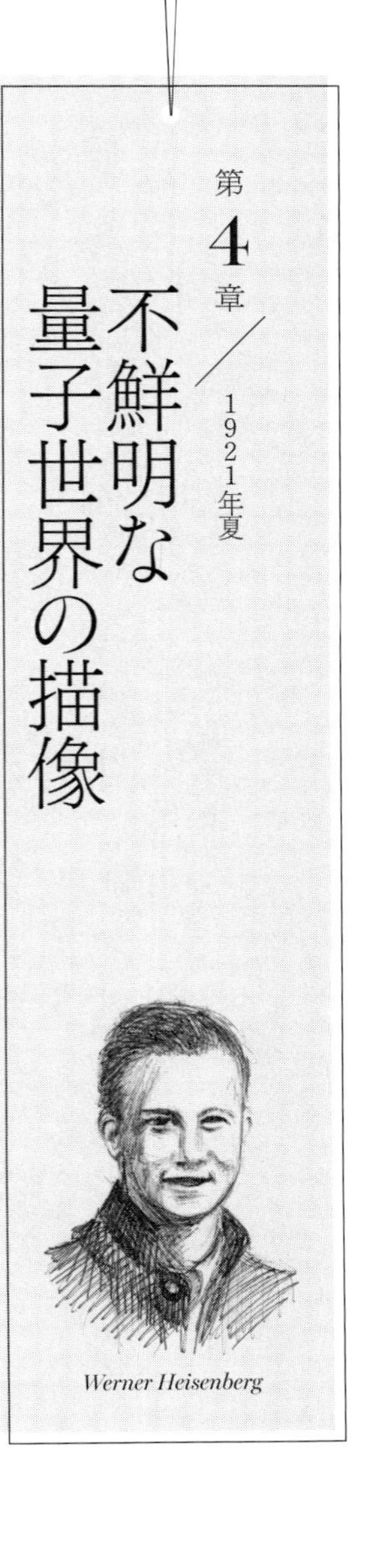

第4章　不鮮明な量子世界の描像

1921年夏

夏も終わりに近づいたある日の午後、ヴェルナー・ハイゼンベルクは自転車のそばで草の上に座って訊ねた。「正直なところ、電子の軌道なんてものが原子の内部に本当に存在すると信じるかい?」[※1]彼はチーズを一口かじり、死んだように寝そべっているヴォルフガング・パウリを見やった。喉(のど)が渇いたオットー・ラポルテは、水筒を逆さにしてごくごく飲んでいた。

「チーズを取ってくれないか」身じろぎもせずパウリは言った。このとき、ハイゼンベルクは19歳。[※2]パウリはハイゼンベルクより1歳半年上なだけだったが、マックス・フォン・ラウエの友人で元同僚のアルノルト・ゾンマーフェルトの指導下でミュンヘン大学の博士課程を終えたばかりであった。ハイゼンベルクもまた、ゾンマーフェルトの下で研究していた。ラポルテはもうすぐ19歳になるところで、[※3]家族とともにフランクフルト・アム・マインに住んでいたが、ドイツ軍に自宅を接収されて前学期にミュンヘンにやってきたばかりであった。

ラポルテとパウリは、ノーベル賞受賞者でもある厳(いか)めしいヴィルヘルム・ヴィーン教授の8時間に及ぶ昔ながらの実験物理学の授業を「耐え忍んだ仲間」[※4]として出会った。三人の青年は、勢いで気晴らしの自転車旅行に出かけたのだった。「パウリが僕の世界に足を踏み入れたのは、後にも先にもこのときだけだったと思う」[※5]と、アウトドア派のハイゼンベルクは都会派の友人について語っている。

ハイゼンベルクはパウリにチーズを渡すと、ケッセルベルク山の峠へとつづく砂利道に目をこらした。草の上でごそごそと音がした。元気が戻ってもまだ寝転んだままのパウリは言った。「すべてが神話のように思えるんだよ」[※6]。彼は真夏の太陽の下で重たい瞼(まぶた)をほとんど閉じたまま、大儀そうに体を起こした。パウリの顔はどこか秘密めいている[※7]——それが、前年に初めてパウリに出会ったときのハイゼンベルクの抱いた印象だった。そのときのハイゼンベルクとパウリほど似ていない二人はいなかった。金髪のハイゼンベルクは痩せ型で、指導教授であったマックス・ボルンの初対面の印象は「素朴な農家の少年」[※8]だった。黒髪のパウリはすでにやや太り気味でつねに体を揺らし、研究以外の時間をコーヒーショップやナイトクラブで過ごしていた。

二人を引き合わせたのは物理学だった。若き両者はすでに、この分野で頭角を現していた。1920年にパウリは一般相対性理論——その数学的な難しさには専門家ですら手を焼く——について記念碑的な200ページの総説を書いており[※9]、アインシュタイン本人も感服したほどであった。混乱した初期の量子論において、ミュンヘン大学のゾンマーフェルトのすばらしい（かつ、ひときわ放任主義の）指導のおかげで二人とも独自の考えを打ち出すようになっていた。

ラポルテはなんとか気圧(けお)されまいとした。ハイゼンベルクは彼の率直さ、大きく不格好な黒ぶち眼鏡の奥の淡々とした表情や穏やかな笑顔、何事にも興味を示すところが気に入っていた。[注1※10]

「僕らがあの旅行中に始め、ミュンヘンに戻ってからも続けた議論が、のちに大きな意味をもつようになった」[※11]ハイゼンベルクは後年、そう回想している。量子世界が波、あるいは粒子で成り立っていると思い描くことは困難であった。そのためハイゼンベルクとパウリは、のちにそうした描像(イメージ)の追求を否定するようになった。一方ボーアは、矛盾する二つのイメージを心にとどめておくべきだと主張した。イメージはつねにそれが表す内容に比べて単純であり、過度な単純化は誤解を招くおそれがあると考えたのだ。

しかし、イメージを拒絶するのも同様に誤りである。複雑であいまいなベールで真実を隠すのに、言葉ほど優れたものはないからだ。イメージのない量子力学的記述――あるいは矛盾するイメージを受容するボーアのキュビズム的記述方法――によってあいまいにされていたのは「もつれ」であった。

「いいかい」とパウリは続けた。「ボーアは、原子の奇妙に思える安定性とプランクの量子仮説とをうまく結びつけた――まだきちんと解釈されてはいないけれど。だが、僕にはどうしても、両者がどうやって結びつくのか理解できない。ボーアの理論は矛盾を排除できていないのさ」[※12]

「そうだな」とラポルテは答えた。「知覚に直接関係する言葉や概念だけを用いるべきだ」[※13]

パウリは瞼をほとんど閉じていた。「ああ、マッハ。[※14]彼の言うことはいつだってもっともらしく聞こえる。まるで悪魔みたいに」。エルンスト・マッハは19世紀のドイツ物理学の権威であった。実証主義の信奉者として知られ、観察できるものだけが意味をもつと考えた。パウリは目を開いた。「実はマッハは、僕の名づけ親なんだ」。「なんだって！」とハイゼンベルクが驚く。

「僕の名づけ親なんだよ」リズミカルに頷きながらパウリは繰り返した。「ご存じのとおり彼は神父より強烈な性格だったから、結果的に……僕はカトリックではなくて反形而上学の洗礼を受けたようなものさ。マッハのアパートはプリズムや分光器、ストロボスコープ、通電装置であふれかえっていて、彼を訪ねるたびに面白い実験をみせてくれた……思考過程を訂正するためにね。彼は思考過程なんてものはどんなときも信用できず、思い込みや誤りの原因となると考えていた」[※15]。パウリは歯を見せて笑った。「マッハはいつも自分の洞察はおしなべて正しいと思い込んでいたが、彼の実証主義なんて時間のムダだよ」。ラポルテは不快な色を浮かべ、いらだった声で言い返した。

「アインシュタインはマッハと同じやり方で相対性理論にたどり着いたのではないのかい？」ハイゼンベルクも頷いた。

パウリはチーズをもった手でジェスチャーしながら言った。「それは単純化しすぎというものだよ」[※16]

「観測できるものに固執して何が悪いんだい？」ラポルテが反論した。

「マッハは原子を信じていなかった。原子を観察できなかったからだ」ラポルテを横目でしっかりとらえてパウリは言った。「彼は、君が擁護しているまさにその原理によって方向性を見失ったのだ。僕の知るかぎり、そうなったのは偶然じゃない」[※17]

ハイゼンベルクは眉根を寄せた。

「間違ったからといって、物事を実際より複雑にしていいわけじゃない」[※18]ラポルテは言った。

「その点については君が正しい。軌道を真っ先に否定すべきというのが僕の意見だ。けれどゾンマーフェルトは、軌道に惚れ込んでいる。彼は実験結果や原子神秘主義に頼っているからね」[※19]パウリは言い、一瞬眉をあげた。

「原子神秘主義?」ラポルテが問い返した。パウリは笑ってさらに体を揺らした。原子神秘主義は、ゾンマーフェルトの教え子たちが作り出した言葉である。ゾンマーフェルトは原子モデルに改良を重ね、1921年にはボーア＝ゾンマーフェルト原子モデルとよばれるようになっていた。原子神秘主義はモデルが改良されるたびにその正確さを増したが、理論を丸ごと信じる必要があった。「ゾンマーフェルトが『天体が奏でる原子音楽』[※20]について語り、数と数の間にある関係を心から信じていると今にわかるさ」

「成功するためには手段が犠牲になる」[※21]ハイゼンベルクが挑むように、パウリに向かってそう言った。

パウリはおかしさをこらえるように口元をひきしめた。サラミを一口かじり、草の上に寝転がってつぶやいた。「次の段階に進む理論を見つけ出すのは僕なんじゃないかと思うときがある」。ブッダのように彼の目はほとんど閉じていた。「でも」――目をぱっと開いた――「壮大な古典物理学の統一性に疎いほうが道を見つけやすいのかもしれない。その点で君たち二人は決定的に有利だ」。意地の悪い笑みを浮かべてパウリはこう付け加えた。「とはいえ知識がなくては成功もおぼつかないがね」[※22]

ハイゼンベルクはあいまいな受け答えで、手の込んだからかいを上手に返した。「よし、そろそろ出発するとするか」ハイゼンベルクは若いリーダーの声で言った。「なあ、ラポルテ？」

「そうしよう」ラポルテは笑って答えた。

パウリは前方に広がる急勾配の森の丘を見上げた。「どうして僕はジャン＝ジャック・ルソーの弟子に誘われてこんな田舎に来てしまったのか、自分でもわからない」[※23]。パウリは声をひそめてラポルテに言った。「ハイゼンベルクがテントで寝泊まりしてるって知ってたか？」[※24]「いや」「テントで眠り、考えたくもないような時間に起きてくるんだ」

「パウリはたいてい、正午の鐘が鳴るころに目を覚ますからね」ハイゼンベルクが横から口を挟んだ。パウリは続けた。「ハイゼンベルクは星が残っているうちに起きてきて、しかも1時間もハイキングする。でもそれで、授業に出席できるか？」。ラポルテはくすくす笑っている。パウリは熱心に講釈していた。「いやいや、その後さらに電車に乗らなければならない。文明の地に到着し、そしてようやく我らの野外活動家ハイゼンベルクはゾンマーフェルトの講義にたどりつくってわけだ。知ってのとおり朝9時に始まる――」

「――とかいう噂だね」とハイゼンベルクは茶化す。「教授が何時に講義を始めるのか、パウリは自分の身をもって証明できていないけどね」

「僕は理論科学者だから、そこは他の者に任せるさ」とパウリは言った。

ハイゼンベルクは笑って自転車のペダルに片足をかけ、丘を登り始めた。いつものように、世界が彼の脇を流れるように通り過ぎていく。子供の頃[※25]、彼は病気がちでいじめられやすく、両親がかわいがっていた兄エルヴィンに比べて引っ込み思案な弟だった。彼が8歳になる頃には、父はミュンヘン大学のギリシャ語の教授を務めていた。父は日頃から二人の息子に学力を競わせた。幼いハイゼンベルクは苦手なことでも秀でること、そのための努力に押しつぶされそうなときには森に逃げ込むことを覚えた。肺の感染症で一度は生死の境をさまよったこともある孤独なハイゼンベルク少年は、成長すると登山やスキーを楽しみ、ボーイスカウトの仲間内では相手をかばい、信頼される友人となった。

一方、パウリの子供時代[※26]は落ち着いていて「いつも退屈していた」。彼が生まれる2年前に胸躍るような出来事はすべて終わっていた。祖父は他界し、父――ボーアの父と同じく高名な医学者であった――は文字どおり自分を作り直した。ユダヤ教からカトリックへと改宗し、名前もパシュレスからパウリに改名し、プラハからウィーンへと移り住んだのだ。パウリの母は活発で、女性の権利を求めて声を上げたものの最終的に絶望したフェミニストであり、社会主義の作家であった。母親の影響を受けたパウリは当初、国民に支持されていた第一次世界大戦を憎むようになった（新聞を読んだりしたわけではなかったが）。彼が通った高校のクラスからはノーベル賞学者が二人、有名俳優が二人に加え、多くの大学教授を輩出している。パウリはクラスの人気者で、手の込んだいたずらをしかけたり、教授の完璧な物まねを披露したりした。学生時代のパウリは夜になると街に繰り出しては話術に磨きをかける一方、深夜に自室に戻ると机に向かい、最高の研究を生み出したのである。

ハイゼンベルクにとって、ハイキングやあてのない散歩は思索する絶好の機会であった。そして今も、ケッセルベルク山のきついカーブの峠道を苦労して登りながら、フランクフルトから届いた知らせに考えをめぐらせていた。それは、ラポルテがミュンヘンに向けて出発する以前から進行していた魅力的な実験だった。8年前、シュテルンはボーアが正しければ物理を捨て去るとラウエと誓ったが、その誓いを実行に移すことなくボーアの原子を検証していた。

周回する電子が発生させる磁場に囲まれた原子は、磁石のようにふるまう。ゾンマーフェルトは原子が外部磁場に対して量子的に反応することを示した。これらを文字どおりに受け取らないよう周囲の人間から忠告されたもののシュテルンは耳を貸さず、このふるまいについて調べることに決めた。フランクフルト大学理論物理学部長としてマックス・ボルンがいたのは幸運であった。

ボルンは自己犠牲を厭（いと）わないチームプレイヤーで※27、気品のある革命家であった。シュテルンと同じシュレジエン出身で、早くに母親を亡くし、悲しみに暮れたよそよそしい父親――ボーアやパウリの父親と同じ医学者だった——と、裕福だが尊大な母方の祖父母に育てられた。繊細で少年のような顔つきと目をしたボルンは、身を守るように構えながら世界を見ていた。ボルンは一生不安定な生活——時には過剰に報いられることもあったが——と闘い、仕事の不安定な劇作家のヘディと結婚してもそれは変わらなかった。

しかし、第一次世界大戦が始まって二人がベルリンに移ると、驚くほど自信に満ちた自由な精神の存在が彼らの生活に入り込んできた。アインシュタインである。近くで独り暮らしをしていたアインシュタインは、ボルン宅に立ち寄っておしゃべりや音楽を楽しむのが習慣となり、彼らの「最上の友人」[※28]となった。のちにボルンは「飢えや不安が蔓延し、暗く気の滅入る時代であったが、我々にとって最も幸福な時期だった。アインシュタインのそばに住んでいたからだ」[※29]と述べている。アインシュタインは、ボルンがフランクフルトへの移住を決めようとしていた1920年に、予言するかのようにこう宣言している。「君がどの大学にいようとも理論物理学は栄えるだろう——今日ドイツにマックス・ボルンに代わる者はいないのだから」[※30]

陰鬱で資金難の時期を過ごしていたシュテルンだったが、アメリカの慈善家からの資金援助に加え、相対性理論の講演のチケットが完売したボルンからも資金提供を受けることができた。若き実験物理学者ヴァルター・ゲルラッハ——ボルンの活気あふれる最先端の理論物理学部の正式なメンバーではなかったが——が設計したナイフの刃のような形の磁石を用いて、[※31]シュテルンは、のちに彼の代表的な実験となる分子線の観察をしていた。高熱で気体となった銀原子がゲルラッハの磁石によって生成された磁場を通過し、反対側のスクリーンにぶつかるしくみである。

量子力学以前の古典的な物理学は、銀原子が一つの広がった分布としてスクリーンに映し出されると予測していた。飛んでいる原子はわずかに異なる傾斜度で磁場に近づくが、それが大きな磁石に対する反応に影響を及ぼすため、各原子はスクリーンの中心からさほど離れずにわずかに異なる場所に到達するはずである。それに対し、量子化の計算を信頼していたゾンマーフェルトは銀原子がきっちり3束に分かれてスクリーンにぶつかると考え、三者間の距離まで予測してみせていた。

ところが、シュテルンとゲルラッハが目にしたのは、誰もが予想だにしなかった結果だった。銀原子は中心には届かず、原子ビームはきれいに二つに分かれたのである（その距離はゾンマーフェルトの予測どおりであった）。原子が見せた磁場への反応はますます古典物理学よりも量子論寄りで、ボーアとゾンマーフェルトの予想を超える結果となった。原子は、磁場に対してイエスかノーか、上か下か、AかBかという二者択一的な反応を示したのである。

シュテルン゠ゲルラッハの実験は1922年に発表されるや、物理学者の間にセンセーションを巻き起こした。あまりに極端な結果に、量子的な考えを疑っていた多くの研究者も考えを改めた。ボーアの目には「量子論が抱える明白な矛盾」がより強く現れつつあるように見えた。アインシュタインとエーレンフェストは、論文の中でシュテルンの銀原子がゲルラッハの二つの磁石の間を通過する際の動きを解明しようとしたが、ボーアはそれを〝警告〟と受け止めた。彼らが「明らかにしたように、「シュテルン゠ゲルラッハの実験は」磁場における原子のふるまいのイメージを提示しようとしたが、そこには乗り越えられない難題があった[※32]」と。

「原子のふるまいを想像する」という難題から、アインシュタインとボーアは異なる教訓を得たようである。ボーアはほどなくして、原子のふるまいやその内部を可視化することはできないと語った。対するアインシュタインは、このような結論にいたる物理学は何かがおかしいのだと語った。

一つだけ確かなのは、「量子化が起こった」という事実であった。この事実以上の真の説明はなかった。ゾンマーフェルトなら原子の調和についての考えから量子化を説明しようとしたかもしれないが。ハイゼンベルクが回想したように、「この理解不能なものと実験上の成果という独特な組み合わせが我々若い学生たちを惹（ひ）きつけたのは、ごく自然な成り行きだった[※33]」。

打開策が見つかるまでに3年かかった。ハイゼンベルクとパウリはミュンヘンに戻るとすぐに取りかかり、ハイゼンベルクが言葉で言い表せないインスピレーションを受けると、パウリがそれを明確な形で表現し、修正を加えて現実に結びつけた（二人は何度もこのパターンを繰り返した）。ハイゼンベルクはゾンマーフェルトの数式に「半量子」の概念を導入して数式を完成させ、神秘主義的な教授を絶句させた。「絶対にありえない。我々が量子論について唯一知っている事実は、我々が扱うのは整数であって、2分の1という数ではないのだ[※34]」。パウリは淡々と次のように意見を述べた。「彼は、次は4分の1量子、8分の1量子を導入し、そしてすぐに量子論全体があなたの有能な手の中で木端微塵（こっぱみじん）になってしまうでしょう[※35]」

だが、ついにパウリは半量子が電子に関する何かしらの現実を記述していることを突き止めた。

電子は実在するが視覚化できない。どうやらスピンしているようだが、そのスピンを誰も見たことがない。完全に一周するはずが実際には半分しか回転しておらず、スタート地点に戻るには2回スピンしなければならないが、それが何を意味するのかはまったくもって不明だった。ある方向に「スピン」する電子はシュテルン＝ゲルラッハの磁石の一方の極に引きつけられ、反対方向に「スピン」する電子はもう一つの極に引っ張られる。つまり、二つの束に分かれるのだ[注2]（電子にとって360度は半回転にすぎず、「スピン$\frac{1}{2}$粒子」という野暮ったい名がつけられた）。とはいえ、こうした深い謎が問題となるのはまだ先の話である。

ハイゼンベルクは自転車をこぎ、急な山道のてっぺんにたどりついた。[※36] その先には山中のヴァルヒェン湖に通じる急坂が続いていた。山を登った疲れと眼下に広がる眺望のせいで頭がくらくらした。ラポルテは砂利道でブレーキをきしませ、静かに合流した。

「ゲーテが初めて見たアルプスの眺めだ」ハイゼンベルクがようやく口を開いた。

しばらくして、パウリが何やら独り言をつぶやきながら現れた。穏やかな日のせせらぎのようなそよ風を体に受けつつ、パウリも眺望に目をやった。体を揺らしながら、神秘的なまなざしでヴァルヒェン湖を眺めていた。

ついにパウリが静けさを破った。「今から君たち二人に少し物理学を教えてやろう」と言って山道を下り始めた。

ラポルテとハイゼンベルクも笑って自転車に飛び乗り、パウリを追いかけたが、すぐに車輪はペダルをこぐよりも早く回転しはじめた。ジグザグの山道をはみだしながら駆け下る。笑みが顔いっぱいに広がる。タイヤがうなりを上げ、空気が腕の毛を逆立て、こぼれる涙がちぎれ、太陽の光を浴びる湖上のヨットが目をかすめた——何もかもが恍惚の中で霞み、三人それぞれが自分の拍動に震えながらとりとめのない空想にふけっていた。

パウリは大きな体のせいで二人よりも速く進んだ。めまいがするような急降下が終わり、二人がペダルをこいで追いつこうとしても、パウリの自転車はまだ惰走していた。アルプス山麓の湖畔は、水面にせり出した白樺の灰色の節くれだった幹で縞模様に彩られていた。ハイゼンベルクはまだ気分が高揚していた。中世の街並み、跳ねながら崖を登る小ジカ、谷、湖、たえず存在する山々を愛していた。バイエルン以外の場所に住むなんてどうしてできる？

ハイゼンベルクは仲間を見やったが、二人が自分と同じように感じていないことはわかっていた。パウリはウィーンのコーヒーショップや石畳の通り、電灯とともに育った。ラポルテはと言えば、アメリカ行きの夢を抱いていた。

だが、第一次世界大戦（「カブラの冬」で飢餓状態だったところに予想外の悲惨な敗戦が重なった）とそれに続く内戦（赤色テロ、白色テロ）の時期、ハイゼンベルクにとってこの美しい景色は彼が前に進むための唯一の活力であった。[※37] 他のドイツ人がそうであったように、彼も牛が引く荷車に乗り、銃を携え、暗闇の敵陣をくぐり抜け、家族のための食糧を得たのだ。恐怖と混乱の5年間であったが、一方で上の世代は、生活を立て直し国を運営していく方法がまったくわかっていないことを証明し続けた。ハイゼンベルクもその一人である知的なドイツ人青年の世代は、凡庸な軍国主義の政治を無視し、より高次の秩序を見出そうと努めた。そしてこの世代の多くはヒトラーが政権を手に入れても何もせず、声を上げることもなかったのである。

その後の10年間に、三人の青年の人生は一変していくこととなる。ラポルテはミシガン州アン・アーバーでアメリカ市民となった。半分ユダヤ人の血を引くパウリは人種差別法を恐れて国外へ逃れ、まずチューリッヒに、最終的にプリンストンへと移った。ハイゼンベルクはドイツにとどまり、ナチスの蛮行からドイツの科学と自らの身を守ることに腐心した。

ハイゼンベルクは1930年の終わりに母に宛てて次のように書いた。「ある諺が思い浮かびます。もし輝きながら沈むのなら、沈みながらも長く照り返すのだ。僕たちはこの世界にいるかぎり、この過去の輝きを思い出して満足しなければなりません……今から10年ほど前、それが僕の人生で最も美しい時期でした※38」

注1　10年後にラポルテは東京大学に客員講師として招かれた。流暢な日本語を話し、俳句で入賞もしている。物理の研究のかたわらサボテン植物の生態も研究した。

注2　スピンがまだ知られていなかったためにゾンマーフェルトは誤りを犯した。スピンと電子の角運動量が磁場における原子のふるまいに影響を及ぼすが、スピンを知らなかったゾンマーフェルトは角運動量のみに基づいて計算していた。スピンだけでなく角運動量もまた量子化されている。しかし（厳密に上向きと下向きの

二つの値をとる）スピンとは違って角運動量は奇数個の許容値をとり、一つはつねにゼロとなる。銀は磁場に対して二値応答を示すが、それは対でない一つの電子のスピン（上向きあるいは下向き）によって最も外側のエネルギー準位で起こる。しかしシュテルンとゲルラッハが銀ではなく他の原子――スピンがゼロになる（上向きが下向きを打ち消す）が、角運動量はゼロにならない――を用いていれば、ゾンマーフェルトは奇数の束に分かれた光線を正しく予測できた可能性がある。

第5章 市電に乗って

1923年夏

ニールス・ボーアは、アインシュタインを出迎えるために市電でコペンハーゲン港に向かっていた。[※1] 1919年11月に一般相対性理論が天文学において確認されるや、世界的な著名人[※2]となっていたアインシュタインは世界中を飛び回る生活を余儀なくされていた。ボーアと一緒にいたのはミュンヘンから訪れていたアルノルト・ゾンマーフェルトだった。アインシュタインは1922年12月のノーベル賞授賞式を欠席した埋め合わせとして、スウェーデンで講演を終えたばかりであった。

ラウエは、アインシュタインが同年にアジアを訪問すると聞きつけ、受賞前の9月にほとんど意味不明の手紙を書いていた。「私が昨日受け取った確かな情報によれば、11月にイベントが行われるとのことです。それならおそらく12月はヨーロッパにいることが望ましい。それでも日本を訪れる予定なのか検討していただきたい[※3]」

ユトリベルク山頂でシュテルンと誓いを交わした翌年、ラウエは美しい干渉実験によってX線の「波動性」を証明し、ノーベル賞を受賞した。その7年後、こんどはノーベル賞委員会はX線の「粒子性」を示したアインシュタインの業績を評価していた。

アインシュタインの名声に、いささか翳り（かげ）が見え始めていた。第一次世界大戦後のスケープゴート探しで300人以上の著名なユダヤ人が命を落としており、1922年6月24日[※4]には、友人でドイツ外相を務めたヴァルター・ラーテナウが暗殺されて犠牲者リストに新たに名を連ねていた。次は自分の番かもしれないとアインシュタインは感じており、ラーテナウへの弔意を表した文章の中で次のように述べた。「夢想の国の住人ならば、理想主義者になるのは造作もないことだ。だが彼は、地上に暮らしながら理想主義者であった。そして誰よりも、地上の悪臭を知っていたのだ[※5]」

アインシュタイン本人はかろうじて地上に暮らしていたが、しばらく身を隠すべき時だった。忠実なラウエが彼に代わって、反相対性理論と反ユダヤ主義のデモ活動家であふれる講義を受け持った（シュタルクもデモ活動に加わった一人であった。1919年に彼もノーベル賞を受賞したが、アインシュタインにすべての注目が集まったためにほとんど認知されることがなかった）。ラウエは、1922年12月、アインシュタインがノーベル賞の授賞式を控えていたにもかかわらず、できるだけヨーロッパから離れるための船旅に出ていることがよく理解できた。

若い頃から独立独歩だったアインシュタインは、16歳でドイツ国籍を放棄していた。ビジネスマンだった父は事業に希望を持ち続けたが失敗を繰り返し（ずっと昔に大学の高額な学費を払えずに数学の道をあきらめていた)、家族を連れてウルムからバイエルン、ミュンヘン、ミラノに近いパヴィアを転々とし、最後はミラノに落ち着いた。事業はことごとく失敗したが父は思いやりを忘れず、アインシュタイン家は小さな温かい家庭であった。アルベルトと妹のマヤは互いに生涯各地を転々としたが家族の絆を忘れなかった。どこに引っ越してもアインシュタイン家の自宅はピアニストの母の音楽で満ち、母は二人の子供に楽器を演奏するよう勧めた。しかし、在学中だったアルベルトを一人ミュンヘンに残して家族はイタリアへ移住し、アインシュタインは友達のいない、刺激にも欠ける学校を卒業しなくてはならなかった。彼は、4歳のときに父親が「奇跡のような」コンパス[※6]を見せてくれ、12歳のときには「神聖な幾何学の本[※7]」を親しい人にもらったと述べている。アインシュタインの科学への関心は、完全に学校外で養われたものだった。

1923年の夏、遅ればせながらノーベル賞委員会に敬意を示すと、アインシュタインはベルリンに戻ることにした。かつて一度は棄てたものすべての中心であり、また過去10年間は本拠地としていたベルリンへ戻る前に、コペンハーゲンに立ち寄ったのである。

量子論の根源を求めて、ともに一生涯を闘い続ける運命にあったアインシュタインとボーアは、ボーアがベルリンのプランク宅に滞在した3年前に初めて顔を合わせていた。そのときは市電がストライキで動かず、アインシュタインはダーレム郊外にあるプランクの自宅まで14㎞ほど歩いて迎えに行き[※8]、戦後の食糧不足下にあってごくささやかなものではあったが、ボーアを夕食に招いた。ボーアは、アインシュタインと家族——二番めの妻エルザと連れ子の二人の娘と一緒に暮らしていた――に食糧を手渡した。「いまも牛乳とハチミツの湧き出るデンマーク」から食糧を運んできてくれたと、アインシュタインは礼状で表現している。

「私の人生において、ただそこにいるだけで私に喜びを与えてくれるあなたのような存在はそうはいません」1920年に、アインシュタインはボーアに宛てた初めての手紙でそう書いた。「エーレンフェストがあなたにそこまで惹かれる理由がわかりました。私はあなたのすばらしい論文を検討していますが、そうしていると――行き詰まったときは特に――微笑みながら説明するあなたの若々しい顔が頭に浮かんできて嬉しくなります。あなたから多くのこと、とりわけ科学の諸問題に対する態度について学びました」[※9]（「科学思想家としてのボーアのすばらしい魅力は、彼の大胆さと慎重さの絶妙なバランスにある。隠れた事柄を直観的に理解する力と強い批評意識を兼ね備えた者はほとんどいない」[※10]と、のちにアインシュタインは述べている）

いささか恐縮しながらボーアは返事を書いた。「あなたにお目にかかり、お話しできたのはすばらしい体験でした……頭から離れない問題について、長らくあなたの考えをうかがいたいと願ってまいりました。それがどれほど大きな刺激となるか、おわかりにならないでしょう。ダーレムからご自宅までの道のりで語り合った内容を決して忘れることはありません」[※11]

ボーアにとっては、1920年のベルリン訪問時に行った講演が、光量子について公の場で深刻な懸念を表明した初めての機会であった。聴衆席の新しい友人を見つめながら、彼は非常に礼儀正しく、ごく短く述べるにとどめた。「私は『光量子』仮説では説明が難しいことで知られる干渉現象について、すなわち波動説なら『見事に当てはまる』説明が可能であると証明された現象ですが、この難題について議論するつもりはありません……」[※12]
アインシュタインは、光量子に懐疑的な人間が一人増えても意に介さず、「ボーアが訪れてくれ、君と同じように僕もすっかり彼に魅了された。ボーアは一種の神憑り(がかり)の状態でこの世界を動き回る極端に繊細な子供のようだ」[※13]とエーレンフェストに書き送っている。そしてヘンドリク・ローレンツに宛てた手紙でも、「著名な物理学者の多くがすばらしい人物であるのは物理学にとって幸先のよいことです」[※14]と述べている。

コペンハーゲンのフェリー乗り場にアインシュタインは降り立った。肩幅の広いボーアは運動選手らしい立ち姿で、片方の口の端を持ち上げて優しい笑みを浮かべている。口髭をワックスで整え、穏やかに目を細めるゾンマーフェルトが、ボーアの隣で背筋を伸ばして立っていた(パウリはゾンマーフェルトの講義中に、「いかにもハンガリー軽騎兵の将校っぽくないか?」[※15]とハイゼンベルクに小声で語りかけたことがある)。
ゾンマーフェルトが帽子をかぶっていなければ[※16]、広い額に大きな傷跡が見えたはずだ。若かりし日に、バルト海に近いケーニヒスベルク大学の、酒を飲んで決闘を行う学生の集まりでつくった傷である。彼の母は才気煥発(かんぱつ)な女性で、父は母よりかなり年上の医師であった。父のポケットにはカブトムシや貝殻、琥珀(こはく)のかけらなどいつも何かしらが入っていて、息子に見せてくれた。このような両親に育てられたゾンマーフェルトは、物理学の偉大な教師となった。彼は初めて相対性理論と量子論を授業に組み込んだ（相対性理論が人々に受け入れられるまで、彼はアインシュタインとつねに連絡を取り合っていた）。彼は鉱物学と鉱山学、工学を専攻する学生たちに純粋数学を教えながら不遇な10年間を過ごした。1906年、彼を中心としてミュンヘン大学に理論物理学研究所が創設された。「彼は学生のために時間を割いてやれる稀な能力の持ち主でした」[※17]とマックス・ボルンは後年ゾンマーフェルトについて語っている。学生たちと一緒にスキー旅行やカフェに出かけ、彼らに持ち合わせがなければ払ってやった。「あんなに美しい教師と学生の関係は他に見たことがありません」[※18]アインシュタインは1909年にゾンマーフェルトに宛てた手紙でこう書いている。

三人はめいめい帽子を違う角度に傾けてかぶり、ロングコートの裾をはためかせて日なたに踏み出した。ボーアとゾンマーフェルトは、本と書類の詰まったアインシュタインのスーツケースと重たい鞄を運び、アインシュタインはバイオリンを携えていた。

「アインシュタイン！　よく来てくれました」フェリー乗り場の木骨造の時計塔のそばにある市電停留場で、ボーアは声をかけた。

「日本滞在の話を聞かせてほしい」とゾンマーフェルトが続ける。

「何にせよ、ノーベル賞授賞式よりもずっと面白かったでしょう」とボーアが言った。

地球の反対側で、アインシュタインはノーベル賞受賞の正式な通知を電報で受け取った。1年遅れで、1921年度のノーベル賞を受賞したのだった。[注1]ボーアもまた、彼と同じ1922年に受賞している。ボーアは1922年11月11日、受賞の知らせを受けた当日にアインシュタインに手紙を書いている。「私にとって最高の名誉であり喜びです……あなたと同時に受賞したのですから。私など受賞に値しないと承知していますが、一つだけ言わせてください。私も研究している専門分野であなたがなさった根本的な貢献、そしてラザフォードとプランクの貢献が、私がそのような名誉にあずかるより先に認められたことは私にとって本当に幸運だったと思っております[※19]」

だがその1ヵ月後、ストックホルムでノーベル賞授賞式が行われた際、ボーアは欠席したアインシュタインと彼の「根本的な貢献」に挑戦状を突きつけたのだった。受賞講演で「光」にかけて「光量子の仮説は［電磁］放射の本質に光を当てることはできない[※20]」と語ったのである。彼は真剣で、次にアインシュタインに会ったときに面と向かって言うつもりであった。

アインシュタインは1923年1月、シンガポールに向かう船上のデッキチェアで、船に備えつけの便箋に返事を書き綴った。

親愛なるボーア！

日本を発ってほどなくして、心のこもった手紙が届きました。大げさでなく、ノーベル賞と同じくらい嬉しく思いました。とりわけあなたが僕より先に受賞するかもしれないと恐れていたというくだりは微笑ましく、まさにあなたらしい。あなたの新しい原子研究の論文はこの旅でも持ち歩いており、ますますあなたの知性が好きになりました。

自身の認識については、「電気と重力の関係がついにわかったように思います」とくだけた調子で記している。それは英雄的な（そしておそらくは不可能な）「統一理論」の探求であり、アインシュタインは生涯をかけてこれを追い求めたが叶わなかった。当時のベルリンは食糧難にあえぎ、ナチズムの狂気が蔓延していたが、それもはるか遠い出来事に感じられた。「航海は……修道院生活のようなものです。空から暖かい雨がしとしと降り、平穏と植物のような半覚醒状態をつくりだすのです――この短い手紙がその証拠です……敬愛する友より　A・アインシュタイン[※21]」

「ほら、市電が来ました」停車させるために立ち上がってアインシュタインが言った。「これから僕たちはどこへ？」

「研究所へ！　ブライダムスヴァイ15番地[※22]です！」と、市電に乗り込んで三人分の料金を払いながらボーアは肩ごしに振り返って言った。ブライダムスヴァイは広い大通りの名で、その通り沿いの緑の芝生に囲まれてボーアの真新しい研究所[※23]が建っていた。フェリー発着場から3㎞と離れていない場所にあり、5ヵ国から来た5人の若い物理学者が、図書館と研究室になるはずの建物で休憩をとっていた。彼らはすでに、ボーアとともに研究に従事していた。ボーアの二人の教え子は興奮のあまり待ちきれず、建物が完成する数ヵ月前に「理論物理学研究所、コペンハーゲン」と所属を記した最初の論文を発表したほどであった。

市電はゆっくりと動き始め、車輪の軋む音がした。ドイツ語を話しているのは車内の通路を歩くこの三人だけで、ボーアの話すドイツ語には、あちこちに英語とデンマーク語が混じっていた。

「さて、親愛なるボーア、君が新しい元素の存在を予測したと聞きましたが」

「ああ、そのことですか」

ボーアにしては珍しく短い返事に、ゾンマーフェルトは眉を上げた。アインシュタインは彼と目を合わせ、皮肉な表情になった。美しくも説明のつかなかった有名な元素周期表を電子の数で説明できたことは、ボーアの原子理論にとって新たな勝利であった。[注2] ボーアは、72個の電子をもつ（当時は未発見の）元素の特性までも記述していた。

「そこで君の研究所のヘヴェシーが発見した、というわけだ」ゾンマーフェルトが先を促した。ヘヴェシーはカトリックの貴族だったが、ユダヤ系であることを理由に第一次世界大戦末期のハンガリーでその地位を追われていた。そのため、ボーアとヘヴェシーはコペンハーゲンで再会を果たしたのである。新たな元素を探していたヘヴェシーは、1922年に愛嬌のある下手な英語でラザフォードに「ボーアは一般人が雑誌を読むように、スペクトルの言葉を読むのです[※24]」と書き送っている。

ボーアが語りはじめた。「私たちは知らず知らずのうちに、戦後ナショナリズムのひどい混乱にはまってしまいました。新しい元素探しで化学者と競争することになるなど夢にも思っていませんでした。ただ理論の正しさを証明したかっただけなのです。[※25] ド・ブロイの研究室にアレクサンドル・ドヴィリエ[※26]という研究者がいました」（モーリス・ド・ブロイは、パリの邸宅でX線を研究していた有名な実験物理学者・研究者である）。「その彼が、フランスにちなみ『セルチウム』[※27]と命名権を主張していると――モーリスの弟ルイ・ド・ブロイも後押ししていました――、イギリス人が現れて自分が一番に発見したのでイギリス海軍にちなんで『オセアヌム』とよぶべきだと主張したのです……元素の特性に関する重要な科学的議論には、誰も関心を払いませんでした」

「君自身もナショナリズムを避けられなかったようですが？」アインシュタインはそう言わずにいられなかった。

「その通りです」笑いながらボーアは答えた。「それを『ハフニウム』――ラテン語でコペンハーゲンのことです――とよぶべきか『ダニウム』とよぶべきかを決められずにいると、イギリスの『ロー・マテリアルズ・レビュー』誌の編集者から手紙をもらいました。その手紙には、あなた方は元素を二つ発見したのですか、とあったのです。さらに、あるカナダ人は『ジャーゴニウム』[※28]はどうだろうと言っていましたね」。それを聞いたアインシュタインは大笑いし、車内の乗客は一体どんなドイツ語の冗談だったのかと振り返った。ゾンマーフェルトは大きな口髭を揺らして、心底楽しそうにくすくす笑っていた。

「ああ、元気にやっているようで何よりです」とアインシュタインが言った。

ボーアは、微笑みながら首を振った。「科学的観点から見れば、僕の人生は有頂天と絶望を繰り返して過ぎていくのです……活力と過労の感覚を、論文執筆時と未発表のときの感覚をあなた方もご存じでしょう」そう言うとボーアは真顔になった。「僕はいつも、量子論という難題に対する考え方を徐々に変えているからなのです[※29]」

「そうだ」ゾンマーフェルトは繰り返した。「そうなのだ」

アインシュタインはほとんど目をつぶり、頷いていた。「その壁が私の前に立ちはだかっている。その困難といったらひどいものだ[※30]」彼は目を開けて言った。「量子との格闘に比べれば、相対性理論なんて息抜きみたいなものですよ」

「でも、どれも胸が躍る考えじゃありませんか」ゾンマーフェルトは言った。「僕のところのハイゼンベルクが考えついた奇想天外なモデルときたら[※31]――」

ボーアは遮って（ハイゼンベルクの伝記作者によれば「批評で使われる最も強い言葉」だったという）、次のように言った。「ハイゼンベルクの論文は非常に興味深いが、彼の仮定を正当化するのは難しい[※32]」

ゾンマーフェルトは頷いて言った。「すべてがうまくいっているのに、最も深い部分がはっきりしないままなのだ」彼は苦笑いを浮かべつつ、アインシュタインを見て言った。「なに、僕は技術面でしか量子論に貢献できない――その原理を作り上げるのは君だよ[※33]」

ボーアは眉根を寄せた。「実験結果の解釈を発展させることだけが大事なのではありません。欠けている理論上の概念を発展させることも、同じくらい重要なのです。その点で、光量子仮説は大きな助けにはなってくれません[※34]」

「もう光量子の実在性を疑ってはいませんよ。とはいえ、そう確信しているのは私くらいなものですがね」[※35]とアインシュタインは言った。

ゾンマーフェルトが切り出した。「ボーア、僕も君と同意見だけれど、びっくりするようなニュースがある」。アインシュタインが〝極東〟を訪問している間、ゾンマーフェルトは〝極西〟を周遊していた。「アメリカ滞在中に最も興味深かった科学的な体験と言えば、ミズーリ州セントルイスのアーサー・ホリー・コンプトンの研究だった。あまりに面白くて、彼が正しいかどうかはわからないけれど、行く先々で話したほどだ」。コンプトンは、X線や電子がビリヤードの球のように衝突することを明らかにした。ラウエはゾンマーフェルトと一緒に研究したミュンヘン時代にX線が波であることを証明したが、こんどはコンプトンがX線は粒子であることを示したのだ。

ゾンマーフェルトは興奮のあまり、友であるラウエのことを一瞬忘れ、夢中になってアインシュタインに向き直った。「この実験でX線の波動説は正しいと言えなくなるな」[※36]

だがアインシュタインは「どうでしょう、そう結論づけるのは早いように思います」と笑みを浮かべて反論した。

「あたりまえでしょう！」とボーアは急に声を上げたが、その声色はわずかな緊張を含んでいた。「僕が心配なのはおわかりでしょう——光の波動説を信条とする僕のような者にとってはね。[※37]光量子仮説が光の伝播の問題を十分に解決したと考えられないのは明らかです。[※38]周波数を合理的に定義する可能性を原則として排除しています。[※39]周波数は干渉実験で定義されますが、その実験は光が波でできているからできるんです[※40]」

「これ以上ないほど根本的で、新しい洞察がついに得られるかもしれない。だから僕はこの事実を、ボーア、君に知ってもらいたいのだ[※41]」と現実的なゾンマーフェルトは言った。

「まあそうですね」とボーアは言う。「でも僕は、そこに光量子が関係しているとはとても想像できないのです。いいですか、仮にアインシュタインが光量子の存在の確固たる証拠を見つけて電報で僕に知らせたいとします。そのとき電報は、電波が存在し、実在するからこそ僕のもとに届くのです[※42]」

アインシュタインの笑い声が響いた。特許庁時代からプリンストン高等研究所時代にいたるまで、彼は生涯にわたって当初は誰も信じなかった考えを前提にし続けた。物理学者の一致した意見が最終的に自分の考えに近いときもあれば、そうでないときもあった。ゾンマーフェルトが新たな発見に熱狂しても、ボーアが不信を露（あらわ）にしても、アインシュタインは変わらず穏やかだった。

「アインシュタイン――」とボーアが言ったのと、ゾンマーフェルトが窓の外を見て「ボーア――」と言ったのとは同時だった。

「何か？」とアインシュタインがボーアに答え、「何ですか？」とボーアがゾンマーフェルトに問い返した。

「ここはどこだ？」とゾンマーフェルトが訊ねる。

ボーアはあたりを見回して笑い出した。眼を閉じて大きな口から歯をのぞかせて笑うと、二人もつられて吹き出した。「乗り過ごしてしまいました」[※43]まだ笑いながら彼は言った。「停留所をいくつか過ぎてしまったようです」

ゾンマーフェルトがワイヤーを引くと市電はゆっくりと停車し、三人は道に降り立った。まだ晴れた昼間でそれほどの不運にも感じられず、三人はニレ並木の傍らのベンチに腰を下ろした。

「アインシュタイン、仮にあなたが光の粒子性を多少なりとも常識的に証明できたとして」と、周囲には目もくれずにボーアはこう続けた。「本当のところ、回折格子の使用を禁ずる法律が通過する事態を想像できると思いますか？」[注3][※44]

「あるいは逆に」とアインシュタインは反撃した。「光が波の性質しかもっていないとあなたが証明できたなら、警察がフォトセル（光電池）の使用を禁止できると思いますか？」[注4][※45]

「ええ、でも僕に言わせてもらえれば」[※46]——デンマーク語からドイツ語に直訳したこの独特な言い回しは、ボーアの研究所ではつとに有名だった——「目下のところ我々は、光と物質の相互作用を本当の意味でまったく理解していないと言わざるを得ません」[※47]

アインシュタインは「光は時として粒子としてふるまう」という謎を、「光と物質の相互作用」というもう一つの謎の後ろに隠そうとはしなかった。「光には現在二つの理論があり、どちらも不可欠です。20年間も膨大な労力が費やされたというのに、何一つ論理的なつながりを見出せていません。[※48]原理がその正体を明かすまで、こうしたバラバラの結果——回折格子やフォトセルから得られた実験結果——に対して、ただ自分の考え方を貫き通すしかありません。推論の出発点となりうる原理が見つからない以上、理論家にとって個々の事実は何の意味もなさないのです[※49]」

ボーアは何か言いかけたが、黙って運河を眺めた。泳ぐカモが視界に入ってきて、揺れ動く反射と干渉し合うさざ波をひきずりながら視界から去って行った。人々に愛された実験物理学者ジェームズ・フランクは、「青年時代」のボーアが思索にふける姿を次のように表現している。「ボーアと議論する者は彼自身のことが気になってしまう。ボーアはバカのように座っていることさえあるのだから。表情は虚ろで、手足をだらんと垂らし、物が見えているかどうかさえあやしく思える……まるっきり生気がないのだ。それから突然、生気が彼の体に戻り、瞳が輝き、『わかったぞ』と言う……ニュートンもきっとこんな感じだったに違いない[※50]」

線路がふたたび鳴り、ボーアを驚かせた。にぎやかな音を立てながら、彼らが今しがたやって来た方向へ戻る市電が到着した。三人は電車に乗り込み、こんどは少し前方の席に陣どった。

「さて……」ボーアは腰かけながら言った。「何もかもがまだ発酵段階の科学では、全員があらゆる事柄について同じ考えをもつことなど期待できません[※51]」

それを聞いてアインシュタインはにっこりした。「そうです。どんな場合でも無理な話です」

市電の席にもたれながらボーアは友を振り返り、「でもアインシュタイン、あなたが量子論で証明したいと思っていることは何なのか、僕にはどうもよくわからないのです[※52]」と話しかけた。前かがみの姿勢で、背もたれ越しに手を動かしながら説明していた。「1916年と1917年の有名な論文のことです。その中で、原子が発光するときに、それがいつ起こり、光がどこへ行くのかわからないことをあなたは示しました。それはとんでもないことだと思われたようですが……」

「自分が考えた道筋に完璧な自信をもっていますよ。[53] でも、時間や方向といったきわめて初歩的な過程を運任せにしてしまうのが、私の理論の弱点なのです」とアインシュタインは答えた。

　ボーアは言った。「僕にとってはそこが最もすばらしい天才的なひらめき、ほぼ決定的な点だったと言ってよいでしょう。因果律が実際に量子世界を支配していなければ、どうなるでしょうか？」。これは極端な立場だった。あらゆる出来事には原因があるとする「因果律」は科学の根底をなす原理で、科学の目的はそうした原因を探し出すことなのだ。だが、ボーアが直観した量子世界における因果律の予言は当たった。すなわち、〝説明不可能な自発性〟は今なお、量子論の最大の特徴なのである。笑みのようなものを浮かべ、ボーアは言った。「この点で僕は、想像しうるかぎり最も革新的、あるいは神秘主義的な考えに立つことになりそうです[54]」

　ゾンマーフェルトは考え込みながら訊ねた。「ボーア、一体どんな計算をして[55]因果律が究極的に正しくないと考えるようになったんだい？」

「ゾンマーフェルト……」。自身より17歳も年上だったが、この点に関しては、ボーアは先輩に教えてあげなければと思った。「僕が単なる『数学的な化学』[56]としての物理をどう考えているか、知っているでしょう――何でもかんでも計算式に行き着くわけではないのです。[57] こうした問題を扱える数学が、まだないだけなのかもしれません」。実際にボーアは、数学ではなく直観によって驚異的な成功を収めた。直観、あるいは彼の言う「類推の原理」から結果を導き出せるのは彼くらいなものだろう。この類推の原理においては、「規模を拡大して平均すれば、我々が目にするこの世界になる」とする考えを基に量子論を構築する。ボーアは1920年に「対応原理」[※58]と呼び方を変えたが、だからといってうまく作用したわけでも、わかりやすくなったわけでもなかった。ゾンマーフェルトは誠実に改訂された量子論の必須教科書の中で、この対応原理を「魔法の杖」[※59]と評している。

大きな規模での量子効果を古典物理学に従わせるボーアの対応原理は、誕生まもない量子論を何年も導くことになった。だが、この原理の精神に忠実であったがゆえに、長距離間のもつれの可能性を見落とすことにもなった。彼にとってももつれのような概念——二つの離れた粒子の量子的相関——は、原子内部の半ば現実味に欠ける暗いあの世にのみ属するもので、サイズも距離も大きいニュートン的な明るい昼間の世界には決して現れないものなのだ。ところが、アインシュタインだけはそれに懐疑的で、長距離間のもつれや大きな規模の量子効果のふしぎな美に迫る方法を示し続けた。その両者が、世紀の変わる頃に最も活発な二大物理分野へと成長したのである。

アインシュタインは語りかけた。「ボーア、私はあなたのすべての業績を導いた確かな直観に感服しています。[※60]他の人なら見過ごすような事柄に挑戦する勇気と直観をもっていることを以前から知っています。とはいえ、原理の問題として因果律を放棄するのは、極限の非常事態に追い込まれたときにしか許されないと言わざるを得ません」[※61]

ゾンマーフェルトはふっと笑いながら言った。「アインシュタイン、僕も物理分野におけるボーアの確かな直観はすごいと思っているよ。けれど市電では、どうやら彼の直観は確かとは言えないようだ。僕たちが今どこにいるか見てごらん」

　アインシュタインもボーアも窓の外を見た。ボーアは片手で額をたたき、アインシュタインは笑ってワイヤーを引っ張った。ほとんどフェリー乗り場まで戻ってきていたのだ。

「市電で行ったり来たりしました」ボーアは後年、こう回想している。「アインシュタインは当時強い関心を寄せていました。やや懐疑的だったからなのかどうかはわかりません――いずれにせよ、市電で何度も往復したんです。乗客は僕たちのことをどう思ったでしょうね」[※62]

　ゾンマーフェルトは、コンプトン宛ての手紙で大仰に書いている。「X線の粒子性を明らかにしたあなたの研究は、波動説に対する弔（とむら）いの鐘のごとく響きました」[※63]。「実験との一致よりも、一般的な理論原理を重視[※64]」するボーアは（ハイゼンベルクが１月に、パウリへの返答の中でこう書いている）、光量子を避けた量子論の研究に取り組んだ。

　コンプトンの実験は、光量子が受け入れられる契機となった。十分に説得力のある結果であったことから、１９２６年に光量子は「フォトン」と名づけられた。「光るもの」を意味するギリシャ語にちなんだもので、カリフォルニア大学バークレイ校のギルバート・ルイスによる命名だった。白い髭をたくわえたルイスは「物理化学の父」とよばれ、光が１㎝進むのにかかる時間の単位「ジフィー」を提唱したことでも知られる。翌年、コンプトンはノーベル賞を受賞した。量子世界は粒子だけでも波だけでも説明しえず、アインシュタインが１９０９年から予測していた波動説と粒子説の融合は、予期せぬ形ですぐそこまで来ていたのである。

注1　スウェーデン王立科学アカデミーが相対性理論に懐疑的で、選考が長引いたのが受賞の遅れた一因と言われる。[※65] その一方で、アインシュタインを推す理論物理学者の声も高まっていた。

注2　先見の明のあるドミトリー・メンデレーエフによってつくられた元素周期表（最初につくられたのは1860年代から1870年代にかけてであった）は、おおむね元素の軽い順に横列に並べられている。縦の列はそれぞれ類似した特性をもつ元素集団となる。太陽系に似た「ボーア原子モデル」は、元素の特性を最外殻電子数などで内部から説明する。たとえば、10個の電子をもつネオン原子はまったく活性をもたないが、11個の電子をもつナトリウムはきわめて反応性が高い。10個の電子はネオン原子の二つの軌道にぴったり収まり、原子は「なめらかな」外観をもつようになる。すべて埋まった軌道には他の電子が入り込む隙はない。しかし、ナトリウムの場合は11個の電子をもつため、3つめの軌道に11個めの電子がぽつんと残されるのである。

注3　回折格子は、光が古典的な波の形をとって自身と干渉するように回折させる。

注4　フォトセル（「フォトエレクトリックセル」の略語）は、光電効果によって作動するソーラーパネルに用いられる。いわゆる太陽電池。アインシュタインは、この光電効果を光量子を用いて説明したことでノーベル賞を受賞した。

第6章　「光の波」と「物質の波」

1923年11月～1924年12月

「光が、昔から言われる波なのか、アインシュタイン氏の言うように粒子なのか……あるいは違う何かなのかがわからない困難さをわかってもらえるでしょう」

1923年11月、22歳のアメリカ人ジョン・スレーターは、ハーバード大学の博士号を得てヨーロッパを周遊中に本国の両親に宛てて書き送っている。「まあ、これがいつも頭を悩ませる問題で、10日ほど前に間違いなく希望のもてる考えが浮かびました……。

考えはごく単純です。光は波と粒子の両方だと考え、粒子が波によって運ばれているのではないか、そうすれば他の人が考えているように粒子がただ直線に突き進むのではなく、波が進むところに運ばれていくのではないかと考えたのです」[※1]

アインシュタインの「幽霊波」とも関係するが、一つの波には一つの粒子だけであるとスレーターは主張しなかったため、この考えは（当時は未知の存在だった）もつれを受容するものであった。彼のアイデアはふしぎな運命をたどることになる。スレーターがこの考えを提唱した4年後にルイ・ド・ブロイが、さらに第二次世界大戦後に同じくアメリカ人のデヴィッド・ボームが完成度を高めてこの説を提唱することになるのだ。だが、ド・ブロイのときもボームのときも、その理論は驚くほど関心を集めなかった。その原因は、物理学者の美的感覚に訴えかけるものがなかったためである。しかし、探偵のごとく鋭いジョン・ベルは、三度も否定された光の波動性と粒子性の問題の解決こそが、もつれの謎を浮き彫りにすると見抜いたのである。

1923年のクリスマスにスレーターは、不運な運命をたどる彼の理論を、物理学の中心地であるコペンハーゲンのボーア研究所に持ち込んだ。そこで、ボーアの右腕であるオランダ人研究者ヘンリク・クラマースと話をした。6歳年上で優しい皮肉屋のクラマースは、彼の理論の数学的な細部に興奮していた。スレーターをさらに感激させたのは、クラマースがボーア――スレーターには彼が過労でぐったりしているようにしか見えなかったが――も興味をもつはずだと考えたことだった。

スレーターがボーアと話す機会に恵まれたとき、この偉大な人物は「すっかり興奮して[※2]」しまった。ボーアの研究所は、あふれんばかりの研究者とアイデアを抱えていた。スレーターは研究所の中核メンバー二人と延々と語り合い、週末を丸ごと議論に費やした（ボーアとクラマースとスレーターが議論に熱中しているときに訪れた地元の新聞記者は、「5、6人が一つのテーブルに集まって計算していた」[3]と記している)。

だが、のちの運命を警告する予兆はすでに存在していた。「ボーア教授から僕の考えを文章にして見せてほしいと言われました」スレーターは困惑して両親に伝えている。「そして書き終わるまでその件に関して僕と話さないようクラマース博士に伝え、僕一人とずっと話し続けたのです」[4]。ボーアが光量子についてどう考えているかを知ったスレーターは、ショックを受けた。ボーアだけでなく、クラマースまでもが「光量子理論は、病気の原因を消すことができるが、患者を殺してしまう薬のようなものだ」[5]と言ったことがさらなる追い討ちをかけた。

スレーターは両親にこう伝えている。「もちろん、彼らがすべてに賛成しているわけではまだありませんが、大筋で意見は一致していて、残りの部分についても、最初からもっている意見を除けばとりたてて議論はありませんでした」。彼らは「必要であればそうした先入観を捨てる用意があるように見えました」[6]と、スレーターは無邪気に考えたのである。

だが、ボーアのまぶしい威光の前に光量子説は霞んでしまった(「スレーター君、君が思っている以上に私たちは君の考えに同意している」)[7]。光量子の概念を使わずに量子論を構築しようと最後までボーアはあがき、そのためにスレーターの「ガイド波」のような考えを必要としていた。ボーアはそれを「バーチャル・フィールド」[8](電磁場がエネルギーを運び、バーチャル・フィールドは「ガイダンス」だけを運ぶ)と言い換えた。バーチャル・フィールドは光量子の道筋をつけるどころか、ボーア原子と普通の光波の相互作用を導くことになった。

それを聞いたパウリは、その結果生まれた「物理の仮想化」[※9]を一蹴した。光量子の概念を使わなかったスレーターの理論は、因果律とエネルギー保存則――エネルギーは生成も破壊もできず、形を変えているにすぎないとする原理――という物理学の二本柱を欠くことになったが、これらを犠牲にするのはボーアにとって大した問題ではなかった。実際、年月を経るうちに量子論において因果律の影響力は弱まり、統計的になりつつあるように思われる（エネルギーの保存に関しては正しくなかった。それでも物理学が危機に陥るたびに、ボーアはエネルギー保存則が破られる可能性を主張し続けた）。

光量子が不要であることを何が何でも証明しようと、ボーアはわずか3週間でクラマースに口述筆記させた（ボーアは口述による論文執筆を好んだ）。ボーア＝クラマース＝スレーター論文とよばれ、彼の生涯で飛び抜けた速さで書き上げた論文である。[※10]「僕はまだ、読んでいません」[※11]と、スレーターは発表の2週間前に両親に報告している。彼は論文を読んで喜んだ。光量子の概念を否定したことで理論に「単純さ」が得られ、「エネルギー保存則や合理的な因果関係の捨象による欠点を補って」[※12]いると考えた。

意図的な単純化に魅了された23歳の青年は、スレーターだけではなかった。パウリも4月にコペンハーゲンを訪れ、つかの間ボーアの魔法にかかっていた。「あなたは議論を通じて、この考えにひどく反発していた私の科学に対する良心を黙らせることに成功しました」[※13]パウリは、ボーア＝クラマース＝スレーター論文について数ヵ月後、ボーアにこう書き送っている。彼の科学に対する良心がふたたび声を取り戻した後のことである。

1924年春、22歳のハイゼンベルクもコペンハーゲンを訪れた。クラマースやボーアを取り巻く多くの物理学者たちの優れた頭脳に圧倒され、スレーターと二人のアメリカ人物理学者――フランク・ホイトと、のちにノーベル化学賞を受賞したハロルド・ユーリー――が彼をデンマーク本土のユトランド半島へ旅行に連れて行ってくれたこと[※14]に感激した。だが、それにも増して感動したのは、ボーア本人が[※15]同じ春に徒歩旅行に誘ってくれたことだった。リュックサックを背負い、二人はシェラン島の海岸線をたどってコペンハーゲンからハムレットで有名なエルシノアまで北上し、北海とバルト海が出合う浜辺を石を投げながら歩き、その間ずっと語り続けた。

物理学における直観の鋭さで名を馳(は)せたボーアは、人に対しても直観が働いた。旅行から帰ったボーアは、スレーターの友人であるホイトにこう告げたのである。「今やすべてがハイゼンベルクの手に委(ゆだ)ねられた――困難を克服する方法が見つかるかどうかは彼次第だ[※16]」

確かに、困難は依然として残っていた。ボーア＝クラマース＝スレーター論文に対するアインシュタインの反応に誰も驚かなかった。アインシュタインはその年の春にマックス・ボルンにこう書き送っている。「放射に関するボーアの意見は非常に興味深いが、今まで私がしてきた以上に強く擁護したわけでもない彼から、厳密な因果律の放棄を強制されるのは不本意だ。電磁波にさらされた電子が飛び出す瞬間だけでなく、その方向までも自らの自由意思で選択するという考えはとうてい受け容れられない」。まさしくそれこそが、ボーア＝クラマース＝スレーター論文が光量子を用いずにコンプトン効果を説明した方法だったのである。「もしそうなら、物理学者をやめて靴職人か賭博場の従業員になったほうがマシだ。確かに私は、量子に目に見える形を与えようとして何度も何度も失敗しているが、望みを捨ててはいない。それに、たとえうまくいかなくても、『成功しないのは完全に己の責任だ』という慰めがつねにある」[※17]アインシュタインは一昔前の言いまわしで、自身の心情を表現した。

ヨーロッパ中の新聞が[※18]、次々にアインシュタインとボーアの対立[※19]を書き立てた。「私はコペンハーゲンを訪れ、ボーア氏と話しました」と、1924年にアインシュタインの友人が彼に手紙を書いている。「乏しい想像力や判断力がみなとうの昔になくなってしまった分野で、あなた方二人だけが残り、そして今深く対立して対峙しているとは、なんとも奇妙ではありませんか[※20]」

1924年4月、コペンハーゲン市はあふれんばかりに人の多い研究所に、周辺の土地を増設用として譲渡すると発表し、5月にはアメリカから初の大口寄付が届いた。その1ヵ月後には建設が始まり[※21]、ボーア夫妻が建設予定地の芝生で行われた起工式に出席した。

スレーターは気がつくとクラマース夫人（彼女の友人たちからは、〝嵐〟と呼ばれていた[※22]）と話していた。芝生の上に立ち、傍らには小さなテーブルがあり、カールスバーグ社のビール瓶の入ったクーラーボックスが置かれていた。ボーアの教え子の間では「世界一のビール[※23]」だと意見が一致していた（設立当初からカールスバーグは同研究所最大のスポンサーであった）。スレーターは口を開いた。「失礼ですが、クラマース夫人はデンマークのご出身ですか？」

彼女はにっこり微笑んだ。「ええ、デンマーク人ですわ。夫のヘンリクはある伝統をつくりましたの。[※24]ニールス・ボーアの下で研究する外国人の学生さんは全員、それに従わないといけないのです。デンマーク人と結婚しなさいってね」。いたずらっぽい顔つきだった。「さあ、スレーターさん、デンマーク人を妻にする見込みはありまして？」

スレーターは顔を赤らめた。居心地悪そうで、まだ幼く見えた。

「まあ、まだ時間がおありでしょうから」

「いえ、実はあと1週間でここを離れるのです」

「じゃあ真剣に探さなくちゃ。それにしても1週間とはね。で、研究所で過ごした時間はいかがだったかしら？」

「よかったですよ」と、スレーターはつま先で草を蹴りながら答えた。

彼女は横目で見ながらわずかに笑みを浮かべ、疑うように両眉を寄せた。「よかった、と？」

「ええ」

「お若いあなたがつらい時間を過ごしたように私には見えるけど？」とクラマース夫人は言った。

「ボーア教授は、誰かが違う意見をもてばとても気難しくなるの。ここでは彼を愛するのは宗教みたいなものだけど」そう言ってボーアのいる方向を見た。夫のクラマースがボーアのそばに立っていた。彼女は頷いてスレーターに向き直って言った。「夫の話をしてあげましょうか。2年前——

そう、1921年だったと思うわ——まだ結婚してそれほど経っていなかったから。ともかく、ヘンリクはある考えを思いついた。光量子についてのね」

スレーターは驚いて顔を上げた。

「そう、当時の彼は光量子はある、実際に存在すると信じていたわ。誰一人そう考えなかったけれど——もちろんアインシュタイン教授を除いてね。特にボーア教授にしてみれば、光量子なんていうのは大変よろしくないない考えだった。ともかく、ヘンリクが考え出したのは、あなたと同じアメリカ人のコンプトン教授の考えとそっくりだったのよ——実験こそしなかったけれど、考えは同じだったわ。夫は、それはもう大喜びだった。重要な発見をしたと思ってボーア教授に話したのよ」。

爽やかな春風が夫人の髪を揺らし、彼女は頭を振って目元にかかった髪をかき上げた。

「でも、ボーア教授はすぐさま議論を始めた。毎日二人で議論した。長時間ひどい議論が続いたわ、それこそ際限なく。ヘンリクは疲れ果てて、落ち込んで帰宅するようになって、夕飯も喉を通らないほどだった。混乱して、がっかりして、自分の考えとボーア教授との板挟みで苦しんで。だって本当に好きで、彼のためになんでもしたいと思っていた相手だったから。

最後には消耗しきって、私が病院に連れて行かなければならなくなった。本当よ。入院して良くはなったけれど、それは単純に病院が遠くて、ボーア教授がそこまで来て議論できなかったからでしょうね」

そう言って夫人はスレーターに微笑みかけたが、過去を思い出したせいかその眼は疲れているように見えた。「回復してからというもの、ヘンリクとボーア教授の考えは完璧に一致したわ。私に物理学の話をするときも、ボーア教授が間違っているかもしれないなんて二度と言わなくなった。ボーア教授の考えや視点を、そのまま自分のものにしたのよ。それからは楽になったと言うべきでしょうね」[※25]

カールスバーグの緑色の瓶が陽の光に輝くそばで、スレーターは衝撃を受けて芝生の上に立ちつくしていた。厳かな口調のクラマースの声が心の中に響いた。「光量子理論は、病気の原因を消すことができるが、患者を殺してしまう薬のようなものだ」。ボーアは朗らかに少人数で話をしていた。おなじみのジョークを言い、みなが笑っていた。

「おわかりでしょう」と夫人は言った。「あなたが経験していることを理解できるわ。主人もわかっていて、あなたのことを話していた。とても同情しているって。あの人自身がすべて経験してきたことだもの。さあ、そろそろお行きになって――かわいいデンマーク人女性を見つけて結婚するのにあと1週間しかないのだから……」彼女はもう一度微笑んだ。「でも、デンマークに残る理由を探しているようには見えないわね。いつか年を重ねて戻ってくる機会があったら、いい時を過ごせるといいわね」。クラマース夫人は歩き去り、夫に合流した。白いスカートの裾がふくらはぎの辺りではためき、ハイヒールのかかとが芝生に刺さっていた。

スレーターはビール瓶が並んだテーブルの傍らでぽつんと立っていた。長身の不器用な青年は頭を振った。後年、彼はインタビューでこう答えている。「僕はとりわけクラマースが好きだった……でも、彼はいつだってボーアのイエスマンだった」。他のみんなは偉大なボーアを愛していたが、「僕はボーアと関係を築くことができなかった……それ以来、ボーア氏を尊敬したことはない」。スレーターは次のように言って話を結んだ。「コペンハーゲンで過ごした時間はひどかった」[※26]

1924年春にスレーターがコペンハーゲンを離れようとしていた頃、パリとベンガル地方のダッカから二つの郵便物がゆっくりとベルリンのアインシュタインの机に向かって運ばれていた。一つめの差出人はアインシュタインの友人で大学教授のポール・ランジュヴァンであった。ランジュヴァンは口髭を生やした物理学者・平和主義者で、32歳の教え子ルイ・ド・ブロイの論文が同封されていた。ルイ・ド・ブロイの兄は実験物理学者モーリス・ド・ブロイ公爵で、かつて1911年の第1回ソルヴェイ会議の書記を務めた際にアインシュタインの光量子に関する講演に感銘を受けていた。[※27] その後の10年間は戦争によってフランスとドイツの市民交流は断たれたが、オーク材の羽目板が張られ、タペストリーのかかったド・ブロイ研究室で（彼は召使いを技師にしてX線機器を初めてフランスに持ち込んだ）、モーリスは幼い弟にどうやってX線が波として、あるいは粒子としてふるまうのかを見せていた。

弟のルイ・ド・ブロイは細身で、目は大きく、髪はぼさぼさだった。アインシュタインが光波の粒子としての側面を見つけていたのなら、物質の粒子にも波としての側面があるはずだと彼は断言した。電子線を非常に小さな穴に通すと、波のように回折し、干渉すると示唆した。「私の新奇な考えにやや驚かれたことと思う」[※28]とド・ブロイは述べている。ランジュヴァンは、アインシュタインの意見を聞かせてほしいと、論文の写しを送ってきたのである。

アインシュタインはすぐさま、マックス・ボルンに論文を送った。「読んでみてほしい。突拍子もない論文に思えるかもしれないが、確かなのは間違いない」[※29]。ランジュヴァンに対しては、「彼は大きなベールの一隅を持ち上げた」[※30]と返事を書いた。

しかし、他の者はド・ブロイの主張に感銘を受けなかった。それまでの数年間にド・ブロイは数本の論文を著しており、やや不完全な考えを強く主張していたが、クラマースは「量子論を原子の問題へ応用する現在の方法と一致しない」[※31]と、ボーアにそっくりな発言で巧みに退けた。ド・ブロイは「セルチウム」を発見したアレクサンドル・ドヴィリエとともに、その年の1月に論文の中でゾンマーフェルトをけなしたこともあり[※32]（その議論はすでに実験で反証されていた）、ミュンヘンには友人がほとんどいない状態だった。多くの一流研究者が集うラザフォードのキャヴェンディッシュ研究所の勉強会「カピッツァ・クラブ」の議事録には、ド・ブロイの論文は何もかもがナンセンスだという意見で一致したと記録されている。[※33]

ところが実際には、ド・ブロイの発見は新たな量子論に向けた第一歩だったのである。

アインシュタインが受け取った二つめの郵便物は、インドのサティエンドラ・ナート・ボースが送ったものだった。ボースは創立まもないダッカ大学の講師で、同年春に発表した画期的な論文をアインシュタインに送ってきたのだった。ボースはド・ブロイより1歳半若く、同じように物理学の博士課程を修めていたが、ド・ブロイのように実験科学者の兄や顔の広い高名な教授に恵まれてはいなかった。[※34] ボースもまた、光量子は実在するという前提に立って研究を始め、驚くべき結果を得ていた。

あたかも全身全霊の信仰が劇的な形で報われる福音書の一場面のように、ボースは『フィロソフィカル・マガジン』誌に却下されていた貴重な4枚の論文をベルリン行きの船に乗せた。暑さが和らぎ、雨季の雨が降り始めていた。「拙稿にその価値があると思われましたら、『ツァイトシュリフト・フュア・フィジーク』誌への掲載を取り計らってくだされればありがたく存じます」[※35] とアインシュタインに手紙を書いた。見ず知らずの他人が地球上で最も著名な人間に頼みごとをするなど前代未聞の行為であったが、朗らかで何事にも動じないボースは「私たちはみなあなたの教え子です」[※36] と続けた。彼はアインシュタインの見識と善意を信じ、また自分の論文の正当な価値を信じていた。「あなたのご意見をぜひともうかがいたく存じます」[※37]。そうしたためたボースだったが、雨季が終わる9月上旬までに返信がもらえるとは思っていなかった。

アインシュタインの対応は驚くべきものだった。彼自らボースの論文を英語からドイツ語に翻訳し、太鼓判を押して『ツァイトシュリフト・フュア・フィジーク』誌に送ったのである。そして、彼自身もその後の半年で3本の論文を書き上げた。アインシュタインは、ボースが光量子で見つけた結果を原子に応用することでボースの理論をド・ブロイの理論と結びつけ、それがド・ブロイの

「物質波」のふるまいにどのような意味をもつのかを確かめたのである。

ボースのカギとなる構想は、光量子の完全な不可弁別性で、これにより光量子を個別に扱う系はどれも意味をなさなくなる。この不可弁別性は量子状態では奇妙なことになる。根本的に区別できない粒子の一つが特定の状態になる可能性は、それをとりまく粒子の状態に影響されるのだ。[注1]

ボースの伝記作家は、この構想から導き出された統計（「ボース統計」あるいは「ボース＝アインシュタイン統計」として知られる）について次のように述べている。1950年代半ば、カルカッタを訪れたケンブリッジ大学のポール・ディラックと妻のマルギットは、ボースの車の後部座席に座っていた。ボースは数名の学生に向かって、すでに自分と運転手が座っていた前部座席に乗り込むように言った。ディラック夫妻は――痩せた体がボースの丸々とした体と著しく対照的だった――ぎゅうぎゅう詰めではないかと訊ねた。「ボースは振り返って愛想よく答えた。『大丈夫です、僕たちはボース統計を信じていますから[※38]』」

「ボース統計と他の統計の違いは、目下のところ謎に包まれた粒子の相互的な影響についての仮説を『間接的に表現』している点だ[※39]」アインシュタインは1925年にこう述べている。2001年のノーベル賞受賞講演で、コロラド大学の実験物理学者エリック・コーネルとカール・ワイマンはアインシュタインと同じ驚きを感じていた。「この相互的な影響は、今日も変わらず謎に包まれています。そのために生じるエキゾチックなふるまいの数々を容易に観察できるようになっても変わりません[※40]」

アインシュタインは、1924年11月にエーレンフェストに宛てた手紙でこう書いている。「粒子は引き合う力がなくても一定の温度になると『凝縮』する……きれいにまとまった理論だが、真実が含まれているのだろうか？」[※41]。それから75年ほど経ったノーベル賞受賞講演でも、そのエキゾチックなふるまいが解明されればノーベル賞に値すると言われているのである。

「引き合う力がないのに凝縮」して同一の状態になるということは、まったく同じ属性をもつということだ。そのため、各粒子は互いに区別できないだけでなく、完璧に調和して動くようになる。すなわち、一体となって「量子物質波」となり、肉眼でも見えるようになる。この現象は、ほどなくして「ボース＝アインシュタイン凝縮」として知られるようになったが、レーザー光線があれほど鋭いのも、超伝導体が永久に電流を運び続けるのも、超流動体が壁を這い上がって流れるのも、すべてこのためである。

アインシュタインはド・ブロイの物質波と、同調性が高く弁別不能なボースの光の粒子という考えを支持した。そしてこの二つの概念を統合し、1924年当時ではとうてい手に負えないほどの、はるか先まで量子論を前進させたのである。ゾンマーフェルトは自身が著した量子論の教科書の新版で、波と粒子について疲れ果てたように述べている。「現代物理学は二つの相容れない特徴に直面しており、non lignetと正直に告白せねばなるまい」[※42]（『センチュリー・ディクショナリー』によればnon lignetとは陪審員の評決を古い綴りで記したもので、「疑わしい場合に、問題を別の日の審理まで延期する」という意味である）

1924年12月、パウリはかつての師であるゾンマーフェルトに宛てて次のように書いた。

「『non lignet』という偽りのない言葉は、ボーアやクラマース、スレーターといった面々が語る、人工的でその場しのぎの〝解決もどき〟に比べれば、千倍も共感を覚えます……。[※43]

我々は言葉を話していますが、量子世界の簡潔さと美しさを語るには十分ではないという印象を、すべてのモデルから強く受けるのです[※44]」

注1 わかりにくさで知られる「量子状態」という概念は、おそらく量子物体についてわかっていることで最も正確に定義できる。ボース＝アインシュタイン統計を用いると、ある有限の量子状態にあるもつれていない粒子が驚くような離れ業（わざ）を見せる。反対に、もつれている粒子はここにもそこにもなく、イエスでもノーでもない、無限の状態にある——測定されるまでは。

第7章 映画館のパウリとハイゼンベルク

1925年1月8日[※1]

ハイゼンベルクとパウリの二人は、腹がよじれるほど笑っていた。チャーリー・チャップリンの映画『キッド』を観たのはハイゼンベルクが2度め、パウリは3度めだった。戦争が終わって映画が解禁され、ドイツでも最近封切られたばかりだった。

ハイゼンベルクは23歳になったばかり、パウリは春に25歳を迎えるところだった。パウリはウィーンで、ハイゼンベルクはバイエルンのアルプス地方でそれぞれ家族とクリスマス休暇を過ごし、古い大学町であるミュンヘンで再会していた。翌9日には、パウリはさらに北へ向かってハンブルク大学の教授に就任することになっており（同大学の実験物理学教授であるシュテルンの同僚となる）、ハイゼンベルクはコペンハーゲンに戻ってクラマースとともにボーア＝クラマース＝スレーター論文の研究をさらに進めようとしていた。

映画のあらすじは、チャップリン演じる登場人物リトル・トランプのぺてん（このぺてん（シュヴィンデル）はハイゼンベルクとパウリのお気に入りの言葉だった）を中心に展開する。パウリはチャップリンに自分を重ね合わせていた。リトル・トランプと協力して人をぺてんにかけるのが、彼が引き取って育てていた無邪気な顔立ちの少年キッドである。キッドは家々の窓を割り、そこにリトル・トランプが新しいガラスを抱えて角を曲がってやってきて、ガラスはいりませんかと売り込む。

「目がくらむ（シュヴィンドリッツヒ）ような道化師のトリック」というのがドイツの映画評論家の一致した意見だった。映画は「信じがたいほど無意味（ウンジン）だ」「完璧なるナンセンス（ウンジン）」と評された。※2 チャップリンのドタバタ喜劇は「詩人と哲学者の国」にふさわしくないと評論家たちは声高に叫んだが、ハイゼンベルクとパウリはこの映画をこよなく愛しており、他の観客も同じであった。

音楽が止み、映写技師が照明をつけた。満ち足りた観客はおしゃべりを始め、上着をはおった。観客はみな、インフレーションと飢えに苦しんでいたが、楽しく集まって劇場からぞろぞろと出て行った。ハイゼンベルクは、脇の通路に置いていた松葉づえに手を伸ばした。1週間前のスキー事故※3の土産であった。眼のまわりにスキーゴーグルの日焼け跡をかすかに残した彼は、負傷した運動選手そのものに見えた。

劇場の外に出ると、寒風が二人の顔に吹きつけた。首を曲げた街灯の光を通して、雪がひらひらと舞い落ちるのが見えた。スキーを好むハイゼンベルクは、雪を見上げて顔をほころばせた。反対側には中世都市の城門が1月の早い薄暮の中に亡霊のように浮かび上がり、つたで覆（おお）われた煉瓦（れんが）づくりの六角形の塔が二つそびえている。年月を経て、柔らかくまだら模様になった煉瓦が雪化粧を施されていた。

ハイゼンベルクとパウリは、市電の停留場へ向かって歩き始めた。二人の後ろでは、すでに人々が映画館の前に列をつくって並び、レイトショーのチケットを買い求めていた。映画を宣伝する看板があまりにもまぶしくて、「チャーリー・チャップリン、ジャッキー・クーガン」と大きく書かれているのが読みづらいほどだった——トランプとキッドは同格の扱いだった。

「さあ、話してくれ。ボーア法王はどうだい？　クラマース枢機卿は？」[※4]とパウリが問う。

「いいかい、ボーアに会って初めて、僕の物理学における人生は始まったんだ[※5]」

ハイゼンベルクの言葉にパウリは頷いた。「それは僕も同じだ」

「ボーアは量子論の矛盾に誰よりも悩んでいる」そう言って、コペンハーゲンでの日々とかつてのミュンヘンやゲッティンゲンの時代との違いを説明しようとした。ミュンヘンでゾンマーフェルトの下で研究していた学生時代、二人は謎の多い断片的な数学的アプローチで原子を記述しようとし、その意味に思い煩うことなどなかった。ドイツの数学研究の中心地であるゲッティンゲンは、量子論における3つの拠点の3番めの都市に成長しており、現在は控えめな人柄で知られるマックス・ボルンが理論物理学を牽引していた。

ハイゼンベルクは1922年の冬から1923年の春にかけてボルンの下で研究していた。「ゾンマーフェルトがすばらしく複雑な積分を応用できてどれほど喜んでいるかわかるだろう」とハイゼンベルクは言った。パウリはそれを聞くとふっと笑い、一瞬目を閉じた。ハイゼンベルクは続けた。「でも、ゾンマーフェルトは自分のやり方に一貫性があるかどうかをそれほど気にしていないし、ボルンも違う意味で主な関心は数学的問題に向いている」

「確かにそうだ」とパウリが同意する。

「ボルンもゾンマーフェルトも深刻に悩んではいない。ボーアはほとんどそのことしか話さないというのに。クラマースは……僕にはちょっとふしぎなのだが」とハイゼンベルクは言った。「冗談を言うのさ。僕がそんな気分になれないときに」[※7]

真面目なハイゼンベルクが真顔でジョークを言うクラマースと一緒に研究をする姿を思い浮かべ、雪の中でパウリは目を細めた。

「君の新しい論文にボーア法王の祝福[※8]が与えられるかはわからないけど」とハイゼンベルクが言った。

アインシュタインのボース＝アインシュタイン凝縮論文の発表とほぼ同時に、パウリは2本の論文を書き上げた。一つめの論文で、パウリは1922年のシュテルン＝ゲルラッハ実験について「おかしな考察(コーミッシェ)」をしている。この実験に特徴的な二つの束に分かれた銀原子ビームは、それぞれの原子がもつ一つの電子——最も外側に位置する電子——によるものだとパウリは突き止め、その電子が存在するために「不可解な、機械的ではないやり方で……異なる運動量をもつ二つの状態がうまく相互作用している」と述べた。[※9] この二つしかない選択肢は、じきに「上向きスピン」と「下向きスピン」とよばれるようになった（パウリによる命名ではない。[※10] 本人は電子を回転ボールのように語るのは「望ましくない」と考えていた）。

二つめは、イギリス人の友人P・A・M・ディラックが「パウリの排他律[※11]」とよんだものについて書かれており、パウリの代表的論文となった。ハイゼンベルクとエーレンフェストはそれを「パウリの禁止（フェアボート）[※12]」と呼んだ。パウリが明らかにしたのは、まったく同時期にボースやアインシュタインが論じていたような粒子（つまり光量子や原子）とは違い、電子は一つの量子状態において決して仲良く集まることはないことを示した。電子には、反対同士のペア（上向きスピンと下向きスピン）をつくる傾向はあっても、それ以上は近づかないのだ。

エーレンフェストはよく次のように説明していた。「なぜ結晶は分厚いのだろうか？　それは原子が分厚いからだ。なぜ原子は分厚いのか？　それはすべての電子が内側の軌道に落ち込むわけではないからだ。なぜ落ち込まないのか？　電子がお互いに電気的に反発しあっているからだろうか？　いや違う。それだけなら、電子は高電荷の核のまわりにはるかに密集することができるはずだ。

ということは、パウリを恐れて内側の軌道に落ち込まないのだ!!　だから我々はこう言えるだろう。パウリ自身がこれほど厚みがあるのは、パウリの排他律が有効だからだ。なんとふしぎな、なんと理解しがたいもの……[※13]」

またしても量子論は「不可解な、相互的な影響」に直面した。そして今回もまた、モデルや説明、イメージによって理論が発展したのではなく、禁止、形式的な規則、理解不能性とともに発展したのである。「私がやっていることは大きなナンセンス（ウンジン）ですが、それはボーア原子を上回るほどには大きくはありません」パウリはボーアにそう語っている。「私のナンセンスとあなたのナンセンスは、いわば共役関係にあるのです※14……最終的に二つのナンセンスをうまく足し合わせた物理学者が真理に到達するでしょう！※15」

ボーアがパウリの論文と手紙をハイゼンベルクに見せると、ハイゼンベルクは大喜びでパウリに葉書を送った。

今日君の新しい論文を読ませてもらったけれど、このことをいちばん喜んでいるのは間違いなく僕だ。君があのぺてん（シュヴィンデル）を想像もつかない目がくらむような高み（シュヴィンドリッヒ）に昇華させ……おかげで僕は、今まで以上にひどく侮辱された。しかし、全体で見てみれば、君までが（ブルータス、お前もか！）頭を低くして形式主義の者たちの地に戻ったことは僕の勝利だ。だが悲しむなかれ、そこで君は心からの歓迎を受けるだろう。

もし君が、今までにもあったようなぺてんに対抗して何かを書いたと思っているならば、もちろんそれは考え違いというものだ。ぺてん×ぺてんで正しいものは生まれない。したがって、二つのぺてんは決して互いに矛盾しないのだ。

だからおめでとう!!

楽しいクリスマスを！

1924年12月15日
コペンハーゲンにて[※16]

何につけてもつねにハイゼンベルクより時間をかけるボーアは、1週間後にパウリに手紙を出し、自分は約束したナンセンス(ウンジン)を生み出してはいないが「完全な狂気(ヴァンジン)」を生み出したと書いた。必ずしも悪い反応ではなかったが、パウリにはボーアが――「我々は、君が光を当てた新しい美の数々に興奮しています」などと慎重な表現をボーアは使った――本当に熱狂しているハイゼンベルクと同じようには感じていないことがわかった。

「ぺてん(シュヴィンデル)全体の大きさが完全に記述された今、我々は重大な岐路に立っている気がする」[※17]とボーアは述べている。

「もし量子論について考えているときに目がくらむ(シュヴィンドリッヒ)ことがないのなら、本当に理解できてはいないのだ」[※18]というボーアの有名な言葉があるが、数年経っても彼らは、この同じ言葉で冗談を言い合っていた。

1925年1月、ミュンヘンでハイゼンベルクとパウリは量子論を、さらには世界を理解せんと悪戦苦闘していた。ハイゼンベルクは松葉杖でも楽々で、雪の中をパウリと並んで体を揺らしながら道を進む姿はじれったそうに見えた。

「彼には『哲学』というものが一切なく、基本原理を明確に公式化する気などまるでない」前年にパウリは、ハイゼンベルクについてボーアにこう不満をぶつけていた。それでもなお、「僕はハイゼンベルクが——人柄が非常によいことはさておき——きわめて重要な人物だと、天才であるとすら思っています。いつの日か科学を大きく進歩させてくれると信じています……」[※19]

数学の要塞たるゲッティンゲンでは、マックス・ボルンが、大勢が考えている問題について書いた。力学——運動や物を動かす力を記述する物理学——は原子にはあてはまらず、新たな数学的構造が必要なのだ。ボルンは「量子力学[※20]（Quantenmechanik）」を提唱した。のちに彼自身とハイゼンベルクが、それを生み出すことになるとは知らずに。

「よかったら、君とクラマースが書いている論文の校正刷りを送ってくれないか？」と、松葉杖の友人に向かってパウリが言った。笑いを浮かべながら「おっと、クラマース枢機卿のお許しが出ないだろうか？　僕はしょせん、不信心者だからね[※21]」

ハイゼンベルクは頷いた。彼にはあと一息だとわかっていた。「僕たちは、つまりクラマースと僕だけれど、新たな力学の精神に一歩近づいた気がする。[※22]もう一押しできれば、すばらしい新たな力学を見つけられるに違いない。ボーアもそう思っているよ」。彼の顔は興奮で輝いていた。

「僕は僕で、新しいものを発見したよ」とパウリは言った。「実はもうシュテルンが『パウリ効果[※23]』とよんでいるのさ」

「パウリ効果？　パウリの禁止（フェアボート）と何か関係しているとか？」

「それとはまったく関係ない。僕がどれほど優秀な理論家かってことと関係しているんだ」パウリは言葉を切った。「でもまあ、その意味では関係があるかもしれないな」

「つまり？」とハイゼンベルクが促した。

「理論物理学者がどれほど実験装置を扱えないかは知ってるだろう。触ると必ず壊れる。まあ、僕くらいすばらしい理論物理学者になると、部屋に入るなり機械が壊れてしまうわけだ[※24]」

「そんな事態を自分への褒め言葉に変えられるのは、君くらいなものだよ」

「今じゃシュテルンは研究室のドアを閉めたまま、僕に大声で話しかけるだけだ」

「そんなことが本当に起こると信じているみたいに話すね！」

「言ってるじゃないか、本当に起こるんだ」

「信じられないよ、シュテルンが――」

「おや、シュテルンは実験家だから現実的だとでも？　シュテルンが話してくれたんだが、彼の友人は機械に機嫌よく動いてもらうために毎朝、花をもっていったそうだよ[※25]」とパウリはにやにやしながら言った。「本人は、それよりいくぶん高尚な方法を使っていたけどね。フランクフルトにいた頃、彼はよくシュテルン＝ゲルラッハの実験装置を木製ハンマーで脅して、言うことを聞かせていた」

「君たちはそろってクレイジーだな」

「まあ続きを聞いてよ。誰かがハンマーを借りていったことがあった。すると機械がぱったり止まってしまったんだよ、いつものハンマーが見つかるまでね」。パウリは眉を上げてハイゼンベルクに頷いてみせた。

「ともかく、ハンブルク大学が君を厚遇してくれているとボーアに伝えておくよ。君が厚意に報いていなくてもね」ハイゼンベルクは笑った。

パウリも笑った。「とりわけ天文学の研究者はいい人たちだ。満月が明るすぎて空を観測できない夜は、観測台に行ってみんなでワインを飲むのさ[※26]」

「ワインを？」

パウリは真面目くさって頷いた。「ハンブルクに来てからの僕は、シュテルンの影響でミネラル・ウォーターからいきなりシャンパンに切り替えた[※27]。ワインはとにかく僕にぴったりだと気づいてね。2本めのワインかシャンパンを空ける頃には行儀よくなって、たいてい楽しい仲間になれるんだ。いい、しらふのときはとうてい無理なのは知ってるだろう。それが周囲にえらく好印象を与えるらしいのさ。特にご婦人方にね[※28]」

数ヵ月後、パウリはコペンハーゲンで研究中のアメリカ人物理学者で友人のラルフ・クローニッヒに手紙を書いた。「物理学は現在、またもや混迷を深めている。いずれにしても僕には難しすぎて、自分が喜劇役者か何かで、物理学なんて聞いたこともなければよいのに、と思うね！　ボーアには新しいアイデアを出して我々を救ってほしい。ぜひ今すぐにもお願いしたいものだ[※29]」

第8章 「聖なる島」のハイゼンベルク

1925年6月

北も西も南も裂ける、[※1]
王座は砕け、国々は震う、
逃れよ、きよらかな東方の……

ゲーテ『西東詩集』

1925年6月、ヴェルナー・ハイゼンベルクはゲッティンゲン発の夜行列車に乗っていた。ハイゼンベルクは当時、ゲッティンゲン大学でマックス・ボルンの助手を務めていた。夜明けどきにフェリーに乗船し、北海に浮かぶ小さなヘルゴラント島（海に囲まれ、温泉に恵まれたこの島の名は「聖なる島」という意味である）へと向かった。[※2] デンマークやイギリスに支配された時期を経て、ふたたびドイツ領となっていたこの島には公式な旗があり、ドイツ国旗の黒・赤・黄の代わりに緑・赤・白の三色旗だった。

ハイゼンベルクの顔はひどくむくんでいた。宿のドアをたたくと、女主人が「まあ、昨日の夜はとんだ目に遭ったんだね」[※3]と言いながら彼を部屋に案内した。部屋は2階にあり、窓からは石造りの村、そして白い砂丘と海まで見渡せたが、腫れ上がったまぶたではろくに見えなかった。[※4]開いた窓から入る風で、部屋の薄い白カーテンがはためいていた。

「ただの花粉症なんです。でもここなら……」ハイゼンベルクは恥ずかしそうに言った。

「ここには花もなけりゃ野原もない。花粉もないよ」女主人は、わかっているという風に笑った。

窓から入るそよ風に顔を向け、美しい眺めに目をやった。外は風が強く、よく晴れていた。彼はこの部屋で眠り、食事をとり、赤土の崖沿いを散歩した。服を脱ぎ捨てて、冷たい水の中に飛び込んだ。残りの時間は、花粉症で涙の止まらない目でゲーテのペルシャ風の牧歌を読み、『西東詩集』に収められた詩を暗記した。[※5]

その歌を解せんとすれば
歌の国を探し出さねばならぬ

外を眺めながら、ハイゼンベルクは登山好きの自分に、デンマークの平地の魅力を教えようとボーアが北海の海岸に連れて行ってくれたことを思い出していた。「海を見わたすとき、我々は無限大の一部を把握したというように感じるのです[※6]」

ヘルゴラント島で一人きりで過ごすうちに、ハイゼンベルクの頭はすっきりして、焦点が定まるのを感じた。彼は量子世界を見詰め、原子の声に耳を澄まし、原子が語りかけることを聞き取ろうとした。コペンハーゲンで彼とクラマースはすでに、ボーア＝クラマース＝スレーター論文に数学による裏づけを与えていた。4月はその理論――クラマース＝ハイゼンベルクの論文――が勝利した月であったが、同時に凋落(ちょうらく)のはじまりでもあった。コンプトンらがより綿密な測定を行い、ボーアの予測に反してエネルギー保存則が保たれていることを明らかにしたのである。だが、クラマースとハイゼンベルクが導き出した「この数学的図式」は「僕にとっては魔力があり、もしかすると入り組んだ関係の巨大な網の、最初の糸が見つかるかもしれないという考えに魅了された[※7]」と彼は回想している。

ハイゼンベルクは、未知の領域の存在をかすかに示す原子発光の色の研究に没頭した。「数学的に余分なものを放り出すには数日で十分だった[※8]」と彼は述べている。島を発つ前はかすかに垣間見ただけの、ムダのないすっきりとした考えが心にありありと浮かんだ。その考えから「はなはだ風変わりな視点に行き着いた[※9]」と、友人のラルフ・クローニッヒに話している。ハイゼンベルクの量子力学では、原子の内部に時間と空間は存在しなくなったのである。

あるいは、島で迎える夜にはそう思えたのかもしれない。彼が問題に取り組み、考えをめぐらせるうちに、北海の太陽が真夜中近くになって沈み始めた。海は赤く染まり、陸地は暗かった。ハイゼンベルクは室内のガス灯をつけて机に向かった。細身ながら筋肉質の背中を丸め、両肩を耳もとまで寄せて足を椅子の脚にからませる姿は、試験勉強をする少年のようだった。星が出て、小さなバルコニーに面したドアに風がひゅうひゅうと吹きつけていた。後年、ハイゼンベルクは物理学を研究する過程についてこう語っている。「科学の研究は、ひたすら硬い木に穴をあけるようなものだ。考えすぎてそれが苦痛になってもなお、考え続けなければならない」[※10]

時計が午前3時を告げ、彼は自分が作り上げたものを見つめた。マックス・ボルンが予見していたように、量子力学は従来の物理学における力や運動の記述とはかけ離れたものになった。「僕は心底驚いた。原子の現象の表層から、ふしぎにも美しい内部を見ている感覚があり、今こそこの豊かな数学的構造を探るときだと思うと眩暈を覚えるほどだった……すっかり興奮してしまって眠れなかった」[※11]

ハイゼンベルクはなぐり書きの紙を机に残して、夜明けの通りを抜けて崖へ向かった。「海に突き出す岩にずっと登ってみたかった」[※12]。花粉症は治まり、磯の香りが感じられた。赤砂岩の粗い岩肌はいつもよりざらついて感じられ、震える指は新しく生まれ変わったように思われた。日の出を見つめる目は、ふだん昼間にものを見るときよりも敏感になっているようだった。波が打ち寄せるたびに波頭の下に淡い光の花びらを運び、岩の上に立つ彼のまわりに波しぶきが舞い上がる。ハイゼンベルクは完全に勝ち誇っていた。彼はすっかり空っぽになり、光で満たされている気分だった。

ゲッティンゲンに戻る途中、彼は数時間ハンブルクに立ち寄った。「ふだんは最も手厳しい批評家」[※13]であるパウリに、自分が作り出した量子力学を見せるためであった。だが、パウリは量子世界にまつわるあらゆるモデルや可視化の記述は失敗してもおかしくないと考えており、彼の口からは励ましの言葉しか出なかった。

「僕自身の研究といえば、まだ何もかもが不透明で、書いていて何の楽しみもない」[※14]と、ハイゼンベルクは1週間後にパウリに書いている。原子の内部には空間も時間もなくなった――「量子論では、電子と空間の一点を結びつけることは不可能だった」[※15]――が、その後に何が残るのかハイゼンベルクにはわからなかったのである。

「ハイゼンベルクはとんでもない論文を書き上げたが、彼には投稿する勇気がなかった」マックス・ボルンは、ハイゼンベルクが戻ってきたときのようすをこう回想している。「私は論文を読んですっかり夢中になり……寝ても覚めてもそのことばかり考えるようになった」[※16]。ハイゼンベルクの自信は強まったり弱まったりしたが、一つだけ確信していたのは（彼は7月初旬にパウリに話している）――時空のモデルはもちろん、ボーア原子のような奇妙なモデルですら現れそうにないということだった。「微力ながらも私が取り組んだ研究は、どのみち観測できない『軌道』という概念をことごとく壊す方向に働くのです」[※17]ハイゼンベルクはそう言って、論文をボルンに預けたままライデン、ケンブリッジ、コペンハーゲンをめぐる休暇に出かけてしまったのである。

「1925年の7月10日頃だったと思うが、ある朝突然、光が見えた」とボルンは回想している。「ハイゼンベルクの象徴的なかけ算は、私がブレスラウの学生時代からよく知っている行列解析に他ならなかったのだ」。優れた数学者であったボルンにとってはおなじみだったその概念も、数学をそれほど好まない大半の物理学者には知られていなかった。古くは「子宮」を意味する言葉だった行列(マトリクス)は、「行」と「列」に配置された数字の配列のことである。行列は、どれほど大きくても一つの実体であり、一つの数と同じように数式に当てはめることができる。

ボルンは、ハイゼンベルクの理論を行列を使って読み解いた。「すると、すぐに風変りな公式が姿を現した[※18]」。それが $QP-PQ=\hbar i$ である。$\hbar$（エイチバー）はプランクの量子定数 h（これなくして量子の公式は完成しない）を 2π で割った数である。i はマイナス1の平方根である。最初の「虚数」である。i は数学でよく使われるが、これが（デヴィッド・ウィックが著書で量子力学の異説について書いているように）「自然科学の歴史において、本質的と思われる方法で虚数単位が用いられたおそらく最初の例[※19]」であった。

質量（mass）は m で、運動量（momentum）はニュートンの時代から（impetus の）p で表されてきたため、位置（position）は p ではなく q と表記されるようになった。ビリヤードの球にたとえると、以下の三つの数字があれば球の位置を表すことができる。これは「デカルト座標」と呼ばれており、ビリヤード台で言えば長辺から x センチ、短辺から y センチ、地面から z センチという具合に表せる。運動量はもっと簡単で一つの数、毎秒何メートル×何グラムという形で表すことが可能である。だが、原子について同様に記述しようとすると、無限の配列の数字が必要となる——しかも、どれ一つとして位置や運動量との関係が明白ではないのだ。

ボルンが見出した公式では、大文字のQとPは普通の一つの数ではなく「無限の行列」を表す。ハイゼンベルクは「マトリクス」というあまりに数学的な響きを好まず、平易さを追求して「放射値表」[※20]とよんだ。本来は、問題の原子が放射する特徴的な周波数をすべて羅列したものだからである。

このような行列は、別の意味でもビリヤード球のような特性をもたない。つまり、行列においてはかけ算の順序が重要となるのだ。先のデカルト座標を求める際には、かける順序は問題ではなく、5×3と3×5に違いはない。ところが、ひとたび量子の領域に入ってしまうと、この法則が変わることをボルンの数式は示していた。運動量を測定したのちに位置を測定するQPは、その逆の手順を踏むPQとは等しくならないのである。

量子世界における「測定」とは、通常のそれと何か異なるものなのだろうか？　ハイゼンベルクは何ヵ月も考え続けたが、答えは見つからなかった。「中でも最悪なのは、古典理論へどう移行するのかが、僕にははっきりしないことなのだ」[※21]ハイゼンベルクは、パウリへの手紙でこう吐露している。

この問題に関しては、ボルンにも、パスクアル・ヨルダンにも理解することができなかった。ヨルダンは、ハイゼンベルクとほぼ同い年の年若い学生で、血色がすぐれず内気で口下手であったが、ボルンはヨルダンのほうが「僕よりはるかに頭の回転が速く、自分の考えに自信をもっている」[※22]とアインシュタインに語っている。ボルンのいるゲッティンゲンと、ハイゼンベルクが滞在していたライデンやケンブリッジとの間で書簡のやりとりが続いた。「息詰まる数ヵ月間だった」[※23]とハイゼンベルクは回想している。

不安が半分、戸惑いが半分であった。その作業を始めてわずか5日で、ボルンは落ち着いてアインシュタインに書き送っている。「君やボーアの考えに比べれば、僕がやっていることがどれほど凡庸かは十分に承知している。僕の頭はがたついていて——たくさん入らないうえに、中のものはガラガラ音を立てて動き回り、はっきりした形がなく、そしてますます複雑化しているのだ」[※24]

一方のハイゼンベルクは、ケンブリッジで講演していた。産声（うぶごえ）を上げたばかりの量子力学ではなく、その理論の基礎となるかつての聞き慣れた分光法について語った。聴衆の中に、黒髪で痩せた若き数学の天才、P・A・M・ディラックがいた（その後まもなく、一連の論文が発表されてこの名が有名になると、P・A・Mは何のイニシャルなのかとふしぎがられた。ディラックの無口さが謎を深めていると人々は思ったが、誰も単刀直入には訊ねなかった。もし訊ねていれば、ディラックはブリストル訛りのはっきりした高い声で「ポール・エイドリアン・モーリス」と答えただろう）。内気な性格で、ハイゼンベルク本人には話しかけられなかったディラックは結局、ハイゼンベルクの論文の見本刷りを読み、研究に取りかかった。その結果、ディラック自身はもちろんハイゼンベルクも知らなかったのだが、同時期にヨーロッパ大陸でボルンが主張していたのと同じ考えにたどりついたのである。

ボルンとヨルダンは結果をまとめ、ハイゼンベルクの独創的で天才的なひらめきを行列に落とし込もうとしていた。そしてあと一歩で完成というところで、ラザフォードがディラックの論文の見本刷りをボルンに送ってきたのだった。「今でもよく覚えている——僕の科学者としての人生の中で、あれほど驚いた体験はそうはない。ディラックという名前は、それまで一度も聞いたことがなかった。若者が書き上げたということだったが、論文だけを見ればすべてが完璧で称賛に値するものだった」[※25]とボルンは述べている。ゲッティンゲンで「少年たちの物理学(クナーベン・フィジーク)」[※26]が話題に上るようになったのはこの頃である。当時、ディラックとヨルダンは22歳、ハイゼンベルクは23歳、パウリでさえいまだ25歳であった。

若き成功者たちの中でも、ディラックは異質だった。1925年の論文は、実り多き5年間の始まりだった。その間、彼のペンからは難解な論文——1927年だけでも3本発表している——が、子供が書いたようなていねいな筆記体で途切れることなくつむぎだされていた。

ディラックはイギリスのブリストルで、気性の荒いスイス人の父親に育てられた。父親は、夕食の席ではフランス語しか話すことを許さず、年若いイギリス人の妻を黙らせた。その結果、幼いディラックは直接自分に質問されたときか、大事なことを話すときしか言葉を発さなくなり、その場合もできるだけ短い単語ですませた。彼は生涯どの言語を話す際にもその癖が抜けず、物理学者の国際的な集まりで数々の面白いエピソードが語られた。ボーアが述べたように、当時の物理学者たちにとってディラックは「最も純粋な心の持ち主」[※27]だったのである。同世代の中でもきわめて洗練された理論物理学者でありながら、ディラックはありふれた教育しか受けていなかった。彼の父がフランス語を教えていたマーチャント・ヴェンチュラーズ・テクニカル・カレッジに通い、父を喜ばせるために、高等教育では実用性に訴えて電気工学を選んだ。物理学以外の唯一の活動といえば、いつも黒いスーツ姿で一人で出かける長時間のハイキングであった。

コペンハーゲンではまだ、ハイゼンベルクの画期的な成功について誰も何も知らなかった。コンプトンらの実験によってボーア＝クラマース＝スレーター論文が息の根を止められ、あるいはボーアとフランクが――パウリの言葉を借りて――「コペンハーゲンの反乱」[※28]とよぶようになった出来事が起こり、ボーア研究所は苦境に陥っていた。

ハイゼンベルクがヘルゴラント島で突破口を見出して1ヵ月が経った7月末、パウリはクラマースに手紙を送っている。「私は願ってもない幸運だと思っています」彼らしい遠慮のない書き出しで始まる一文だった。「あなたの解釈がいち早く、こうした美しい実験によって否定されたことです……今や先入観にとらわれない物理学者はみな、光量子を電子と同じくらい物理的に実在していると（あるいはしていない）と考えられるのですから」

パウリは、ハイゼンベルクの新たな成果を「大喜びで」称えた。

僕たちは、独立した思考をもつ二人の人間としてはこれ以上ないほど、ほぼあらゆる事柄について意見が一致している……僕はこの半年で少し孤立が和らいだように思う。それまでは「ゾンマーフェルトの」ミュンヘン学派の数の神秘主義というスキュラ［ギリシャ神話に登場する海の怪物］と反動的なコペンハーゲンの反乱（君が真の狂信者のありあまる情熱で反乱を宣伝してくれたが）というカリュブディス[注1]［同じくギリシャ神話に登場する海の怪物］に挟まれて、すっかり一人ぼっちの気分だったのだ。

常日頃から自信たっぷりのパウリにとって、伝道師であるボーアよりも、改宗したクラマースのほうがずっとたちが悪かった。「あなたが一刻も早く健全なコペンハーゲン物理学を再建されるよう願っています。ボーアの現実を見据える強い感覚をもってすれば、必ずやコペンハーゲン物理学は復活を遂げます。末筆ながら、ご成功をお祈りしております。忠実なるパウリ」[※29]

クラマースはすでに、ハイゼンベルクの理論を知っていた。ハイゼンベルクがヘルゴラント島から戻ったとき、ちょうどゲッティンゲンを訪れていたのである。

「君は楽観的すぎる」[※30]とクラマースはハイゼンベルクに言った。

コペンハーゲンに戻ったクラマースは、ボーアには何も話さなかった。彼は友人のユーリ（スレーターの友人で、前年にハイゼンベルクをユトランド島に案内した）にくだけた内容の手紙を送ったが、ゲッティンゲン訪問についてはフランクとボルン、「その他」[※31]の人々に会ったと触れただけだった。

ボーア＝クラマース＝スレーター理論が世を去り、新たな理論――ハイゼンベルクはクラマースとの共同研究を拡張しただけであったが――が産声を上げるにいたって、クラマースは自分の星が墜ち、代わりに新星が昇るのを見た。鬱が悪化した彼は[※32]、その年の9月に（何年も他大学からの誘いを断っていた）母国オランダの大学からの招聘を受け入れた。ほぼ10年にわたってボーアの腹心であり、後継者と目されていたクラマースは、コペンハーゲンを永久に離れたのである。

いまだ自信がもてずにいたハイゼンベルクと打ちひしがれたクラマースから何も知らされていなかったボーアは、ハイゼンベルクに宛てた6月10日付の手紙で、量子論が「きわめて暫定的で、不十分な段階にある[※33]」と語るのが精一杯だった。この手紙は、9日後にはゲッティンゲンに戻ったハイゼンベルクに届いていたはずだが、彼がようやく返事を送ってきたのは8月も末のことだった。

「おそらくクラマースからお聞き及びのことと思いますが……僕は量子力学論文の執筆という罪を犯してしまいました[※34]」

アインシュタインもまた、懐疑的な態度を示した。9月にエーレンフェストに送った手紙で、「ハイゼンベルクは巨大な量子の〝卵〟を産んだ。ゲッティンゲンの物理学者たちは正しいと信じている（が、私は信じない）[※35]」と書いている。ハイゼンベルクの画期的な発見が「ゲッティンゲンの度を越えた博識[※36]」によってもみ消されようとしているとパウリが何度も言ったことをまた繰り返したところ（いつも温和なマックス・ボルンの気分をすでにひどく害していた）、ハイゼンベルクは激しく非難した。「いつもいつもコペンハーゲンとゲッティンゲンの仲間を愚弄するのは言語道断な恥ずべきことだ。僕たちは悪意をもって物理学を壊そうとなどしていない。それを君は認めるべきだ。僕たちが何も新しいものを生み出さないバカ者だというのなら君も同類だ。君だって何もしていないじゃないか！[※37]」

1925年のクリスマス、アインシュタインは親友ベッソに手紙を書いていた。「最近の最も興味深い成果と言えば、量子状態に関するハイゼンベルク＝ボルン＝ヨルダンの論文だ。これぞまさしく魔法使いのかけ算表で、無数の行列がデカルト座標に取って代わるのだ」。少なからぬ皮肉を込めて「きわめて独創的で、相当に複雑なおかげで反証を免れている[※38]」と付け加えている。

ハイゼンベルクらの論文は、きわめて難解で扱いが難しかった。その数学が最も単純な現実世界へ適用できることを証明できたのは、超人パウリただ一人であった。その単純な現実世界とは、水素原子である。水素原子の大きさや形について、その場しのぎのボーア＝ゾンマーフェルトの仮定はもはやいっさい不要であることをパウリは示した。それは誰かが定めた命令ではなく、新しい量子力学によって要請されるものだった。パウリは1926年1月に、ハイゼンベルクの理論を用いて水素原子の結果をまとめ、論文を投稿した。同じことを試みていたハイゼンベルクは喜び[※39]、ボーアは「もう自分は惨(みじ)めな気分ではない」[※40]とラザフォードに告げた。待望の量子力学が、ようやく姿を現したのである。

このとき、まったく異なる量子力学を唱(とな)える論文がほぼ同時に投稿されていた。ハイゼンベルクの理論と完全に矛盾しているように見えながらも、まったく同じ結果を——それも、複雑な行列をいっさい使わずに——物理学者なら誰でも使えるような数学を用いて導き出していた。

ついに、シュレーディンガー方程式が登場したのである。

注1　ギリシャ神話ではスキュラは怪物（のちに危険な岩となる）で、船が通る狭い海峡を挟んで渦巻くカリュブディスと対峙している。

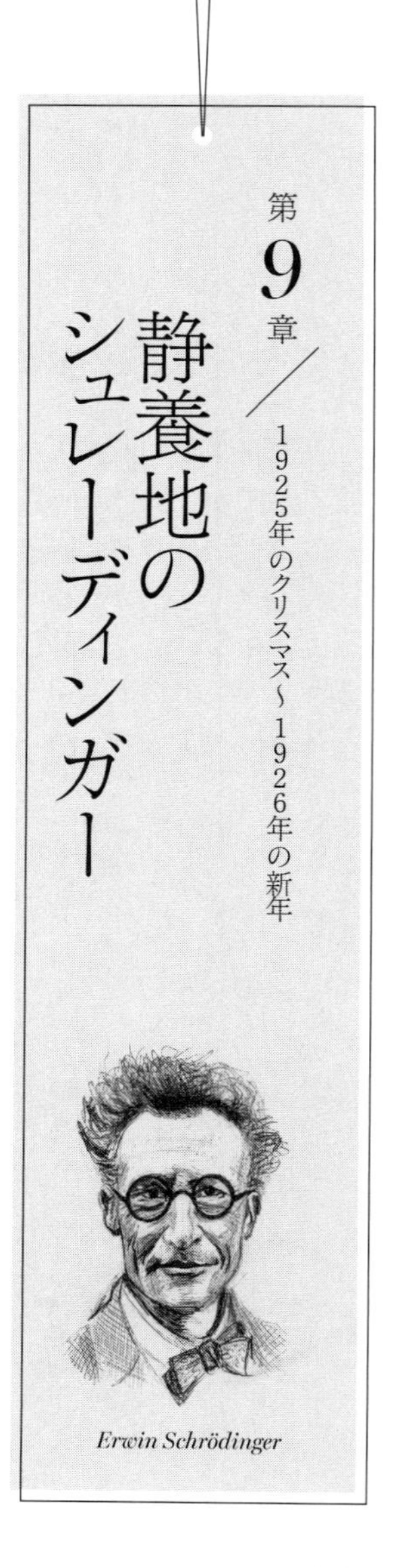

第9章 静養地のシュレーディンガー

1925年のクリスマス～1926年の新年

エルヴィン・シュレーディンガーは、34歳のときに結核に倒れた。1922年の春に、スイスのチューリッヒ大学で教え始めてまもない頃のことで、「本当に絶望的で、まともな考えが浮かばなかった」[※1]とパウリに語っている。ウィーン出身のシェフと、結婚して2年の妻アニーを伴って、彼はダボスにほど近いアルプスの保養地アローザで静養生活に入った。標高が1600メートル以上あって空気の薄い同地は、結核菌の働きを抑制すると考えられていた。奇しくも数年前、慢性的な頭痛と耳痛に悩まされていた次男エドゥアルトを連れて、アインシュタインも同じホテルに滞在していた。[※2]

すがすがしい秋風が吹き始めた頃、シュレーディンガーはヘルマン・ワイルの本を読み始めた。ワイルはシュレーディンガーの友人で、第一次世界大戦中にチューリッヒ工科大学で相対性理論に関する数学の講義を行っていた。この連続講義をまとめた気が遠くなるような大作『空間・時間・物質』は、どの物理学部でも揃えているほど著名な教科書だった。

シュレーディンガーはワイルのある指摘に注目した。それを追求していくと軌道上の電子が定常波のふるまいを見せる（波の頂点と谷が前進せず、その場で上下に振動する）ことが予想できた。シュレーディンガーはベランダに腰かけ、ひざ掛けを載せて物質と波についてぼんやりと考えながら、小さく優美な斜字体で次々と公式をあてはめていた。これらの計算式を「単一電子の量子軌道の顕著な特性について」[※3]という短い論文にまとめ、それ以上は考えなかった。

3年後の1925年、チューリッヒ工科大学のピーター・デバイが葉巻をくわえ、通りを渡ってチューリッヒ大学にやってきた。彼は、物質の波動性に関するルイ・ド・ブロイの新しい論文をシュレーディンガーに見せた。シュレーディンガーはすっかり魅せられ、デバイの要望にしたがってチューリッヒ工科大学とチューリッヒ大学が共催する会議で講演を行った[※4]。

それは11月23日のことで、ハイゼンベルク、ボルン、ヨルダンが有名な論文「量子力学について」を『ツァイトシュリフト・フュア・フィジーク』誌に投稿してから1週間後のことであった。20歳の物理学者で、ほどなくしてハイゼンベルクの最初の教え子にしてパウリの最初の助手となったフェリックス・ブロッホによれば、講演の後でデバイは「そんな風に話すのはやや子供っぽいと思った」と軽い調子で言ったという。かつてゾンマーフェルトに教えを請うた者として、デバイは粒子が波としてふるまうのなら、そのような波（物質波）を説明する波動方程式がなくてはならな

いことを学んでいたのである。[※5]

シュレーディンガーは、波の問題に飛び込んだ。数週間後に完成させたボース＝アインシュタインに関する論文で、彼は（アインシュタインやド・ブロイよりも強い言葉で）「ド・ブロイ＝アインシュタインの動く粒子の波動説を真剣に受け止めて」ほしいと書いた。「その説によれば、粒子は世界の基礎を形づくる放射波上の白波にすぎない」[※6]

エルヴィン・シュレーディンガーは女性の傍らで笑いながら、ホテルにつづく道の最後の曲がり角を歩いていた。傾斜の急なホテルの屋根に雪が舞っていた。4年経って彼はふたたびアローザに戻ってきたが[※7]、今回は冬の訪問で、妻アニーとオーストリア人シェフとは遠く離れていた（彼の隣にいる女性については誰も知らなかった）。

もうすぐクリスマスだった。アニーは、夫の親友である恋人ワイルと一緒に過ごしていた。前回のアローザ滞在中にシュレーディンガーにインスピレーションを与えて波動説に向かわせた本の著者である（ワイルの妻もまた、パウリの友人で物理学者であるパウル・シェラーの愛人であった）[※8]。

荘厳なゴシック様式のシュテファン大聖堂が見えるウィーン中心部で、天使の彫刻の施されたピンク色の漆喰と大理石造りの邸宅がシュレーディンガーの育った家である[※9]。彼はこの家で家庭教師による教育しか受けず、つねに若い伯母や女中、看護師など、多くの女性に溺愛されて育った。シュレーディンガーの父は、親から引き継いだリノリウム製造事業を軽蔑していたが、その稼ぎのおかげでアマチュア植物学者や風景画家をやっていられた。母親は体が弱かったが明るい女性で、彼女の父親は化学の研究員であった（彼の2人めの妻は、ウィーンっ子らしく堂々と、10年以上も作曲家マーラーの愛人であり続けた）。最初の妻であったシュレーディンガーの祖母がイギリス人だったため、シュレーディンガーはドイツ語より先に英語を習得した。シュレーディンガーはハンサムで教養があり、才能にあふれる魅力的な大人へと育ったが、世界は自分中心に回っているわけではないなどとは露ほども感じたことがなかった。

アローザで雪を頂く松林の間からヴァイスホルン山を眺めながら、シュレーディンガーはデバイの言葉に考えをめぐらせていた。「私は実用主義のオランダ人なのだ！　我々に波動方程式が必要なのは当然だ」。両耳に真珠を詰めて[※10]、外界の邪魔な音――ベランダから聞こえる聖歌、彼が連れてきた女性の声――を小さくしたシュレーディンガーは、クリスマスの間ずっと波動方程式に取り組み、目の前で開かれつつある新たなページに夢中になっていた。

ミュンヘン大学の実験物理学者であったヴィルヘルム・ヴィーンは気が荒く、学生時代のハイゼンベルクに不合格点を与えたほどであった。シュレーディンガーから手紙を受け取ったとき、彼はスキー小屋にいた。その手紙は、クリスマスの2日後に書かれたものだった。「目下のところ、新たな原子理論に必死に取り組んでいます。私がもっと数学に通じていれば！　ただ、これに関してはとても楽観的で、解決さえすればとても美しいものができるでしょう」

この感動的な熱のこもった言葉に続けて、自分の理論は水素原子のスペクトル線の振動数を、今まで誰がやってきたよりもうまく示しているように見え始めていると説明した。「それも比較的自然な方法で、その場しのぎの前提を使わずに」[※11]。眼下に広がる起伏に富んだ一面の雪景色を眺めながら、シュレーディンガーは、世界は何から何まで波でできているという考えを抱き始めていた。
シュレーディンガーは1月8日に下山するとその足でワイルを訪ね、方程式の解法を手伝ってもらった[※12]（一定の量子実体の状態や条件を記述するシュレーディンガー方程式の解は「波動関数」として知られ、ギリシャ文字のΨ（プサイ）で表される）。チューリッヒ工科大学とチューリッヒ大学が2週間ごとに主催する会議で、起立したシュレーディンガーは勝ち誇って宣言した。「私の同僚デバイは、波動方程式なくして波動を語るべきではないと述べました。私はそれをついに見つけたのです！」[※13]
シュレーディンガーの助手フリッツ・ロンドン（10年後にボース＝アインシュタイン凝縮理論の草分け的存在となる）は、数年前にシュレーディンガーが書いた論文について、冗談交じりに次のように書いた。

偉大なる教授殿
本日私は、あなたと真摯に話し合わなければなりません。1922年に「量子軌道の注目すべき特性」を著したシュレーディンガーなる人物をご存じでしょうか？　この男を知っていらっしゃいますか？　えっ、よく知っているどころか、その男の執筆中ずっと一緒で論文作成に関わっていたと？　誠に衝撃的なことです。つまり、4年も前から彼をご存じだったと……。

続けてロンドンは、1926年の今なら、どう見ても波動方程式に直結するシュレーディンガーの1922年の論文の特徴を並べてみせた。そして彼は、シュレーディンガーに訊ねた。

「あなたが牧師のように真実を手の中に握りながらも秘密にしていたこと、それをこの場で告白しますか？」[※14]

藪（やぶ）から棒にシュレーディンガーが行列の計算結果を波動方程式で再現したと聞いたアインシュタインは、「また訳のわからないことを！」と叫んだ。「今まで正確な量子論など一つもなかったのに、いきなり二つも理論が登場した。両者が相容れないことは、君も同意してくれるだろう。どちらの理論が正しいのか？　おそらくどちらでもないはずだ」[※15]

第10章

1926年4月28日〜夏

観測可能なもの

アインシュタインは夕方の最後の日差しに白髪を輝かせながら、ベルリンの自宅書斎の窓辺に立っていた。[※1]「ハイゼンベルク、君は電子の軌道についてまったく触れていないが、霧箱を覗いてみれば」——アインシュタインは目を細めて、まるで電子が通った跡をたどるように指差した——「電子の軌道をきわめて直接的に観測することが可能だ」（湿った空気の入った容器内で飛ばすと、電子は上層大気を飛ぶ飛行機のように航跡を残す）。彼は訊ねた。「霧箱内の電子には軌道があるのに、原子内部の電子には軌道がないと言うのは奇妙だと思わないか？　軌道の有無が、容器の大きさだけで決まるはずがない」[※2]

30分前のベルリンの物理学会でハイゼンベルクは講演を行ったが、実際のところ彼の言葉は、2列めに座っていたこの白髪の男性にすべて向けられていた。[※3]聴衆が去ると、アインシュタインはハイゼンベルクに話しかけた。「私の家まで一緒に歩いて行かないかね？　そうすれば続きを議論できるから」[※4]。自宅に到着すると、アインシュタインはゾンマーフェルトやパウリは元気かいと優しく訊ねてから、問題の核心に切り込んだのである。ハイゼンベルクも、アインシュタインを納得させようと意気込んでいた。

「ですが、原子の中にある電子の軌道を観測する術がないのです。我々が実際に記録しているのは原子が発光する際の振動数であって、実際の軌道ではないのです」とハイゼンベルクは言った。ちょっとした身振りをつけて、「それに、直接観測できる量だけを理論に取り入れるのが理にかなっているでしょう」[※5]。

アインシュタインは、火のついていない暖炉の前の大きな肘掛け椅子に体を沈めた。「ハイゼンベルク、いかなる理論にも観測できない量が含まれているものだ」。ハイゼンベルクは驚いて顔を上げた。「徹頭徹尾、観測できる量だけを原則用いるなどというのは、単純にいって、不可能なのだ」[※6]

「ですが、あなたの相対性理論は、まさにそういうものだったのではないですか？」[※7]とハイゼンベルクは訊ねた。

アインシュタインはわずかに口の端を上げた。「そのような哲学を以前に採用していたかもしれないし、そう書いたこともあったかもしれない。それでもやはり、ナンセンスなのだ」[※8]

ハイゼンベルクは鳩が豆鉄砲をくらったような顔をした。

「いいかい、みなことあるごとに『観測』について議論するが、その意味するところを本当にわかっているだろうか？　『観測』という概念自体が、すでに問題をはらんでいる」。アインシュタインは、ポケットに手を入れて煙草入れを探した。「いかなる観測も、観測される現象と」――そう言いながら、煙草入れを見つけてパイプに詰め始めた――「最終的に我々の意識まで浸透する知覚との明白なつながりを前提としている」[※9]。マッチを擦(す)り、火のついた細いマッチ棒を右手の2本の指でつまんで煙草にかざした。火がついてくすぶりはじめると、アインシュタインは鼻から煙を吐き出し、肘掛け椅子にもたれた。

「とはいえこのつながりに確信がもてるのは、つながりを決定する自然法則を知っている場合に限られる。けれどももし」――そう言って、アインシュタインは椅子に前かがみになって座り、薄暗い部屋で淡い色の髪を輝かせているハイゼンベルクを正面から見据えた――「現代の原子物理学がまぎれもなくそうなのだが、そのような法則に疑問が投げかけられることになれば、『観測』という概念はその明確な意味を失う」。ハイゼンベルクの鋭敏な知性がフル回転していた。アインシュタインの静かな声が、彼の頭脳のいたるところで新しい扉を開けていた。[※10]「観測できるものを初めに決定するのは理論なのだ」と言葉を結んだ。

　ハイゼンベルクは、頭の中でひらめきの電球がぱっと光ったような感覚を覚えた。「観測できるもの」を決定するのは「理論」なのだ。アインシュタインは煙草をふかしながら、彼を見つめていた。観測できるものを決定するのは理論なのだ――ハイゼンベルクは、今すぐこの輝く新しい考えとともにドアから飛び出して、こうしたことすべてをじっくり考えたいという思いに駆られた。同時に、暮れなずむ部屋でこの椅子から離れずに、アインシュタインの話をもっと聞いていたい気持ちも捨てがたかった。

アインシュタインが立ち上がって近くの読書灯をつけると、二人の距離が縮まった。外の世界は暗くなり、窓には二人の姿がぼんやりと浮かび上がっていた。「光あれ」と言ってアインシュタインはふたたび腰を下ろし、煙がその後を追って空気中をたなびいた。

「君の理論では核の周りを回る電子があって、突然それが飛躍すると――いや待てよ、実はそんなものは存在しないんだったな」アインシュタインは言いかけてやめ、微笑んだ。軌道はない。「電子は存在する。何かをしているが、原子内部で何をしているのかはわからない」そう言ってハイゼンベルクを見た。ハイゼンベルクはふと、アインシュタインがいたずらっぽい表情をすると言われる理由がわかった気がした。「電子が突然、光量子を放出しながら違う状態へと飛躍する」――片手で空気中の粒子をつまみ取るような仕草をした――「その光量子は実際に確かめられている」

眉を曇らせたアインシュタインの眼鏡が鼻からずり落ち、心なしか先生らしく見えた。「だが、別の考え方もある。原子が状態を変える際に、電子は小さな無線送信機のようにただ継続的に波を発すると考えてみるのだ」。アインシュタインはパイプの煙を吐き出した。「さて、最初のシナリオでは、繰り返し観察されるが、重なり合う波からしか生まれない干渉現象をどうしても説明できない。一方、第二のシナリオだと一本一本が単独の光の振動数を表す鮮明なスペクトル線を説明できない。では、どうするか？」

ハイゼンベルクは、ボーアなら何と答えるだろうと考えた。[※12]「そうですね、確かに我々は、日常の体験からかけ離れた現象を扱っていて、従来の概念で説明できるとは思えません」

「君はボーアの優秀な弟子だ。だが、私はそうではない。継続的な波の放出は、いかなる量子状態で起こっていると考えるのかね？」[※13]。言い換えれば、原子が波を発する際、どのような特徴をもつと説明しうるだろうか？

ハイゼンベルクはやや面食らったものの、すぐに冷静さを取り戻して答えた。「映画を観るのと似ているかもしれません。ある画面から次の画面へ、突然切り替わるわけではないのです——最初の画面は徐々に弱く、次の画面は徐々に強く、中間の状態ではどちらの画面が意図されているのかわかりません。原子も同じで、どのような量子状態に電子があるのか、我々には——当面は——わからない状態が起こりうるのです」[※14]

「君は危ない橋を渡っているのだな。君が語っているのは、原子についてわかっていることであって、もはや原子の実際のふるまいではない。君の理論が正しいと言うなら、ある定常状態から別の状態へ移行する際に原子が何をしているのか、いずれ説明してもらわなくてはならない」[※15]

「自然が突如として私たちの目前に広げた数学的形式の単純さと美しさに、正直なところ強く惹かれているのです。そこには、誰も予想だにしていなかった、恐ろしさすら感じさせるほどの単純さと全体性があります。それはあなたも感じているはずです」[※16] ハイゼンベルクは、ゆっくりとそう話した。

アインシュタインは座って煙草をふかし、頷いていた。そして言った。「それでも私なら、自然法則の単純さが何を表しているかを本当に理解した、などとは決して言わないだろう」[※17]

「シュレーディンガー教授、あなたは神を信じるの？」

砂の上で彼のそばに座っていた金髪の少女が訊ねた。14歳の可愛らしい少女は物慣れない風だが上品で、名前をイータ・ユンガーといった。1926年夏、二人はチューリッヒ湖畔の日光浴のできる公共ビーチに来ていた。彼女のそばに座っているのが双子のロスヴィータで、イータと同じく長い髪を三つ編みにしている。夏のビーチにいるというのに、二人はお揃いの女子修道院付属学校の制服を着ていた。[※18]いまにもくすくす笑い出しそうだったが、質問はまじめだった。

「何も信じないくらいなら、白ひげの父なる神を信じるね」[※19]シュレーディンガーは答えた。水泳パンツ姿で、砂の上に寝そべっていた。傍らには持ち運びのできる小さな黒板があり、砂に反射するまばゆい太陽の光で、つやもなく粉を吹いていた。ほんの数メートル先で、湖水が岸辺に打ち寄せていた。

「私、科学者は神を信じないのかと思ってたわ」ロスヴィータが言う。

「そんなことを言う人たちはわかっていないのさ」とシュレーディンガーは言った。「科学の世界像は、個人的なものを一切排除するという代償を払って得られるんだ。そこで個人的な神に出会うことはない。[20] 科学的思考をする正直者は『この時空では神に会わない』と言う……そしてそれを非難する人が一方では、『神は精霊なり』を教条としているんだ」[21]

シュレーディンガーはビーチで教えるのを好み、いつもそうしていた。「夏になって十分暖かくなると、チューリッヒ湖畔の公共ビーチへ出かけて行った」と、当時卒業したばかりのシュレーディンガーの元学生が回想している。学生たちは「メモを手に草の上に座り、水泳パンツを穿いた痩せ型のシュレーディンガーが僕たちの持ち込んだ簡易黒板に計算式を書くのを見ていた」[22]。

イータとロスヴィータの母親は、シュレーディンガーの妻アニーの友人であった。アニーは、数学で落第点を取ったイータが学校の授業についていけるよう、夏の間の週に一度、二人に算数を教えてやってほしいと彼に頼んだ。シュレーディンガーがワイルに、14歳に何を教えてやればよいのかを訊ねると、[23] シュレーディンガー方程式の最初の解法に手を貸したこの偉大な数学者は、親切にも教えるべき内容の概略を示してくれたのである。

優秀な教師であったシュレーディンガーは、イータに必要な数学を学ばせるだけにとどめず、シュレーディンガー方程式[24]など他の話題についても数多く議論した。シュレーディンガーは彼女たちに、すべては波でできているらしいということも話した。

「それってどういう意味？」とイータが問う。[25]「すべてが波でできているの？　水を小さくすれば、小さな水滴だわ」

シュレーディンガーは頷き、彼の方程式が記述している「物質波」が水滴に比べてどれほど小さいか、ピンの先端の丸い部分よりも小さい、想像できるかぎり最小の水滴でも、何兆個もの物質波[26]が含まれているのだと説明した。

「物質は光のようなもので、同じように回折する」と彼は続けた。イータの頭の後ろにある太陽に目を細めながら、回折について説明した。「小さいもの――髪のひと房、チリのかけら、クモの巣――を太陽の光にかざすと、どれほど神秘的に光るか知っているだろう。髪の毛一本でも、それ自体がまるで光の源のように光るんだ[27]」

量子力学では、粒子が大きくなればなるほど、動く速度が遅くなればなるほど、それに伴う波は小さくなる。「チリが光波を回折するように、核も電子を回折する。実際の原子は、原子核に捕えられた電子波の後光にすぎない[28]」

イータは、回折した後光からできているかもしれない自分をうっとりと想像したが、ロスヴィータはうんざりして「泳いでくるわ」と言った。立ち上がって追いかけようとしたイータが制服のスカートを踏んでよろけ、砂が舞い上がった。二人とも服を着たまま、しぶきをあげて水に入り、大声を上げた。シュレーディンガーも歩いて後に続き、水の中で上下しながら浮かぶ二人を眺めていた。やにわに全速力で走り出すと、滑らかな動きで水に飛び込んだ。

少女たちは足で水を蹴り、水中で手を回転させながら、肘の下でスカートをふくらませたままあたりを見回した。

「あら、先生はどこ？」とイータが言った。

「きっとこっそり近づいてるのよ」とロスヴィータが答えると、「いやあ！」どきどきしてイータは叫んだ。

そのとき、イータが叫び声を上げた。足を水中に引っ張られて、口いっぱいに水を吸い込んだ。にやにや笑う教授とともに、イータは浮かび上がった。髪の毛が顔に張りつき変に乱れていたが、妻も不在で小さな丸眼鏡をかけていないシュレーディンガーの顔は若く見えた。イータはむせて震えながら、同時に笑っていた。ロスヴィータはおさげ髪を後ろに回して、水しぶきで円を描くと、「冷たすぎるから出るわ」と言った。

ロスヴィータは岸に向かって泳ぎ始めたが、イータはまだ追いかけなかった。「あんなに長く潜っていたけれど、波に囲まれて気持ちよかった？　あなたの方程式のようだった？」

シュレーディンガーは彼女を見つめ、それから岸に向かって泳ぎながらゆっくりと微笑んだ。

ふたたびビーチに戻ってロスヴィータのそばに座ると、イータは言った。「世界が波でできているっていう理論、私は好きだな」

「面白いのはね、ハイゼンベルクというドイツ人が、僕の友人マックス・ボルンの助けを借りて僕より半年前に別の理論を考えついたんだけど、その理論によると、原子の内部には空間も時間もないというのさ」そう言うとシュレーディンガーは首を振った。「僕にはどういう意味かわからなくてね。僕にとってはきわめて難解な超越代数——僕たちがここでやってる数学よりはるかに難しい！――なるものを使っているうえに、まったく直観（アンシャウリッヒカイト）がきかないものだから、その理論には躊躇（ちゅうちょ）、むしろ拒絶反応に近いものを感じるね[※29]」

直観（アンシャウリッヒカイト）――心の目で思い描ける自然な物理学的思考――は、彼の理論でもお気に入りの考えで、文句なしにハイゼンベルクをしのぐと考えていた領域であった。一方のハイゼンベルクは、シュレーディンガーは勝手にすればいいと思っていた。「シュレーディンガーの理論の物理的な部分を考えれば考えるほど、言語道断に思えてくる」同じ1926年6月に、彼はパウリに宛ててこう書いているのだった。二人にはおなじみのボーアの穏やかな言い方をまねて、「シュレーディンガーが〝直観〟について書いていることは『おそらくはあまり正しくはない』、つまり僕が思うに――くだらない」。そのうえで、シュレーディンガー理論の「最大の業績[※30]」は、ハイゼンベルク自身の理論の数学が難解すぎる部分を拡張するのに使える点だと不機嫌そうに言い切った。

「けれども」と、シュレーディンガーは砂の上に肘をついて細い体を支えて続けた。「彼の理論と僕の理論をあれこれ考えているうちに、どちらも数学的には等しいものだとわかったんだ[※31]」。彼の顔にはそれを発見したときの驚きの表情が浮かんでいた。

ハイゼンベルクの量子力学とシュレーディンガーの波動力学は、同じことを2通りに記述していたのである。

6月下旬に決定的瞬間が二度訪れた。いずれも、波動力学が二つ以上の粒子を扱う方法に関する出来事であった。まず、シュレーディンガーが『アナーレン・デア・フィジーク』誌に論文を発表した。シュレーディンガー方程式の解である波動関数Ψは、電子を3次元の波として説明しており、申し分のない内容だった。しかし、同じ波動関数が、一対の電子を6次元における一つの波として表していた。これでは意味をなさない（3次元における二つの波であれば、直観（アンシヤウリツヒ）的に意味が通る）。波動関数のΨは「3次元空間では直接解釈できない、あるいは解釈されないかもしれない——一つの電子での問題が、この点で我々をどれほど惑わせようとしても」[※32]。シュレーディンガーは、波動からなる3次元の世界を作り上げようと残りの人生を費やしたが、その一方で非常に不気味な事実がずっと頭にひっかかっていた。二つの電子がどういうわけか一緒になって、6次元において一つの波としてふるまうということは、電子が結びついていることを意味していた。すなわち、もつれているのである。

同じ頃、マックス・ボルンも『ツァイトシュリフト・フュア・フィジーク』誌に論文を発表していた。ボルンの目には、常々やや超自然的であいまいに映っていたシュレーディンガーの波動が、これまでにも増して速く消滅しつつあった。ボルンは、二つの粒子の衝突をシュレーディンガー方程式がどのように記述しているのかを検討した。「衝突後にどのような状態になるか？」という問いに対して答えは得られないが、「衝突によって特定の結果がどれほどの確率で起こりうるか？」という問いに対してなら、答えが得られることに気づいたのである。[※33] ボルンは、シュレーディンガーの波動に現代的な解釈を与えた。その結果、実在性との関係が薄く不明確な波動は、非常に有効な手段となった——波動は檻の中で数学の予言者となり、しっかり突ついて2乗してやれば、粒子の確率的な運命を予言できるだろうというのである。

「マックス・ボルンは、ハイゼンベルクと僕を裏切った」[※34] シュレーディンガーは口の端を上げてこう言った。「彼は、僕が捨てた粒子と、ハイゼンベルクが捨てた波とを一緒にしたのさ。そしてみな、ハイゼンベルクと僕を置き去りにしてしまった」と皮肉っぽく笑った。「けれどもボルンは、あることを見落としていた。もし誰も見ていないときに波があり、誰かが見ているときに粒子があるのなら、今どちらが実在するかは観測者の好みに左右されるということを」[※35]

「誰もいないときに、動物がしゃべるようなもの？」とイータが訊ねる。

シュレーディンガーは吹き出した。「誰もいないときに動物がしゃべるなんて、信じていないだろう？」

イータは首を振った。「信じてたのは小さかった頃だけよ」

「僕の波動も、おしゃべりする動物程度の実在なのかもしれない」そう言ってシュレーディンガーは体を回し、砂のついた背中を太陽に向けた。しばらく黙っていたが、やがて口を開いた。「けれども世界は、物理学の世界は、僕たちが思うよりはるかに奇妙なのかもしれないな」

「どういうこと？」と、イータは疑わしげに鼻にしわを寄せた。

「そうだな、第一次世界大戦中の話をしよう。僕はイタリア国境付近の砲台監視所で過ごす時間が長くてね、それで――」

「銃をもっていたの？　敵を殺した？」目を閉じたまま仰向けに寝そべっていたロスヴィータが、

急に体をひねってシュレーディンガーのほうを向いて訊ねた。

シュレーディンガーは半分面白がって、半分恐ろしげに彼女を見た。「僕の父は、小さめの銃と大きめの銃を2挺買ってもたせてくれた。でも、幸運なことに人やけものを撃たずにすんだよ」[※36]

「世界がどれほど奇妙かって話をしてくれるんでしょう」と、イータはロスヴィータをじろりとにらんだ。ロスヴィータは目をぐるりと回し、うつ伏せの日光浴の姿勢に戻った。

「そう、どれだけ世界が奇妙かって話だった」とシュレーディンガーは彼女に微笑んだ。

「監視所にいたのでしょう？」とイータが促した。

「そうだ。僕らは星の下で、寝ずに山道を監視していた」

「敵を探していたのね」とイータが囁く。

「ともかく、ある晩アルプスの暗い斜面を光が上がってくるのが見えた。道のないところを」

イータの目が見開かれた。目を閉じていたロスヴィータでさえ、頭をわずかに動かした。

「セント・エルモの火だったんだ」と言ったシュレーディンガーの声には驚きと、そのときに感じた暖かな安堵の気持ちが表れていた。「鉄条網の返しの一つひとつが[※37]、火に包まれて光っていた。でもそれは火じゃないんだ。鋭い返しから空気中に放電していて、空気をプラズマ——稲光やオーロラ、太陽やすべての星もこれでできているんだよ——に変えていたんだよ」

「じゃあ、地球上のものってわけじゃないのね」とイータが訊く。

「そうだね、セント・エルモの火を見たらそう感じる。実際、ポルトガル語では『コルポ・サント』とよばれている」

「神聖な体」とイータが訳した。

「そう、聖なる体」シュレーディンガーは頷いた。「マストに登ってセント・エルモの火を見た船乗りは、それが時空を超えて自分たちを守ってくれる守護神だと考えた。そして、量子物理学にはもう一人、ニールス・ボーアという物理学者がいるのだけれど、彼は同じようなやり方で原子を記述しようとしている。『波や粒子の実在性が、観測によって決定されるかもしれない』と言っても、彼なら驚かない。原子を時空で説明できないと信じているからだ。けれども、僕ははなからこの考えを受けつけない」

　イータはシュレーディンガーの顔を見た。

「ときどき僕は、知り尽くしている事柄が何なのか、ボーアにもわからないんじゃないかと思うことがある。物理学は、原子研究だけで成り立っているわけじゃない。科学は、物理学だけで成り立っているわけじゃない。そして人生も、科学だけで成り立っているわけじゃないんだ[※38]」。大人と同じように話してもらえるのが嬉しくて、イータは笑った。

「時空の枠組みで理解できないことは、僕たちにはまったく理解できない」彼は悲しげに微笑んだ。「そのようなものは存在する。でも、原子構造がそうだとは、僕にはとうてい思えないんだ[※39]」

　彼はまもなくボーアと出会うが、それがどんなものになるか、このときは思いもよらなかった。

第11章 この忌まわしき「量子飛躍」

1926年10月

シュレーディンガーは、コペンハーゲンのボーアの自宅で客用ベッドに横たわり、咳をしていた。熱のために顔は赤く、汗をかいていた。ボーア夫妻は彼のまわりをうろうろとし、話す声は心配そうだった。ボーアの妻マルガレーテはお茶やらスープやらを差し出し、ボーアは語りかけていた。「でもシュレーディンガー、量子飛躍は起こると認めなくては……」[※1]

ボーアがシュレーディンガーを駅まで迎えに行ってからというもの、二人は3日間ぶっ続けで議論していた。マルガレーテと、当時はまだ研究所の最上階に住んでいたハイゼンベルクにとっても、一日のすべてがこの頑固な二人を中心に流れていた。あらゆる会話、あらゆる食事、あらゆる散歩の場面で、シュレーディンガーは絶え間ない攻撃にさらされていた。[※2]

「ボーアは、ふだんは人付き合いではとりわけ思慮深く愛想がよいが、今やほとんど無慈悲な狂信者のように感じられ、一切譲歩せず、仮にも間違っていると認めようとはしなかった。どれほど熱のこもった議論だったか、互いにどれほど深く確信していたか――それはあらゆる発言に表れていた――を伝えることはほぼ不可能だ[※3]」とハイゼンベルクは記している。

シュレーディンガーはベッドの上で苦しそうに寝返りを打った。千回も繰り返したという口ぶりで、「ボーア、量子飛躍という考えそのものが無意味だとわかっていただかないといけません」とかすれ声で言った。ほとんど体を起こした姿勢で詳しく話し始めた。「あるエネルギー準位から別の準位への飛躍は、徐々に起こるか突然起こるかのどちらかです――徐々に起こると考えるなら、鮮明なスペクトル線をどう説明できますか？　突然起こるとするなら、飛躍中の電子のふるまいはまったく説明のしようがないのです」

光の色とそのエネルギーは、プランク定数を定義する量子の基本方程式 $E=h\nu$（エネルギーはプランク定数と振動数の積で求められる）によって密接に関連していることを思い出してほしい。原子内で高エネルギーの電子は、低いエネルギー準位に下がる際に余分なエネルギーを光の振動数という明確な形――「スペクトル線」として知られる細い色の帯の一つで放出する。もし電子が、あるエネルギー準位から説明可能な方法で移動しているならば、結果は色のスペクトルとして現れるはずである。たとえるなら、自動車が静止状態から時速１００㎞に加速する際のエンジン音の高まりを視覚的に表したようなものである。

だが、実際に出現しているまじり気のない明確な単一の振動数を唯一説明できるのが、説明不可能な「量子飛躍」であるようなのだ。それは、ある瞬間に静止していた自動車が次の瞬間にはスピードを出していて、その中間状態がないようなものである。眼鏡を外したシュレーディンガーの顔はやつれており、まるで別人のようだった。彼は枕に深くもたれこんだ。「量子飛躍の考えいっさいがどうしたって意味をなさないのです」とつぶやいた。

ベッドの端に腰かけて、毛布の上に片膝をのせていたボーアは落ち着いて見えたが、強い眼光を放っていた。「まったく君の言うとおりです」

シュレーディンガーは、枕にのせた頭を動かさずに用心深く彼を見つめた。

「けれども、だからと言って量子飛躍がないことにはなりません。量子飛躍を想像してみることができないと証明しているだけです。日々の出来事や古典物理学の実験を説明するのに用いてきた概念は量子飛躍を記述するには不十分だということを証明したにすぎません」。部屋の隅に座っていたハイゼンベルクは頷いていた。「また、その過程が直接的な経験の対象ではないため、十分に記述しえないとわかったとしても驚くに値しないのです」。できるかぎりニュアンスを伝えようと努めるボーアの額には、しわが寄っていた。

ハイゼンベルクは懇願するようにシュレーディンガーを見た。わかりませんか? 〝イメージ〟を捨てるのです。

病人らしく不機嫌な声で、ほとんどささやくようにシュレーディンガーは言った。「私は、概念構成について長々と議論したくはありません。それは哲学者に任せたほうがいいでしょう」。体にかけている毛布の端のあたりで片手を動かしていたが、こぶしを握った。「私は原子の内部で何が起きているのかを知りたいだけなのです」そう言って突然、ボーアを正面から見つめ、シュレーディンガーは冷静な口調で続けた。「あなたがどんな言葉を選んで議論しようと自由です。もし原子に電子があるなら、そしてもし電子が——私たち全員が信じているように——粒子であるなら、電子は必ず何らかの形で動くはずです。ならば、電子のふるまいを突き止めることも、原則として可能なはずです」。ボーアは虚を突かれた。

シュレーディンガーはさらに言葉を継いだ。「けれども波動力学や量子力学という数学的な形式だけでは、こうした問いに対する合理的な答えを期待できないのは明らかです」。彼は、マルガレーテが枕元に置いてくれたチキンスープのカップに口をつけた。「しかし、私たちがイ、、、、、メージを変え、離散的な電子はないとすれば——」

ボーアは困惑した顔つきで姿勢を変えた。

シュレーディンガーの声が力強さを増した。「点粒子としての電子は存在せず、電子波か物質波だけが存在すると解釈すれば、様相は一変します。発光は、電波が送信機のアンテナから送られるのと同じくらい容易に説明がつき、解決不可能に思われた矛盾は突如として消えてしまうのです」

「私の意見は異なると言わせてください」ボーアは言い、まっすぐに座りなおした。「矛盾は消えません。脇に押しやられるだけです」。26年前にプランクが「量子化」という概念を取り入れたのは、光と物質の相互作用が「不連続性」を必要としたからに他ならないと強調した。

「個々の分子がエネルギーの塊を吸収し、ふたたび吐き出す――原子の相互作用を説明する最終的な結論が、そんな絵のような見世物だとは、[※4]私にはどうしても思えないのです」とシュレーディンガーは言った。

ボーアは言った。「異議を唱えているのではなく、私は理解したいだけなのです。[※5]シュレーディンガー、あなたは絵で表すという考えにこだわりすぎです」

「それを言うなら、あなたもまた、満足のいく量子力学の物理的解釈をまだ見つけ出せていないでしょう」とシュレーディンガーは言った。

「先ほども言いましたが、『物理的解釈』とかそういったものを強調しすぎです」

シュレーディンガーは、ボーアの反論に対し、光と物質の量子化された相互作用の説明を最後まで見つけられない理由はないときっぱりと答えた。「今までのどんな説明とも、どこか明らかに異なる説明」を見つけ出せるはずだ、と。

「いいえ」ボーアは言った。「その望みはまったくありません。我々は25年間、プランクの公式が意味するところを研究してきたのですから」ボーアは、法王のように自信満々に語った。「それに、それとは別に我々は一貫性のなさ、原子現象における突然の飛躍を直接に見ることができます――シンチレーション・スクリーンに映し出される閃光、あるいは霧箱を通過する電子を見るときに。これらの観測結果を無視することはできません」

シュレーディンガーはふたたびベッドに横たわり、目を閉じていた。彼はげんなりして言った。

「もしこの忌まわしい量子飛躍なんてものが本当に定着するのなら、私は量子論に関わったことを後悔するでしょう」

ハイゼンベルクは驚いて彼を見た。

ボーアはようやく、申し訳なく感じた。客人がここにいて、目の前で臥せっている。「あなたの研究には、ことのほか感謝しています」と口にした。シュレーディンガーは目を開けなかった。「あなたの波動理論が多大な貢献をしてくれたおかげで、数学的な明瞭さや簡潔さが得られました。従来の量子力学におけるあらゆる形式を途方もなく大きく前進させてくれたのです」

ハイゼンベルクの教え子で、親友でもあったカール・フリードリヒ・フォン・ヴァイツゼッカーは、1930年代のボーアとのすばらしい思い出を懐かしみながら、自分自身の考えをボーアと議論することがどういうものなのかについて語っている。ボーアは、ドイツのユダヤ系物理学者がヒトラーの手から逃れてデンマークを含む他の地域へ亡命するのを助けるべく奔走していた。その最中にボーアは、難解な問題について20歳のヴァイツゼッカーに論文を書いてみるようにと言ってあった。二人が顔を合わせたとき、ボーアは「時間に遅れ、疲れきっているように見えた。書類の山から論文を抜き出すとこう言った。『ああ、いいね、とてもいいね。いい論文だ、全部明確になっている……じきに発表してほしいね！』気の毒に！　きっと論文を読む時間もほとんどなかったのだろうと内心考えた」とヴァイツゼッカーは回想している。

「彼は続けた。『一つはっきりさせておきたいのだが、17ページの公式はどういう意味だろうか?』私は彼に説明した。

するとは彼は『ああ、わかった。それなら14ページの脚注の意味はこうこうでなければ……』。『ええ、それはそういう意味です』。

『だがそれなら……』と続けた。彼は全部読んでいたのだ。

1時間の間にボーアは元気を取り戻し、私は説明に行き詰まってきた。ボーアは2時間もするとすっかり元気になって、無邪気な熱心さでその場を完全に支配していた。私は疲れを感じ、追いつめられていた。

3時間が経った頃、『やっとわかったぞ……要するに、すべて君の言ったことと正反対だということだ――要はそういうことだ!』彼は勝ち誇って言ったが、悪意はまったくなかった。『すべて』という言葉の使い方にひっかかりはしたものの、私はそうですと頷いた[※6]」

自宅に戻って回復すると、シュレーディンガーは友人で年配の気難しい実験物理学者として知られたヴィルヘルム・ヴィーンに手紙を書き、ボーアについてこう述べている。「もう彼のような人はそうそう出てこないでしょう。あれほど大きな成功を収め、彼の研究分野では半分神格化されながら……今も――謙虚でうぬぼれがないとは言いませんが――シャイで神学生のように遠慮がちなのです。これは必ずしも褒(ほ)めて言っているわけではなく、私の理想像でもありません。にもかかわらず、二流の同業者によくある態度と比べれば、ボーアのこの態度に感銘を受けたのです。ともあれ、ボーア、そしてとりわけハイゼンベルクとは──二人とも親切に接してくれ、感動的なほどでした──、まさしくくつろいだ、友好的な関係でした」

シュレーディンガーはまた、ボーアの話し方について次のように述べている。「ボーアはよく、何分にもわたってほとんど夢想的で、非現実的でこの上なくわかりにくい話し方をします。でもそれは、深く考え、自分の（つまりボーア自身の）見解を述べることが相手（とりわけ今回のように私自身の仕事の場合）の見解を十分に評価していないことだと受け取られるのを恐れて、つねにためらっていたことが理由の一つでしょう[※7]」

ボーアは原子の問題に取り組みながら、「普通の意味での理解はいっさい不可能だと完全に確信していた。したがって、会話はたちまち哲学的な問題に踏み込み、自分は彼が攻撃するような立場を本当にとっているのか、彼が擁護する立場を自分は攻撃すべきかどうかがわからなくなった[※8]」とシュレーディンガーは述懐している。

一方、この議論に対するハイゼンベルクの反応は、熱心な宣教師のようであった。「シュレーディンガーの訪問が終わりに近づいた頃には、我々コペンハーゲン学派は正しい方向に進んでいるという確信を得ていた」と彼は回想している。「とはいえ、一流の物理学者に対してさえ、原子の発光機構や原子内の電子の運動状態を知覚するモデルを構築する試みをすべて放棄しなくてはならないと納得させることが、いかに困難であるかを痛感した[※9]」。ハイゼンベルクはただちに「教育的な」内容の論文を書き上げ、これは「連続理論の神々に対して[※10]」書いたものだとパウリに告げた。

ボーアもすぐさま、シュレーディンガーの考えに刺激を受けて行動を起こしていた。「シュレーディンガーが訪ねてきてくれて本当に楽しかった」と友人に手紙を書いている。「彼と議論してみて、量子論の一般的性質についての論文を完成させたい思いが強くなった[※11]」。だが、それは容易ではなく、数週間後にボーアは、クラマースに対して「我々みなが用いている言葉というものが、対応原理の特徴として控えめに用いられる場合を除けば、どれほど経験的事実を記述するのに役立たないか[※12]」と嘆いている。

一方で、「ボース゠アインシュタイン凝縮なるもの[※13]」が登場し、まったく奇妙なことに、シュレーディンガーの独創的だがまったく評価されなかった、物質と電荷の波という解釈を復活させることになる[※14]。それは、対応原理の条文には違反していなくても、その精神には大きく違反する現象であった。超低温の原子や対の電子が超自然的に完全に一体化して流れるとき、物質は本当に波でできており、消えるのは粒子のほうなのだ。粒子と確率が支配するのは、熱が存在するときに限られるというのである。

だが、ボース゠アインシュタイン凝縮を実現するには時代が早すぎた。一方、マックス・ボルンは、シュレーディンガーに次のように認めた。「君の言うことが正しければ、実に美しいだろう。だが、残念ながらそれほど美しいことはこの世ではめったに起こらないのだ[※15]」。シュレーディンガーの考えに対するパウリの見解はボルンほど哀愁を帯びておらず、「チューリッヒの田舎の迷信[※16]」

と切り捨てた。１９２６年11月、パウリの発言に対して、シュレーディンガーは怒りの返信を寄越している。

パウリは、丁重で外交的ともいうべき対応をした。量子世界の記述には不連続性が必要だと確信しており、その表現を「私の偏見のない確信の表れと受け取っていただきたい。ですが、確信しているからといって私の人生が楽になると考えないでいただきたいのです」と続けた。「私はそのことですでに苦しめられましたし、今後もいっそう苦しまなければならないのですから」[※17]

シュレーディンガーは、パウリの率直さを理解した。「我々はみな、根は善人ばかりです。関心を寄せているのは事実だけであって、最終的な結果が自分の思ったとおりであったのか、あるいは別の仲間が考えたものだったのかということに関心があるわけではありません」と返事を書いた。「……そのような気まぐれは、画一性よりも科学のために役立つのです」[※18]

しかし、この画一性こそが、量子力学が向かった方向性であった。シュレーディンガーと仲の良かったボルンでさえ、偏見を捨てるべきという彼の訴えを無視した。実際にボルンは、シュレーディンガーの手紙のうち1通はあまりにバカげているか、さもなければ油断のならない危険なものだと感じた。そのためボルンは「軍隊を鼓舞する司令官」[※19]さながらに、歩きながら教え子たちの前で手紙を読み上げ、その裏切りをさらした。

その場には、P・A・M・ディラックと、彼のルームメイトで数ヵ国語を操るアメリカ人のJ・ロバート・オッペンハイマーがいた。オッペンハイマーはそのときのようすを量子力学研究者パスクアル・ヨルダンに伝えた。「自分のやり方の正しさを信じて疑わないボルンの態度は、一部のアメリカ人研究者に嫌がられる」[※20]とオッペンハイマーは考えていた。その年の11月、オッペンハイマーは彼らしい大げさな言葉で、ボルン率いるゲッティンゲン大学の物理学を決定的に言い表した。「彼らはここで熱心に研究に取り組み、とてつもなく強固な形而上学的不誠実さと壁紙製造会社のようなやり手ぶりを兼ね備えている。その結果、ここでの研究は恐ろしいまでに妥当性を欠いたまま、大きな成功を収めている」[※21]

オッペンハイマーがこの手紙を書いた頃、ゲッティンゲンでは、恐ろしいまでに成功しているが信じがたい考えがもてはやされていた。それはもはや行列ではなく、ボルンが提唱する「確率」を表す波であった。

ボルンは、同年11月にアインシュタインに宛ててこう書いている。「シュレーディンガーの波動場を、君の言う幽霊波(ゲスペンシュテルフエルト)ととらえる私の考えがますます有益になりつつあるからだ」[※22]。アインシュタインはゲスペンシュテルフェルトについて論文を発表せずじまいであったが、多くの物理学者がかなり詳細に記憶していた。ボーアもその一人で、6年前にアインシュタインと初めて対面したときのことについて触れている。「確かに彼は『幽霊波が光量子を導く』といったイメージが浮かぶような表現を好んで用いたが、神秘主義的な含みはまったくなく、むしろ彼の鋭い発言に隠された深いユーモアを浮かび上がらせていた」[※23]

アインシュタインが〝ゲスペンシュテルフェルト[※24]〟で言わんとした内容が何であれ、ボルンによるシュレーディンガー方程式の解釈が表していたのは「競馬場のオッズ表示板」ではなかった。いかなる量子的事象でも、それについて知りうることすべてがオッズとなるのだ。12月上旬にアインシュタインはボルンに手紙を書き、「量子力学が堂々たる構えであるのは間違いないが、まだ本物ではないと内なる声が告げるのだ。理論は多くを語るが、本当に『神』の秘密に近づけてくれるわけではない。いずれにしても、神はサイコロを振らないと確信している」※25と述べた。ボルンは、この言葉が「手痛い一撃だった」※26と記している。

数週間後の1927年1月、アインシュタインはパウル・エーレンフェストへの手紙の中で、もう一方の陣営についてこう述べている。「私は『シュレーディンガー的な考え』に真実味を感じない——因果関係がなく、なにしろ未発達なのだ」※27。そのうえ、期待を寄せていたお気に入りの「場の理論」——その根本思想は波でも粒子でもなく、重力や電磁気力のように滑らかな力の場である——でさえ、アインシュタインを見捨てようとしていた。「自然界の基本的な粒子を、連続的な場を用いて説明する近年の取り組みはことごとく失敗に終わった」※28と1927年初頭の論文で書いている。

マックス・ボルンの妻ヘディは、完成したばかりの戯曲を批評してくれたアインシュタインに、数日してお礼の手紙を書いた。その中に一枚のイラストが添えられていた。「子供たちのたっての願いで、私たちが昨日遊んだ絵遊びのできあがりを同封いたします。各人のスケッチを合わせたものです。一人が頭を、二人めが胴体を、三人めが下半身を描きましたが、自分より先に何が描かれたかを知りません。最後に、下のほうにあてずっぽうに名前をつけました。あなたの肖像画、とてもお気に召してくださると思います[※29]」

アインシュタインは返事を書き送った。「ジョークにあてはまることは、絵画や戯曲にもあてはまると私は思っています。これらは論理的な展開ではなく、美味なる人生の断片が匂い立つものでなければならず、見る者の側によってさまざまな色に輝くものです。

もしこのあいまいさから逃れたいと思うなら、数学を使わなければなりません。その場合でも、明瞭さというメスを用いて実体を消し去ることで、目的が達せられるのです。生きているものと明瞭さとは相容れません――一方をとれば、もう一方はすり抜けてゆくのです。我々は現在、物理学において、このことをかなり悲劇的な形で経験しているのです[※30]」

第12章　不確定性

1926年〜1927年の冬

1926年のクリスマスイヴの夜も更けた頃、コペンハーゲンのブライダムスヴァイ通りでは雪が降り、うっすらと白いベールをかぶせたような光景が広がっていた。ボーアの研究所のテラコッタ・タイル張りのひさしも霜に縁取られ、その下で明かりが一つともっていた。通行人がいれば、屋根裏部屋に二人の男が離れて立っているのが見えたかもしれない。[※1] しかし、雪に覆われた歩道や道は、何も書かれていないページのように真っ白だった。研究室の者はみな、数日前に帰省してしまっていた。

「波や粒子という言葉の意味がもうわからない。量子世界には古典的な言葉が多すぎます[※2]」とハイゼンベルクは断言した。「けれど一方の数学は今や完璧です。ディラックは量子力学を相対性理論と同じくらい完璧なものにしてくれました[※3]」。いまだ行列という言葉を毛嫌いし、波動説を疑っていたハイゼンベルクにとって、「量子力学」といえば行列力学のことであった。それを12月初めにディラックとヨルダンが大きく拡張させていた。ハイゼンベルクの声に疲れがにじんでいた。「ただそれが何を指すのかを知りたいだけなのです」。ほとんど体を震わせながら彼は屋根裏部屋の窓のそばに立ち、ボーアは室内を歩き回っていた。

「ハイゼンベルク、世界一すばらしい数学的図式があったとしても、我々が直面している矛盾を解決できはしない。波や粒子といった古典的な言葉が、我々のもっているすべてだ。この矛盾は死活問題だ。まずは自然が実際に矛盾を回避しているのかを理解したい。君やシュレーディンガーの数式は道具にすぎず、君は一つの道具に収まってはいけない。深い真理を探さなければ[※4]――」

ハイゼンベルクが言葉を挟んだ。「すでに量子力学とは言えないシュレーディンガーの説に、僕は一切譲歩などしたくない!」

ボーアは濃い眉をゆっくりと上げ、足を止めた。

ハイゼンベルクは自分が大声を出していることに気づき、「たぶん心理的な反発もあるのでしょう。僕は量子力学をやってきましたから」と認めた。彼は視線を上げたが、目はまだ燃えていた。「シュレーディンガー側の人間が何かを付け加えるたびに、おそらく間違っているだろうと期待するのです[※5]」

ハイゼンベルクは弁解するように笑おうとしたが、ボーアは厳しい表情を変えなかった。「ハイゼンベルク、私が苦悩しつつ自然の神秘主義に慣れようとしているのを理解してくれなければ[※6]」。

ゆったりとした歩みで順を追って説明しながらボーアは続けた。彼は、双方のアプローチをまとめて検討し[※7]、その先の「認識論的な教訓[※8]」を目指していた。たたみかけるように彼の静かな声が続き、ハイゼンベルクはとうとうこれ以上我慢できなくなった。彼らが一度は推し進めた理論の発展が、頭の中でぐちゃぐちゃの熱エネルギーになってしまったようだった。

「『さあ、これが答えだ』と言おうとすると、ボーアが矛盾点を挙げて『いや、それはあり得ない……』と言う。クリスマスが過ぎた頃には、彼も私も絶望的な気分に陥っていた……互いに意見が一致せず、そのことにやや憤りも感じていた[※9]」とハイゼンベルクは回想している。緊張と疲労の[※10]1カ月が過ぎ、ボーアはノルウェーにスキー旅行に出かけた。研究所の屋根裏部屋には、ハイゼンベルク一人が残された。

「こうして僕はコペンハーゲンで一人きりになった[※11]」

冬の真夜中のことだった。ハイゼンベルクが立ち上がると、椅子が床にこすれて音を立てた。ぐったりして、机の上で指を引きずるようにすると鉛筆に当たった——鉛筆は必然的に軌道を描いて散乱した書類を横切り、9・8m／s^2で加速しながら、まさしく決定論のとおりに自由落下した。そして床にコツンと落ちると、転がって物陰に消えた。

ハイゼンベルクが顔を窓に近づけると、ガラスに映るぼんやりとした自分の姿の向こうに、研究所裏のフェレズ公園の入り口にかぶさるように枝を伸ばす木々が見えた。ひどく薄暗い灯りで色はほとんど識別できず、灰色に見える光だけが視界に入ってきた。窓ガラスは吐く息で曇っていた。白紙に書きかけて消した電子軌道、意味をなさないギリシャ文字の記号、偽であるとわかった数学的命題など、数十もの失敗案が背後の机に置いてあった。

夜も更けて、数週間ぶりに研究所はふたたび静けさに包まれていた。ハイゼンベルクは窓のそばにたたずみ、考えをめぐらせていた。

行き詰まりを迎えるまで、ボーアとハイゼンベルクは、アインシュタインが「思考の台所」[12]とよんだボーア研究所で思考実験(ゲダンケン)を繰り返しながら、まがりなりにも前進していた。「〝本物〟にどんどん近づくほど、矛盾が……ますます深まるのを目の当たりにした。矛盾がより明白になったためだが、胸が躍った」[13]とハイゼンベルクは回想している。「化学者が溶液から毒を濃縮するように、我々も矛盾という毒を濃縮しようとした……」[14]

彼は、電子が霧箱の中を素早く静かに進むようすを心の中で繰り返し描いた。すこぶる単純な装置ながら誰も説明できない、誰も数学的に記述できないのだ。ハイゼンベルクの試行錯誤の結果が書きなぐられ、くしゃくしゃに丸められた紙となって机の上に残っていた。

「自分の前に立ちはだかっている障害がとうてい乗り越えられないとすぐに気づき、[15]そもそも間違った問いかけをしていたのではないかという気がしてきた。だが、どこで間違ったのか？　霧箱を通すと電子の軌道は明らかに存在し、誰でも簡単に観測できる。量子力学の数学的図式も存在していて、変更を許さないほどに確かであったのだ」

ハイゼンベルクは、袋小路にはまり込んだような気分になっていた。アインシュタインはこんな行き詰まりを感じたことがあるだろうか？　強烈ないらだちは触れられそうなほどありありとしており、部屋の中で自分とは別に存在しているかのようだった。

「ハイゼンベルク、わからないのかい？　『観測できるもの』を初めに決定するのは理論なのだ」

がんじがらめになった彼の頭の中で、アインシュタインの言葉が響いていた。そして、信じられないほどの安堵とともに、思考を縛っていたたがが外れはじめたのである。わからないのかい？

ハイゼンベルクは、小さな屋根裏部屋から走るように出ると研究所の階段を駆け降り、後ろ手で戸口のドアを勢いよく閉めて、新鮮な冷たい空気と人気のない公園の中に飛び出した。入り口の葉を落とした木々の間を歩いた。ブーツを履いた足が黒い足跡を残し、草を縁取る霜を溶かしてゆく。「観測できるもの」を初めに決定するのは理論――理論なのだ。[※16]

彼はいらだちに向かって、あるいは木々に、ボーアに、アインシュタインに向かって話しかけた。「僕たちは、『霧箱を通る電子の軌道は観測できる』と調子のよいことを話していた」。振り向いて霜の中にできた足跡を眺め、霧箱の中を飛ぶ電子について考えた。電子は露という足跡、つまり凝縮された小さな雲を後ろに残して飛び去ってゆく。彼はゆっくりとつぶやいた。「でも、ひょっとすると観測していたのはもっとわずかなものなのかもしれない」。足早に歩くハイゼンベルクの背後で、電子と同じように吐く息が白くたなびいていた――「もしかすると、あいまいなとびとびの位置の連なりを見ていただけなんじゃないか。霧箱で見えるものは実際にはすべて個々の水滴で、電子よりずっと大きいに違いない」。ふたたび足を止めた。「ならば、正しい問いはこうだ。電子がある特定の場所でおおよそ見つかること、そして電子がある特定の速度でおおよそ進むことを量子力学は表せるだろうか？　そして、この近似値の不正確さをできるだけ小さくして、実験結果に支障が出ないようにできるだろうか？[※17]」

パウリは10月に、ハイゼンベルクに手紙を寄越していた。その手紙は「コペンハーゲンの研究者の間でひんぱんに回し読み[※18]」され、ハイゼンベルクもボーアも、そしてディラックもわれ先に読もうと「もみ合い」になったほどであった（ハイゼンベルクは手紙を受け取った1週間後に、熱のこもった返信を送っている）。件（くだん）の手紙の一節が今、彼の心の中に響いていた。

「まず疑問に感じるのは……なぜpとqを任意の精度で定めることができないのかということだ……世界をpの目で見ることも、qの目で見ることもできるのに、両方の目で見ようとすると目がくらんでしまう（ここでもシュヴィンドリッヒだ[※19]）」

なぜ運動量pと位置qを同時に求めることができないのか？　新しい力学がもたらしたこの不可解な帰結は、従来のニュートン的な系からの劇的な脱却を意味していた。ニュートン的な系では、pとqはあらゆる解法の出発点となる。ビリヤード台の緑色のフェルトの上に置かれた球の、ある瞬間における位置と運動量がわかれば、その玉が次にどう動くかをぴったり言い当てることができる。台上にあるすべての球の位置と運動量、そしてキュー（突き棒）の位置と運度量がわかっていれば、ゲーム全体がどう展開するかがわかる。（宇宙のあらゆる粒子の位置と運動量がわかるという）無限の英知をもつと、ピエール＝シモン・ラプラスが提唱した「ラプラスの悪魔[※20]」は、このようにして将来起こることすべてを知っていたのだ。

この概念は、科学が台頭し、王権が失墜した18世紀後半に一世を風靡（ふうび）した。「決定論」とよばれ、当時は洗練された新しい科学的な考え方とされていた。偉大なる時計職人が宇宙という巨大な時計のぜんまいを巻き、あらゆる事象が設計されたとおりに正確に展開してゆく。

ところが、1世紀半ほど経って同じように不安定な時代になると、思想の潮流は因果律に逆らうようになる。1918年のドイツの思いがけない敗戦以降、ヴァイマール共和政下の知識人、著名人、あるいはハイゼンベルクも参加していた自然回帰を目指すボーイスカウト運動は、機械論的な原因と結果の連鎖を超越するような「不合理性[※21]」や「全体論」を渇望した。時代の精神に合致したハイゼンベルクの量子力学は、決定論的な結末を用意しなかった。彼らは、世界を動かす時計職人に疑問を投げかけ、ラプラスの悪魔に異を唱えたのである[※22]。

ハイゼンベルクは霜を踏みしめながら研究所の戸口まで戻り、階段を上った。失敗案を全部払いのけて机に向かうと、あっという間[※23]にシンプルな数式を書き上げた。

$$\Delta p \Delta q \geq h$$

「……世界をpの目で見ることも、qの目で見ることもできるのに、両方の目で見ようとすると目がくらんでしまう……」

これが、有名な「ハイゼンベルクの不確定性原理」である。粒子の運動量の不確定性Δpと粒子の位置の不確定性Δqの積は、きわめて小さな数であるプランク定数h（あらゆる量子力学の数式に登場する、不変の神秘的な数である）よりも必ず大きいか等しくなる。これは、エネルギーと有効時間を結びつける数式と類似している。

この数式は後年、hを4πで割った形へと改良されたが、肝心なのは、その右辺がどれほど小さな値となっても、決してゼロにはならない点だ。このような数式を考える際に、もし粒子の「運動量の測定」に不確定性がまったくなければ、その「位置の測定」には無限の不確定性が存在することになってしまう。つまり、粒子はどこにでも存在しうるのだ（「測定」という概念はここで、物理原則となった。奇妙で不必要で、不可逆的に思われる干渉であり、それまで有袋類しか生息していなかった南洋諸島に船内のネズミが上陸するようなものである）。

粒子の位置がある一つの場所に特定されると、その運動量はあいまいになり確定できなくなる。そのため、誰も――ラプラスの悪魔や神でさえ――運動量がどのくらいなのかわからない。なぜなら、そこにないのだから。ハイゼンベルクの願いとは裏腹に、このとき対象となる量子の「波の性質」が「粒子の性質」を圧倒してしまうのだ。波は特定の位置や運動量をもたず、二つの特性はハイゼンベルクの不確定性原理が記述するのとそっくりに関連しているのである（小さな箱――特定の位置――の中の波は、壁にぶつかるとごちゃごちゃの塊になって跳ね返る。世界に広がる波――

あいまいな位置――は、特定の運動量をもつ余地がある)。

この世界は、見えないところでは波のようで因果律に従い、見えるところでは量子飛躍を特殊なものに変えてしまう。これこそが量子力学の抱えるジレンマであり、もつれの問題に直結していくのだ。しかし、ハイゼンベルクは波動など考えたくもなかった。論文の中で、彼は粒子について次のように書いている。「『現在が正確にわかっていれば未来を予測できる』とする因果律の強力な公式化において、間違っているのは『結論』ではなくて『前提』なのだ[※24]」

2月の終わりまでにハイゼンベルクはすべてをまとめ上げ、パウリに14ページにおよぶ手紙[※25]を送った。「解決策は現時点ではこのような含みをもたせた言い方になると思う。つまり、軌道はそれによって存在を表しているにすぎず、我々はそれを観測するのだ[※26]」。だが、すべてが「踏まれた雪[※27]」なのだろうか？　彼はそうパウリに問いかけた。スレーターは、ボーア＝クラマース＝スレーター論文の要となる「時間と振動数の関係」を議論する際に、ハイゼンベルクより3年早く「時間とエネルギーの関係」を表す数式を導入していたが、解釈は異なっていた。ハイゼンベルクはパウリの「辛辣な批評」を必要としていた。「何かを解明するには[※28]、それについて君に手紙を書かなくてはならないのだ」と彼はパウリに言った。

ボーアに宛てたやや慎重な筆致の手紙の中で、ハイゼンベルクは「pとqの両方に一定の精度が得られる例をうまく処理できたように思います。この問題を扱った論文の草稿を書き上げ、昨日パウリに送付しました[※29]」と書いた(ひょっとするとボーアは、「それをあなたにお送りします」と書いてほしかっただろうか?)。

　ボーアはスカーフとスキーのゴーグルを着け、ノルウェーの雪山の斜面をゆっくりと滑降して2月を過ごした。[※30]ボーアの新たな右腕となったオスカル・クラインは彼に同情していた。「当時の彼は疲れ切っており、新しい量子力学に喜びもひとしおだったが、大きな緊張も強いられていた。その新しい理論がこれほど突然現れるとはおそらく予想しておらず、その時点ではむしろ自分がもっと貢献できると思っていただろう。それでいて彼は、ハイゼンベルクを救世主のように称賛したから、ハイゼンベルク本人はやや大げさだとわかっていたと思う」[※31]

　ボーアは、パウリがそばにいてくれればと感じていた。パウリなら、ハイゼンベルクに対しては「やめるんだ、バカになりたいのか」と、そしてボーアには「うるさい!」と言ってくれただろう。[※32]彼なら太った体を揺らし、神の怒りを体現するかのように食ってかかったに違いない。パウリは辛辣なウィットであらゆる希望も欲望も打ち砕く。後に残るのは調和だけだ。ボーアはそうなってほしいと思っていた。

　ボーアは、ターンのたびに脇腹にポールを当てながら滑らかに滑降した。スキーから舞い上がる雪しぶきが顔に当たる。この3ヵ月の出来事が、青いシュプールのように過ぎ去っていくのを感じていた。風が強まり、滑った跡が消えてしまうほどであったが、頭がすっきり空っぽになったような感覚が芽生えていた。雪まじりの空気が、頭の中を吹き抜けたかのようだった。勾配がきつくなり、ターンが速くなったが、彼はずっと笑顔だった。

長らく退けていた考えが、ずっと脳裏に踏みとどまっていた。――粒子も波も存在する。[※33] この考えが今までとは違う形で脳裏に浮かんだのを感じてボーアは頭を上げ、眉根を寄せた。滑りながら、新たな考えがまた浮かんだ。――粒子も波も一緒に存在する。

ターンした。粒子も波も存在し、どちらも必要だが同時ではない。

再びターン。なぜ対象に影響を与えずに物理現象を観測できると考えるのか？[※34] 粒子を探せば粒子が存在し、波を探せば波が存在する。

ターン。ふだん口にする言葉は、すべて慣例的な認知形式という刻印を押されている――粒子と波、空間と時間、因果関係……そしてこの慣例的な認知形式にとって、量子化は不合理なのだ。[※35]

ターン。これが根本的な制約だとしたら？[※36] 量子論の本質そのものが、粒子と波の対の概念を「相補的であるが排他的な記述の特徴」だと見るように我々に強いているとしたら？ 安堵と受容の感覚が押し寄せてきた。[※37] ――粒子も波も存在する。粒子も波も相補的に存在する。

ボーアは、スカーフをなびかせてゆっくりと山を滑り降りた。黒いゴーグルを着け、鼻を赤くし、服を着込んだ暖かい人間。それは、一面に広がる無秩序な白さの中で、秩序あるエネルギーをもつ一点であった。

ボーアは預言者モーゼのごとく満ち足りて、新たな〝戒律〟を携えて下山した。ハイゼンベルクがまさに論文を送ろうとしたそのときに、ボーアはコペンハーゲンに戻ってきた。[※38] 論文に目を通したボーアは、それを「相補性」という新しい重要概念の特殊な例にすぎないと考えた。加えて、実験物理学に強くなかったハイゼンベルクは苦心して波動の概念を避けていたので、彼の論文では顕微鏡のしくみさえ説明がおぼつかなかった。――こんなものを投稿すべきではない。

ハイゼンベルクは業を煮やし、ともかく論文を送ってしまった。だが、ボーアは彼らしくゆっくりと懸命に、クラインの助けも借りつつ（他の助手もそうだったが、彼は自分を犠牲にしてボーアの考え方に合わせており、さらに言えばハイゼンベルクに少し嫉妬もしていた）ハイゼンベルクを追いつめた。ボーアはパウリに、「切符代をもつからコペンハーゲンに来てくれないか」と頼んだ（実際は来られなかったが）。ハイゼンベルクはいらだちのあまり、頭がおかしくなりそうだった。「しまいには、ボーアの圧力にただ我慢できなくなって泣き出してしまった[※39]」

ハイゼンベルクの論文は結局、ボーアの手を借りて顕微鏡の例を訂正し、「ボーアの直近の研究から新たな視点が得られ、本研究で取り組んだ量子力学的な関係をさらに本質的に深く洗練された形で分析することができた[※40]」という注釈をつけて5月に発表された。

ハイゼンベルクは、自らの得意とする分野でシュレーディンガーと対決した。論文のタイトルは「量子……力学の直観的内容について」であった（原題にあるAnschaulich〔アンシャウリッヒ〕という単語は「目に見える」「直観的な」という意味である[※41]）。ボーアは、自身の論文に取りかかった。「ボーアは『波と粒子が存在する』とする視点から――そこから始めれば、もちろんすべてつじつまが合う――量子力学の『概念的基礎』について一般的な論文を書こうとしている[※42]」ハイゼンベルクはパウリにこう書いている。ハイゼンベルクはディラックやヨルダンのやり方、つまり「もっと直観的で、もっと一般的な[※43]」方法を好んだ。いずれにせよ、「アンシャウリッヒという言葉をめぐっては、ボーアと私で好みが本質的に異なる[※44]」。

ハイゼンベルクの不確定性原理の論文の初稿が『ツァイトシュリフト・フュア・フィジーク』誌に届いたのは同年の3月下旬で、ニュートンの没後200年を迎える数日前のことであった。ハイゼンベルクにとってこの節目は大きな意味をもたなかったが、アインシュタインは賛辞を記した――一つはドイツ語圏、もう一つは英語圏の読者に向けられたものだった[※45]。ドイツ語で書かれた小論文は、強がりと不確かさでしめくくられていた。「今日因果律を……完全に放棄しなければならないかどうかの問題を決着させてやろうという者はいるだろうか？[※46]」

2週間後の4月13日、ハイゼンベルクに依頼されたボーアは、ハイゼンベルクの不確定性原理の論文をアインシュタインに送った。同封した手紙でボーアは、相補性がいかにハイゼンベルクの「重要で……並はずれた輝かしい貢献[※47]」に役立ったかを強調した。アインシュタインが反論せずにいられないような挑発に等しい言葉で、ボーアは「問題の異なる側面は決して同時に現れないため[※48]」、ハイゼンベルクが今や粒子と波を調和させたと説明した。

「相補性」という柔和な響きとは裏腹に、ボーアは大きく分断された粒子と波動について議論しているのだとはっきりさせたかった。我々には「船を砕く岩スキュラか、人を飲み込む渦巻カリュブディスかの選択肢しかない」。つまり、粒子現象か波動現象かであり、それは「我々が記述の連続的な「滑らかな」特徴か、非連続的な「量子化された」特徴のどちらに注意を向けるかによって決まる」[※49]と。

ハイゼンベルクはまだ、状況を違う目で見ていた。アインシュタインが初めて不確定性原理の論文を読んでいる間、25歳だった彼はベルリン市内を走るタクシーの後部座席で、駐デンマークドイツ大使の15歳の真面目な息子を相手に「僕は因果律を否定したと思う」[※50]と話していた。

アインシュタインは、この二つの挑戦に素早く反応した。シュレーディンガー方程式を詳細に検討し、マックス・ボルンの統計解釈とハイゼンベルクの不確定性原理が本当に最終的な結論なのかどうかを調べた。ひと月後、彼は懐疑的なボルンに自身の安堵を伝える葉書を送りつけた。「プロイセン科学アカデミーに小論文を提出したのだが、その中で私は、いかなる統計解釈も用いずに、そのきわめて決定的な運動がシュレーディンガーの波動力学に起因するものであることを示した。これは近々、議事録に掲載される予定です。敬具」[※51]

その小論文には、「シュレーディンガーの波動力学は系の運動を完全に決定するのか、それとも統計的な意味に限られるのか?」[※52]というタイトルがつけられた。アインシュタインは、次のような書き出しで始めている。「ご存じのとおり、現在量子力学的な意味で、力学系の運動の時間と空間による完全な記述が存在しないとする意見が広まっています」。アインシュタインはこの論文でハイゼンベルクの不確定性原理に反論し、彼の主張とは逆の内容を示したと考えていた。

2ヵ月におよぶ議論の末、マックス・ボルンがこの新しい攻撃の知らせを伝えるにいたって、ハイゼンベルクは不本意ながらも不確定性原理の論文に対するボーアの懸念と要求を受け入れた。不確定性原理の論文の最終原稿を印刷に出した数日後、ハイゼンベルクはアインシュタインに「最終的に私が望むより正確に粒子の軌道を知ることは可能だとするあなたの論文」[※53]について心配そうに手紙を書いている。ハイゼンベルクは何かが間違っていると確信し、ひと月後にまさしく二人の男の純粋な意見の交換というべき言葉で、アインシュタインと自分のお気に入りの表現を使ってアインシュタインに手紙を書いた。「おそらく私たちは、神がより高い次元で因果律を維持できているのだと考えることで、自らを慰めることができるでしょう。ですが、実験が示す関連性を物理的に記述する以上のことを要求するのは、美しいと思えないのです」[※54]

アインシュタインの新しい論文はすでに大きな欠陥のあることがわかっていたが、それはハイゼンベルクが公然と信念を表明したためではなく、実験物理学者ヴァルター・ボーテ[※55]が問題提起をしたためであった。ボーテは几帳面で気難しい物理学者で、ドイツ軍の騎兵将校だったときに捕えられ、若い時代の大半をシベリアの収容所で捕虜として過ごした経験をもっていた。その間にロシア語を学び、頭の中で物理学に取り組み、ロシア人女性に求婚して妻に迎えていた。物理の世界に戻ると二つの実験を行い（うち一つは、師であるラザフォードの助手ハンス・ガイガーとともに1925年、1926年に行っている）、「たえずアインシュタインと問題を議論できるというまたとない幸運」[※56]を享受しつつ、ボーア＝クラマース＝スレーター論文の誤りと因果律の正しさを証明しようとした。

1927年、アインシュタインは自身の論文の追記を書いていた。ボーテが、アインシュタインの理論で系を結合すると奇妙なふるまいが現れると彼に注意を喚起してきたからだ。結合した系での運動の合計は、それぞれの要素系の運動とまったく無関係に見えるというのだ。そのような状況は「物理学的観点から」[※57]否定されなければならないとアインシュタインは考え、論文にいくつか手直しすれば、自分の理論はそうした運命を避けられると思っていた。

ところが、プロイセン科学アカデミーが議事録を印刷している最中に、アインシュタインからの連絡が入った。本人の要請により、アインシュタインの論文は撤回されたのである。

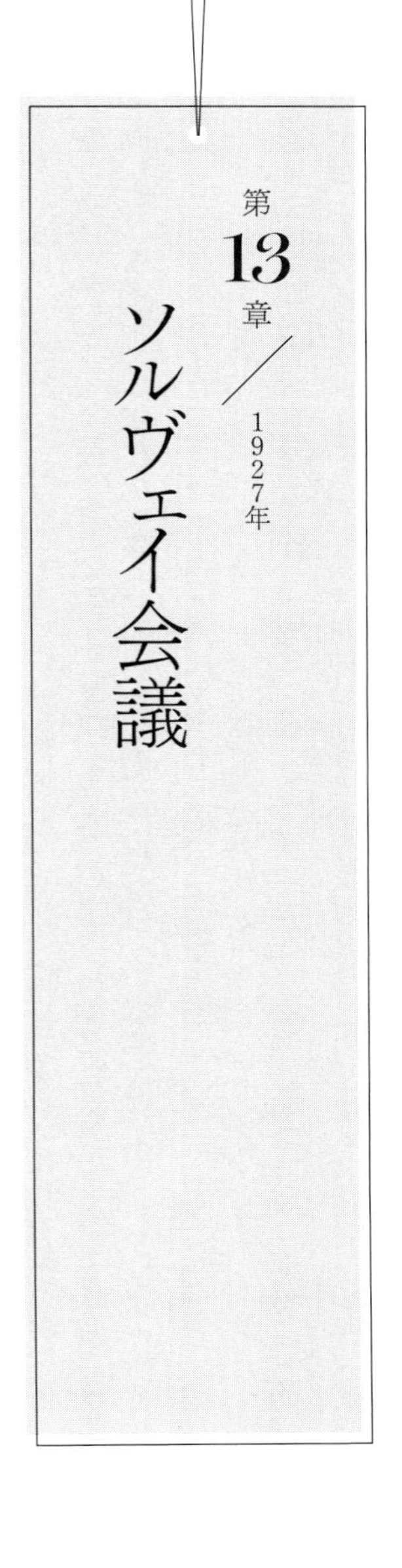

第13章　ソルヴェイ会議
1927年

ハイゼンベルクが不確定性原理を発表して半年も経たないこの年の10月、30人の量子物理学者が、のちに最も有名となる会議に出席するべくブリュッセルで一堂に会していた。歴史を塗り替えた何日かのうちの数分間が、フィルムに収められている。ボルンの伝記作家ナンシー・グリーンスパンは、この画面がぶれているモノクロ映像について説明している。

「ここにいるのがマックス・ボルンで、装飾のある鉄格子の扉から出て行こうとしています。ニールス・ボーアは洒落た身なりのエルヴィン・シュレーディンガーと熱心に語り合っています。ヴェルナー・ハイゼンベルクは若者らしい笑顔をはじけさせ、パウル・エーレンフェストはおどけた顔をしています。髪がくしゃくしゃのアルベルト・アインシュタインは、誰かは不明ですがカメラマンに頷きながら挨拶しています。少年のようなルイ・ド・ブロイはあたりを見回しています。これが1927年にブリュッセルで開催されたソルヴェイ会議です。最初の数日と思われる場面では、決定論者もそうでない者もみな笑顔でした」。だが、数日のうちに様相は変わり、「同じ面々が会議場を後にして階段を降りていく最後の場面では、数人がやつれた笑顔で、多くがいらだった表情をしています[※1]」。

ハイゼンベルクは、この会議がボーアとパウリ、そして自分にとって大成功で、コペンハーゲン精神――つまり、古典的な考えの相補的使用――が広まる始まりだったと回想している。だが、もつれの歴史から見れば、この会議の明らかな失敗のほうがはるかに重要性が高かったことがわかる。ド・ブロイとアインシュタインの〝異端〟ともいえる提案は、知的な意味で先駆けとなり、約40年後に発表されるジョン・ベルの驚くべき定理に直結しているからだ。

ド・ブロイの発表は会議の初めに行われた。スレーターが4年前に提案しようとしたように、ド・ブロイは「波が粒子を導く」とする理論を説明した（彼は「操縦する(パイロット)」という言葉を使った）。つまり彼は、波によって誘導される粒子に位置を加えたのである。その位置は、量子力学から隠れていたという意味で「隠れた変数」とよばれるようになった。「非決定論派は、主として若く妥協を好まない者が支持していたが、彼らは私の理論に冷たく反対した」とド・ブロイは振り返っている。もう一方の陣営の「シュレーディンガーは粒子の存在を否定しており、私の考えをまったく理解してくれなかった……[※2]」。

そのときアインシュタインが、シャツの硬い襟の先端を折り返したおそろしく古風で流行遅れのいでたちで、議場の前方に進み出た。「量子力学を十分に深く理解していないことをお詫びしなければなりません。[※3]ですが、いくつか一般的な発言をさせていただきたい。[※4]電子がスクリーンに向かって飛んでいるようすを想像してみてください[※5]」そう言って黒板に向かうと、アインシュタインはチョークを手にとった。チョークの粉を散らしながら1本、2本、3本と横線を引いて電子の軌道を描き、1本の縦線を引いてそれをスクリーンに見立てたところで、聴衆に半身を向けた。「スクリーンにはスリットがあり……」と、後ろを向いてまっすぐな縦線の真ん中あたりを指でこすり、ぼかしてみせた。「それが電子を散乱させます」。ぼかした穴から広がるように、半円をいくつか描いた。電子を表すシュレーディンガーの波なら、この小さな開口部から広がっていくところだ。「このスリットの先にもう一つスクリーンがあり……」と言って、アインシュタインはチョークで2本めの縦線を引いた。「そこで粒子を受け止めるのです」

アインシュタインは、シルクハットからウサギを取り出そうとするマジシャンのようにも見え、それでいて手品を信じない人間のようにも見えた。「もし、この一つの電子がここに到達すれば……」と言って、2本めの縦線のてっぺんをトントンと叩いた。「それが同時に、こちらに到達するのは不可能です」そう言ってアインシュタインは、チョークを動かして別の箇所を指した。

アインシュタインは目を細めて続けた。「ですが波、つまりシュレーディンガーの波は、この粒子が特定の場所に位置する確率を与えると解釈されています。波であればスクリーン上の1点だけではなく、スクリーン全体を覆うのです」。アインシュタインは、ぼかしたスリットから広がる半円のさざ波を指差した。

アインシュタインの静かな声が部屋に響いた。「この解釈は、波がスクリーン上の二つ以上の場所で作用することを許さない、瞬時の遠隔作用という非常に特殊なメカニズムを前提としています」[※6]（相対性理論は、光速より早く伝わる情報は存在しないとして、「同時性」にいかなる意味も与えないことを思い出してほしい）。「その過程をシュレーディンガーの波で記述する際に、粒子の位置を詳述して補足しなければ、この困難は克服できないように思われます」

アインシュタインは、英雄を熱心に見つめるド・ブロイの座っている方向を見た。そして、頷いて言った。「私はド・ブロイ氏の研究の方向性が正しいと考えています」。誰からも励ましの言葉をかけられることのなかったド・ブロイは、感謝の気持ちで一杯になった。「もしシュレーディンガーの波しか扱わなければ、その解釈は相対性理論の原理に矛盾するのです」[※7]アインシュタインは繰り返し、腰を下ろした。

誰もが沈黙していた。それから突然、みながアインシュタインに殺到して発言した。ヘンドリク・ローレンツはその場の秩序を保とうとしたが、アインシュタインに痛いところを突かれていた。議論の真っただ中で、エーレンフェストは〝バベルの塔〟を思い出し、「主がそこで全地球の言葉を混乱させた」[※8]とチョークで汚れた黒板に書いた。

とうとうボーアが発言権を得た。「私は、非常に困難な立場にあると感じています」と切り出した。「なぜなら、アインシュタイン氏が言わんとする論点が正確に理解できないからです。それはもちろん、私の落ち度なのですが」。ボーアの隣にいたクラマースは、師の言葉を書き留めていた。ボーアは続けた。「この問題を別の言い方で表現させてください。私には……量子力学が何なのかわかりません。我々は、自分たちの実験を記述するに足る数学的手法を扱っていると考えています。厳密な波動理論を用いて、波動理論の限界以上のことを主張しています」。言い換えれば、量子力学の数学は——間違いなく波動方程式なのであるが——シュレーディンガーやド・ブロイの考えるような実際の波が絡むいかなる理論よりも、量子世界を正確に記述できる可能性がある。「我々は、古典的な理論で物事を記述する希望をもてた状態から——すでに離れてしまっていることを認識しなければなりません」とボーアはゆっくりと語った。[※9]

「不吉なことに、アインシュタインとボーアはすでに話がかみあわなくなっていた」[※10] ジョン・ベルの伝記作家アンドリュー・ウィテイカーは、このやりとりについてそう述べている。「実験を記述するに足る数学的手法」というものが、物理学者の探究の動機にはほとんどなり得ず、相補性が人類の知的な苦悩の多くを解決すると信じるにいたったボーアにとってさえそうだったからである。

ボーアは相補性について議論しはじめたが、彼の複雑に入り組んだ言葉や思想を本当に理解した者はほとんどいなかった。「当然ながら、またもやボーアの恐るべき呪文のような専門用語論が始まった」エーレンフェストは、本国の学生たちに送った手紙の中でこう書いている。「誰もそれを要約できない（なにしろ、毎晩1時になるとボーアは私の部屋にやってきて、たった1語を説明するだけで3時までかかるのだ）」[※11]

ボーアは長々と話したもののうまい言い方をほとんどできず、純粋な信念とカリスマ性とでなんとか優勢に立つのが精一杯だった。だが、エーレンフェストが会議の全体的な印象について述べた際の口調は、ずいぶん異なっていた。「ボーアは、すっかり会場を支配していた。最初はまったく理解されなかったが……しだいにみなを論破していった」[※12]

ただし、ボーアにはアインシュタインの単純な反論を退けることができなかった。それは「波動関数の収縮」あるいはもっと一般的に「測定の問題」とよばれるもので、今日にいたるまで解決を見ていない。粒子に対応する波は全世界に伝播するが、粒子そのものは具体的な一つの小さな場所で発見され、他の場所で発見されることはない。広大な波は、たった一つの粒子の大きさにまで「収縮」するのである。量子力学はこの発見の瞬間を記述できず、ただその場所で発見される確率を示しているにすぎない。観測されていないときの粒子のふるまいを説明できないのだ（あるいは、以前には波しかなかった場所に測定行為が何らかの形で粒子を作り出した場合に、その発生を説明できないのである）。

広範囲に及ぶ非物質的な確率の波から、一つの特別な存在として粒子へと生まれ変わる――あまりに直観に反していて、宗教の教義に聞こえるほどの仮説である。人格神でさえ信じていなかったアインシュタインにとってはこの上なく奇妙な話であった。それはまるで、神秘主義者が神を探そうと考えた途端に、神があまねく存在する巨大で肉体をもたない魂や精神ではなくなり、きわめて具体的な田舎の村落の小屋で生まれた幼子に、瞬時にして変わるというようなものだ。

測定の問題は、量子系における分離不可能性を示す一つの兆候である。会話が必然的に向かったもう一つの問題は、不確定性原理であった。不確定性は、分離不可能なものをあたかも分離したように扱う場合に生じるものだからである。

スクリーンに向かって飛ぶ電子を理解できなかったのか?[※13] アインシュタインはふしぎに思っていた。その状態を繰り返し測定したからといって、いったい何がわかるのだろう? ボーアは、これに対して〝もう一つのスクリーン〟を提案した。こんどはスリットが二つあり、最初のスリット入りスクリーンと、電子を集める二つめのスクリーンとの間に置く。どちらのスリットから電子が出て、最後のスクリーンに到達するかを測定できるしくみだ。ボーアらは、この思考実験を十分に練り上げていた。電子が到達する場所を特定できるとされる装置自体が不確定性の影響を受けており、相補性や不確定性原理が定めるとおりにその場所も不明瞭となることを示したのである。

「まるでチェスを打っているかのように、アインシュタインはいつも新しい例を持ち出してきた」と、エーレンフェストはのちに、ソルヴェイ会議の空き時間がボーア＝アインシュタイン論争にすべて費やされたのだと学生たちに語っている。不明瞭な話し方もパイプの煙の臭いも嫌っていたエーレンフェストは、うってつけの比喩を考えついていた。「哲学的な煙の雲の中から、ボーアは例を次々と潰す道具をつねに探していた。アインシュタインは、びっくり箱のように毎朝元気に飛び出してきた。それは、なんとも得難い経験だった」[※14]

会議中のある日、アインシュタインは「本当に神がサイコロを振って将来を決定していると信じているのか」と、すでに数えきれないほど発してきた質問を繰り返した。ボーアの顔に、微笑みが浮かんだ。「アインシュタイン、神が世界をどうなさるかに注文をつけるべきではないでしょう」[※15]

ハイゼンベルクは当時のことを次のように回想している。「同じやりとりが何日か続き、エーレンフェストは困惑してやや憤慨したようにアインシュタインを見やって言った。『アインシュタイン、僕は恥ずかしい。君は新しい量子論に反論しているが、相対性理論にケチをつける反対派にそっくりだ』[※16]」。ハイゼンベルクは「ようやく誰かが言ってくれた」と言わんばかりの表情でパウリを見た。

アインシュタインは眉を上げ、かすかに笑みを浮かべてエーレンフェストを見据えた。

エーレンフェストは突然、真面目な顔になって言った。「君と意見の一致をみるまでは安心できないのだ」

オランダに戻ったエーレンフェストは、かつての教え子であるサムエル・ハウトスミットに「私はボーアの立場とアインシュタインの立場のどちらかを選ばなければならなかった」と話している。ハウトスミットは、エーレンフェストが涙を流しているのに気づいて驚いた。エーレンフェストは顔をそむけ、やがてふたたびハウトスミットを見た。「……私は、ボーアの立場に賛成せずにはいられないのだ[※17]」

第14章 スピンする世界

1927年〜1929年

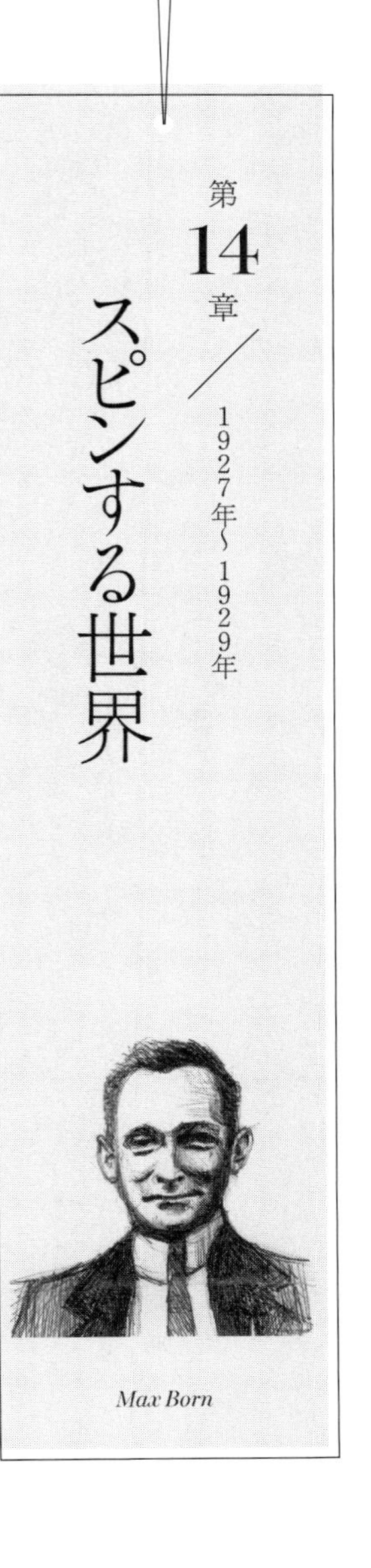

Max Born

同じ場所に留まることのないアインシュタインは、ブリュッセルからパリに直行しようとしていた。ド・ブロイも同じ列車に乗り合わせ、「青春時代の憧れの存在」[※1]と数時間を過ごすことになった。パリのガール・デュ・ノール駅の到着ホームの人ごみの中、乗ってきたばかりの列車が二人のそばで、音を立てて蒸気を吐き出していた。「量子力学が現在向かいつつある、行き過ぎた形式主義への方向転換を憂慮している」とアインシュタインは言い、ド・ブロイを見た。「数学はともかく、物理学の理論は子供でもわかるほど単純な記述であるべきだと私は心から信じている」[※2]

ド・ブロイは礼儀正しく微笑んだが、その眉は上がっており、疑っているようすが容易に見てとれた。[※3]

アインシュタインはそれを面白がりつつ、見て見ぬふりをしていた。

二人は出口に向かって歩き始め、アインシュタインはわずかに微笑みながら一人頷いていた。「もう20年近く前の話だが、プランクが私に『何を研究しているのか』と訊ねたことがあった。私はちょうど心に浮かびはじめた一般相対性理論の骨子を説明した。すると彼は、私にこう言った。『年上の友人として、僕は反対だと助言せざるを得ない』。アインシュタインはプランクを真似て、いかめしい顔で人差し指を左右に動かした。『『そもそも君は成功しない。仮に成功したとしても、誰も君の言うことを信じない』※4とね』アインシュタインは嬉しそうに言った。「だから年上の友人として、私は君の向かっている方向性に反対すると忠告せざるを得ない」彼はド・ブロイに、半分笑いながらそう言った。「そもそも君は成功しない。仮に成功したとしても——」

ド・ブロイが笑いながら、お決まりのセリフを最後まで言った。「誰も僕の言うことを信じない」

二人が駅のドアを出て別の道を進み始めたとき、アインシュタインが大声で言った。「けれども続けるんだ！　君は正しい道を進んでいる！」※5

ド・ブロイは、アインシュタインが体の向きを変えてパリの街の人混みに消えていくのを見つめていた。やがて笑みが広がり、一風変わった顔が無邪気に輝いていたので、せわしなく通り過ぎていく何人かが立ち止まって、彼の顔を見返したほどであった。ド・ブロイには、不審気な彼らの表情が見えていなかった。——君は正しい道を進んでいる。アインシュタインの声が心の中で響いた。——続けるんだ！

ところが数ヵ月後、意気消沈して消耗しきった※6ド・ブロイは、飛ぶ鳥を落とす勢いのコペンハーゲン精神の前に「改宗」してしまう。その結果、アインシュタインとシュレーディンガーだけが〝巨大な力〟と対峙することとなった。シュレーディンガーは1928年5月下旬の時点ではまだ懐疑的で、不確定性原理をめぐってボーアと手紙で議論した内容にいらだちと困惑を感じて、アインシュタインに手紙を書いている。彼はふたたび、「位置」と「運動量」は量子世界には適用できない概念というだけではないのではないかと考えていた。[※7]

ボーアは、シュレーディンガーに新たな理解は一切必要ないと語った。相補性原理が困難をすべて取り払ってくれるのだ、と。自身の回答をアインシュタインに伝えてほしいとボーアはシュレーディンガーに頼んだが、彼は自分の考えがどれほど二人にとって理解に苦しむものであるのかまったく理解していなかった。

「人間が頼っているのは何だろうか？　我々は言葉に頼っている。我々は言語に縛られている」ボーアは後年、この有名な言葉を残している。そして「我々の仕事は、意思疎通をはかることだ」と主張した。[※8]ボーアの旧友オーゲ・ペテルセンは、「ボーアは、概念が実在性とどう関係しているかという問題に頭を悩ませていたのではない。そのような問いかけは無益だった」と説明している。[※9]ボーアにとって、量子世界の深淵をクモの巣のように覆う古典的な言葉の織物の向こうには、意味はなかったのだ。

その頃アインシュタインは、心肥大と診断され病の床に就いていた。アインシュタインは、シュレーディンガーの手紙を受け取った翌日に返事を書いている。

親愛なるシュレーディンガー

あなたは核心を突いていると思います……pやqという概念に、不確かな意味しかないのならば、それらを放棄せざるを得ないとおっしゃいますが、それは十分に妥当な考えだと思います。ハイゼンベルクとボーアの鎮静剤のような哲学（それとも宗教？）は用意周到に練られていますから、心酔する者は当分の間、柔らかい枕を得て簡単には目を覚まさないでしょう。そうした者は、寝かせておけばよいのです。

ですが私は、そんな宗教など痛くもかゆくもないので、何があろうとこう言います。

「Eおよびν」ではなく

むしろ「Eまたはν」である。

そして実際のところは「νではなく、むしろEである」（これが究極的に真である）。

とはいえ、数学的にはちんぷんかんぷんです。今は私の脳も疲れ果てています。いつかまた訪問してくださるなら、あなたにとっても私にとっても喜ばしい機会となるでしょう。

敬具

A・アインシュタイン※10

$E=h\nu$という関係は量子力学の基礎をなし、プランク定数hを定義する。電子が、量子飛躍によってあるエネルギー準位からより低いエネルギー準位に遷移する際、原子は一度に一まとまり（$h\nu$）のエネルギーを失う。そしてこの光量子のエネルギー（E）は、相当する光波の振動数（ν）に比例する。

アインシュタインはこの前年に、シュレーディンガーの友人ヘルマン・ワイルに手紙を書いている。「魂の深い部分で、どうしても半分因果律で半分幾何学という現実逃避をした概念と折り合いをつけられないのです。私は量子と波の概念は統合できると信じており、それが最終的な解決をもたらす唯一のものであるような気がします[※11]」。アインシュタインの言う統合とは、ボーアの言う二重性（「Eおよびν」）ではない。アインシュタインは「相補的な」記述方法などではなく、世界の統一的視点の模索に心血を注いでいたのである。

アインシュタインはワイルに、「場の方程式が、量子の事実によって否定されるかどうかを知るのは重要です。確かにそう信じたくなるのも当然ですし、実際に信じている人も大勢います[※12]」と述べている。だが、アインシュタインが波と粒子の両方を包含する場を見つけ出していれば、量子論は一般相対性理論の一部となり、最も美しい場の理論となっていたことだろう。

この手紙を書く4ヵ月前の1928年1月、ディラックの驚くべき方程式によって量子論は中途半端ながら特殊相対性理論（一定速度で運動する基準系のみを扱う相対性理論の一部）と〝休戦〟

していた。ディラックの方程式にいたる道は、実際には（量子力学と結びつくよりも早い）4年前に始まっていた。そのときはパウリが、のちにはハイゼンベルクが彼の打ち出した「スピンする電子」というアイデアを嘲った。パウリが、「結局のところ量子力学とも、政治とも宗教とも何ら関係のない、ただの古典的物理学にすぎない」パウリは、クラマースに宛てた手紙で不満をもらしている。「私は、影響力のある科学者として、あなたにぜひこの異端説をつぶしていただきたい」[※13]。彼は手紙の末尾に「神の鞭」と署名した。「追伸　これはエーレンフェストから授かった称号で、私の誇りです！」[※14]

問題は電子がごくごく微小であるため、「軸を中心とした回転」を考えると、赤道にあたる部分は光速よりもずっと速く回転することになる点であった。さらに不可解だったのは、電子が元の位置に戻るのに2回転が必要なことだった。パウリは1925年発表の『コーミッシェ・リフレクシヨン』で、同じ現象を「奇妙で、古典的な言葉では記述できない、示唆に富む二値性」[※15]と説明した。この表現は一世を風靡するにはいたらなかった。

とはいえ、「スピンする電子」や「電子磁性体」（電荷が運動する場所では、磁場がつねに生じるため）の話題を誰もが口にしていた。ボーアは、エーレンフェストに冗談めかして言ったように「電子磁性体の福音の預言者」[※16]へと、〝宗旨替え〟していた。ボーアが考えを改めたのは、ある時列車の旅[※17]で駅に着くたびに反対の結論へ説得しようとする物理学者に二人ずつ出会ったためであった。ハンブルク駅ではパウリとシュテルンから反対意見を、ライデン駅のプラットフォームではアインシュタインとエーレンフェストから決定的な論拠を聞かされた。アインシュタインは、スピンする電子がいかに実りある形で相対性理論と共存できるかを、ボーアに諄々(じゅんじゅん)と説いたのである。

ハイゼンベルクはディラックとある賭けをした。「スピンする電子」が世の理解を得るのに、ハイゼンベルクは3年、ディラックは3ヵ月を要すると予測した。3ヵ月後、パウリは「スピン」とよぶことはまだ嫌がっていたものの、その物理現象を記述する三つの行列を作り出した。それは、デカルト座標上の3方向におけるそれぞれの現象を記述するものだった。

ディラックはまだ、賭けに勝ったお金を受け取れなかった。自らの行列が相対性理論と整合しなかったことから、パウリは相対性理論に従うスピン理論は、3年後に生まれるどころか永遠に不可能だと確信するようになったからだ。こんどはパウリとクラマースが、別の賭けをした。[※18] クラマースは相対性理論に即した電子スピンの方程式に取り組んだ。

それが彼の持って生まれた運命だったのか、あるいは神がサイコロを振った結果だったのか、クラマースは長い研究生活を通してつねに、聡明な若き天才に繰り返し先を越される悲しい定めにあった。今回もまた、スピンする電子と合致するひどく複雑な相対性理論を彼が書き上げたまさにそのとき、若き天才が現れた。今回はディラックだった。エーレンフェストは早くも1926年と1927年にディラックの論文は「クロスワードパズル」[※19]だと本人に伝えており、アインシュタインも「ディラックには手こずらされる。天才と狂気の紙一重の綱渡りには参る」[※20]とエーレンフェストにこぼしたほどだった。

1928年1月に発表されたディラックの方程式は、〝天才と狂気を併せ持つ〟彼を、ますます眩暈を起こしそうな高みへと引き上げた。彼は瞬く間に、パウリの行列をほぼ原形をとどめないほどに相対性理論に即した方程式へと変貌させていた。いわゆる「スピンする電子の方程式」によって、それまでの問題を難なく一掃してみせたのである。

ところが、ディラックの方程式にはもう一つの解が存在していた。それは正電荷をもつ「反物質の電子」で、それ以前には誰も聞いたことのない、純然たるSF小説の世界だった。「現代物理学の物語の、最も悲しむべき章は、現在も将来もディラックの理論でしょう。電子スピンのせいで、ヨルダンがふさぎ込んでいます」[※21]ハイゼンベルクは、その年の夏にパウリに宛てた手紙でそう述べている。パウリは6月にボーアに話したとおり、物理学から遠ざかっており、「根本的に新しいアイデア」[※22]が浮かぶのを待ちながらユートピア小説を執筆していた。ハイゼンベルクが磁性にまつわる考えを一切放棄して、統一場の理論にパウリの協力を求めるまで、パウリはタイトル（「ガリヴァーのユートピアの旅」[※23]）を決めたうえであらすじまで考えていた。二人はその後の数年間にわたって、ディラックの方程式を避けつづけた。

その年の秋、アインシュタインはド・ブロイ、シュレーディンガー、ハイゼンベルクをノーベル賞に推薦した。「難しいケースです。彼らの理論は概して、実在の内容に合致しており、業績の面ではいずれも単独でのノーベル賞に値しますが、私見では、確実に正しい考えを提唱しているド・ブロイが勝っています。残る二人の研究者たちの仰々しい理論のどれほどが最終的に生き残るか

は、いまだに疑わしく思われます」※24

ド・ブロイは、「電子の波の性質を発見した」功績により、翌年のノーベル賞を受賞している。

黒い森（シュヴァルツヴァルト）の青い影の中を、長い木製スキーを履いてゆっくりと大股で歩きながら、マックス・ボルンはぼろぼろの精神状態にあった。彼が、ハイゼンベルクの画期的な発見を行列で説明したのが３年前、シュレーディンガーの画期的な発見を確率で説明したのが２年前のことだった。いま彼は物理学から離れて、ふしぎな外の世界で気を紛らわせていた。このひと月ほどは、耳に毒を流し込まれたような苦しみを味わっていた。

狂騒の続いた１９２０年代最後の冬だった。近年では最も寒さが厳しく、凍結したコンスタンス湖をドイツ側からスイス側まで５km も歩けるほどであった。疲れ切った神経を癒（いや）そうと、凍った湖のそばのサナトリウムに行ってみたものの、憎悪と辛辣な笑いに満ちた患者同士のおしゃべりに、ますます神経がやられただけだった。彼らは、混乱の中で踏みにじられた哀れな祖国について語り、ユダヤ人を非難し、アドルフ・ヒトラーなら偉大なドイツを取り戻してくれると話していた。

ボルンはサナトリウムを去り、シュヴァルツヴァルト中心部のケーニヒスフェルトという小さな町で体を休めていた。木々は雪に覆われ、枝はしなって頭を垂れていた。雪のかけらが首すじに落ちてきて、背筋がぞくっとした。この孤独な平和の向こうの世界では、物事はバラバラになり、中心は持ちこたえられない。文明は滅びつつあり、昔ながらのうわべだけの優しさはひび割れ剥がれ落ち、その下から醜いけだものが顔をのぞかせている。

　木々の頂に早い日没が訪れていた。限りない物悲しさ、名残り惜しさ、そして日の終わりが同時に起こっているように思われた。空は白から、色合いの異なる紫へと色を変えた。ボルンは疲れていた。その気になればできたのかもしれないが、以前ほど長くはスキーをしなかった。以前は、混乱といっても今よりずっとはっきりしていた。問うべきは、量子力学が意味しているのは何か？であり、どれほど不吉な将来になるか？ではなかった。

　山道の最後で木製のスキー板をブーツからはずし、手袋をはめた手をストックのループから抜いて板やストックをひとまとめにして肩に担ぐと、ボルンは町のほうへ歩いていった。黄昏のなか、建物が身を寄せ合っているように見えた。

　前方に高く広々とした教会が見えてきた。暗い窓の内側で誰かがオルガンを弾いていた。壁にスキーを立てかけると、ボルンは外側の階段を上って緑色の扉を開けた。パイプオルガンの音が頭上で響き、その音色が飾り炉棚のような聖歌隊席から伝わってきた。ボルンは椅子に腰を下ろしてもたれ、足を伸ばした。オルガンのそばの壁には地球の形をしたランプがあり、金色のバロック式の装飾と、オルガン席で一心不乱に鍵盤を叩く男の前かがみの頭と白髪を明るく照らしていた。

　彼はいくつかの小節を、しわの寄った音楽を熱したアイロンで滑らかにのばすように繰り返し弾いたかと思うと、織物が紐に吊るされてそよ風にはためくかのように涼やかに心地よく弾き続けた。ボルンはほとんど目を閉じていた。流れ出る波のような音が足元で、あるいは耳の奥深くで渦を巻き、教会の土台そのものを温かく満たしているように感じられた。

オルガン奏者が弾くのをやめても、ボルンははるか遠くまで音楽の波に誘われており、半分夢の中であった。震えるような深い静寂の中で、楽譜を集め、鉛筆で慎重に演奏の細部について確認をする音が聞こえた。やがてオルガン席の暗がりから、ぼさぼさ頭で髭を伸ばした男が降りてきた。ボルンはまだ、完全に覚めきっていなかった。……ああ、アインシュタインか。

「おや、聴いてくださっている方がいたとは」そう言って男はボルンに歩み寄った。

ボルンは体を起こし、オルガン奏者と握手した。「たまたま通りがかったのですが、とてもすばらしい演奏でした」

オルガン奏者は微笑んだ。その顔はアインシュタインのものではなかったが、彼と同じくらい世に知られ、同じくらい愛されている顔だった。

「お目にかかれて光栄です……シュヴァイツァー博士[※25]でいらっしゃいますね？　マックス・ボルンと申します」

アルベルト・シュヴァイツァーは笑みを浮かべた。「マックス・ボルンさん、こちらこそお会いできて光栄です……こんなところでお目にかかれるとは」。小さく深い、オルガンの音色のような笑みだった。「今から家に帰るのですが、よければご一緒しませんか？」

ボルンとシュヴァイツァーは、その後の数日間にたびたび会い、雪の中を長くあてもなく散歩しては、物理学について、そしてシュヴァイツァーが暮らす赤道西アフリカの病院について語り合った。シュヴァイツァーは資金調達のために6ヵ月間、ヨーロッパ中でバッハの演奏会を行っている最中だった。ボルンはようやく、自身が癒されていることを実感しはじめていた。

1929年3月、アインシュタインもまた一人で過ごしていた。ベルリン近郊のハーフェル川沿いにカプートという町があり、赤い屋根が並ぶ村の高台にある松林の一角に、木造の家を建てたばかりであった。電話もなく、電車とバスを乗り継いで、さらに歩かなければたどり着けない場所にあった。心肥大で弱った体は少しずつよくなり、1年経ってようやくアインシュタインは体調の回復を感じ始めていた。

同月のアインシュタイン50歳の誕生日に、友人たちは立派な新しいヨット「イルカ号」をプレゼントした。ベルリン市を取り囲むように広がるハーフェル湖群の一つを帆走しながら、彼はセンターボードのきしむ音、濡れたシートや金属環がマストにあたる音、打ちつける水音、船首が折り目をつけたように生まれるさざ波の音に囲まれていた。2番めの妻エルザは、この物騒な時代に土地を所有できたことを喜んでいたが、アインシュタインはドイツでの時間が残り少なくなっていることに気づいていた。

彼の足元やヨットの肋材の下を、川の水が流れていく。ハーフェル川は首飾りのように連なり、途中で幾筋にも分かれて絡まり合うザクセン川がエルベ川につながり、その先の北海へと流れ込む。アインシュタインの慰めとなったのは、そして実際に美しかったのは、この蛇行するハーフェル川の流れ、そして曲がりながら進む川の旅の景色であった。

『ネイチャー』誌の1929年3月23日号で、アインシュタインはこう発言している。「病気にも利点がある。それは考えることを学べることだ。私はようやく、考え始めるようになった」[※26]

この1929年には、ボーアの研究所は勝利を謳歌していた。ド・ブロイもシュレーディンガーも〝宗旨替え〟を終え、新世代の才能あふれる物理学者たちが、物理学の世界の中心地としてのコペンハーゲンに集まっていた。その年のコペンハーゲン会議について書いたレオン・ローゼンフェルトによれば、議場は喜びと冗談のムードにあふれていた。ある椅子が（怪しいことに）勝手に壊れたが、それはパウリが、その椅子に座っていた者の考えの誤りを証明していたときの出来事だった。いたずら好きの若い物理学者ジョージ・ガモフが叫んだ。「パウリ効果だ！」[※27]「おや、パウリ効果とは」エーレンフェストは言った。「パウリ効果はより一般的な現象の単なる特殊な例にすぎず、その一般的現象とは、不運はめったに単独では生じない」[※28]

エーレンフェストはその会議で異彩を放っていた。ボーアをからかい、鋭い質問と批判的思考によって、参加者の知的誠実さを支えた。ボーアとアインシュタインの知的な対立、そして迫りくるナチスの脅威（現実には何も起こらないと考える者が多かった）が、そうしている間もエーレンフェストにどれほど深い影を落としているか、誰も推し量ることはできなかった。「内面の緊張が兆候として外に表れていなかった。彼は最後まで明るく、機知に富み、温和だった」[※29]とローゼンフェルトはのちに回想している。

そのエーレンフェストが前年の8月に、かつての教え子クラマースに手紙で助けを求めていたことを知る者は皆無だった。「どうか助けてほしい……新しい理論物理学が、軒並み理解不能な壁として立ちはだかっていて、私は頭を抱えている。もはや記号も言葉も、問題が何であるかさえもわからないのだ[※30]」

ローゼンフェルトは、1929年のこのコペンハーゲン会議でニールス・ボーアに初めて会った。当時のローゼンフェルトは「丸顔のずんぐりとした真面目な若者で、哲学的な思索を好んでいた[※31]」と友人の一人が回想している。ボーアは、古典的な測定装置と観測下にある量子物体を区別することがいかに重要であるかを彼に説明した。「人生で最も重要な瞬間だった。目が回りそうな思考の世界が開かれ、まさに開眼させられる体験だった[※32]」ローゼンフェルトは後年、こう述べている。ローゼンフェルトはまもなく、ボーアの新しい助手兼書記となった。

もう一人、20世紀の量子力学における最も影響力のある教師になりつつあった若き物理学者ジョン・ホイーラーは、当時について次のように書いている。「クランペンボルグの森で、白樺の木々の下を散歩しながらニールス・ボーアと語り合った。かつて人類に貢献した人々は、孔子やブッダ、キリストやペリクレス、エラスムスやリンカーンのように人類の英知を備えていた。ボーアと話す時間ほど、そのことを強く感じさせられるものはなかった[※33]」

第15章　ふたたびソルヴェイ会議

1930年

1930年の秋に行われたソルヴェイ会議の正式なテーマは「磁性」であった。しかし、講演の合間にアインシュタインとボーアは親しげに隣り合って座り、パイプをふかしながら、以前からの議論に立ち戻っていた。

切り出したのは、アインシュタインだった。「ボーア、新しい思考実験（ゲダンケン）を考えついたのだが」。アインシュタインもボーアも、研究室での実験に秀でていたわけではなかったが、ともに頭の中ですべてを行える思考実験を大いに好んでいた。ボーアは期待して眉を上げた。

「一定量の電磁波（光子の集団）で満たされた箱があるとする」[※1]手を動かしながらアインシュタインが言う。「箱にはシャッターがついていて、箱の中の時計じかけで開閉する」。アインシュタインは身を乗り出し、ズボンの膝から足首にかけてのまっすぐに伸びた折り目が、近くの窓から入る午後の陽の光でぼんやりと浮かび上がっていた。長椅子の背にもたれたままの姿勢でいたせいか、彼の髪ははねていた。すっかり意識の外にあるパイプから煙が上がり、時折手を動かすたびに前に後ろにたなびいた。

「シャッターは時計が一定の時間になると開き、光量子が一つだけ放出される程度の時間で迅速に閉じる」そう言ってアインシュタインは、興奮を抑えきれないようすでボーアに目を向けた。「けれども、箱の重さを測ることができる。重さがわかれば $E=mc^2$ を使ってエネルギーも測定できる」

ボーアはぽかんとしていた。「シャッターのある箱があって」――両眉を寄せると飛び出すように盛り上がり、眉が顔から落ちそうだった――「シャッターは時計じかけで動く」。アインシュタインは、パイプの煙を吐きながら頷いた。ボーアはパイプの軸を唇に近づけた――お約束のように、すでに火は消えていた。[※2] ボーアはポケットをぽんぽんと叩きながら、「アインシュタイン、火を貸してもらえませんか？」と上の空で訊ねた。

アインシュタインはポケットを探って、マッチを取り出した。ボーアはふたたびパイプに火をつけた。「光子が放出される前後で、箱の重さを測定する」ボーアは、気もそぞろにそのマッチを自分のポケットにしまい、中断などなかったかのように続けた。「そして不確定性原理に反して、放出されたエネルギーと放出した時間がわかる」

「不確定性原理の一貫性については認めるが[※3]」と、アインシュタインは少し笑って言った。「ボーア、まだ実験の説明が終わっていない。光量子を十分に、そうだな、半光年ほど離れた鏡まで飛ばして」[※4]と言いながら、アインシュタインはパイプをもった手を伸ばした。「空間的な距離をあけ、それから箱の重さを測るか時計で時刻を確かめるか、どちらを測定するかを決める」（光速で伝わる力であっても、二つの出来事を関連させられない場合、それらは「空間的に分離している」。このとき、相対性理論で言うところの「同時性」に最も近い状況にある）。

ボーアは、なお不確定性原理について考えながら、上の空で頷いた。「これは難問です」やがて彼は、静かに答えた。「問題全体を徹底的に検討しなければなりません」[※5]

「待ってくれ、ボーア」とアインシュタインが言う。「問題をまだすべて話したわけではない。仮に光量子が半光年離れていたとすると、我々は時計で時間を確認することで、いつ光量子が戻ってくるかを正確に予測でき、それが同時に光量子の位置を正確に決定する。逆に、箱の重さを測れば光量子のエネルギーと、そこから色を正確に予測することが可能になる」

ボーアは今や表情が消え、深く考え込んでいた。「相対性理論の要件を考慮すれば、測定装置が現象の時空間座標系を規定するという用途に適う場合であっても、物体と測定装置の間のエネルギーの交換を制御することはできるだろうか？」[※6]ボーアは、ゆっくりとそうつぶやいた。

「ボーア！　最後まで話をさせてくれないか。不確定性原理によれば、光量子はある時間における場所が正確に決定された状態と、エネルギーが正確に決定された状態の両方をとることはできないが、箱についてどちらか一方の測定ならば可能だ。

そこで質問だ。そのように後から箱に対して測定を行えば、半光年離れた場所で飛んでいる光量子に物理的な影響を与えると考えるべきだろうか？　その場合、光の速度より速い『超光速の遠隔作用[※7]』を及ぼすことになる。論理的にはもちろん可能だが、物理学的な直観に真っ向から反することで、私には真剣に受け止めることができないのだ。だから、光量子の実在の状態は箱に何をされようとも独立していると考えるべきなのだ」。アインシュタインはパイプを思い出し、一服すると核心を突いた。「ところが、その場合はこういう事態を生む。光量子のあらゆる特徴、すなわち箱を測定して集められるあらゆる特徴は、測定されなくとも存在する。結果的に、光量子は明確な局所性、明確な色をもち[※8]、ゆえに量子力学的な記述は不完全なのだ[※9]」

「ボーアはひどく動揺していました」新たに彼の助手となったローゼンフェルトはこう述べている。「私は、ライバル同士にある二人がクラブを出ていく光景が忘れられません。アインシュタインは背が高く、堂々とした姿勢で静かに歩き、いくぶん皮肉めいた微笑みを浮かべており、とても興奮したボーアが彼の傍らで小走りに追いかけていたのです[※10]」

その晩、みんなが夕食の席についているときに、ボーアはエーレンフェスト、パウリ、ハイゼンベルクを次々につかまえてアインシュタインの新しい思考装置（ゲダンケン）について話したが、自身が強く興味を惹かれているところで必ず問いを発した。時計で時間を測って光子の放出時間を測定し、同時に箱の重さを測ってそのエネルギーを測定することは可能だろうか？

アインシュタインの思考実験ではそれを検討する必要はなかったが、ボーアはそのことに気づかず、エーレンフェストが9ヵ月後に言葉を尽くして説明を試みたときも聞く耳をもたなかった。エーレンフェストはボーアに書いた。「もう長いこと、不確定性の関係についてはまったく疑っていないとアインシュタインは私に語って」おり、「決して……不確定性の関係に反論するために『重さを測れる光子箱』を考え出したのではない[※11]」。つまり、アインシュタインの光子箱は、不確定性原理を攻撃する武器ではなかったのである。

ボーアにとって、観測されていない実在をめぐる議論は意味をなさなかったが、彼は自身が意味があると考える、実験の側面に注目していた。だが、このときもその後も、ボーアは「可視化と因果関係をあきらめ」、「この放棄こそ本質的な進歩[※12]」だと熱心に考え、「論理的矛盾を避ける要求[※13]」だけを信じた。その結果、ボーアはおそらく最も重要な事柄に対して正しい判断ができなくなったのである。1920年代の「不合理性[※14]」から1960年代の「全体性[※15]」まで、ボーアは各時代の精神を物理学に積極的に取り入れた人物として知られている。だがその反面、こうしたあいまいな考えのためにもつれの正確性が見えなくなり、遠隔作用の可能性を認識できなかったのである。それはちょうど、自分が購入した土地にまったく立ち入らない行為に等しい。

その前年にボーアは、「現象が起こる中で、いかなる観測も必ず干渉する」とあらためて宣言している。だからといって、干渉を「障害ととらえるべきではない」と明言してもいる。「我々は直接可視化（アンシャウリッヒ）できるとする自然についての記述に対する従来の要求から離れ、抽象化をつねに進める必要性に備えなければならない[※16]」

アインシュタインはボーアの宣言や忠告に耳を貸さず、20年にわたって頭を悩ませてきた分離可能性を突き詰め、半光年離れた場所で生じるもつれの描像を形づくった。ボーアの言うように、光量子が観測という行為によって影響を受けるとすれば、それは非局所的で、事実上無限の距離でも〝幽霊〟のように作用するということになる。それでもボーアの注意を惹くのは難しく、さらに二つの論文（翌年発表されたエーレンフェストの論文と、有名な1935年のアインシュタイン＝ポドルスキー＝ローゼン［EPR］論文）でこの議論を提示することで、ようやくアインシュタインは彼を本当に悩ませている問題にボーアを引き入れることに成功したのである。

ボーアは、それから3年後にアインシュタインとの会話について書いていくうちに理解するようになった。「我々のアプローチと表現の違いが、今も互いに理解しあううえで障害となっている」[※17]。この新しい思考実験でボーアを悩ませた事柄、そしてアインシュタインを悩ませた事柄は、二人の男の「アプローチと表現」の違いを雄弁に物語っている。

「エーレンフェスト、これが事実であるはずがない」。ボーアがそう言うのは、これで5回めだった。「アインシュタインが正しいのなら、物理学はもうおしまいだ」[※18]。彼は、今まで誰も見たことがないほど深刻で重苦しく、苦しげな表情を浮かべていた。

「ボーアなら解決できるだろう」こんどはマックス・ボルンとの議論に没頭するボーアを横目で見ながら、ハイゼンベルクは、パウリとエーレンフェストにこう言っている。ボーアの顔は明るかった――だがボルンは首を横に振り、小さな子供のような目を細め、残念そうに口を結んだ。ボーアは落胆したが、すぐさま角度を変えて議論を始めた。ボルンは考え込んでいるようすだったが、やがて反対意見を述べた。「ボーアなら解決できる」とハイゼンベルクは言った。「できると思わないか？」彼はこう付け加えた。エーレンフェストはユーモアをにじませて眉を上げ、パニックになりそうな気持ちを押し隠した。

物理学者たちはみな夜遅くまで夕食の席に残り、全員がその後、ぞろぞろとクラブルーム[※19]へ入っていった。彼らはタバコの煙の立ち込める部屋で、アインシュタインとボーアを囲んで集まった。二人の間を取りもとうとしたエーレンフェストは気が変になりそうな心持ちだった。

「翌朝、ボーアの勝利が訪れた[※20]」ローゼンフェルトはのちにそう語っている。

装飾を施された背の高い柱と鏡が淡く朝陽にきらめく会議場に、大股で入ってきたボーアが黒板の前まで来ると、複雑な装置を描きはじめた。集まっていた者たちには、それがアインシュタインの光子箱だとわかったが、実際に作れそうなほど細部まで具体化されていた（いたずら好きなロシア人物理学者ジョージ・ガモフは、この装置のレプリカを実際に作製した[※21]）。ボーアがふだん書く文章には明瞭さが大きく欠けていたが、今回は彼が書きたいと願っていたことがすべて具現されていた――あらゆる不測の事態、あらゆる物理的効果を予測し、深く集中して黒板に前かがみになりながら描いた。箱は金属の絞首台のような装置からバネで吊り下げられ（ボーアはチョークで描いた渦巻きに向かって矢印を書き込み、読みづらい字で「バネ」と書いた）、その箱には指示針（ポインター）がついていて、垂直な柱に固定された小さな定規を指すようになっていた。箱の下部には、重りをぶらさげるためのフックがついている。

アインシュタインが黒板に近づくと、ボーアを悩ませた問題を二人で解決した。[※22] 箱の重さの測定に運動が関わるということは、どれほどわずかでも時計が進むのが遅くなるということであり、アインシュタイン自身による相対性理論で説明されているとおりである。その結果、シャッターが開いて光子を放出する時間は不確定となる。ボーアは黒板に順を追って書き出しながら、アインシュタインが否定したかにみえた「時間とエネルギーの不確定関係」に帰結することを示した。

アインシュタインは、腑に落ちないようすでパイプを口から離してマッチを探ったが、当然ながら見つからなかった。それに気づいたボーアは自分のポケットを探り、アインシュタインのマッチを取り出した。彼はアインシュタインのパイプに火をつけてやり、アインシュタインは帽子を上げて挨拶するように一度頷いた。ボーアはゆっくりと微笑んだ。

ふたたびブリュッセルの地で、ボーアは「測定」という行為が厄介なプロセスであり、物体、測定装置、あるいはその両方に物理的な影響を与えることをあらためて示した。だが、ボーアは決して、測定が影響を与える場所から半光年先にある、まだ議論されていないアインシュタインの光量子の問題には触れようとしなかった。

ボーアがその手つかずの〝もつれた量子〟にようやく関心を向けたとき、もう一度議論が行われた。それは戦争が徐々に物理学者たちを包囲し、風に飛ばされる種子のように散り散りにする最中のことで、それが量子論の黄金期における最後の論争を呼ぶことになるのである。

間奏　人も物も散り散りになる

1931年〜1933年

(The SPIN OF THE PHOTON, *dressed in Indian guise, slithers across the stage, accompanied by fugitive music*)

Attention again! Here's *The Spin of the Photon*
With some kind of Indian *sari* and coat on.
(It's clear that no modest, respectable *Boson*
Would traverse the platform without any clo'es on!)

P.A.M. Dirac in The Copenhagen Faust, 1932

(インドの衣装を身に着けた光子のスピンが、遁走曲(フーガ)の流れる舞台を滑るように横切っていく)

いま一度ご注意を！　光子のスピンが来たぞ、
インドのサリーと上着を身に着けて。
(謙虚で上品なボース粒子が裸で
舞台を横切るはずがない！)

ブライダムスヴァイ版『ファウスト』に出演するP・A・M・ディラック(挿画の中央の人物)、1932年

「人類は運命だけを愛する」――アルベルト・アインシュタインの息子エドゥアルトが、高校時代の論文に付した警句である。「最悪の運命とは運命をもたないこと、そして、誰かのための運命をもたないことである……」[※1]。高校卒業から2年後の1931年、彼の警句集が文学雑誌『ノイエ・シュヴァイツァー・ルントシャオ』誌に発表された。その頃には、聡明な「テテル」[※2]（エドゥアルトの愛称）はすでに、チューリッヒ大学医学部を中退していた。彼は精神科医になる夢をあきらめ、暗い下宿部屋からめったに外出することなく、心の内を明かすこともなかった。

アインシュタインが1914年に最初の妻と二人の息子と別居したとき、次男テテルは4歳であった。伸ばした髪に輝く瞳をしたテテルは別世界から来たような子供で、のちに美化され偶像的存在となる父の姿を不気味なほど先取りしていた。テテルはおそろしく早熟で、あまりに早い時期にヨハン・シラーやシェイクスピアを読みふけったために、8歳にして父から「大人になるまで取っておく」[※3]よう戒（いまし）められたほどであった。

アインシュタインが腹心の友であるベッソに打ち明けたように、「テテルには子供の頃からゆっくりと、だがどうしようもなく忍び寄る」[※4]統合失調症の兆候が認められた。10代のエドゥアルトが没頭して弾くピアノには、誰もが感動していた。彼の友人たちは、皮肉っぽさや、友人の一人が言ういつもの「どこか心ここにあらずの感じ」[※5]のないエドゥアルトをそこに見た。だが、父であるアインシュタインはその「狂気じみた」[※6]ぎこちない音楽を聴き、不吉な予感を覚えていたのだった。

1930年の初夏、エドゥアルト本人も認めていた父への「熱狂的な手紙[※7]」――彼が崇拝する、遠く離れた父の関心と愛情を得ようと、文学的で哲学的な表現であふれていた――が、ヒステリックで悪意に満ちた、絶望を感じさせるものへと変貌していた。それに気づいたアインシュタインがチューリッヒを訪れると、美しい息子について恐れていたことがすべて現実になっていた。この心身の衰弱が、いずれ「真によき魂の医師[※8]」になる助けとなるはずだとテテルに伝えたが、内心では決定論的な恐れしか感じていなかった。

エドゥアルトを精神科医の手に委ねてチューリッヒに残し、アインシュタインはベルリン近郊のカプートの自宅にこもった。「どんなときもアインシュタインは、あらゆる個人的な問題に対して強くあろうとしました」妻のエルザ・アインシュタインは、彼のことを友人に伝えようとしてそう語った。「実際に彼は、私の知る誰よりもはるかに強い人ですが、今回ばかりはひどくこたえたようです[※9]」。アインシュタインは目に見えて老け込んだ。その年の夏に、彼の哲学をまとめてほしいと依頼されたとき、アインシュタインは（彼にしては）仰天するような発言をしている。「日々の生活から、我々は他者のために存在していることを知っている――まず、その人の笑顔や幸福によって我々自身の幸せが決まるような人のために[※10]」。だが、息子のそばにいなかった父は、今さらやり方を変えはしなかった。「ここの冬は悲しみしか運んでこない。だから、長期間離れようと考えています[※11]」エルザは1930年の暮れにそう語っている。

数ヵ月後、チューリッヒやベルリンから1万1000㎞離れた楽園カリフォルニアで、「量子力学の原理が、粒子の将来の軌道を正確に予測する可能性を狭めることはよく知られている」[※12]とアインシュタインは書いた。しかし、粒子の過去についてはどうなのだろうか？ その4年前、自身の不確定性原理は将来にしか影響を与えないと考えていたハイゼンベルクは、アインシュタインが粒子を粒子として扱っていないと厳しく非難していた。アインシュタインは、ハイゼンベルクの言う粒子の過去は、将来に負けず劣らずはっきりしないのではないかと疑うようになっていた。これが、1931年初めのカリフォルニア州パサデナの暖かい冬の日に、パイプの煙を後ろにたなびかせつつ、リチャード・チェイス・トールマンと並んでキャンパスを歩くアインシュタインが考えていた問題だった。長身できちんとした服装のトールマンの後にも香り高い、巻雲(けんうん)のような煙が続いていた。

トールマンはカリフォルニア工科大学の初期の教授であった。この大学は物理化学者アーサー・ノイズ、電子の電荷量を計測したロバート・ミリカン、ウィルソン山天文台の初代所長のジョージ・エラリー・ヘイルの三人の物理学者によって10年前に創立されていた。トールマンもちょうど物理化学者で、電子の質量を測定したことがあり、今は天空の観察を行っていた。アインシュタインがこよなく愛した統計力学と相対性理論の二つについて、対となる2冊の著書を執筆し終えたばかりだった。

冬の緑の芝生の上で二人に合流したのは、優しい顔立ちで内気なタイプのボリス・ポドルスキーだった。カリフォルニア工科大学で博士号を取得して間もないポドルスキーはロシア系のアメリカ人で、博士号取得後はライプツィヒで教授をしていたハイゼンベルクとともに研究を行ってきたばかりであった。パウル・エーレンフェストは常々ロシアで過ごした日々を懐かしみ、ロシア出身のポドルスキーに親近感を抱いていた。エーレンフェストは1ヵ月前にぶらりとカリフォルニア工科大学を訪れた。彼とポドルスキーは、トールマンと共同で「光による重力場について」というタイトルの論文を書き上げた。トールマンとポドルスキーはいま、アインシュタインとともに「量子力学における過去と未来の知識」に関心を寄せていた。※13

ポドルスキーは、ドン川がアゾフ海に流れ込む場所にほど近いロシアの小さな村に育った。※14 おばの営む食料雑貨店で働いていた頃、太い荷ひもで商品を包装していた経験をもつ彼は、素手で荷ひもを切ることができた。第一次世界大戦前夜の17歳のときに三等船客としてニューヨークのエリス島に到着したポドルスキーは長距離バスでアメリカを横断して、ロサンゼルスに暮らすもう一人のおばを訪ねた。それは、のちにこの街に発展をもたらすロサンゼルス上水路の完成や、映画産業の興隆とほぼ同時期のことであった。

学費を賄う(まかな)ためにポドルスキーは配管工のもとで働いたが、頭の切れる助手が配管に精通して競合する商売を始めるのを恐れた雇い主は、便器をフランジにはめ込んで固定する方法をポドルスキーに教えなかったという。しかし、ポドルスキーは配管工にはならず、電気工学の学部を経て数学の修士課程、さらに物理学の博士課程へと進んだ。

アメリカでの二つめの仕事は、当時のボールダー・ダムからロサンゼルスに電力を引き込む銅管の設計で、配管工事としても、電気工事としても大がかりなものであった。彼は勤め先の電力会社でも、一風変わったアプローチを用いて問題に取り組んだ。たとえば、春の雪解けは会社にとって重要事項であったが、雪解け時期を示す最良の指標がそれまで会社が用いてきた指標——ダムがある山の雪の深さ——ではなく、遠く離れた東京の最高気温であることを明らかにした。

アインシュタインは、そんなポドルスキーとトールマンとともに光子箱で新しい実験方法を見出した。「本稿の目的は単純で理想的な思考実験を議論することであり、一つめの粒子の過去の軌道を記述する可能性が、二つめの粒子の将来のふるまいについて量子力学では許容されていない類の予測につながるだろう」[※15]。アインシュタインの完璧な思考実験は、ほぼ完成していた。

トールマンとポドルスキーとの共著論文が発表されてまもない頃、「(訪問先の)チューリッヒの地元のパブで、君の息子さんに会った」と、マックス・ボルンがパサデナのアインシュタインに宛てて書いている。「彼のことがとても気に入った。知的な好青年で、君とまったく同じ素敵な笑い方をするね。ええと、他に何か伝えることがあったかな? ヨーロッパの情勢は政治面でも経済面でも思わしくない……だが、ヒトラーとその仲間がいようとも情況はよくなっていくに違いない。エーレンフェストが旅について生き生きと見事に描いた妻へディ宛ての手紙をちょうど読んだところだったので、カリフォルニアについては詳しくなった。エーレンフェストは、体験を客観的に記述するのがとてもうまい[※16]」

ヘディもまた、アインシュタインの誕生日のお祝いの言葉を書き添えていた。「毎週ニュース映画であなたを拝見したりお声を聞いたりして、いつも楽しませていただいています。サンディエゴで可憐な海の精を乗せた花車を贈られたとか、そういった類のニュースです。世の中にはやはり面白い面がありますね。それが外からはどれほどバカげて見えても、神様は自分のなさることをよくご存じだと常々私は感じるのです。ちょうどグレートヒェンがファウストの中に悪魔を感じ取ったように、神様は人々に、あなたの中の『アインシュタイン』を感じさせるのです。いくらじっくりと相対性理論を学んでも、誰もあなたを本当に知ることなどできないのですから」[※17]

1931年の夏、パウリもアメリカにいた。ゾンマーフェルトとともにミシガン州アン・アーバーのミシガン大学を訪れてはしゃぎ回っていた。パウリ自身も認めているように「いささかほろ酔い状態で」[※18]、かつて自転車旅行を楽しんだ旧友オットー・ラポルテのミシガンの家で階段につまずき、肩を骨折して苦しんでいたが、ゾンマーフェルトはそれを「逆パウリ効果」[※19]とよんだ。助手のルドルフ・パイエルルスに送った手紙の中で、パウリは「せっかくここで泳ぐ機会があるというのに、僕はこのひどい暑さに苦しんでいる。だが、乾いているのはまったく辛くない。カナダ国境に近いと言えばわかってもらえると思うが、ラポルテとアーレンベックは禁酒派ではなく酒瓶をたくさん抱えているからだ」[※20]。だが「ゾンマーフェルトは葉巻をひどく恋しがっている」[※21]

ゾンマーフェルトがパウリに同行して渡米したのは、このかつての教え子が彼を切実に求めていたからであった。ゾンマーフェルトはパウリが唯一「はい、教授殿」「いいえ、教授殿」[※22]と受け答えする相手であった。「なぜあなただけが、僕に畏怖の念を植えつけられたのかは心の奥にしまっている秘密ですが、もちろん誰もが、とりわけボーアも含めてその後のボスたちは、あなたからその秘密を聞きたがったでしょう」[※23]とパウリはゾンマーフェルトに書いている。パウリが心から信頼できる「あの楽しかった学生時代[※24]」の指導者を必要としたのは、20代最後の数年間にパウリの人生が悪い方向へと大きく向かったためである。

まず、活動的な理想主義者だった母親が自ら命を絶った。その間に父親は、息子と年の近い若い女性と戯れた挙句に結婚した。1930年後半、キャバレーの踊り子であったパウリの新婚の花嫁は、わずか1年で彼を捨てて化学者の元へ走った。「私のまったく敵わない闘牛士であったならまだしも、凡庸極まりない化学者とは！」[※25]と、パウリは勇敢にも彼のトレードマークである手のこんだ中傷でなんとか応じ、夜な夜な酒を浴びたのである。

1931年は「粒子と光子箱」の年であった。アインシュタインは思考実験をブリュッセルで初披露したのち、パサデナ、ベルリン[※26]、ライデン[※27]を経て、ふたたびブリュッセルに戻ったが[※28]、行く先々で実験の内容は微妙に変化した。アインシュタインは思考実験の枠組みを詳細に検討し、その限界に挑戦し、苦心しながらEPRパラドックスに向かっていた。

「かくして我々は、光子に一切干渉することなく、光子が到着する瞬間、または吸収される際に放出されるエネルギー量を正確に予測できる[※29]」

観測できるものを第一に決定するのは理論である。1931年にハイゼンベルクは、教え子のフォン・ヴァイツゼッカーに光子箱を用いた別バージョンの思考実験を分析させた。[※30] アインシュタインはこの同じ主題をじっくり考えてEPRパラドックスにたどり着き、ベルの定理、そして長距離のもつれの実験が見せるあらゆる魔法への道をひらいた。だが、フォン・ヴァイツゼッカーとハイゼンベルクにとってこの思考実験は、正しいけれど得るものの少ない「量子場理論の演習問題[※31]」でしかなかった。したがってそれは速やかに脇に追いやられ、埋もれた宝は発見されずじまいだった。

エーレンフェストは、アインシュタインと同様、この思考実験には演習以上の重要な問題が含まれていると考えていたが、どう対応してよいのかわからなかった。そこでみなと同じ行動に出た。彼は、1931年7月9日付のボーア宛の手紙でアインシュタインが10月末にライデンを訪れることを告げ、静かに意見交換ができるようにボーアにも来てもらえないかと訊ねている。「箱の重さを最初の500時間測定し、基本となる基準系にしっかりとネジで固定する[※32]」など、アインシュタインが彼に宛てて書いた実験内容をエーレンフェストはもう一度詳細にボーアに説明した。「放出された光子が単独で飛行しながら、まったく異なる非可換的な予測群――このような予測群は量子力学では『同時』の意味を与えられていない――と合致しなければならない、どの予測がなされるのか（そして実際にテストされるのか）まだわからないのにです。この事実を明らかにするのは興味深いことです[※33]」とエーレンフェストは述べている。

エーレンフェストは、ボーア本人ではなく妻のマルガレーテに手紙を送った。ボーアが疲れ切っていなければ渡してほしいと考えているが、「まったく返信の必要はありません」[※34]と追伸を添えてあった。マルガレーテが手紙を渡したかどうかはともかく、ボーアからの返事は来なかった。ボーアはアインシュタインの論点を誤解したままで、10月にブリストルで講演した際も光子箱の要点をまったく理解していないことが露呈した。[※35] 4年後、シュレーディンガーはその要点を「もつれ」と名付けることになる。

一方、マサチューセッツ州ケンブリッジでは、スレーターが教える大学院生ネイサン・ローゼンが水素分子の構造を研究しており、結合した二つの水素原子の信頼できる計算法を初めて考案した。水素分子は奇妙な物体である。全体としての水素分子だけが量子状態にあり、構成要素である原子はもつれているのだ。独自の状態をもたず、量子論に関して言えば、片方を測定すると即座にもう片方に影響が及ぶ。[※36]ポドルスキーの論理的な分析によって、アインシュタインの光子箱とローゼンのもつれた水素原子が結びついたそのとき、EPRパラドックスが誕生したのである。

1931年9月、アインシュタインはふたたびハイゼンベルクとシュレーディンガーをノーベル賞候補として推薦した。「個人的にはシュレーディンガーの業績が上回ると考えています。彼が作り上げた概念は、ハイゼンベルクよりもさらに前進させてくれるという印象を受けるのです」と述べている。「とはいえあくまで私見にすぎず、間違っているかもしれません」[※37]。アインシュタインの推薦は他の誰とも意見が合わず、ノーベル賞委員会が大混乱に陥った結果、1931年の物理学賞は該当者なしとなった。

エーレンフェストの訴えもむなしく、ボーアは10月のライデンに姿を現さなかった。アインシュタインがまたも光子箱の実験を提示して、「光量子が箱を飛び出した後も、まだ我々は時計を読むか、箱の重さを測定するかのどちらかを選べるのです」と強調していた。その間のエーレンフェストはいつになく無口だったと、当時助手を務めていたヘンドリック・カシミールが回想している。「ですから光量子に一切触れずに、そのエネルギーか、光量子が遠く離れた鏡に当たって戻ってくる時間か、どちらかを決定できるのです[※38]」。はるか彼方へ行ってしまった光子の状態は、箱に対する作用によって決定されるのだろうか？

エーレンフェストは自らアインシュタインに答える代わりに、あるいは彼らしい鋭く明快な質問をする代わりに、25歳の助手に「議論を始める役目を任せ」た。「私はできるかぎり、そうした問題についてのコペンハーゲン解釈を説明した」とカシミールは述べている。「アインシュタインはおそらく、少しいらいらしながら耳を傾け、それから口を開いた。今でもその言葉を正確に再現できる。『この話に矛盾はないが、ある種の「ハルテ」があるように私には思えるのだ』」。ハルテとは難解さのことで、アブラハム・パイスなら「不合理さ」だと言うかもしれない。後に引かない懐疑主義者であるアインシュタインの皮肉な表情を思い返しながら、カシミールは「『一種の受け入れがたさ』がアインシュタインの予想どおりになりつつあるように思う[※39]」と述べた。

1931年12月、パサデナに向かう定期船の船上で、アインシュタインはカモメを眺めていた。その日の旅日記にはこう書かれている。「今日、私はベルリンでの職位を実質的に捨てる決心をした。残りの人生は渡り鳥のような生活を送ることになるだろう。たえず空を飛ぶカモメが、今も船を導いてくれている。カモメが新しい同僚だ※40」

1932年、ヨーロッパの情勢は緊迫し、その文明を支えてきた柱が揺らいでいた。皮肉なことに、量子力学の数学的基礎はこの頃に堅固なものとなっていく。ハンガリーが生んだ29歳の破天荒な天才ジョン・フォン・ノイマンは、波であれ行列であれ、量子力学の数学的基礎は基本となる数学的命題（数学者はそれを「公理」とよぶ）の純粋かつ厳密な抽象群にまとめられることを示した。フォン・ノイマンはこの数学的分析を駆使し、アインシュタインの忌み嫌う量子論の非因果的な性質は修正することができないとする結論を導き出した。その数学的構造ゆえに、それ以上の完成は許されない。フォン・ノイマンの著書は優美で、畏怖すら感じさせる数学の傑作であった。大半の物理学者が生涯で一度も読まない類の本ながら、その存在と結論はきわめて心強いものであった。「フォン・ノイマンが示したように……」という表現は議論終了の合図として用いられ、量子力学の辞書に加えられた。

パウリやハイゼンベルク、ディラックより年下のフォン・ノイマンは、すでに矛盾していることで有名な数学の分野（集合論）でも同様の分析を行い、洞察を得て、数学と経済学のまったく新しい原理（ゲーム理論）を確立することになる。1年後、彼は設立されたばかりのプリンストン高等研究所でアインシュタインの同僚となり、上の空のアインシュタインを間違った列車に乗せるいたずらをして楽しんでいた。

「［1927年10月の］ソルヴェイ会議に続く5年間はあまりにすばらしく、物理学の黄金期だったと僕たちはよく話した」[※41]と、40年経ってハイゼンベルクは述べている。パウリとディラックは、ためらいつつもほとんど決死の覚悟で、二人それぞれに粒子の存在を予測した。パウリが先に発表したが、電荷も質量ももたない、彼が「ニュートロン」とよんだ粒子だけが、科学界全体を当惑させていた核放射線の一形態を説明しうると主張した。一方のディラックは、自らの理論に苦しんでいた。彼の理論からは電子の電荷に対して正と負の解の両方の予測が導かれ、まるで普通の物質を構成する負の電子だけでなく正の電荷をもつ反物質の電子（陽電子）も存在するように思われた。「それが陽子であるはずがない」と友人のオッペンハイマーは指摘した。もし陽子であるなら、物質はすべてビッグバンからわずか10^{-10}秒後[※42]に閃光となって崩壊してしまうはずだ、と。

後年の理論物理学者たちは好きなように新たな粒子の存在を予測したが、このとき三つだけ知られていた粒子のうち、予測から導かれたものはアインシュタインの光子ただ一つであった。残る二つ、電子と陽子は、実験によって発見されていた。当時はまだ、霧箱やガイガー計数管で誰も見たことのない粒子を方程式が要求するなどと主張するのははばかられる時代であった。

「誰もディラックの理論に取り合わなかった」[※43]キャヴェンディッシュ研究所を代表する実験物理学

者だったパトリック・ブラケットはこう語っている。偏屈で、師であるラザフォードに忠実なあまりにブラケットは正の反物質電子という荒唐無稽な考えに耳を傾けなかった（「物理学について一つ言えることがある。それは、理論物理学者はすぐにいきり立って主張をするので、彼らを席に押し戻すのが我々の仕事だ」[※44] 1920年代後半にラザフォードはそう話したとされる）。だが、アメリカ人実験物理学者のカール・アンダーソンは、霧箱の中にこの反物質を実際に発見したとみられていた。

ボーアは、アンダーソンの実験の写真をカリフォルニアからデンマークに持ち帰った。それから16歳の息子クリスティアンを連れてバイエルン南部のオーバーアウドルフ駅に向かい、ハイゼンベルクと二人の教え子、フェリックス・ブロッホとフォン・ヴァイツゼッカーに合流した。そこから一行はハイゼンベルクの山小屋を目指してスキーで登った。その途中に小さな雪崩が起こり、ハイゼンベルクは危うく雪崩に飲まれるところだった。翌日は、疲れきって屋根の上に寝転がり、日光浴をしていた。雪が一面海のように広がり、アルプスが高くそびえていた。彼らはボーアが持ち帰った写真を詳しく調べ、カーブを描く水滴の軌跡がいわゆる陽電子の働きによるものなのかどうかを議論しあった。[※45]

一方イギリスでは、同じ結果が出たことにブラケットが衝撃を受けていた。ラザフォードにとっては、ディラックの陽電子の理論が実験結果より先であったのが「遺憾」であった。「ブラケットは理論に影響されまいと万難を排して臨んだ」とラザフォードは誇らしげに語ったものの、「しかし……」陽電子は実際に存在していたのである。「実験によって事実が立証された後であれば、まだこの理論を好きになれただろう」[※46]

ボーアとハイゼンベルクらスキーの一行は、ハイゼンベルクの山小屋でポーカーをして寒い夜を過ごした。三日めの夜、ボーアはトランプを使わないポーカーをしようと言い出した。[※47]彼はブロッホと息子のクリスティアンに賭けたが、それは二人がはったりをかけるのがうまかったからである。「強いグロッグ［ラム酒のお湯割り］」だったとハイゼンベルクは記憶しているが、それで体を温めて「とりあえずやってみようという話になった」。

カードを用いないポーカーはうまくいかず、バカバカしい結果となった。少し経ってボーアは「私の提案は言語の重要性を過大評価していたのかもしれない。言語は、現実との何らかのつながりに頼らざるを得ない」と認めた。みなが彼のことを笑い、暖炉の明かりが温和な表情で考え込むボーアの顔を照らしていた。「実際のポーカーでは、ありったけの楽観的思考と説得力をもって、言語を使って現実の手札を『良く』できる」恥ずかしそうに笑いながらボーアは言った。「ところが、まったく現実がないところから始めると、[※48]さすがのクリスティアンもロイヤル・フラッシュの手をもっていると私に信じさせるのは無理だった」

ラザフォード自身、1920年に（電荷が正の）陽子と対をなす、電気を帯びていない「中性子」の存在を予想しており、中性子は原子、なかでも質量の大きな原子が結合する謎を解決するとしていた。キャヴェンディッシュ研究所の副所長であったジェームズ・チャドウィックがこの中性子を発見したのは、それから12年後の1932年2月であった。

しかし、それはパウリが考えていた中性子(ニュートロン)ではなかった。彼は望みを捨てず、エーレンフェストの教え子であるエンリコ・フェルミもあきらめなかった。フェルミは1934年にβ(ベータ)崩壊（原子核のみせるまた別の不可解な変化）という偉大な理論を発表したが、それは彼がパウリの「小さな中性子」とよんだニュートリノによって説明されるのである（それからほぼ四半世紀が経過した戦後になって、地球半周分ほど離れたサウスカロライナ州に建設されていた原子炉でニュートリノは発見された。その発見者は、吉報を伝えようと、急いでパウリに電報を送った）。[※49]

1932年のキャヴェンディッシュ研究所では、ラザフォードのグループに属する別の二人の研究者が、以前は研究所の図書館であった建物でなにか世間をあっと言わせるような発見ができないかと、お手製の「加速器」に油を差していた。一人は口数の少ないジョン・コッククロフトで、キャヴェンディッシュ研究所における役職が多かったことで知られる。[※50]もう一人はアーネスト・ウォルトンで、時計を修理できるほどの器用さをもった頭の切れる実験物理学者であった。[※51]1928年、25歳のガモフは陽子がもつ波の性質から、陽子が原子核を突き抜けて分裂させるかもしれないと気づいていた。もっとも、陽子を粒子と考えればその可能性はなかった。

ラザフォードは陽気に研究室に出入りしては、命令や励まし、気晴らしの言葉をかけた。時には、自ら濡れた上着を通電した端末に引っかけて感電したり、乾燥しきった煙草に火をつけて「まるで大きな煙や炎、大量の灰を吐く火山のごとく」[※52]爆発させたりした。コッククロフトとウォルトンの隣室だった実験物理学者はそのようすを面白おかしく述べている。二人はそれぞれ、ノートに違う日付を書き留めているが、[※53]4月13日か14日、ついにラザフォードはリチウム原子のかけらが蛍光スクリーンに衝突して起こるシンチレーションを観測した。

原子を分裂させたぞ！　この歓喜の声は、すぐに新聞を賑わせた。分けることのできないはずの原子が分裂した。物はバラバラになる。中心は持ちこたえられない。

1932年9月、ノーベル賞を推薦する時期がめぐってきた。アインシュタインは「思考実験の粒子」と「思考実験の箱」について波動方程式が示すふしぎな相互的つながりに関し、1年間の熟慮を重ねていた。あいまいな態度を取るのをやめ、アインシュタインは自信をもってシュレーディンガーだけを推薦した。「ド・ブロイの研究に連なるシュレーディンガーの研究は、我々の量子現象についての理解を最も深めました」[※54]

エーレンフェストはこの年の不吉な秋に、彼の最後となる論文の脚注でその意味をあらためて強調した。「なんとも不可思議な遠隔作用の理論がシュレーディンガーの波動力学によって表されることを思えば、4次元の接触作用の理論を懐かしむことなど健全なものでしょう！……アインシュタインが考案したものの、未発表に終わった思考実験は、とりわけこの目的に合致しています」[※55]

エーレンフェストは論文のタイトルを「量子力学に関するいくつかの検討すべき論点」とした。

彼は堅固な土台を模索し、そもそもそんなものが存在するのか、あるいは量子論は「無意味」[※56]なのだろうかと考えていた。多くの同じような疑問が、パウリの心にも湧き上がっていた。エーレンフェストの論文は、パウリに「純粋な楽しみを与えた」[※57]。パウリは返答として同じタイトルの論文を書き、接触作用の視点から量子力学の説明を試みたが、あまりうまくいかなかった。それでもエーレンフェストは、自分一人ではなかったとわかっていくぶん安堵した。「ボーアやあなたの反応を恐れて、私は1年以上もその論文の数行を印刷するかどうかで葛藤していましたが、もうどうにでもなれと思ってとうとう発表したのです[※58]」

シュレーディンガーは1932年の夏をベルリンで、イータ・ユンガー[※59]とともに過ごした。かつて家庭教師を務めた笑い上戸の14歳の教え子は今や、21歳の美しい女性となり、この4年間は彼の忠実な愛人となっていた。だが、日ごとに寒さを増す時季になって、イータの妊娠が判明した。それと同時に二人の男女関係も終わりを告げ、シュレーディンガーは助手の妻へと乗り換えようとしていた。息子を切望していた彼は、浅はかにもイータが自分と妻アニーのために子供を産んでくれるだろうと考えていた。

しかし、イータは中絶を選び、ベルリンを離れた。育った町やシュレーディンガーと過ごした町から遠く離れ、やがてイータはイギリス人男性と結婚した。だが、話はこれで終わらなかった。シュレーディンガーは愛人を次々とつくり、彼女たちとの間に三人の娘が生まれた。イータとの別れから2年も経たないうちに、助手の妻との間に最初の娘が誕生している。一方、シュレーディンガーとの関係が終わった心の傷からか、その後のイータは流産を繰り返し、子供を産めない体になってしまったのである。

ちょうどその時期にあたる、1932年と1933年のシュレーディンガーの未発表のメモ[※60]からは、エーレンフェストとアインシュタインをひどく苦しめたシュレーディンガー方程式の遠隔作用について、彼が数学的に検討しはじめたことがわかる。二つの粒子はひとたび接触すると、その後長期にわたって物理的な接触が一切なくても、共通の波動関数Ψ(プサイ)によってしか説明されない。波動力学の場合と同じように——彼は、ド・ブロイの考えのぼんやりとした輪郭を予見しつつも、ド・ブロイが独自に明らかにするまでは追求しなかった——シュレーディンガーは誰かがもっと明確に述べるまで、遠隔作用の考えを突き詰めなかったのである。

今回に関しては、その誰かはアインシュタイン、ポドルスキー、ローゼンの三人で、3年後のことであった。

1932年の後半、コペンハーゲンのブライダムスヴァイ15番地にある小さな淡褐色の建物の研究所で、ガモフ曰(いわ)く「恒例の劇[※61]」のためにみなが大講義室に集まっていた。ただし、ガモフ本人はその場にいなかった。母国ウクライナではウクライナ人が強制移住させられて飢餓に苦しむ一方で、すでに「成功に目がくらんだ[※62]」スターリンが「資本主義国の科学者と親交を結ぶ[※63]」ことを許さず、ガモフのパスポートを発行しなかったためである。

ボーアとエーレンフェストは、笑顔で雑談しながら3列めに座っていた。前2列は空席で、講義室用の小さな机に肘をついていた。まもなくきわめて重要なウランの核分裂を最初に突き止めることになるリーゼ・マイトナーの姿もあった。ディラックとハイゼンベルクもいた。照明が落とされ、マックス・デルブリュックが舞台の上に歩み寄った（ボーアはその年に講演を行い[※64]、生物学者に相補性を探求するよう熱心に説いた。それに強い感銘を受けたデルブリュックは、ボーア哲学を擁護することはできなかったものの、のちに分子生物学分野の草分けとなった）。シルクハットをかぶった彼[※65]は極端に若く見え、色白でいたずらっぽい表情で語り始めた。「お集まりのみなさん、これよりブライダムスヴァイ版ファウスト[※66]をお届けします」。拍手が起こり、有名な天文物理学者の顔をていねいに手描きした仮面をつけた三人の大天使が登場した。

大天使が韻を踏んだドイツ語で議論するようすにみなが笑った。観客の多くが学校で習ったゲーテの『ファウスト』に巧みに似せてあったからである。そこへ突然、パウリの似顔絵の仮面を着けたレオン・ローゼンフェルトが飛び出してきた。彼がメフィストフェレスだった。彼はひょいと跳び上がると、研究机の上に置かれたスツールに腰掛ける、布に覆われた神の足元に座った。

メフィストフェレスが神に話しかけていると、覆い布が取り払われ、ニールス・ボーアの仮面をかぶったフェリックス・ブロッホが現れた。ブロッホがスツールから降りて、抑揚をつけて語り始めると一同に笑いが起こった（観客の中にいたボーアは、満面の笑みを浮かべて頭を振っていた）。

だが、ただ不平をこぼすがために
このお祭り騒ぎを邪魔したいのか、悪魔の国の王子よ？
現代物理学に合点がいかぬのか？

メフィスト・パウリは答えた。

いえ、主よ！　苦境にある物理学を憐れむだけです。
私の憂鬱な日々の中で、物理学は私を苦しめ、ひどく悲しませるのです。
不平をこぼして当然です――けれど誰が私を信じてくれるでしょう？

神は顎に指をあてた。「このエーレンフェストを知っているだろう？」
「あのうるさがたの!?」メフィストは降参とばかりに手を挙げた。誰かがエーレンフェストのイラストをもって走って出てきた。光に照らされ、ボサボサの髪がいつもの3倍は逆立っている絵の下には、「ファウストのイメージ」と書かれていた。神がエーレンフェスト・ファウストを神の騎士だと言うと、メフィストは図々しくも、ファウストに道を踏み外させることができると言った。暗い観客席にいたエーレンフェストは顎に手を当て、その顔には哀愁を帯びた笑みが浮かんでいた。僕がファウストとは。なんと奇妙な。

神はため息をついた。ボーアの仮面の下でブロッホは、師の半分ドイツ語、半分デンマーク語の口ぐせを真似して見せた。

おお、なんとおそろしいことだ！　私は言わねばならぬ……言わねばならぬ……古典的概念には本質的な誤りがあり――泥沼だ。

一方的な発言だが――どうか内密に――

お前は質量についてどう思うのか？

メフィストは笑った。「質量を？」と、メフィストの仮面をつけたローゼンフェルトが言う。「なに、無視してしまえ！」

神は口ごもった。「しかし……しかしこれは……非常にお・も・し・ろ・い。だが無視してしまうというのは……」

それをメフィストがさえぎった。「おい、だまれ（クアッチ）！　今日はなんというたわごとを並べるのか！　静かにしないか！」この時点で部屋全体が爆笑に包まれていた。ここにいる誰もが、パウリとボーアのこのやりとりの場面を幾度となく目撃しており、それ以上にたびたび話題にしてきたからである。

神はゆっくりと頭を振りながら、幼い子供に言い聞かせるように言った。「でもパウリ、パウリ、パウリ、我々の意見はほぼ一致しているのだ」（観客からさらに笑いが起こった。フォン・ヴァイツゼッカーが「これ以上ないほど愛想のよい、甘く優しい言い方[※67]」と称したように、これが相手がまったく間違っているときのボーアの言い回しであることを彼らはよく知っていたのである）。「誤解がないのは請け合おう……だが、質量と電荷がなくなってしまったら、あとに一体何が残るのか」と神が言った。

ローゼンフェルトは研究机の端でよろめき、パウリさながらに興奮して言った。

ああ、初歩的なことです！
何が残るかと私に訊ねるのですか？
もちろんニュートリノです！
目を覚ましてください、頭をお使いください！

神もメフィストも、机の上を行きつ戻りつしながら口をつぐんでいた。やがて神は立ち止まると、観客の方を眺めた。「私がこう言うのは批判するためではありません[※68]」。また一つ自分のお気に入りの言い回しに気づいたボーアは、微笑みながら頷いていた。「ただ知りたいだけなのだ。……だが、そろそろもう行かねばならない。さらば、また戻ってこよう！」ブロッホ・神は研究机から飛び降りた。
メフィストは明るく語り始めた。

愛すべきご老人にたまに会うのも楽しい
優しく——できるだけ優しく——扱うのが好きなのだ
彼は魅力的で堂々としており、不当に扱うなど恥ずべきことだ
それになんと！　——彼は思いやりにあふれ
パウリにすら話しかけるではないか！

そう言うとメフィストは研究机から飛び降り、スキップしながら退場した。
デルブリュックがふたたび登場し、「第1部、場、ファウストの書斎にて」と抑揚をつけて言い、研究机の方向に手を振った。本を山のように抱えた「エーレンフェスト」が舞台に現れ、自分の前にどさっと置いた。この集められた知識の背後で彼はスツールに腰かけ、ため息をついてファウストの冒頭の台詞（ところどころ変更が加えられていた）を語り始めた。

私は——なんということか——原子価の化学を、
群論を、電場理論を、

そして1893年にソフス・リーの手で
明らかにされた変換理論も学んだ。
だが私はここに立ち、これほど知識を得たけれども
以前より賢くなっていないのだ。
私は修士号をもち、博士とよばれる。上へ下へ
ぐるぐると、教え子たちは振り回される
この哀れな「エラー・ファウスト」、……

（エーレンフェスト本人は口ひげの奥で笑っていた）

……この愚かな道化の手によって。
彼らは物理学に頭を悩ませている
かつての私とまったく同じように……
あらゆる疑問が私を苦しめる……
そして私が恐れるのは、パウリ・悪魔本人なのだ。

そのとき、巡回セールスマンの格好をしたメフィストが駆け込んできて、美しく着飾ったグレー

トヒェンの姿をしたパウリのニュートリノを、エーレンフェストに売り込もうとする。まばゆいばかりに美しいグレートヒェンは、有名なシューベルト作『糸を紡ぐグレートヒェン』の替え歌を歌った。

私の質量はゼロ
私の電荷も同じくゼロ
あなたは私の英雄
私はニュートリノと申します。

劇は進行し、〝古典的なワルプルギスの夜〟と〝量子論のワルプルギスの夜〟の両方の場面があった。メフィストフェレスの王とノミの話は、統一場理論に取りつかれたアインシュタインの話に作り変えられていた。ディラックの陽電子理論がふざけて取り上げられ、ファウストが「ミセス・アン・アーバーのもぐり酒場」（カナダ国境に近いミシガン大学アン・アーバー校サマースクールを指す）に「オッピー」（オッペンハイマー）、クラマース、ゾンマーフェルト、トールマンらを訪ねる場面もあった。その酒場で彼らは、メフィストが連れてきたグレートヒェン・ニュートリノに魅了される。劇はこのようなひねりの連続で、その年の物理学のほとんど（と仲間内のジョーク）を扱い、最後はファウストの半分喜劇的な死で幕を閉じた。

メフィストは言った。「彼は、自らが求めた変身にも喜ぶことはなかった……すべて終わってしまった。彼の知識は何の役に立ったというのか?」。みなが笑う中、エーレンフェストの顔はひきつっていた。彼も笑いはしたが、目には暗い影が宿っていた。最後に「チャドウィック」が、厚紙でできた黒い球を指の先にのせてバランスを取りながら登場した。

中性子がやってきた。
質量を抱えて。
電荷は永遠にない。
パウリ、君も賛成するか?

メフィスト・パウリが認めた。

実験で発見したことは――
理論はそれに関与していないが――
つねに健全で
あなたが信じてよいものだ。

彼はチャドウィックの黒い球に向かって頷いた。

幸運を祈ろう、重たい代用品（エルザッツ）よ――
我々は喜んで迎えよう
だが情熱は、我々の筋書きを回転（スピン）させる
そしてグレートヒェンは愛しい人だ！

拍手喝采が部屋を満たす中、「神秘のコーラス」（プログラムには「歌える人全員」と書かれていた）がフィナーレで突然始まった。

フォン・ヴァイツゼッカーはのちに、この劇について記している。「我々がボーアを笑ったのは逃げ道のようなもので、そのおかげで彼を理解できないことが多々あっても無条件に尊敬し、限りなく彼を慕っていると言えた[※69]」。観客の笑顔を見回して、仮面が外され、みなが笑い、これがよいことだとわかる。ライバルであるラザフォードのキャヴェンディッシュ研究所がその年、不安定な同位元素のように輝きを放っていたという興奮もよいことだった。発見も、発見をもっと期待できる希望もどちらもよいことであった。この1932年は、相対性理論以降、物理学にとって最も刺激的な一年であった。これこそが知識であり、偉大さであり、進歩であり、文明なのだ。

翌1933年1月30日、ヒトラーが政権に就いた。2ヵ月後、カプートの周辺にも春が訪れはじめた頃、茶色い制服姿のヒトラーの突撃隊がアインシュタイン宅を急襲した。穏やかなハーフェル川に係留されたまま放置され、揺れていたイルカ号を見つけると、彼らは没収し、「アインシュタイン教授の高速モーターボート」[※70]と報告した。小さなヨットは「国民の敵にふたたび購入されることのないよう」[※71]にとの命を受け、最終的に売り払われて地元の記録からも地元民の記憶からも消え去った。アインシュタインはヨットの行方を追ったが、見つからずじまいだった。彼はパサデナで、ベルリン大学に宛てて正式な辞任の手紙を書いた。[※72]その後は二度と、ドイツの土を踏むことはなかった。

ベルリンではマックス・プランクが自らの責任として、ドイツ物理学界を代表して、ドイツ全土で解雇されていたユダヤ人教授の重要性をヒトラーに説いた。[※73]頑固で小柄な独裁者はこれに激高し、高名な75歳の紳士を支離滅裂な言い種で怒鳴りつけ、プランクはほとんど言葉を発することができなかった。のちにアインシュタインが聞いたところによれば、プランクを強制収容所に入れてやると脅したという。プランク自身には危害は及ばなかったものの、彼の息子は、10年後に総統の暗殺計画に関与したとして国家の手によってむごたらしく殺された。

一方ハイゼンベルクは、ドイツにとどまったプランクや他の「アーリア人」教授と同様、気づけば自分も第三帝国の公務員となっていた。[※74]両親の出生証明書と結婚証明書の提出を命じられ、洗脳キャンプへの参加や、すべての講義の冒頭に「ヒトラー万歳」の宣誓を行うことを強制された。4

月にはハイゼンベルクとボルンの行列力学の共同研究者であった、吃音のパスクアル・ヨルダンがナチスに入党した。[※75]同年5月、大学の壁の外側では、彼らが愛した街――ゲッティンゲン、ミュンヘン、ベルリン――の広場で何百冊という本が焼かれ、煙を上げた。

いたるところで事態はますますその場しのぎとなり、人々は移動し、堅固な土台がどこにあるのか誰もわからなかった。――物はバラバラになる。中心は持ちこたえられない。[※76]ある日、真夜中に電話が鳴ってマックス・ボルンは目を覚ました。電話の向こう側で、耳障りな声が脅しのスローガンを叫んだ。まだ朦朧としていたボルンは、ナチ党の党争歌「ホルスト・ヴェッセル・リート」を聞かされた。ボルンと妻ヘディ、息子のグスタフは1933年5月上旬にドイツを離れ、列車の車窓から小さな町広場で本が燃やされているのを眺めながらセルヴァに向かった。イタリアとの国境を越えてすぐのこの小さな町は、ひっそりとしていて安全であるように感じられた。[※77]道路脇の雪をかぶったキリスト十字架像のお堂や、崖と空に張りつくように立つ玉ねぎ形のドームの教会を通り過ぎ、曲がりくねった山道を何時間も運転しないとたどりつけない所にあった。チロル地方のドロミテ特有の美しい山々のひだに隠れ、その巨大で、驚くほど近い起伏の激しい峰々は天の城壁のごとく谷を囲んでいた。

ボルン一家がセルヴァに到着した5月はまだ冬の気候だった。農家から部屋を間借りし、「我々だけの孤独な生活に落ち着いた」[※78]とボルンは記している。

だがまもなくドロミテに春が訪れ、小さな黄色いセイヨウキンバイソウが咲き乱れ、アルプスの牧草地を埋め尽くして黄色い波のように揺れ動いた。峰々はすばらしい春の空にのこぎり状にそびえていた。ボルンはその美しさに圧倒された。「ヘディは、アルプスの春を私たちに見せてくれたヒトラーと教育相のベルンハルト・ルストに電報を送りたいくらいだと言っていた」[※79]

季節が春から夏に変わり、エーデルワイスが咲き始めた頃、ワイルがボルンの二人の娘を連れてやってきた。ワイルとその妻のもとで暮らす娘たちが、学期を終えてやってきたのである。ボルンの愛犬、エアデール・テリアのトリクシも一緒だった。[※80]続いて、ワイルにぞっこんのアニー・シュレーディンガーがセルヴァに現れた（エルヴィン・シュレーディンガー夫妻もベルリンをとり巻く狂気から逃れてチロル地方に滞在しており、ドロミテからさほど遠くないところにいた）。[※81]

パウリも姉とともにやってきた。彼の姉は、演出家のマックス・ラインハルトが経営するベルリンの劇場で女優をしていたが、ナチスの定めた法によって職を失った。続いてボルンの教え子の一人が加わり、その後もう一人がボルンの居場所を見つけて合流した。ボルンは自伝で次のように書いている。「こうして森のベンチで教授が一人、学部生が二人のセルヴァ大学が創立された。いったい彼らに何を教えようとしていたのか思い出せないが、我々の輪に加わったのは喜ばしいことで、二人は散歩や登山のときに娘たちに付き添ってくれた」[※82]

パウリは「ちょっとした山登り」[※83]に合流するようハイゼンベルクを説得しようとしたが、一方ハイゼンベルクはドイツの物理学を救うために戻って来てほしいとボルンに嘆願した。ハイゼンベルクは、ボルンほどの高名なかつての教授が反ユダヤ法の「影響を受ける」とは思っていなかった。

ボルンが戻ってきさえすれば、ゲッティンゲンの物理学にいっさい「被害を与えることなく」政治的変容が自然に起こると考えていた。量子力学と同じく自分たちにもまた、二重性を生きることは可能であり、「時間が経てばもちろん、醜悪なものは美から切り離されて」政治が物理学を抑圧しなくなるだろうと考えていた。「ですからまだ何の決断もせずに、祖国が秋にはどうなっているかを静観していただきたいのです[※84]」

その手紙を読んだボルンには、笑ってよいのか泣くべきなのかわからなかった。ハイゼンベルクの「うずくまって身を隠す」戦略が彼自身の身を守るとは思えず、ごく少数の大切なユダヤ人の友人[※85]や学生も、そしておそらくドイツの物理学も守れはしないだろう。ボルンは、ハイゼンベルクの文面をタイプしてエーレンフェストに送った。これが「善意のドイツ人同僚[※86]」から見た世界なのだ、と。

スイスは、不気味なほどドイツの混乱と無縁であった。パウリはチューリッヒ工科大学の教授に就任し、すばらしい学生たちに囲まれていた。彼らはできるだけパウリとともに過ごし、昼間は物理学を、日が暮れてからはチューリッヒのナイトライフを探究していた[※87]。ほどなくしてパウリ本人も含め、その多くが身の安全のためにアメリカに亡命することになる。

だが、1933年前半の時点で彼らの頭にあった〝恐怖〟とは、免許を取ったばかりのパウリが運転する車に無理やり乗せられるなど、たかの知れたものだった。エーレンフェストの教え子であるヘンドリック・カシミールは、パウリの「ときにやや当惑するくせ」について話している。『僕はかなり運転上手だ』と言うとその言葉を強調するように彼は同乗者に向き直り、ハンドルから手を放すのです」[※88]。ほろ酔い加減のときなど、酒による効果はさらに周囲を困惑させた。一度など、会議を終えたパウリが酔って威勢よく運転していて、近道をしようと道のない所へ入りこんだことがあった。車内は不安がる5人の若い物理学者が座席と床に座り、ぎゅうぎゅう詰めだった。

15年後、カシミールは偶然、その夜に助手席に座っていた一人に出会った。「彼に『デイヴ、ルツェルンからチューリッヒまで車で行ったときのことを覚えているかい？』と聞いたら、『忘れられると思うか？』とすぐさま返事が返ってきた」[※89]

ボーアを信奉するローゼンフェルトは、ボーアとの新しい共著論文について講義を行ったばかりだった。その論文でさらにもう一つ、量子力学を拡張した内容が不確定性原理と一致することを示した。ローゼンフェルトは、黒い口髭にふさふさした白髪を生やした有名な顔が、熱心に自分の言葉に聞き入っているのを見て喜んだ。だが、やがてアインシュタインが議論のために立ち上がると、「気がかりな点」[※90]があると言った。そして彼は、「次のような状況についてどう答えますか？」と質問した。

「二つの粒子が、まったく同じ非常に大きな運動量でお互いに向かって動き始め、既知の位置できわめて短時間に相互作用すると仮定しましょう。

さて、ここに観測者がいます。相互作用の生じた場所から遠く離れたところで、片方の粒子をつかまえてその運動量を測定します。実験の条件から二つの粒子の運動量はきっちり正反対なので、もう片方の粒子の運動量を導くことができるのは明白です。

ところが、もし一つめの粒子の位置を測定すると決めた場合、波動方程式に基づいて素早く計算すれば、観測者はもう一つの粒子の位置を言えるでしょう」。ただし、「明確な運動量」と「明確な位置」は、もちろん量子力学では両立しえない二つの状態だ。

「これは、量子力学の原理から言って完璧に正しい単純な推論です。ですが、大きく矛盾しているのではないでしょうか？」アインシュタインは何くわぬ顔で訊ねた。「二つの粒子間の物理的相互作用が一切なくなった後に、どうやって二つめの粒子の最終状態が一つめの粒子に対してなされた測定によって影響を受けるのでしょうか？」[※91]

今回の粒子は、箱の中ではなく外に出ている。アインシュタインは、2年後にようやくボーア（ひいてはローゼンフェルト）の関心を引くことになる議論に近づいていた。だが、その時点ではまだ、ローゼンフェルトはアインシュタインが単に「量子現象の見慣れない特徴を図で説明[※92]」しているにすぎないと考えていた。

「白髪の子供よ、答えを求める者の痛みをどうするつもりだい？」[※93]アインシュタインの親友であるベッソは前年の9月にチューリッヒから手紙を出し、息子に関心を向けるよう訴えた。エドゥアルトを「君がよくやる長旅のどれか[※94]」に連れて行くことも可能だろう、と。アインシュタインは「来年[※95]」の1933年になったら連れて行くと返事を書いた。だが、翌年では遅すぎた。その頃までには精神医学、電気ショック療法、インスリンショック療法、そして精神科への入院[※96]が、かつては人並みはずれた精神をもつ、生気あふれる少年だった彼をすっかり矯正してしまっていたのである。

1933年5月[※97]、オックスフォードに向かう途中でチューリッヒに立ち寄ったアインシュタインは息子に会ったが、これがエドゥアルトに会った最後となった。

そのときの写真が残っている。どこか立派な部屋で、彫刻が施された花柄のソファーに父子は隣り合って座っている。国王への謁見や格式張った儀式においてさえ、アインシュタインがこれほどきちんと身なりを整えていることはめったにない。ハンサムな「テテル」もぱりっとしたグレーの背広にベスト、ネクタイを身につけ、実年齢の23歳より年上に見える。彼はしかめっ面をして膝の上に大型本を広げ、アインシュタインはバイオリンを肘でゆるく抱えて弓を片手にもち、悲しげにまっすぐ前を見つめている。

マックス・ボルンはドロミテから、エーレンフェスト気付でアインシュタインに手紙を出し、一部始終を伝えた。1933年5月30日、アインシュタインはオックスフォードからボルンに返事を書いている。「エーレンフェストが手紙を回送してくれました。あなたとフランクが辞職したと聞いて安心しています。よかった、これであなたたち二人が危険に巻き込まれることはないでしょう。一方で、若い子たちのことを考えると胸が痛みます……」。ここで言っているのはボルンの実子のことではなく、彼の教え子たちのことである。アインシュタインは、自身やニールス・ボーアがこうした若い亡命研究者たちに資金や職位を探そうとしていることについて書き添えていた。

アインシュタインはこの手紙を、皮肉たっぷりに結んだ。「私はドイツで『邪悪なモンスター』に格上げされました。金銭はすべて奪われましたが、金はどのみちいずれなくなるものと考えて自分を慰めています[※98]」

オックスフォードに到着したアインシュタインは、ボルンによるシュレーディンガー方程式の統計学的説明について講義した。「私は、この解釈が一時的な重要性しか有していないと申し上げざるを得ません。私は実在性のモデル、つまり、物事が起こる確率だけを表すのでなく、物事そのものを表す理論を今も信じています。一方で、理論モデルにおける粒子の完全な局所性という考えを捨てざるを得ないのも確かなようです。私にはこれが、ハイゼンベルクの不確定性原理の恒常的な結論であるように思われます」

しかし、アインシュタインは望みを捨てたわけではなかった。「ですが、言葉の本当の意味での原子理論（解釈だけに基づいたものではなく）は、数学モデルにおける粒子の局所性を伴わなくとも申し分なく可能と考えられるのです」。彼は、場の理論がいかにこれを包含するかを説明し、次のように締めくくった。「そのような形で原子構造が十分に表現されたとき、初めて量子の謎が解けると私は考えます[※99]」

「親切な手紙に本当に感謝しています」ボルンは返信でこう礼を述べた。「亡命した若い物理学者やそれに近い人々の世話を焼くあなたがたの力になりたいのはやまやまですが」そこまで書いて少し散らかった机から視線を上げ、自分たちをナチスの狂気から守ってくれるアルプスを眺めた。「私自身もまた、同じ境遇にあるのです……」。物理学については、「決してあきらめたわけではありませんが、若手のほうが何かを達成する可能性が大きいと言うエーレンフェストと同意見です[※100]」。

1933年9月初旬、コペンハーゲンの会議が閉会しようとしていた。ディラックは、ボーアの自宅の玄関先から出たところでエーレンフェストに出会った。

話しかけたディラックの、早口で高音のイギリス英語は真面目で、心のこもったものだった。「会議において、あなたがどれほど際立ってみんなのために役立っているかをおわかりになっていただきたいのです[※101]」

目を見開いたエーレンフェストは家の中に走って戻ってしまい、長身で痩せ型のディラックは玄関口の階段に立ちつくすかたちとなった。

ふたたびドアが開いた。ディラックが立っている段のところまで歩いて戻ってくると、エーレンフェストは彼の腕をつかんだ。静かな涙が髭をそっていないエーレンフェストの頬を伝っていた。ディラックはこのような感情的な場面でどうしていいかわからないまま、エーレンフェストの眼差しの奥に恐ろしいものが渦巻いているのを感じとっていた。

エーレンフェストは言った。「ディラック、君が今言ったことは」――そう言って一つ、息を吸った――「君のような若者から……」。黒い眉の奥に隠れた彼の目は真剣そのもので、涙で赤くなっていた。エーレンフェストにとってディラックは、自分にはもはやついていくことのできない新しい物理学の、輝けるもつれのすべてを象徴していた。「君が言ってくれたことは、私には大きな意味をもちます。おそらく」――そう言ってまた、息をした。まさに苦痛だった――「私のようにもう生きる力をもてない者には」[※102]

彼は、ディラックの腕をつかんだまま階段に立っていた。驚きで言葉を失い、ディラックはただ彼の目を見つめていた。エーレンフェストはさらに何か言おうとする素振りを見せたが、やがて何も言わずに体の向きを変えると立ち去った。

数週間後、エーレンフェストはアムステルダムにある施設の待合室に入っていった。[※103] 15歳のダウン症の息子が、そこで治療を受けていたのである。ヒトラーは「遺伝学的に障害をもつ子孫の誕生を防止する」ための法律を可決し、「支配民族」を生む可能性の低い者に対して組織的な断種を始めたばかりであった。まもなく、ヒトラーの命令によって障害のある子どもの「安楽死」が、医師の手によって診察室で行われるようになっていく。

エーレンフェストは受付に近づき、オランダ語で「パウル・エーレンフェストです。息子に面会に来ました」と告げた。彼は息子を、いつもの愛称で呼んだ。受付係がどこかに電話をかけている間、同じ椅子が並ぶ中の一つに彼は静かに腰かけていた。

看護婦がエーレンフェストの息子を連れて待合室にやってきた。父の姿を見た彼の顔が、ぱっと輝いた。9月の午後遅く、二人は建物を出て近くの公園に歩いて行った。

そこで、「物理学の良心」とよばれ、みなに愛されたエーレンフェストは拳銃を取り出し、まず息子を撃ち、次に自分を撃った。

のちに、投函されなかった一通の手紙がエーレンフェストの机の中から見つかった。自殺の1ヵ月あまり前の1933年8月14日の日付が書かれたその書面は、ボーアやアインシュタイン、ジェームズ・フランクやリチャード・チェイス・トールマンなど「大切な友人たち」に宛てたものであった。

耐えがたくなりつつある人生の重荷をこれから数ヵ月の間どう抱えていけばよいのか、私にはもう、皆目わからなくなりました……私が命を絶つのはほぼ確実です。いつかそのときが来たなら、自分があせらず、心静かにこの手紙をみなさんに書いたと自信をもって言えるようでありたいのです。みなさんとの友情は私の人生においてそれほど大きな意味をもっていましたから……。

ここ数年、私は［物理学の］発展についていくのがますます困難になってきました。理解しようと努めましたが、気力を失うばかりの自身に苦しみ、とうとう絶望して投げ出しました……私はすっかり、「人生に疲れきって」しまったのです……主に子供たちの面倒を見る経済的な理由から、「生き続けることを強制」されたように感じていました……いろいろやってみましたが……ほんの束の間しか安堵を得ることはできませんでした……やがて私は、自殺の綿密な計画についてますます集中するようになりました……自殺以外に「現実的な」見込みがなく、しかもそれは、息子を自分の手にかけてからなのです……。

許してください……。

どうかみなさん健康で、愛する人たちも健康でありますように。[※104]

マックス・ボルンは列車の座席に腰掛け、冬の午前3時の星を眺めていた。列車は安全なセルヴァから遠く離れようとしていた。息子のグスタフはかたわらの座席で丸くなって眠っていた。愛犬トリクシは、黒と褐色の毛むくじゃらの頭をボルンの膝の上に載せていた。列車が何キロも走る中で、眠らずにいるのは自分一人のような気分がした。恐怖に満ちた1933年が、身震いするような終わりを迎えようとしていた。黄色いセイヨウキンバイソウが咲き乱れる風景が心に浮かんだ。「今までセルヴァ近郊での心躍る散歩やちょっとした登山を満喫した。本当に好きだった」[※105]。そのセルヴァを、いまや去ろうとしている。先発した妻へディや娘たちとともに、「異国での不確かな未来」[※106]に向かおうとしているのだ。目指す異国スコットランドで、ボルンは30年間を過ごすことになる。トリクシは眠りながらくんくんと鳴き、ボルンはその硬質な毛が密生した背中に手を置いた。

12月にはハイゼンベルクとシュレーディンガー、それにディラックが、アニー・シュレーディンガーとハイゼンベルクとディラックの母親二人を伴ってストックホルム中央駅に降り立った。[※107]ハイゼンベルクはライプチヒから、ディラックはケンブリッジから、シュレーディンガーは移住したばかりのオックスフォードからの来訪だった。ハイゼンベルクは延期されていた1932年のノーベル物理学賞を、シュレーディンガーとディラックは1933年の同賞を受賞することになっていた。

その前月、ハイゼンベルクはかつてのライバルを必死にドイツに引き止めようとしていた。シュレーディンガーは「ユダヤ人ではなく、他の理由においても危険にさらされていなかった」[※108]からである。彼はシュレーディンガーの亡命に憤（いきどお）り、ドイツを去るには道徳上の理由もありうるということに理解を示そうとはしなかった。一方、シュレーディンガーの旧友ワイルは、妻がユダヤ人であるためにシュレーディンガーと同時期にドイツでの職を辞し、プリンストンへと渡った。

ノーベル賞授賞式の晩餐会で、シュレーディンガーは次のように述べて乾杯の言葉に代えた。「この地にふたたび戻って来られることを願っています……カバンにたくさんの式服を詰めて、万国旗で飾られたこの祝賀会の会場へではなく、願わくば肩に長いスキー板を2本かつぎ、リュックサックを背負って」[※109]。対照的にディラックは、いかに「数に関係するものは何であれ、理論的に解くことが可能であるはず」[※110]で、経済不況ですら例外ではなく、宗教はその妨げになるだけだなどと難解な話をして挨拶の言葉とした（それを聞いたハイゼンベルクは、6年前のソルヴェイ会議でパウリが「神はおらず、ディラックが神の預言者だ」[※111]と断言していたことを思い出した）。ハイゼンベルクはただ、皆様のもてなしに感謝すると述べただけであった。[※112]

その年のノーベル平和賞は、該当者なしだった。[※113]

1ヵ月後、ハイゼンベルクはナチスの力が及ばないチューリッヒの郵便局から、ボーアに宛てた手紙を出した。「ノーベル賞に関して言えば、私はシュレーディンガー、ディラック、ボルンに対して後ろめたい気分です。私が単独で賞をいただけるのなら、シュレーディンガーとディラックもそれぞれ単独受賞に値するでしょう。個人的には、ボルンと共同受賞できたらよかったのにと思います」[※114]

量子力学の最後の祝祭は、こうして幕を閉じた。その後、世界全体が不可避的に、物理学の小さな世界もまたそれに伴って、激動に翻弄されながら、第二次世界大戦と二つの原爆投下へと向かっていく。

ヒトラーの権力は日増しに強まり、ヨーロッパにはこれからどんな恐ろしいことになるかと緊迫した空気がただよっていた。温和な実験物理学者ジェームズ・フランクとハンガリー人の生物学者ゲオルグ・フォン・ヘヴェシーがドイツから亡命し、コペンハーゲンに到着した。[※115]ヘヴェシーはその後の10年間コペンハーゲンに居残り、研究所に放射能を浴びた猫[※116]を持ち込んだり、思考実験でも物理学でもない放射線生物学の実験を行ったりして、研究所を恐怖に陥れつつもみなに愛された。

一方、ボーアはエーレンフェストの死からいまだ立ち直れずにいたが、さらにおぞましい一撃を受けることになる。1934年夏に小さなヨットで航行していたときに、17歳の美しい長男クリスティアンが彼の目の前で荒波にさらわれ、またたく間に海の底へと沈んでいったのである。[※117]

1938年、ヒトラーは必死に彼をなだめようとするイギリスとフランスの同意を得て、オーストリアとチェコスロヴァキアの一部を併合した。事物も人々も、かつてない速さで離散していった。同年初めに、旧友で研究仲間の、物理学者のリーゼ・マイトナーと化学者のオットー・ハーンがヒトラーのつくった法律によって引き離されていた。寒さは厳しかったが安全なストックホルムから、マイトナーはベルリンのハーンに指示を出し、その年の後半にウラニウム原子の核分裂に成功した。それが核爆弾への最初の一歩であった。

1938年9月、アメリカの市民権を得たフォン・ノイマンは、ボーアとその弟のハラルトを訪ねてコペンハーゲンのボーア宅を訪れた。「ボーア兄弟やボーア夫人とたくさん話をしました。もちろん大半が政治の話でしたが、それでも1時間半ほどは『量子力学の解釈』について話すことができました」とフォン・ノイマンは婚約者に宛てた手紙に書いている。「我々はどちらも、格好をつけていたと思います。僕たちは1938年9月になっても物理学を憂う余裕があるのだと……。何もかもが夢、独特の狂気を含んだ夢のようでした。この広大な邸宅は、建築家ヤコプセンの趣向を凝らした造りで、大きな温室つきの冬の庭や、［ネオクラシックの彫刻が］全面に施されたドリス式の列柱などがしつらわれています。ボーア兄弟は、チェコスロヴァキアが屈伏すべきか、そして量子力学において因果律に望みはあるのかについて言い争っていました……」※118

第16章

「実在性」をどう考えるか

1934年～1935年

1 グレーテ・ヘルマンとカール・ユング

ライプチヒ大学物理学研究所の地下には小さな部屋があった。[※1] ハイゼンベルクとカール・フリードリヒ・フォン・ヴァイツゼッカー[※2]は、数式で埋め尽くされた黒板のそばで卓球をしていた。かつてハイゼンベルクは、タクシーの後部座席で、自分は因果律を否定したのだと15歳の少年に語りかけた（「その瞬間、私は物理学を学び、その意味を理解しようと心に決めた」[※3]と、フォン・ヴァイツゼッカーはのちに語っている）。英雄的存在であるハイゼンベルクからそう語りかけられた少年は、今では哲学志向の強い21歳の若者に成長していた。彼は黒髪をきれいになでつけ、大使の息子らしい愛想のよい表情を浮かべていた。

父親のフォン・ヴァイツゼッカー大使は外交手腕に長けていたので、ドイツが共和国から独裁政治に移行して、政府が麻痺状態にあった間も大使の座を守っていた。このような人生を決定づける4年間をライプチヒで過ごしたカール・フリードリヒは、ハイゼンベルクの研究グループの中心人物となり、おそらくはハイゼンベルクの最も親しい友人でもあった。量子物理学をハイゼンベルク本人から学ぶのは胸躍る経験だったとはいえ、彼はその中核の部分で一種の幻滅も味わっていた。フォン・ヴァイツゼッカーは早くから、師であるハイゼンベルクが「物理学の哲学的問題には関心がない」ことに気づいていた。しかしその問題こそが「彼のもとでこの分野を研究しよう[※4]」と決心した目的だったのである。

ハイゼンベルクはつねづね合理的な考えを語っていた。「物理学は堅実な仕事だ。物理学を学んで初めて、それを哲学にする権利がある[※5]」。こうした率直で割り切った発言から、哲学的問題に関してハイゼンベルクが物理学分野のみならず政治分野においても、10歳も年下のカール・フリードリヒに頼りきっていたようすが窺える[※6]［訳註：ヴァイツゼッカーはハイゼンベルクに出会うまで哲学を学んでおり、政治や国際情勢にも精通していた］。

外は不安で落ち着かない春だったが、この地下の部屋には方程式や卓球があり、ナチスもおらず、道徳上の危機も、外部の世界も存在しなかった。若い二人の真剣な顔つきは、卓球に夢中になっていたせいであった。ドア付近のフックには、上着が無造作にかけられていた。

キュッ、キュッと靴底が鳴る音と、プラスチックのピンポン球が台に当たるカコーンという音だけが聞こえ、時折興奮した声がそれに続いた。

頭上でドアが開き、階段を降りる聞き慣れない女性の足音がした。二人の視界に入ってきたのは、グレイハウンドを思わせる、地味な服装の痩せた女性だった。顔は細長く内気そうで、短い灰褐色の髪をオールバックにしていた。フォン・ヴァイツゼッカーの父なら断じて彼女の急進的な政治観に賛成しなかっただろうが、研究所の内側では政治的な話題はさほど重要視されなかった。

「ハイゼンベルク教授ですか？」とその女性は訊ねた。「あなたが間違っていることを証明するために、こちらに伺ったのですが」

ハイゼンベルクはラケットを握ったまま、目をぱちくりさせた。

「あなたの有名な不確定性原理の帰結として、因果律には『中身がない』[※7]とおっしゃいましたね」女性は続けた。少し前のことだが、確かにハイゼンベルクは、『ベルリナー・タゲブラット』紙に意図的に扇情的な言葉を載せていた。「『今こそこの新たな状況と折り合いをつけるのは哲学の務めだ』[※8]と」そう言ってその女性は眉を上げた。

女性はグレーテ・ヘルマンと名乗った。[※9]ハイゼンベルクと同い年の彼女に、「折り合いをつける」気などなかった。グレーテはゲッティンゲン大学の偉大な数学者エンミ・ネーターの下で研究をしており、「ネーターの少年たち」と呼ばれた研究グループにおける数少ない女性研究者であった。ヘルマンは学位論文で、後年「コンピュータ代数」とよばれる学問の基礎について独自の研究を行った。コンピュータ代数はゲーム理論と並び、あらゆる面で彼女とは正反対のフォン・ノイマンが作り上げて主導した実り多い分野の一つである。博士号取得後もグレーテはゲッティンゲンにとどまり、哲学者レオナルト・ネルソンの個人助手となる。ネルソンは強烈な個性の持ち主で、哲学、数学、倫理学の統一を試み、新カント派のヤーコプ・フリースの著作に傾倒する仲間を集めて、自ら社会主義政党を立ち上げていた。

今やヘルマンの師は二人とも去っていた。ネルソンは不眠症に悩まされながらも研究に没頭していたが、過労がたたって1927年に早すぎる死を迎えていた。彼は純粋な理性と「国際社会主義」のために身を犠牲にしたのだった。もう一人の師ネーターは、純粋なアーリア人ではないというナチスの乱暴な論理によってゲッティンゲン大学から追放され、アメリカに渡って教鞭をとっていた（いずれにしても翌年、女性であるという理由で大学のポストを失うことになっていた）。ネルソンはそのあり余る活力が最も必要とされる時期にこの世を去ったため、ヘルマンは彼の政党に残り、ナチスに対するレジスタンス組織へとまとめていった。また『ザ・スパーク』という社会主義の日刊紙の編集にも携り、反ナチ地下集会を開催していた。ヘルマンは、この危険と隣り合わせの哲学にいっそう気分が高揚したのである。

ハイゼンベルクとフォン・ヴァイツゼッカーは、ラケットを握ったまま立ちつくしていた。二人が彼女の置かれていた事情を知ったなら、ハイゼンベルクが新聞でちょっと知的な挑発をしただけで、この混乱の時期にここまで来てしまったことに仰天したかもしれない。けれども、カント哲学を否定するハイゼンベルクの宣言は、彼女のように倫理的・政治的行動が、つまり人生すべてがカント哲学に根差している者にとって、単なる学術的な意味を超えていたのである。彼女の英雄ネルソンが最も命をかけたのはカント哲学のためであったのだ。

グレーテ・ヘルマンは、あっさり引き下がろうとはしなかった。

「物理学の知識は増大しているのに、量子力学にこれ以上公式や法則が加えられないとするのはなぜでしょうか？[※10] 新しい公式や法則によって、ふたたび正確に予測できるようになると、なぜ考えられないのですか？」彼女のまっすぐな目がハイゼンベルクの目を捉えた。「この問いの回答に、すべてがかかっているのです」

哲学的な議論が始まりそうな予感に、フォン・ヴァイツゼッカーの目が輝いた。こうした哲学的問題に、まともに取り合ってくれる人物がなかなかいなかったからである。[※11] 彼は、部屋に2脚あった椅子のうちの1脚をグレーテに勧めた。

ハイゼンベルクは卓球台に半分腰をかけ、挑むように説明を始めた。「実のところ新しい決定要因は存在しないこと、それがなくとも我々の知識は完全であることを自然は教えてくれる」[※12]。ヘルマンは眉を上げると椅子にもたれ、腕ぐみをして足を組んだ。

ハイゼンベルクは、ボーアよろしく卓球台のまわりを楕円のカーブを描くように歩き始めた。量子物体の実験では、まったく異なるふるまいを見せる量子世界と古典的世界が出合う。この二つの世界が邂逅すると何か決定的なものが失われる。ボーアはその年、小論集『原子理論と自然記述』を刊行したばかりであった。その中で、観測が観測対象に影響を与え、「その影響の性質からして因果関係の記述方法を根底から覆してしまう」[※13]とボーアは繰り返し強調していた。この概念こそ、ボーアがソルヴェイ会議でアインシュタインに勝利した考えであった。観測問題のおかげでハイゼンベルクの不確定性原理と波動関数の収縮の謎は直観的に理解されたが、アインシュタインはポドルスキーとローゼンの助けを借りて、その考えが間違いであるか、少なくとも彼らが思うほど直観的ではないとボーアに警告しようとしていた。

「量子力学を決定論で完全なものにすることは可能だろうか？」[※14]ハイゼンベルクは卓球台越しにグレーテ・ヘルマンにまっすぐ顔を向けた。あたかも彼女とハイゼンベルクが審判で、二人で球がネットに触れたかどうかの判定をしているかのようであった。彼は自分で答えを言った。「答えはノー。理由はこうだ」

「量子力学の側には物体が、古典物理学の側には実験装置がある」。ハイゼンベルクはネットをまたぐように両手をつき、二人の聴衆のほうへ身をのりだした。「古典物理学側の法則は厳密に保たれている。ここで統計の出番だ」そう言うと、滑らかな動きでネットをぎゅっとつかんだ。「統計はシュニット、つまり切り口のところで現れる。因果律の流れに影響を与えずには粒子を観測できないのだ。

さて、あなたが言うように量子論に『新たな方程式やルール』を付け加え、因果律を元どおりにしたいと願うなら、切り口（シュニット）に沿う形でなければならない」。ハイゼンベルクはネットを揺らした。「けれども切り口はつねに移動する可能性がある。古典的に記述できたものを量子力学的に記述するのはいつでも可能だ。実験装置の一部が古典的であるかぎり、それを量子力学の系に少しずつ取り込むことができるからだ」。彼は卓球台のまわりをぐるりと1周して戻るとその上に腰かけ、ヘルマンとフォン・ヴァイツゼッカーに向かい合って足をぶらぶらさせた。「けれども切り口(シュニット)が動くと、新たな隠れた要素から得られる法則のようなものと量子論のよりいっそう流動的な関係性との矛盾が避けられなくなる。[※15]

そういうわけで量子力学を決定論的に完成させることは不可能なのだ。かのフォン・ノイマンが近頃、量子力学の本を上梓したが、そのうちの一章でこの問題をはるかに厳密に論じている」

「その本なら読みました」とヘルマンが応じる。

「すばらしい。だったら納得がいくはずだ」

「ノイマンの本(進歩的な彼女にかかれば、貴族の称号である「フォン」はなかった!)の重要な部分をもう一度お読みになれば気づくはずです。そのような際立った特徴が存在しないことを証明するためには、それが存在しないという暗黙の前提が必要なのです[※16]」きっぱりと彼女は言った。

ハイゼンベルクとフォン・ヴァイツゼッカーは彼女をまじまじと見つめた。「何だって?」

「実際の運動の軌道を決める特徴が他にもある可能性[※17]、つまり『隠れた変数』の可能性は、ノイマンの帰結によって排除されているというよりもむしろ、彼の前提によって排除されているのです」とヘルマンは言った。

ハイゼンベルクは黙って立ち上がった。黒板のチョークトレイには端から端までずらりとチョークが並んでいたが、ハイゼンベルクはその中の1本と黒板消しを取り上げるとヘルマンに手渡した。

彼女は椅子に座ったまま体の向きを変え、真後ろの黒板の一角を消して、短い数式を書いた。チョークの消し跡が白く残るなかに、$\langle P+Q \rangle = \langle P \rangle + \langle Q \rangle$[※18]という数式がすましてたたずんでいた。これは「同時に観測された粒子の位置および運動量の期待値は、位置の観測の期待値と運動量の観測の期待値との和に等しい」という意味である。

「ノイマンの証明が正しいかどうかは、（量子力学的には十分に真であるとされる）この前提次第です[※19]」とヘルマンは言った。「あなたの不確定性の関係から、我々は知識をそれほど深められないということを、ノイマンは読み取ろうとしています[※20]」そう言ってハイゼンベルクを見た。「もし粒子の位置と運動量がどちらも任意の精度で測定できないのなら、どうやって将来の軌道の確かな知識が得られるでしょう？　将来の軌道は物体の現在の位置と運動量だけで決まるというのに？[※21]」。フォン・ヴァイツゼッカーは顔をしかめて考え込んだ。ハイゼンベルクも眉根を寄せていた。

「ただし、これは不確定性原理の主観的な視点に基づいた議論です。電子を単なる粒子として捉え、我々は決して正確な位置と運動量を知ることができないから、そして将来の軌道はこれらで決定してしまうから、原因を永遠に観測できないと言うのです[※22]。

しかしこの議論は、電子が単なる古典的な粒子であるだけでなく、同時に波でもあるという事実を無視しています。本当は不確定性の関係は我々の限定的な知識ではなく、世界の本質について語っているのです」。それを聞いてハイゼンベルクは頷いた。

「この論法でいくと、電子は正確な位置と正確な運動量を同時にもたず、したがってその正確な位置と正確な運動量がその後の運動の決定要因となることはありえません」。グレーテは続けた。「この前提を捨ててしまえばどうなるでしょう？　『運動の軌道と実際に因果関係がある他の特徴を探すことはできないか？』という議論の余地を残す問題へと変わるのです。量子力学の形式主義が、ただそうした特徴を認めないからといって、それを不可能だと宣言する正当な理由にはなりません」[※23]

ハイゼンベルクとフォン・ヴァイツゼッカーは呆気（あっけ）にとられ、まるで彼女が空から降ってきたかのように見つめていた。

ヘルマンはかすかに笑みを浮かべて立ち上がった。「私に言えるのは、ノイマンのケースはよく知られた事実の一例にすぎないということです。すなわち、観測される過程の原因をさらに追究するのは根本的に無益だと拒絶できる理由が一つだけありますが、それは原因がすでにわかっている場合だということです。[※24]私はそれを見つけにここに来たのです[※25]」

ハイゼンベルクは眉を上げたが、それでも感じ入ったようすだった。「今学期はいい議論ができそうだ」とフォン・ヴァイツゼッカーに向かって言った。「ライプチヒへようこそ、グレーテ・ヘルマンさん。つまり、今学期は僕たちと一緒に研究を？」

「ええ、そのつもりです」と彼女は答えた。

階段を上って帰っていくグレーテの耳に、卓球の試合が再開した音が響いてきた。

１９３４年の同じ頃、パウリの人生は少しずつ意味を取り戻しつつあった。過去3年間に母の自殺、父の早すぎる再婚、パウリ自身の離婚（妻が「凡庸な化学者」と駆け落ちした）と続いたせいで、パウリは酒に溺れて鬱に陥っていた。だが、１９３４年10月に友人でもあり助手でもあるラルフ・クローニッヒに宛てた手紙で、「精神的な問題の理解を深め」たり「魂の適切な活動」のおかげで回復したと述べ、「古くからの、そして新しく生まれ変わった友人W・パウリより」と署名した。※26

その2年前、パウリはチューリッヒ工科大学の新しい同僚カール・ユングの手ほどきで、「精神的な問題」を知った。ユングはチューリッヒでジークムント・フロイトのライバルとして精神分析の舞台に登場し、たくさんの原始的な「元型」をもつ「普遍的無意識」を理論化した。知識人は、ふしぎと量子論に通じるものがあるとしてこの普遍的無意識に魅了された。ユングに出会ったパウリは、酒浸りの鬱から抜け出す方法を彼が教えてくれるかもしれないと思った。ところがユングは、アドバイスを求めてやってきた、かつては陽気だったこの物理学者を利用しようとするような対応をしたのだった。１９３５年に行った有名なタヴィストックでの講演で、ユングは名前こそ出さなかったものの、パウリについて述べている。「その面談で確たる印象を受けました。彼はあふれるほど元型の材料を抱えていて、『私の影響をまったく受けていない、この上なく純粋なあれほどの材料を得るために興味深い実験をしてみよう……』と心の中でつぶやきました。そこで私は彼を、まだ元型の材料をよく知らない駆け出しの女医のもとへ行かせたのです[※27]」（だがユングは、その「駆け出し」の女医が自分の弟子で、材料の源である彼から直接元型の材料の教義を習得していた点には触れなかった[※28]）

それに対してパウリは鬱に苦しみながらもいくらか応戦することができ、1932年2月にその「女医」に手紙を書いた。「ユング教授にご相談したのは、神経が引き起こす現象のために、私にとっては女性との関係よりも学術的な成功のほうが達成しやすいからです。ユング教授の場合はそれがむしろ反対なので、私を治療するにふさわしい人物だと思われたのです[※29]」

こうして半年間の「実験」ののち、ユング自らがパウリの治療にあたることとなった。2年間に及ぶ個人分析と友情によって、パウリは鬱を克服した。1934年、パウリは生涯の伴侶となるフランカ・バートラムと再婚した。パウリを本当に回復させたのが精神分析医ユングだったのか分別のあるフランカだったのかはともかく、ユングは、その鋭い批判的思考から「神の鞭（ガイセル・ゴッテス）」と恐れられたパウリに、消し去ることのできない刻印を残した。パウリは、科学的根拠の薄いあいまいな考えやユングの言葉を信じ、ボーアやハイゼンベルクにはとうてい理解できないだまされやすい一面を露呈した。ユングが講義で「材料」として彼を取り上げると舞い上がり[※30]、ユングの過剰な象徴主義、中でも雲をつかむような夢の世界に取り込まれたのである。

だが、フランカと再婚して半年が過ぎた1934年秋、パウリはユングに手紙を送った。「私は夢の解釈や夢分析から少し離れる必要性を感じています。人生が外部から私に何をもたらしてくれるのか見たくなったのです」[※31]。とはいえ、ユングと一生縁を切るつもりではない証拠に、パウリは物理学ではなくテレパシーに関するヨルダンの論文を同封していた。哀れなヨルダン――ほぼ克服の見込みのない吃音に苦悩し、自分の殻に閉じこもっていた――はユングの「集合的無意識」の考えに近づいているとパウリは感じていた。

一方、ユングはデューク大学のJ・B・ラインという植物学者が行ったテレパシーの実験に惹かれていた。ラインの論文「超感覚的知覚（ESP）」は、1934年に発表されたばかりであった。ラインはアーサー・コナン・ドイルの講演に触発されて超能力について研究しており、1927年というきわめて早い時期からESPの科学的厳密性を示そうとしていた。1927年といえば、ハイゼンベルクの不確定性原理やパウリの行列が発表され、ボーアとアインシュタインの論争が起こった年である。ラインはレディー・ワンダーという名の馬にテレパシー能力があると力説したが、マジシャンがその馬を詳しく調べたところ、実際は馬が調教師の表情や態度からかすかな手がかりを読み取っていたことを突き止めた。

この馬の実験は大失敗に終わったが、ラインはくじけることなく人間のテレパシー能力の実証に取り組んだ。1934年、彼の最も有名な実験が行われた。教え子の大学院生が、心理学研究所の最上階にある超心理学研究室で25枚のESPカードを1分ごとに1枚めくっていく。カードには5種類ある単純なシンボルのいずれかが書かれており、それを大学の中庭を挟んで向かい側にある図書館内の小部屋から、透視能力のある神学部の学生が言い当てるというものである。実験が終わると参加者が集まって結果を調べた。25枚全部を当てる実験を74回行ったところで、カードの正答率は偶然の一致よりも10パーセント高く、実験結果は統計的に有意であるとラインは宣言した。ユングはすばらしい結果だと評価したが、パウリは当初、否定的だった。

晩年のユングは、ラインは誠実だが科学的手法の詳細を一部しか理解していなかったと認識するようになったとはいえ、彼の実験でＥＳＰが「科学的に証明[※32]」されたと確信していた。「こうした実験により、魂（プシケー）が時に時空間の因果律の及ばないところで作用することが証明された」とユングは語っている。「このことは、我々の空間と時間に対する概念が、したがって因果関係の概念が、不完全であることを示唆している[※33]」

ユングのＥＳＰに対する確信はともかく、ユングがパウリに大きな影響力をもち、彼を信じさせたことは驚きに値する。パウリは20代前半からボーアに「だまれ」と言い放ち、アインシュタインの考えは「実際はそれほど愚かではない」と本人に面と向かって言うほどであった。パウリはエーレンフェストやマックス・ボルンと並ぶ名声を得て、人々から恐れられていた。幸福の絶頂にあった当時のパウリが、ハイゼンベルクからの手紙を握りしめ、「檻に入れられたライオンのように部屋の中を歩き回り、できるだけ辛辣かつ軽妙な返事を練っていた[※34]」姿を最初の妻は回想している。だが、2番めの妻フランカによれば、「極端に合理的な思考の持ち主の彼が、魅力的な人柄のユングを信じきっていた[※35]」という。

1950年、パウリはユングにこう書き送っている。「我々は以前、自然を解釈する因果律以外の原理の可能性および有用性について、また（ラインのESP実験の観点から）その必要性についても基本的に意見が一致していました」[※36]。二人は因果関係と「共時性」（ユングが提唱した概念で、意味のある偶然の一致を指す）の相補性について議論しあった。3年後、その話題がふたたび持ち上がり、パウリは量子力学における「観測者」や「観測」について語った。「今日私は、観測者による実験装置の選択においても、観測の結果においても、同一の元型をはっきり認め得ると信じています──ラインの実験の5種類のシンボルのように」[※37]

1934年の暮れにかけて、ユングと会うのをやめた直後に見た夢にパウリはまだ悩まされていた。「アインシュタインに似た男が、黒板に図を描いていた」。夢の中のアインシュタインは、深いレベルの現実を表す網かけ部分を2等分するように上向きの斜線を引き、量子力学と書いた。「私は量子力学──と、いわゆる公式な物理学全般──を、2次元でもっと意味のある世界の1次元の部分と捉え、その世界の2番めの次元には無意識と元型しか存在しないと考えていた」[※38]とパウリは語っている。

グレーテ・ヘルマンは1学期間、ライプチヒでハイゼンベルクの指導を受け、フォン・ヴァイツゼッカーと哲学的な友情を結び、多くを学び取ってゲッティンゲンに帰って行った。彼女は相補性という深い海に潜り、カント哲学と量子論を自分なりにしっかり調和させて浮かび上がってきた

――それは彼女にとって、ノイマンによる隠れた変数の否定の証明の誤りを立証するより、はるかに重要なことであった。ライプチヒではまだ支持されていた量子力学の揺らぐ柱――対応原理や「観測が系に影響を与える」という考え方――を用いて、ヘルマンはコペンハーゲン解釈（ボーア、ハイゼンベルク、パウリ――さらに忘れられがちなボルン――の量子力学的な考えは、どの組み合わせもそうよばれるようになった）の完全性を守る防御壁を入念に築き上げ、ハイゼンベルクとフォン・ヴァイツゼッカーを感心させた。

グレーテは、アインシュタインの光子箱のフォン・ヴァイツゼッカー版といえる実験までも取り入れ、そのおかげで重要な結論を導き出した（ボーアはただちに、その結論を強調した）。それは、「古典物理学とは違い、量子力学の特徴は物理的な系――いわば「それ自体」――によらない」というものだ。つまり、「我々は観測を通じて粒子の知識を得る」が、粒子の状態は「観測」と無関係ではないとヘルマンは説く。[※39] 観測は観測される特徴に影響を与えるばかりか、その特徴をも作り出すのだと。

だが、仮にそうだとしても、それは距離が離れている場合である。ハイゼンベルクやフォン・ヴァイツゼッカーが見過ごしたように、ヘルマンもそのことに気づかなかったようだ。物理学者たちは、この〝不気味な遠隔作用を及ぼす何か〟に気づくような言葉をコペンハーゲン解釈から得ることはできなかった。ましてや、具体的で定量化が可能な現象としての「もつれ」に気づくはずもなかった。大勢の物理学者がそうであったように、グレーテ・ヘルマンもまた、これに声を上げることなく通り過ぎたのである。

こうして生まれた彼女の論文は、最も広く読まれるかたちでは『ディ・ナトゥールヴィッセンシャフテン』誌の誌面を飾ったものの、この雑誌は自然科学分野の交流をはかる目的で創刊されたものだった。同誌が目指したのは対話であり、数式が対話を阻んでいると考えられていた。ヘルマンの「ノイマン」に対する辛辣な文章は、掲載前に削除された。ネルソンの新カント哲学寄りの雑誌は全文を掲載したが、フォン・ノイマンの証明の信奉者がこの雑誌を読むとは思われなかった。

論文発表翌年の1936年になると、グレーテは量子力学の基礎についてじっくり考える余裕を失った。反ナチス活動のために身に危険が及び、デンマークへ逃れた彼女は、その後イギリスに渡り、ネルソンの社会主義政党のロンドン支部で活動に身を投じた。

こうしてハイゼンベルク、フォン・ヴァイツゼッカー、ヘルマンとともに戦う同志を除けば、彼女がフォン・ノイマンの隠れた変数の議論を一蹴したことを知る者はいなかった。そしてふしぎなことに、知っていた者は誰一人として、その話題にそれ以上触れなかったのである。

2 アインシュタイン、ポドルスキー、ローゼン

1934年、ネイサン・ローゼン※40はプリンストン高等研究所で研究していた。ジョン・スレーターの下で博士号を取得し、高校時代の恋人アンナと結婚していた。アンナは音楽学者であり、同時に美術批評家であり、ピアニストでもあった。ある日ローゼンはファイン・ホールの209号室に

行き、アインシュタインの部屋のドアをためらいがちに叩いた。プリンストン高等研究所は、実質的にはこの世界的に有名な亡命者のために設立されたものであった。アインシュタインは前年の10月に到着しており、高等研究所は差し当たってプリンストン大学数学部の空き部屋を間借りしていた。当時は、フォン・ノイマンとアインシュタインを含めて数人しか教授がいなかった。アインシュタインは全力を尽くして、助手であったユダヤ人数学者ヴァルター・マイヤーをドイツからアメリカに同行させ、安全な研究所の職を与えていたのだが、その後、彼はマイヤーが統一場理論という最高峰にもう一度挑戦するのに乗り気ではなくなっていることに気づいた。そんな折にローゼンがやってきた。穏やかな性格ながら少年のような熱心さが顔にうかがえるブルックリン出身の25歳は、スレーターのもとで仕上げた修士論文のテーマであったアインシュタインの最初の統一場理論について、アインシュタイン本人と話したいと思っていた。

翌日ローゼンが芝生を歩いていると、アインシュタインが近づいてきた。「君、私と一緒に研究をする気はないかね？」[※41]。強いドイツ訛りで話しかけられてローゼンは驚いた。

アインシュタインとローゼンは209号室で会うようになった。議論していたのは、ローゼンが研究していた水素分子を構成する二つの互いに作用する原子を、アインシュタインの思考実験（ゲダンケン）の光子のように分離させればどういう結果になるかという問題ではなかった。二人は、アインシュタインの場の方程式のめまいを覚えるような深みと果てしない広がりを覗き見ていたのである。方程式から浮かび上がってきたのは刺激的な現象だった。ブラックホール——おそらく自身の重力下で大規模に崩壊したために光でさえその引力から抜け出せなくなった星――の中心の時空に、ハリケーンの目のような小さな裂け目が生まれる。その裂け目が二つ並ぶと、離れた時空の二つの部分は結合してふしぎな抜け道を作り出す可能性がある。ほどなくしてこれはアインシュタイン＝ローゼン・ブリッジ、のちに「ワームホール」とよばれるようになった。

1935年はじめのプリンストン高等研究所にはボリス・ポドルスキーもいた。すでにアインシュタインとは知り合いで光子箱の実験に詳しかった彼は、ローゼンの水素分子分析を知った。両者を結びつけることを思いついたのはポドルスキーだったようである。ローゼンの互いに作用する二つの水素原子が、アインシュタインが話してはいたものの、発表せずに終わった内容を証明できる既存の例であることに彼は気づいたのである。

アインシュタイン、ポドルスキー、ローゼンの議論[※42]は「物理的実在の量子力学的記述は完全とみなすことができるか？」というタイトルの論文（通称EPR論文）として発表された。当時のアインシュタインは英語の語彙が500語ほどしかなく[※43]、「言葉の問題があり、議論に長い時間を費やした後にポドルスキーが執筆しました[※44]」とアインシュタインはシュレーディンガーに報告している（論文タイトルにtheが抜けているのは、ロシア語を母語とするポドルスキーが英語で書いたためとみられる）。さらに、三人の著者がどのように共同作業を進めたのかもはっきりしない。その点に関してローゼンの記憶はあいまいで、ポドルスキーは「自分とローゼンが何かしら気づいたことがあると[※45]」アインシュタインと話し合ったと息子に語っている。ポドルスキーは後年、物理学部の同僚ジョン・ハートにいたずらっぽく、忘れられない言葉を口にした。「僕たちは本人の了解を得ずに、アインシュタインの名前を入れたのさ」[※46]

いずれにしてもEPR論文は、アインシュタインの光子箱の思考実験と同じように世に広く知られるようになった。ただし、EPR論文のほうがさらに徹底的に、複雑な論理と量子力学的分析を用いて論じていた。二つの「系」（粒子であれ箱であれ）が互いに作用した後に分離する。一つの系で運動量を測定すると、実験者は遠く離れた手つかずのもう一つの系の運動量を知ることができる。逆に位置を測定すれば、遠く離れた系の位置は、近くの系の量子力学の波動関数から計算できる。

この段階で、二つの選択肢があることになる。あちらの運動量を知るためにこちらの運動量を測定するか、あるいはあちらの位置を知るためにこちらの位置を測定するかということだ。

だが、EPR論文がその名をとどろかせたのは、「実在の要素」を定義した点である（そして、そこに意義がある）。「系にいっさい影響を与えることなく確実に物理量の値を予測できるならば、この物理量に対応する物理的実在の要素が存在する」[※47]。その場合、遠くの「系」の両方の特徴——位置と運動量——は実在の要素と考えるべきではないだろうか？　だとすれば、そうではないと言う量子力学は不完全ではないだろうか？

論文の最後の2段落も、同様に大きな意味をもっていた。「同時の測定あるいは予測が可能な場合に限り、二つ以上の物理量を実在の同時的な要素としてみなすことができると主張するならば、我々の結論にはいたらない」とEPR論文は認めている。「この考え方に立てば、遠く離れた系のP［運動量］とQ［位置］の量は片方あるいはもう片方――ただし、両方同時ではない――のみが予測できるため、両者は同時には実在しないことになる」。アインシュタインらは、これに懐疑的であった。「これではPとQの実在性が最初の系に対してなされた測定の過程に左右されるが、最初の系は二つめの系にいっさい影響を与えることはないのである。このような状況が許される合理的な実在性の定義は考えられない。

このように我々は、波動関数が物理的実在を完全に記述しえないことを示したが、一方でそのような記述が存在するのかという疑問は未解決のままである。しかしながら、そうした理論は可能であると我々は確信するものである」[※48]

この論文を投稿する頃にはポドルスキーはカリフォルニアに向かわなければならない状況にあり[※49]、アインシュタインが投稿前に論文を読んだかどうかは定かでない。1935年5月4日（論文が『フィジカル・レビュー』誌に掲載される11日前）、アインシュタインはニューヨーク・タイムズ紙の土曜版の11面に掲載された記事を読んで驚いた。記事のタイトルは「アインシュタイン、量子論を攻撃する」[※50]で、ポドルスキーが書いたとする100語のコメントつきであった。

だが、一挙一動がニュース記事になるアインシュタインとともに研究する複雑さもあり、真相は歴史の中に埋もれて不明のままだ。いずれにせよ、ポドルスキーはEPR論文を世に送り出すのに関わり、物理学の歴史に多大な貢献をした（大局的に物事を捉えるアインシュタインは、あえて論文として発表しないこともあった。フォン・ノイマンの隠れた変数の不可能性の証明などは、まさにその好例である。1938年頃、アインシュタインが助手のペーター・ベルクマンとヴァレンティン・バーグマンとともにプリンストン高等研究所の研究室に座っていたとき、フォン・ノイマンの証明が話題にのぼった。アインシュタインはフォン・ノイマンの本を手に取って開き、証明の前提となる条件を指摘した。それは、(アインシュタインは知らなかったが)数年前にグレーテ・ヘルマンが初めて指摘したのと同じ前提条件であった。「なぜこれを信じる必要があるかね?」[※51]アインシュタインはそう言って別の話題に移った。アインシュタインはベルクマンとバーグマンに指摘しただけで、二人も彼と同じように忘れたため、このときもフォン・ノイマンの証明の誤りが世間に知られることはなかった)。

ポドルスキーがのちに25年も教鞭をとることになるシンシナティ大学の職に応募した際、アインシュタインは推薦文を書いた。「ポドルスキーはいつも問題の核心を突いています[※52]」

3 ボーアとパウリ

ボーアが提唱する物理学に対するアインシュタインの評価は、イスラム神秘主義スーフィーの7人の盲目の男と象の寓話に似ている。ある暑い日に象の耳がパタパタしているのを感じた最初の男が「象は扇子(せんす)に似ている」と言った。「いやいや、それは全然違う」と2番めの男が言った。象が尻尾でハエを叩くところにぶつかったことのある2番めの男は「象は縄に似ている」と言った。象の力強い脚につまずいた3番めの男は「象は木のようだ」と言った。温かく滑らかな牙に触った4番めの男は槍のようだと言った。象が水浴びしているところに通りかかって鼻から水をかけられ、ずぶ濡れになった5番めの男はホースのようだと言った。6番めの男は、我々はいつも言葉で言い表せないこの動物のことを、ホースだの木だのと「古典的な」言葉で語らなければならないのかと考えこんでいた。このような言葉は「相補的」に用いられるべきで、我々が何を観測しているかにかかっている。つまり、象は扇子かつ縄のようだと同時に感じることはできないが、どちらの言い方も完全な記述には必要なのだ。「一般的に言って、一つの同じ物体を完全に明らかにするには、単一の記述を拒む多様な視点を必要とするかもしれない、という事実を我々は受け入れなければならない」と6番めの男は言った。

7番めの男は象使いで、笑いながら立ち去った。アインシュタインは象使いではなかったが、象使いの笑い声は聞くことができた。彼は言っている。「神は捉えどころがないが、神に悪意はない」[※53]

1935年5月中旬、『フィジカル・レビュー』誌の第47号が1000部印刷され、世界中に運ばれていった。その777ページに、「物理的実在の量子力学的記述は完全とみなすことができるか？」という決定的な問いが投げかけられていた。

ほぼ間をおかずに、この問題に深く関わるボーア、パウリ、シュレーディンガーから三人三様の反応が返ってきた。
　コペンハーゲンのボーア研究所にとって、「この猛攻撃は寝耳に水だった」とボーアの助手レオン・ローゼンフェルトは回想している。ついにアインシュタインは、ボーアの関心を惹くことに成功したのだった。「ボーアに与えた影響はとてつもないものだった。思いもよらなかったタイミングで、新たな懸念が生まれたのだ。私がＥＰＲ論文のことを報告するやいなや、ボーアは他のいっさいを放り投げた。そのような誤った解釈はただちに解決しなければならなかったのだ」[※54]
　ボーアは自信たっぷりにその思考実験（ゲダンケン）を取り上げて、「正しい語り方」[※55]を示そうとした。ところがすぐに迷いが生じ、言葉がうまく見つからず、しわを寄せた眉が目の上に影を落とした。「違う……これではダメだ……もっとはっきりさせなければ」。ボーアは「予想を超えるＥＰＲの議論の巧みさに驚きを強めながら」、繰り返し説明を試みた。
　沈黙が支配し、ボーアが時折、唐突に助手に問いかけた。「これはどういう意味になる可能性がある？　君は理解できるかい？」[※56]
　ボーアはのちのインタビューで、ＥＰＲ論文を聞きつけたディラックも同様の反応を見せたと語っている。「これで一からやり直さなければならない。うまくいかないことをアインシュタインが証明してしまった」[※57]
　夜が更けてもまだ解決せず、ボーアは困惑していた。「仕方がない。この問題は一晩寝てから考えよう」[※58]

一方パウリは、チューリッヒの自宅アパートの中を歩き回りながら、ハイゼンベルクに宛てた手紙にありったけの辛辣な言葉を並べたてていた。「またもやアインシュタインが量子力学に対する考えを公表した。『フィジカル・レビュー』誌の5月15日号の件だ（ちなみにポドルスキーとローゼンが共著者だが、とうていアインシュタインには及ばない）。周知のとおり、アインシュタインが何かを発表するときは、いつでも破壊的影響を及ぼすのだ」

パウリは次のような引用で仰々しく締めくくった。[※59]

そして的を射た結論を下した
あってはならぬことは起こりえない。

これは、ドイツの愛すべきナンセンス詩人クリスチャン・モルゲンシュテルンの「不可能な事実」[※60]の最後の2行である。パームストロームは、詩の最後の一節で自分の死を無視する。

パームストロームじいさん
あてもなくさまよい
歩く方向を間違い
車の多い交差点で

轢かれたとさ
空気のごとく明らかだ
そこは車が許されていない！
そこで彼はこう結論づけた。
自分の不運は幻想だと、
そして的を射た結論を下した
あってはならぬことは起こりえない。

パウリは皮肉たっぷりに続けた。「確かに学び始めて日の浅い学生がこんな風に僕に反論すれば、すこぶる聡明で有望な奴だと認めただろう。世間一般の意見——つまり、アメリカの世論——が混乱するのはいくぶんか危険である。だから『フィジカル・レビュー』誌にコメントを送ってもよいかもしれない。ぜひ君に書いてほしいものだ」[※61]。パウリは些末と思われたこの議論を何ページにもわたって事細かく論じ、ハイゼンベルクに正しい方法で考える心構えをさせようとした。もちろんつまらないことを大騒ぎしているとは思ったが、パウリはハイゼンベルクに次のことをわかってほしかったのである。「僕たちにとって些末な事柄に僕がわざわざ手数をかけるのは、次の冬学期にプリンストン高等研究所に招かれているからという、それだけの理由だ。行くのは大いに楽しみだよ。いずれにせよ、モルゲンシュテルンのモットーを広めたいのだ……[※62]」

「ラウエやアインシュタインといった年配の紳士方は」――二人とも56歳で、パウリとハイゼンベルクは35歳であった――「量子力学は正しいが不完全だという考えに取りつかれている。量子力学の一部である記述を変えることなく、量子力学の一部でない記述によって完全なものになる可能性があると考えるのだ……君ならアインシュタインへの返答として、内容を変えずに量子力学を完全なものにすることは不可能だと、権威をもって示すことができるだろう[※63]」

実際、そのような「不可能な」隠れた変数によって完全なものにするという理論はすでに存在していた。1927年のソルヴェイ会議でド・ブロイが提示したが、耳が痛くなるような沈黙で迎えられただけであった。その考えは、パウリの主張にもかかわらず1952年に独自に復活し（肯定的な反応はさらに少なかったが）、ベルの発見につながっていくことになる。

パウリは続けた。「アインシュタインとはまったく別に、量子力学の体系的基礎を与えるうえで、今まで（たとえばディラック）以上に系の構成や分離から考え始めるべきなのではないかと僕は思う。アインシュタインが正しく感じていたように、これはきわめて基本的な点なのだ[※64]」

『フィジカル・レビュー』誌は、オックスフォードのシュレーディンガーの元にも届いた。彼は、ナチスが支配する世界から逃れてオックスフォード大学に閉じこもっていた（男性ばかりの教授が集う夕食会は少々窮屈に感じていたが[※65]）。ボーアが驚いたように、シュレーディンガーにとってもEPR論文は降ってわいたような議論であった。だが、その稲妻はシュレーディンガーにはインスピレーションとなった。彼はアインシュタインに手紙を書いた。「あなたが『フィジカル・レビュー』誌に発表されたばかりの論文ですが、私たちが昔ベルリンで大いに議論しあった内容を用いて、凝り固まった量子力学の尻尾を確かに捕まえることができたことを非常に嬉しく思います」[※66]。シュレーディンガーはその状態を数学的に分析し始めた。ボーアとは違ってシュレーディンガーは2ヵ月後にはもう問題を絞り込み、それを「もつれ」と名づけたのである[※67]。

コペンハーゲンでは翌朝、ボーアが有頂天のようすでドアを開けて入ってきた。大げさに手を動かしながら「ポドルスキー！」と言った。「オポドルスキー！　イオポドルスキー！　シオポドルスキー！　アシオポドルスキー！　バシオポドロスキー！」[※68]

ローゼンフェルトはぎょっとしたが無理もなかった。

ボーアの顔は輝き、満面の笑みが浮かんでいた。「ホルベアの劇作品の一節さ。召使いが出てきて訳のわからないことを言う場面だよ」（ルズヴィ・ホルベアは18世紀前半のコペンハーゲンで活躍した詩人、思想家、多作な劇作家で、デンマーク文学の礎（いしずえ）を築いた）

ローゼンフェルトはまだ面食らっていたが、ボーアは元気いっぱいだった。「さて……論文を書こうか」

「論文……？」とローゼンフェルトはオウム返しに訊ねた。

「アインシュタインとポドルスキーとローゼンに対する我々の回答だよ」

ローゼンフェルトはしきりに頷いた。「ああ、もちろんそうです、そうです」

「アインシュタインらの議論の流れは、我々が原子物理学で直面している実際の状況に十分に合致しているようには思えない」[※69]

ローゼンフェルトは素早く頷きながら、勢い込んで答えを待った。彼もまたボーアに負けず劣らず深く考えていたのだ。

「彼らの言う物理的実在の基準は、量子現象にあてはめた場合に本質的なあいまいさが残るということを示そう」[※70]とボーアは言った。「そこで、この機会に一般的な視点についていくらか詳細に説明できれば嬉しい」[※71]。そう言う彼の顔は実に嬉しそうで、ローゼンフェルトに向かって笑った。「その視点について、私は便宜上『相補性』と名づけ、過去にことあるごとに示してきた……相補性の視点に立ってその範囲のなかで見れば、量子力学は物理現象を完全に合理的に記述できるものとして立ち現れるだろう」

「相補性はこうした問題に対するアインシュタイン自身のやり方と似ているのに、彼がそれを理解しようとしないのは腑に落ちませんね」そう言ってローゼンフェルトは考え込んだ。

「まったくだ」とボーアが続ける。「私はおそらく、論文の最後でその点を強調したいと思っている。この自然哲学の新たな特徴である相補性は、物理的実在に対する我々の態度に急激な修正を迫るものだ。よく言われているように、一般相対性理論がそれまでの考えを根本的に変えたのときわめて似通っている」[※72]――ボーアはおどけて、ローゼンフェルトにしかつめらしく頷いてみせた――

「ひとたびそのような態度の修正ができれば、すべてがうまく収まるのだ」

ローゼンフェルトはほっとして笑った。「この件について、今朝は穏やかな見方ができているようですね[※73]」

「それが問題を理解し始めている証拠なんだ[※74]」ボーアは頷いた。「粒子が隔壁のスリットを通過するという単純な例を考えたときに、突然何もかもが明らかになった」そう言ってボーアは歩き始めた。「したがってそこから始めよう[※75]」。ローゼンフェルトは鉛筆と紙を取り出した。「粒子の運動量がはっきりしている場合でも――」と言いかけてボーアは立ち止まり、説明した。「私がこの単純でよく知られた考察を繰り返すのは、該当する現象において我々が不完全な記述を扱っていないことを強調するためである……」。一呼吸おいて文章を続けた。「我々は、他の要素をないがしろにして、恣意的に物理的実在性のさまざまな要素を選び出すことを特徴とする不完全な記述を扱っているのではない――そうではなく、本質的に異なる実験計画と手順の間の合理的な区別を扱っているのだ[※76]。理論を形式的に提示するためにどれほど有益であっても、量子力学を普通の統計力学になぞらえることはいかなるものも本質的に意味がない[※77]」

ローゼンフェルトは書き取りながら顔を上げた。「無知ということではありません。実際、それ以上知ることは不可能なのです」

「その通り。それも入れよう。まさしく」――ボーアはまた歩き始めた――「それぞれの実験計画において、我々が特定の物理量の値を知らないいだけでなく……」。足どりはしだいに重くなり、それからまた前へ進んだ。「量子力学に固有な現象の研究に適したそれぞれの実験計画において、我々が特定の物理量の値を知らないだけでなく、こうした量を明確に定義することさえできないのだ。[※78]

単純な事例と同様、アインシュタイン、ポドルスキー、ローゼンが取り上げた特殊な問題においても、我々は相補的な古典的概念を用いることが許されるようなさまざまな実験手順の区別を重視しているにすぎない——ここは下線を引くところだ、ローゼンフェルト。我々は相補的な古典的概念を明確なかたちで用いることが許されるようなさまざまな実験手順間の区別を重視している」。[※79]

ローゼンフェルトは頷き、下線を引いた。ボーアは立ち止まって彼のほうを向いた。

「これを理解できたときに、私がどれほどほっとしたかわかるかい……昨夜はほとんど絶望的な気分だったよ」。満面の笑みが浮かんでいた。「けれども今は！」そう言うとまた歩き出し、書き取りをさせた。

「アインシュタイン、ポドルスキー、ローゼンが提唱した物理的実在の上記基準の文言で、『系にいっさい影響を与えることなく』という表現にあいまいさが残ることがわかった。もちろん今見たような例では、観測の重要な最終段階において、検討する系に力学的な影響が及ぶことに疑いはない」（一方の観測がもう一方の観測に物理的な影響を与えるという詳細な力学的な描画とは、ここでお別れである。前進なのか後退なのかはわからないが、ボーアはさらに高度な抽象化を行った）。

「だが、この段階でもいかなる予測が可能かを定義する諸条件そのものに対する影響力という問題が本質的に存在する――」

ローゼンフェルトはできるだけ速く筆記していた。「最後の文章をもう一度お願いします」と顔を上げずに言った。

ボーアは繰り返した。「系の将来のふるまいに関して、いかなる予測が可能かを定義する諸条件そのものに対する影響力――ここも下線を引くべきだろうな――という問題が本質的に存在する。『物理的実在』であると正しく言えるようなあらゆる現象の記述は、こうした諸条件を本来的な要素としている。そのため、上記の著者らの議論が、量子力学的な記述は本質的に不完全であるとする結論を正当化していないとわかる」[※80]。ボーアは踵(きびす)を返した。

アインシュタイン、ポドルスキー、ローゼンの三人は無論、こうした回答が返ってくることは予想しており(「同時の観測あるいは予測が可能な場合に限り、二つ以上の物理量を実在の同時的な要素としてみなすことができると主張するならば、我々の結論にはいたらない」)、1930年以降にアインシュタインが述べているように、このために片方の実在がもう片方の観測に左右されるようになったと繰り返した。だが、ボーアにはもっと大きな狙いがあった。アインシュタインを相補性という考えに引き入れたかったのだ。

ボーアはさらに説明を続けた。「事実、二つの実験手順が互いに排除しあうことによってしか、新たな物理法則が生まれる余地はないのであり、初めのうちはその二つが共存することが科学の基本原理と相容れないように思われる。相補性という考えが明らかにしようとしているのは、まさにこのまったく新しい状況なのだ」[※81]。ボーアは一瞬黙り込み、それから続けた。「我々はそれぞれの実験計画において、観測装置として扱うべき物理的系の部分と、研究対象の物体を構成する物理的系の部分とを区別する必要性を認めている」[※82]。そこで立ち止まった。「便宜上の選択であるのは確かである……」[※83]。ボーアはまた歩き始めた。「しかし、それは根本的に重要なものだ。なぜなら我々は、古典的概念を用いて量子力学のあらゆる観測を解釈しなければならないからだ」[※84]

「それには、ハイゼンベルクの言う切り口（シュニット）が必ず関わっています」とローゼンフェルトは顔を上げて言った。切り口は、観測される量子と古典的な観測装置を分ける可動性（30年後、ジョン・ベルはこれを「素早い動き」とよんだ）の裂け目のことで、突き詰めれば量子力学的にふるまう原子で構成されている。

ボーアは頷いた。「粒子と観測装置の間の反応を詳細に分析することは不可能だ。ここで我々は、古典物理学にまったくなじみのない『分離不可能性』という特徴を扱わなければならない」[※85]。ボーアがもつれという考えに最も近づいたのは、おそらくこの瞬間であっただろう——観測の複雑な相互作用をこれ以上分析するのはやめにしようという提案であった。

「量子の存在そのもののために、因果律という古典的な理想を最終的に放棄せざるを得ない。そして物理的実在の問題に対する我々の態度を根本的に変える必要に迫られるのだ」[※86]。ボーアはふたたび歩みを止め、満足そうな表情を浮かべた。「ここまでが私が考え抜いたことだが、正しい道だと信じている」

この議論に本当についていける者がいるのかどうかは疑問だったが、ローゼンフェルトは畏敬の念に打たれていた。「アインシュタインたちの議論は崩れ去るでしょう――見せかけは立派であっても[※87]」

「彼らはうまく立ち回ったが、重要なのは正しく議論することだ[※88]」とボーアも同調した。

ローゼンフェルトは考え込んだ。「私の理解が正しければ、これは彼らが実在性について自分たちの先入観にとらわれるあまり、あなたがいつも強く説いているように、自然そのものの教えに謙虚に耳を傾けなかったという例ですね[※89]」

ボーアはまた歩き出した。「うーん。そうだな。言いすぎはよくない。我々がほんとうにこの問題を解決したか確かめておく必要がある。アインシュタインたちの議論に戻ってじっくり検討しようか。この現象を記述するのに、時間の概念がどのような役割を果たしているのか解き明かしたいのだ……[※90]」

4 シュレーディンガーとアインシュタイン

6月17日、アインシュタインはボーアの視点についてシュレーディンガーに手紙を書いていた。このときアインシュタインは、まだシュレーディンガーからの手紙は受け取っておらず、次のように書いた。「現実の事象に対して、時空の設定を否定するのは理想主義的、精神主義的ですらあると私は考えています。認識論にまみれた熱狂は冷めなければなりません」。アインシュタインは、こうしたことすべてに対してシュレーディンガーがどういう立場を取っているか明確に把握してはいなかった。「しかし、あなたならきっと私に微笑んで、最終的には多くの若い娼婦たちは年老いて祈りを捧げる修道女となり、多くの若き革命家も年齢を重ねた反動主義者となると考えてくださるでしょう」[※91]

翌日、シュレーディンガーからの手紙が届いた。アインシュタインは礼を述べ、論文は自ら書いたものではないこと、「当初望んでいたような仕上がりにはならず、むしろ本質的な部分が、言ってみれば形式主義に抑え込まれてしまった」[※92]と弁解した。たとえば、同時に測定できない観測可能量――ボーアの好むテーマである――が関わっていようといまいと「私にとっては『ソーセージ』[※93]一本の価値もない」のだと。

つまるところ、シュレーディンガー方程式と実在性の関係に問題は行きつくのだ。ある事象における数学的記述と、事象それ自体とはどのような関係にあるのか？　シュレーディンガーの波動関数Ψ（プサイ）は、粒子が置かれた実際の状態をどのように反映しているのだろうか？　実在性、すなわち粒子の実際のありようは、このような議論の中で「状態」あるいは「状況」という言葉で言い表される。波動関数Ψは、何らかの形で現実の状況を表していなければならない。だが、そのような実在とのつながりによって何を意味しているのか、実在性や状態という言葉で何を意味しているのかを明確に述べることは困難であった。

シュレーディンガーへの手紙の中で、アインシュタインは例によって言葉で説明しづらいことをたとえ話で明確に伝えている。ＥＰＲ論文であいまいにされていた論点をはっきりさせたかったからである。「目の前に二つの箱があります。箱にはふたがついていて、開いているときは中を覗けます。このように見ることを『観測する』と言います。さらに、ボールが一つあり、観測がなされる二つの箱のどちらかに入っています。さて、私はこの状況を次のように説明します。ボールが一つめの箱に入っている確率は半分です」（シュレーディンガー方程式が教えてくれることはこれだけです）。「これは完全な記述でしょうか？」とアインシュタインは問いかけ、二つの答えを提示した。

「ノー。完全な記述は、ボールは一つめの箱にある（またはない）……」

「イエス。箱を開ける前には、ボールは二つのうちのどちらか一つにはない。確定した箱の中の存在は、ふたを開けて初めて生じる……」[※94]

「当然ながら『精神主義的』、言い換えればシュレーディンガー的な二つめの解釈はバカげています」とアインシュタインは巧みに続けた。「一般の人なら、最初のいわばボルン的な解釈だけを真剣に受け止めるはずです[※95]」。ボルンなら、アインシュタインがこの説明のなかで都合のよいところだけ使っているように見える解釈を、自分のものではないと言うかもしれない。だが、ボーアなら名前を挙げられなくとも以下は自分のことだと気づいたはずである。「けれども難解なタルムードの教えを奉じる哲学者は、無知なお化けをよぶように『実在』をよんで、振り向かせようとするの

です。そしてこの二つの考えは、表現方法が異なるにすぎないと宣言するのです……。[※96]

補足的な原理、つまり分離原理を用いなければタルムード派を批判できません」[※97]とアインシュタインは説明した。「二つめの箱の中身は、一つめの箱に起こることとは無関係です。もし分離原理を固持すれば、ボルンの解釈による記述だけが可能となりますが、こんどは不完全になるのです」[※98]

EPR問題をめぐって大量の手紙が行き交った。アインシュタインからシュレーディンガー、シュレーディンガーからパウリ、パウリからハイゼンベルク、ハイゼンベルクからボーアといった具合である。夏の間じゅう次から次へと手紙が書かれ、同じ日に三人が手紙を書いたこともあった。[※99]

シュレーディンガーはパウリに宛てた手紙の中で、EPRについて次のように書いている。「あなたがアインシュタインの例――今後はそうよびましょう――には考えさせるものが何もなく、至極単純明快でわかりきっていると本当にお思いなのかを知りたいのです（私がそれについて訊ねると、相手は当初、みなそう答えました。聖地コペンハーゲンの教義をよく学んでいるからです。とところが三日もすると、多くが次のように言います。『先日私が言ったのはもちろん間違いで、もっとずっと込み入った話でした』と……[※100]しかし、私はなぜすべてが単純明快なのか、まだはっきりと説明してもらっていないのです……）。

親愛なる友へ　心よりお礼申し上げます。旧友シュレーディンガーより」[※101]

シュレーディンガーは「状態」という言葉があいまいに使われているとパウリに不満をもらしていた（「誰もが使い、聖人ディラックでさえ用いる言葉ですが、それで中身が増えるわけではありません」と書いた)。[※102] パウリはすぐさま返信を寄越した。

「私の考えでは、まったく問題はありません」パウリはEPRについてこう述べた。「それにアインシュタインの例がなかったとしても、こうした状況がわかっていました」。[※103] のちに書いたように、パウリは「観測者は確認できない効果により新たな状況を生み出す」[※104] と考えていた(そして、この観測者によって作られた状況が量子の「状態」である。観測者は観測することで実在を作り出す)。パウリによれば、「観測」の過程は言いようのない、形容しがたく法則性のない事象であり、その結果は「いかなる原因もない究極的な事実のようなもの」でなければならない。[※105] だが、観測を分析不可能な神の地位に就かせ、無から世界を創造することは、アインシュタインやシュレーディンガーには有益と思えない考え方だったのである。

シュレーディンガーはアインシュタインに手紙を書いた。「6月17日と19日付のあなたからの2通の手紙を拝読し、嬉しさでいっぱいになりました。一通はとても個人的なことについて、もう一通はきわめて一般的なことについて事細かに論じてあり、本当に感謝しています。ですが『フィジカル・レビュー』誌の論文を何よりも嬉しく思います。金魚の池に混じったキタカワカマスのように大暴れして、誰もがすっかり動揺しているのですから……。

今私は、あなたの手紙を持ち歩いて関係者に見せ、賢明な人を次々と挑発して楽しんでいます。ロンドン、テラー、ボルン、パウリ、シラード、ワイルらに見せましたが、今のところ最もよい反応が返ってきたのはパウリです。彼は少なくとも、Ψ関数の『状態』という言葉がすこぶる評判の悪い使われ方をしていると認めています」。波動関数が粒子の実在の状態を表していると無批判に言えば、多くの謎をあいまいなままにしてしまう。それが何を意味するのか、まったく明らかでないからだ。

シュレーディンガーは続けた。「今のところ、活字になった回答で気の利いたものはありません……まるで誰かが（オックスフォードに亡命しているオーストリア人のシュレーディンガーは、最もなじみがなく遠く離れた場所を考えた）『シカゴの寒さは厳しい』と言うと、別の誰かが『それは間違いだ、フロリダではかなり暑い』と答えるようなものです……」

「この問題の正統派的学説を理解することすら非常に困難であったので、私は長々とした論文で現在の解釈の状況について、今一度最初から分析を試みました。私は何を出版するのか、そもそも出版するかどうかもわかりませんが、私にはいつもこうするのが問題を本当に理解する最善の方法なのです。それに、現時点で基礎となる部分で非常に奇妙に感じられる点がいくつかあるのです[※106]」

シュレーディンガーはまず、古典的な用語だけで語るという考えについて、「新理論の最も重要な記述を『スペインの長靴』にきっちり押し込むには大変な苦労をするしかない[※107]」と感じていた（スペインの長靴とは、足をぐるりと板で覆って締め上げる拷問具で、内側に釘がついているものとそうでないものがある）。第二に、アインシュタインは遠隔作用について、波のように何キロメートルも広がっていたものが、観測されるとたちまち粒子状態になるときに起こると説明していた。シュレーディンガーもこの遠隔作用に関心をもち続けていた。第三に、彼が頭を悩ませたのは、自分たちが「これらの観測が唯一実在するもので、それを超えるものは何であれ形而上学であるという賢明かつ哲学的な表現で規定されている」ように感じていたことであった。「したがって、モデルに関する我々の主張がとんでもないとしても悩まなくてよいのです[108]」

アインシュタインは返信で次のように記した。「私が本当に折り合いをつけたいと思うのは、あなた一人です。他の人たちはほぼ全員といってよいほど事実から理論を見ようとせず、理論から事実を見ようとするのです[109]。既成概念にからめとられ、滑稽にもその中であがいているだけなのです[110]」

そしてアインシュタインは、自身が「パラドックス」とよぶ問題の解を説明した[111]。その問題とは、シュレーディンガーの波動関数Ψは個々のものについてまったく記述しておらず、統計学的集団を記述しているにすぎないということだった。「ですが、あなたはその内なる困難の理由はまったく異なる何かだと考えています。Ψの中に実在性の表象を見出し、一般的な力学の概念」——つまり、波と考えると大きな意味をもたない「位置」や「運動量」といった概念——「とのつながりを変える、あるいはそれをきっぱりあきらめようとしています。こうしなければ理論がしっかり自立しないからです[112]。この視点には確かに一貫性がありますが、すでに感じている困難を避けられないと思います。大まかですが、巨視的な例を挙げてこのことを示しましょう[113]」

アインシュタインは火薬の装塡を例にとって説明した。この火薬は「内部の力によって自然に発火する可能性があり」、およそ1年以内にそれが起こる。「理屈から言って、量子力学的にはわけなく表現できます……ところが、あなたの方程式を使えば1年後には……Ψ関数［波動関数］は、まだ爆発していない系とすでに爆発した系が混在した状態を示しているのです[※114]」

この「混在」という現象は「波の重ね合わせ」として、波を研究する者の間ではつとに知られていた。音、水、光の波など、古典的な重ね合わせの例は数多い。4人の声をそれぞれ重ね合わせて一つの調和波をつくる男声四重唱などもそうである。二つの波を重ね合わせると一つの波になる（あるいは二つの波が正反対であれば打ち消しあって波はなくなる）。

この重ね合わせという概念は、対象を波ではなく粒子、特に量子世界の粒子と考えると奇妙な事態になる。たとえば電子は通常、二つの異なる位置が重ね合わさっており、まるで同時に二つの場所にあるかのようにふるまう。しかしこの概念を火薬の例にあてはめると、なんとも滑稽な話になる。「［爆発と同時に休止している火薬を表す］このΨ関数が実在の状態を十分に記述していると解釈する術はないのですから、現実には、爆発している状態と爆発していない状態の中間がないというだけのことです[※115]」とアインシュタインは述べた。

シュレーディンガーは、まず波動関数のアインシュタイン流の解釈に回答した。遠慮がちながらも正しく、のちにジョン・ベルが証明するように、波動方程式は原子の集団を平均値で記述しているにすぎないという主張で「二律背反あるいはパラドックス」を解決しようとしても、「うまくいきません」と説明した。シュレーディンガーは明るく、冗談めかしてアインシュタインの言葉を借りて返した。このように波動関数を解釈すれば「一般的な力学の概念とのつながりを変える[※116]」でしょうと。ただし今回は、シュレーディンガーが5日前に定義したばかりの概念が使われた。1935年8月14日、彼はケンブリッジ哲学協会（科学振興を目的に1819年に設立された）に論文を投稿していたのである。

彼が「分離した系同士の確率関係をめぐる考察」[※117]とよんだ論文で、シュレーディンガーは二つの原子が相互に作用してから離れるEPR相関について英語で説明している。それまでのあらゆる議論を受けて、彼は状態や波動関数という言葉をなるべく避け、代わりに量子力学の数学的形式において こうした原子の「表すもの」について語った。この数学的形式に関するかぎり、二つの原子はどれほど遠くに離れていても、相互に作用した後では個々の存在でなくなる。「これは量子力学の一つの特徴というよりも、むしろ唯一の特徴であると思われる」とシュレーディンガーは述べ、それが「古典的な思考の流れからの完全な決別を後押しする。相互作用によって二つの原子の表すものはもつれるのである」[※118]。こうして、「もつれ」という言葉と概念が物理学に登場したのである。

1935年8月、忌わしいナチスの手がアーノルト・ベルリナーの身辺にまで及んだ。『ディ・ナトゥールヴィッセンシャフテン』誌の創立者であり、自ら編集者でもあったユダヤ人のベルリナーは、シュレーディンガーにEPRパラドックスについて議論してほしいと執筆を依頼していた。シュレーディンガーのその問題に対する「一般的信仰告白」[※119]――量子力学の奇妙さを探究した大作であった――は、（シュレーディンガーが8月19日にアインシュタインに伝えたところによれば）

まだベルリナーの机の上に置いてあったが、「24時間前に彼は編集者でなくなっていた」[※120]。ベルリナーが常々思いやりに満ちた賢明な人物で、物理学者のコミュニティ全体（とりわけ彼は、生活の安定しなかった若き日のマックス・ボルンを励まし[※121]、彼のために尽力した）によく知られていただけに、この理不尽な不正義による追放はいっそう人々に衝撃を与えた。シュレーディンガーはベルリナーを擁護し、ナチスの仕打ちに抗議して論文を撤回しようとした。

自分の身よりも雑誌のことを気にかけていたベルリナーは、それでも『ディ・ナトゥールヴィッセンシャフテン』誌に論文を発表してほしいとシュレーディンガーに頼んだ。こうして、1935年の最後の3ヵ月に三部作として発表されることとなった。一方アインシュタインは、ベルリナーをドイツから救い出す手立てを探していた。しかし、ベルリナーは戦時中も自分のアパートで過ごし、ナチに命じられたダヴィデの星（ユダヤ人が着用を命じられた黄色いバッジ）をできるだけ着けずにすむよう、外出を極力控えた。唯一の楽しみはフォン・ラウエの訪問で、二人は毎週数時間、オーギュスト・ロダンが制作したベルリナーの友人マーラーの胸像のかたわらに座って語らいながら、心地よい文化的な世界に浸ることができた。

だが1942年3月、月末までにアパートを退去するようナチスに命じられるにいたり、彼は望みを捨て、重大な決意を固めた。フォン・ラウエはていねいな言葉で書かれた手紙を受け取った。ベルリナーが肘掛け椅子に座り、「眠りにつく」[※122]ようすが遠回しに書かれていた。ベルリナーが何よりも気にかけていた『ディ・ナトゥールヴィッセンシャフテン』誌は、彼の死に触れもしなかった。ナチスは、自ら死を選んだ年老いたユダヤ人に葬儀を認めず、埋葬の際も故人に敬意を表すことを禁じた。それでも友人の棺が地中に降ろされたとき、フォン・ラウエはその命令を無視して墓のそばに立った。

ベルリナーが投稿を強く求めたシュレーディンガーの論文は、（1926年の波動方程式の発表以降）おそらくシュレーディンガーの人生で最も重要な一編となり、間違いなく最も読者を楽しませ、最終的に最も有名なものとなった。特筆すべきは、ドイツ語でVerschränkung[※123]とよばれる「もつれ」の概念を導入したことだった（この言葉は、半年前に導入した英語の単語entanglementとはいささか異なっており、ボーアなら両者は相補的な意味をもつと言ったかもしれない。英語のentanglementは口語的な言葉で混乱というニュアンスがあるが、ドイツ語のほうは秩序を感じさせる。ドイツ人なら胸の前で腕組みをして、Verschränkungという言葉を定義するだろう。「交差すること」だと）。

シュレーディンガーは、物理学で最も有名となる思考実験の着想へと近づきつつあった。アインシュタインとの往復書簡の内容を持ち出しながら、シュレーディンガーはボルンの、波動関数は確率を並べたものであるとする解釈について論じた。「(波動関数によって）記述されていることの最も重要な部分を、わずかな苦労だけで確率的な予測という『スペインの長靴』に押し込んで、あれやこれやの古典的観測の結果を見出すことができると思われているのではないでしょうか?[※124]」。波動関数自体は何らかのリストを示すものではない。むしろ、すべてのいわゆるオプションが、同時に起きるかのように足し合わされている。この重ね合わせが波の特徴であるが、ある種の観測が行われると、重なり合っていた量子力学的波動関数は文字通りの正確さを失う。そのとき波動関数は、サイコロを振る神の(非常にうまくいくが説明のつかない)オッズ表示板として解釈されるようになる。

だがこの解釈——そして魔法のような「波動関数の収縮」——の助けがなければ、シュレーディンガー方程式は外部世界とのいっさいのつながりを失う。彼は、アインシュタインが提起した爆発する火薬と箱の中のボールの問題について考えていた。

「かなりふざけた問題も考えられます」とシュレーディンガーは述べ、「無慈悲な装置を備えた鋼の箱に閉じ込められた猫（猫が装置に直接影響を及ぼさないようにする）」[※125]を例に挙げた。この装置には毒入りの小瓶が仕掛けてあり、ハンマーで叩き壊されるようになっている。一つの放射性元素が崩壊するとハンマーが作動するしくみである。もし元素が崩壊すれば、小瓶は砕け、猫は毒を吸い込む。崩壊しなければ猫は無事だ。放射性元素はごく少量しかないため、「1時間のうちにおそらくそのうちの一つが崩壊しますが、同じ確率でただの一つも崩壊しないかもしれません……。

この装置をそのまま1時間放置したとしましょう。元素がその時間内に崩壊しなければ、猫はまだ生きていると考えられるでしょう。でも元素が一つでも崩壊すれば猫を毒殺してしまう。生きている猫と死んでいる猫を混ぜる、あるいはぐちゃぐちゃにする（このような表現をお許しください）ことで、この装置のΨ関数は状況を記述できるのです」[※126]。この背理法——生と死を同時に重ね合わせた猫——を用いてシュレーディンガーは、整合性を保つために観測を必要とする理論が抱える絶望的な状況を示したのである。

シュレーディンガーは自信を深めていた。実のところ量子論は、それを考え出したどの物理学者が考えるよりも彼にとって魅力的だったのだ。論文執筆中の10月、シュレーディンガーはボーアに手紙を書き、彼が「アインシュタインのパラドックスを避けて」いるとからかった。「……観測を古典的に解釈しなければならないと繰り返し主張するからには、あなたにはよほどの理由がおありなのでしょう……確たる信念をおもちのはずです——しかし、その信念が何を根拠にされているのか、私には理解できないのです」シュレーディンガーはこう付け加えた。「またぜひお会いしてお話しできればと思いますが、観光旅行をするには今は少し時期が悪いようです」[※127]

同じ頃、ハイゼンベルクは自分の殻に閉じこもり、母親に宛てた手紙を書いていた。「僕は科学という小さな分野で、将来重要となる価値観を少しでも見ることができたらきっと満足するでしょう。それがひどい混乱の中で唯一はっきりと僕がやるべきことなのです。外の世界は本当に醜いですが、仕事は美しいのです」[※128]

シュレーディンガーが「一般的信仰告白」とよんだ三部作の最後（現在は「シュレーディンガーの猫」の論文として知られる）が発表されたのは、1935年のクリスマスを間近に控えた時期だった。翌1936年の初頭に、この問題についてボーアと話し合う機会があったとシュレーディンガーはアインシュタイン宛ての手紙で書いている。「先日ロンドンで、ニールス・ボーアと数時間をともに過ごしました。ボーアは、ラウエや私、それにとりわけあなたのような人が、既知の矛盾した状態を持ち出して量子力学に一撃を加えようとするのは『おぞましく』、『反逆』に等しい、矛盾した状態は必然的に物事のなりゆきに含まれており、それは実験で裏づけられていると、彼らしく思いやりのある、礼儀正しい話し方で繰り返しました。まるで我々が、自然に対して『実在性』という先入観を押しつけていると言わんばかりでした。ボーアはたぐい稀な知性の持ち主らしく、心から確信して語っています。ですから、相手が心を動かされないのは難しいでしょう。

ボーアやハイゼンベルクが、このように友好的な態度で誰かの意見を自分たちの視点に変えさせようとするのはよいことだと思いました……すべてうまく収まっていることをボーアが私に納得させてくれれば嬉しいし、私ももっと穏やかな気分でいられるのに、とボーアに伝えました[※129]」

1935年は、量子論の意味をめぐる争いが頂点に達した年でもあり、休戦がなされた年でもあった。量子論の根源について、公の場で小競り合いを繰り広げることはなくなった。その後の数年間、アインシュタイン、シュレーディンガー、フォン・ラウエは、懐疑的な立場を邪魔されずにおおむね穏やかに過ごしたのである。

「神の持ち札を見ることは難しいようだ」1942年になって、アインシュタインはこう語っている。「けれども私は一瞬たりとも、神がサイコロを振り『テレパシー』を使っている（現在の量子力学はそうだと言うが）と信じたことはない[※130]」

数年後、シュレーディンガーはアインシュタインに次のように書き送っている。「神は、私が確率解釈を支持していないことをご存じです。我々の親友マックス・ボルンが確率解釈を提唱したときから私は毛嫌いしていました。これを使えば、理論上は何もかもがどれほど単純化されるかわかったからです——すべてが解決し、真の問題は隠されてしまう。誰もがこの陣営に与(くみ)しないではいられません。半年も経たずに確率が公式の信条となり、それは今も変わらないのです[※131]」

第二次世界大戦が終わるとアインシュタインは、シュレーディンガーに宛てて次のように書いた。「ラウエを除けば、あなたは同世代でただ一人、実在性という前提を避けて通れないと理解している物理学者です——誠実に考えていれば避けられないはずです。物理学者の多くは実在性とどんな危ないゲームをしているか、わかっていないだけなのです。実在性は実験で立証されたこととは無関係であるかのように考えているのです。ところが彼らの解釈は、あなたの放射性元素＋増幅器＋火薬装塡＋箱の中の猫という系によっていとも見事に否定されました。その系のΨ関数は生きている猫と吹き飛ばされた猫を含みます。その猫が生きているのかいないのかは観測行為とは独立していることを、誰も本気で疑ったりはしないでしょう[※132]」

シュレーディンガーも同じ意見であった。「まともな人間なら、カエサルがルビコン川でサイコロを投げていれば5の目が出ただろうかなどと推測しません」（カエサルは自分の支配するガリアとイタリアとの境界であるルビコン川を渡る際、川を渡れば戦争になると知りながら「賽は投げられた！(アーレア・ヤクタ・エスト)」という有名な言葉を残した）。「ですが量子力学の研究者は、まるで確率論的

な記述が実在性のあいまいな事象にのみあてはまるかのように語ることがあるのです」[※133]

　ボーアも関心をもち続けていた。１９４８年のある日、アインシュタインの同僚で物理学者のアブラハム・パイスがプリンストン高等研究所の招聘教授用の研究室に入っていった。広い部屋を好まなかったアインシュタインはその部屋を喜んでボーアに譲り、自分はその脇にある助手用の小部屋を使っていた。ボーアは机の前に座って両手で頭を抱えていた。「パイス、ねえパイス、私は自分が嫌になる」。そしてまた、両手で頭を抱えた。「私は自分が嫌になる」[※134]。ボーアはアインシュタインと量子力学について話し合っていたというのだ。「どうしてアインシュタインを納得させられないのかわからないんだ」

　パイスにもわからなかった。のちに「アインシュタインはかくも賢明で、同時に理解できないほどゆるぎない信念を抱いていた。一方ボーアは、『アインシュタインは偉大な人物で彼のことは好きだが、量子力学に関しては頭がどうかしている。好きにさせよう』と言ってもおかしくはなかった」[※135]とパイスは述べている。

　パイスはアインシュタインについての話をするためにボーアの部屋を訪ねたのだった。ボーアは、アインシュタインの70歳の誕生日を記念する賛辞を書いていた。そこで10年にわたる二人の有名な論争を総括するつもりで、パイスはそれを筆記する予定だった。

　ボーアは大きく息を吸って立ち上がり、パイスに「どうぞかけて」と言って微笑んだ。「私にはいつも、座標系の原点が必要なんだ」[※136]

パイスは腰を下ろし、ペンと紙を取り出した。

ボーアは口述を始めた。「本稿の主題であるアインシュタイン氏との議論は長年にわたり続いてきました――その間に、原子物理学分野には大きな進歩が見られました。ときにあまり時間がなく――何度か会ったとき――我々が会ったとき……」ボーアは考え込み、声が小さくなった。座標軸の中心にいるパイスが「偏心楕円」とよんだ軌道を描きつつ、ボーアは机のまわりを歩き、「我々が会ったとき――」と何度か繰り返した。

ボーアは立ち止まって向きを変えた。文章が浮かんだのだ。「会うのは短時間のときもあれば長時間のときもありましたが、いつでも感銘を受けました――私は深い感銘を受けました」

パイスは急いで筆記していた。

「……そしてそのあいだじゅう、議論中の問題とかけ離れた話題に移ったときも、言ってみればいつでも私はアインシュタインと議論していたのです[※137]」

パイスは感動してボーアを見上げた。ぐるぐる歩き回るうちに、彼の声は小さくなった。「いつでもアインシュタインと議論していたのです……私はアインシュタインと議論していたのです……」。後ろで手を組んだまま、歩みは次第に遅くなり、「アインシュタイン……アインシュタイン……」とつぶやいた。とうとう立ち止まって窓の外を見たが、彼の目は何もとらえていなかった。

ボーアの後ろで助手室のドアが音もなく開き、なんと当のアインシュタインが忍び足で部屋に入ってきた。「いたずらっぽい笑み」を浮かべ、パイスに黙っているよう身振りで伝えた。「どうしていいかわかりませんでした」後年、パイスはこう回想している。「特にそのとき、アインシュタインが何をしようとしているのか見当もつきませんでしたから」[※138]。アインシュタインは音もたてずにボーアの煙草の入った壺のふたを開け、自分のパイプに詰めだした。

そのとき、ボーアの頭に考えが浮かび、くるりと体の向きを変えた。「アインシュタインは——」と言いかけて、ショックのあまり体が固まった。「二人は顔を突き合わせ、まるでボーアがどこからかアインシュタインを呼び出したようでした。ボーアがしばらく口もきけなかったと言っても、まだ控えめな表現でしょう」[※139]とパイスは語っている。

「申し訳ない、ボーア」とアインシュタインが言い、ボーアは吹き出した。「でもほら、医者が煙草を買うなと言うものだから……」[※140]

1960年10月（シュレーディンガーが死去する前年で、アインシュタインの死去から5年が経っていた）、ウィーンに戻っていたシュレーディンガーは、同じくドイツに戻っていたマックス・ボルンに手紙を書いた。「君は僕が、どれほど君を大切に思っているか知っているでしょう。何があってもそれは変わりません。

ですが、僕は一度、君の頭の中のものを完全に洗い流す必要があります。よく聞いてください。コペンハーゲン解釈はほぼ普遍的に受け入れられていると、図々しい主張を繰り返し、言われたことを鵜呑みにするしかない素人の聴衆の前でさえ平気で断言してみせるなど、とうてい賛成できるものではありません……。

歴史が下す判決に不安を感じないのですか？　いずれ君ひとりの愚かな考えの前に、人類がひれ伏すと確信しきっているのでしょうか？[※141]」

二人が長く充実した人生を送る中で、ボルンは多分に彼の引き立て役を務めてきた。シュレーディンガーの訃報に接し、ボルンは胸を打つ追悼文を書いている。「彼の私生活は我々のようなブルジョワには奇妙に映るかもしれませんが、そうしたことはどれも問題ではありません。彼は実に愛すべき人物で、独立心が強く、面白く、気まぐれで、思いやりがあり寛容で、完璧で優秀な頭脳の持ち主でした[※142]」

その翌年、ニールス・ボーアがその生涯を閉じた。彼の黒板には二つの絵が描き残されており、亡くなる前夜に彼が何を考えていたのかが窺える。一つはらせん階段のような絵で、リーマン面を描いていたようである。リーマン面はボーアのお気に入りの比喩で、言語のあいまいさを表すときに用いていた。考えをめぐらすうちに同じ言葉に立ち返るが、そのときその言葉には、最初に考えたときにはなかったまったく新しい意味の層が加わっている。だがどうすればこれを他人にうまく伝えられるだろうか、とボーアはよく問いかけていた。

チョークで書かれた絵はもう一つあった。バネで揺れているように見えるもの——それは、アインシュタインの光子箱であった[※143]。

David Bohm

第 2 部
研究と告発
*1940*年 ～ *1952*年

第17章／「ただ真実を」――プリンストン

1949年4月〜6月10日

4月下旬、ニュージャージー州プリンストンのとある夜、大学構内には低い声で話しながら歩く二人の若い男の姿があった。

「アインシュタインが僕に、向こうが仕掛けるゲームに僕は乗るべきではないと言ったんだ」と年上の男が言った。32歳のプリンストン大学助教授、デヴィッド・ボームであった。そう言いつつも、ほんの少し言葉をかわしただけの偉大な人物について語る誇らしさが顔に表れていた。「委員会で委員たちの前に立てば、尋問の正当性を認めることになると彼は思っている。でもそうしなければ、『面倒なことになるかもしれない』と彼は言ったんだ[※1]」不安げに彼は言った。

数日前、ボームの机に召喚状が届いていた。すばらしい物理学者であふれていた戦前のカリフォルニア大学バークレイ校で彼がオッペンハイマーの学生だった頃について、さらには少なくとも1

件の、ソ連の原子爆弾計画への情報漏洩について証言するよう求められていた。第二次世界大戦は終わったが、同時に冷戦が幕を開け、この10年ほどの間に物理学者をとり囲む世界はめまぐるしく変化していた。

ボームはおしゃべりで、友人に口を挟むひまを与えないことで有名であったが、ボームのかつての教え子で今は研究仲間となった23歳のユージン・グロスは、今晩にかぎってはそのことに感謝していた。彼には、かつての師をどう手助けしてよいものかわからなかった。グロスがハーバードの大学院生となってからも二人は仲が良く、星を構成する物質の状態であるプラズマに関する論文を共同執筆していた。それとは別に、ボームは大学院の夜間の講義で教えていた量子論についても執筆していた。ボームはかつて、若き教授であったマレー・ゲルマンに「マルクス主義者として量子力学を信じるのに困難を覚える」[※2]と語ったことがある。だが、ボーアの著作を熱心に読み、正しい考え方に到達したいと思っていた。[※3]

ボームはますます早口になった。「それでオッペンハイマーが――ロッシが今こちらに来ていて、僕たちがオッペンハイマーに会ったことを話したっけ？」。ジョヴァンニ・ロッシ・ロマニッツはバークレイ時代のボームのルームメイトで、ともにオッペンハイマーの弟子であった。頭脳明晰で、歯に衣着せぬ物言いをする21歳の博士課程の学生だったロッシは、極端な労働組合活動をしていたおじの公判をめぐり、全国で議論が紛糾する中、オクラホマからカリフォルニアにやってきたのだった。

「僕たちがナッソー通りを歩いていたら、床屋からオッペンハイマーが出てきたんだ。僕たちは何が起こったかを話した。すると彼は言ったんだ。『何てことだ。何もかも台無しだ』と」[※4]

ボームは困ったような素振りで、この最後のオッペンハイマーのセリフのところを、バークレイ時代に懸命にまねたオッペンハイマーらしい抑揚をつけて言った。戦争が終わり、ボームはプリンストンで研究していたが、オッペンハイマーとアインシュタインという二人の生きた伝説の陰で目立たぬ存在であった。アインシュタインは「もしあなたとオッペンハイマーが、1952年のアメリカ大統領選に大統領と副大統領として立候補されるなら投票します」と書かれた手紙を受け取ったこともあったほどである。[※5] あるとき、8歳の少女たちがアインシュタインに甘いキャンディ菓子を渡して算数の宿題を教えてもらおうとしたことがあり、話題となった。[※6] それとは対照的にオッペンハイマーは、原子爆弾の最初の実験を行った際に「我は死神なり、世界の破壊者なり」[※7]とヒンズー教の経典バガヴァッド・ギーターを引用したことで知られていた。ロスアラモスから戻ったばかりのオッペンハイマーは長身ながら、体重はわずか45キロあまりで、崇(たた)られたような青い目で人々を見ながら、亡霊のようにプリンストン高等研究所を歩いていた。

白い円屋根と白髪の天才たちのいる赤レンガ造りの研究所は、プリンストン大学から曲がりくねった田舎道を数km進んだ先にあった。そこでは若い大学教授や大学院生が天才の仕事をまね、張り合ってとって代わろうとしていた。ここでは、歩いているボームの背後には、ゴシック式建築のプリンストンがそびえていた。まるで暗い大聖堂が寄り集まり、刈り込まれた芝生を食(は)んでいるように見えた。ボームはそこを散歩しながら、物理学について考えるのが好きだった。歩いているときに最も頭が冴えていた。頭の中で考えをめぐらせながらキャンパスを歩き回る。新鮮な空気を吸い、コーヒーを飲み、夜に会話を交わす中から考えが生まれ、散歩から戻って黒板やノートに向かった。すると、彼を喜ばせるかのようにぴたりと計算が合うのだった。

けれども、今晩二人が話し込んでいたのは解決困難な問題であった。

「オッペンハイマーが言うには、例の委員会は問題を深刻に捉えている。委員会にはFBIの人間もいるらしい。[※8]オッピーは僕たちを見て『真実を話すと僕に誓ってくれ』[※9]と言ったんだ。オッピーは疑心暗鬼[※10]になっているとロッシは言っている」ボームは一気に話し終えた。

その晩遅く、物理学部の人間は一人残らず帰っていた。ボームは研究室の何もない机の前に座り、繰り返し硬貨を宙に投げては受け止めていた。[※11]

「彼は、ずるさや競争心というものをまったく持ち合わせていない人間だった。彼を利用しようと思えばいくらでもできたでしょう」グロスはのちに、ボームについてこう語っている。「だからこそ、大半は年下でしたが、彼の学生や友人たちは、それほどに稀有な存在を守りたいという強い衝動に駆られたのです[※12]」

「ボームさん、あなたは共産青年同盟に参加したことがありますか?[※13]」下院非米活動委員会の尋問官が質問した。

1949年5月25日、ボームは、ワシントンにある下院庁舎内の冷たい部屋に6人の議員と向き合って座っていた。彼は弁護士に言われた通りの発言を繰り返したが、その声は神経質で落ち着きがなかった。「私に不利に働き、名誉を傷つけかねないため、その質問には答えられません。また、その質問は憲法修正第1条［訳註：政教分離、信教・表現の自由、国家に対する個人の請願権を定めた条項］によって保障された私の権利を侵害すると考えます」

議長はちょっと信じられないといった面持ちで、「もう一度答えてもらえますか？」と訊ねた。

ボームは同じ答えを繰り返した。

「憲法修正第1条が保障する権利が、どうすれば彼の答えによって侵害されるのか知りたいものですがね」と議長が発言したが、尋問は続けられた。

「ボームさん、あなたは今共産党員ですか？　あるいは、以前に共産党員だったことがありますか？」

「先ほど述べた理由により、その質問に答えるのを拒否します」※14

「マンハッタン工兵管区（マンハッタン計画）で働いていたときに、共産党の会合に出席したことがありますか？」

「先ほど述べた理由により、その質問に答えるのを拒否します」

静かな部屋にいる面々は表情をこわばらせ、手や肩の小さな筋肉を緊張させながら呼吸をした。彼らは予期せぬ反撃にたじろいでいた。

何ページにもおよぶ質問が執拗に続いた。ボームは緊張しながらもていねいに、無表情のまま同じ返答を繰り返した。

「あなたは何らかの政党や政治団体の党員あるいは一員ですか？」と質問されたとき、ほっとする瞬間が訪れた。

それに対してボームは答えた。「はい、そうです。その質問に対しては『イエス』と答えます」

「それはどのような政党または団体ですか？」

告白を聞こうと全員が耳をそばだてた。ボームは弁護士に顔を近づけて言葉を交わした。

「民主党に投票したと明言します」

質問したミズーリ州議員は、心底いらだったに違いない。「それは私の質問に対する答えではありません。私はあなたが何かしらの政党や政治団体の一員かどうかを訊ねたのです」

「どうすれば民主党の党員になれるのでしょうか？」[※15]とボームはしらばっくれた。

尋問が終わるとただちに、プリンストン大学はボームが「プリンストン大学の同僚によって完全なアメリカ人」と認められ、「忠誠心を疑われる理由はいっさいない」[※16]と発表した。

それにもかかわらず、彼は6月10日にふたたび尋問を受け、忠誠心を試された。そこで「国を守る」[※17]ために協力するよう告げられたが、ボームは彼らしいたとえ話を持ち出してそれに答えた。

「私が思うに、多くの人々は公安を維持することを非常に――」。彼は薄氷を踏む思いだったが、平静を取り戻してできるだけ軽く表現した。「人々は公安維持に気を取られて、手元の仕事をこなせないのです」。自分に懐疑的な視線を向ける顔ぶれを見回した。「言い換えれば、道を渡るのを怖がって何もできないようなものです。中道をいかなければなりません」

この十分に疑わしい発言を聞くなり二人の委員が同時に口を開き、最終的に発言権を得た一人が言った。「機密情報を扱う立場の人間ならば、向こう側に渡るよりも、判断を誤ったとしてもこちら側で用心に用心を重ねるほうがいいとは思いませんか?」

議論に深入りしてしまったボームは、「ある程度はそうですが、何事にも限度があります。どこかで線引きをしなければなりません」と答えた。

委員はいきり立って決着をつけようとした。ついに一人の委員が言い放った。「私なら、正しい側で判断を誤るほうがいい」

ボームは冷ややかに答えた。「私ならそもそも間違わないほうがいいと思いますね[※18]」

聴聞会は休会した。

「彼はそのときのことをよく冗談にしていました」と教え子のケン・フォードは回想している。「まさに崖っぷちのユーモアです。解けないパラドックスについて学部の講義があったのですが」——もし自分で髭剃り(ひげそ)をしない男性全員の髭を床屋が剃るなら、誰が床屋の髭を剃るのか? というパラドックスだった——「そのときボームは、『議会は、自分を調査しないすべての委員を調査するための委員会を任命すべきだ』と説明したのですよ[※19]」

第18章 オッペンハイマー狂騒曲 ―― バークレイ

1941年〜1945年

すべては、オッペンハイマーから始まった。

「オッペンハイマーを敬愛している」[※1] ボームがこう語ったことがあるが、そう語るのは彼だけではなかった。

オッペンハイマーは毎年、春学期にカリフォルニア大学バークレイ校の学期が終わると、足の長いコウノトリのようにカリフォルニア海岸を南下し、カリフォルニア工科大学で教鞭をとっていた。1941年のある学期に、ボームはカリフォルニア工科大学を冷淡で退屈な場所と感じ、彼を追いかけて海岸を北上した。

J・ロバート・オッペンハイマーはニューヨークのハドソン河を見下ろすアパートの11階で、社交的な父ジュリアスが集めたゴッホや野獣派の絵画に囲まれて育った。[※2] ヨーロッパで美術を学んだ上品で優しい母エラは、いつも手袋をして義手を隠していた。ドイツに住む貧乏な独学の祖父の鉱石収集がきっかけで、オッペンハイマーの人生に科学が登場した。12歳になる頃には、ニューヨーク鉱物学クラブの論文を読んでいた。だが、高校卒業記念の旅行でボヘミア地方の鉱山を訪れた際に、彼は赤痢にかかってしまう。そこで両親は、安静療法のために彼のお気に入りの教師とともに息子をニューメキシコに行かせた。オッペンハイマーは乗馬、松林の高原、広大な土地に魅了された。ハーバード大学を卒業すると、彼は本格的に量子論を学べる場を探した。

ラザフォードのいるケンブリッジ大学（そこでは彼は実験と社交が苦手なために自暴自棄になった）、そしてマックス・ボルンのいるゲッティンゲン大学（そこでは彼は傲慢さ、頭の回転の早さ、のちに教え子が「青い目でにらみつけられる仕打ち」とよんだもののために、繊細なボルンをすっかり参らせてしまった）に学んだ。居心地のよかった場所が二つあった。一つはエーレンフェストのいるライデン大学で、そこでディラックと知り合い、「オピエ」（のちにアメリカ風に「オッピー」）とよばれるようになった。もう一つはパウリのいるチューリッヒ工科大学だった。オッペンハイマーがどんな問題を投げかけても、パウリはやすやすとさばいてみせた。

オッペンハイマーは25歳で、カリフォルニア大学バークレイ校に教職を得た。1929年の株式市場暴落の1ヵ月前のことだった。「すばらしい文体もさることながら、彼はアメリカの物理学にそれまで存在しなかった洗練さを講義に持ち込んだ」と1930年代、40年代に活躍した偉大な理論物理学者ハンス・ベーテは回想している。「量子力学の深い秘密すべてを確実に理解しつつも、最も重要な問題は未解決であると明言する男だった」[※3]。加えて彼は博識だった。「彼は有名で、とりわけ実験物理学者の間ではほとんど伝説的な人物になった」オッペンハイマーの友人で、卓越した実験物理学者であったイジドール・イザーク・ラービはそう記憶している。「オッペンハイマーは彼らの分野で博識を披露することも可能だったが、そこから彼らが誰もついていけないほどの抽象的理論へと発展させることもできた」[※4]

本人曰く、「学派をつくるつもりで始めたわけではない。私は愛する理論（量子論）を広く伝えたいと思って始めた。理論から今も学び続けている。あまり理解されていないが、非常に豊かな理論なのだ」[※5]。オッペンハイマー自身は決して影響力を得ようとしていたわけではなかったが、学生たちに計り知れない影響力を及ぼしていた。

オッペンハイマーの教え子たちは彼を観察し、学び、歩き方や話し方を模倣した。オッペンハイマーが考え込むときのニムニムニムというつぶやきまでまねたほどである。オッペンハイマーは学生たちをレストランやコンサートに連れ出し、プラトンをギリシャ語で読んで聞かせた。彼らに激辛の唐辛子料理に挑戦させ、上等のワインをたしなみ、他人の葉巻に火をつけるよう手ほどきをした。ラービは、自分なら混雑した部屋でもオッペンハイマーの学生を見分けられると言っていた[※6]。

1934年に弟に宛てた手紙で（「大勢の変わり者の物理学者たち、変なカリフォルニアっ子全員より」と結んでいる）オッペンハイマーは「……君はすでに物理学の虜になっていることと思います。物理学に、そしてそれがもたらす人生の明らかな卓越性に[※7]」と書いている。オッペンハイマーが学生たちに伝えたのはまさにそれだった。意図してのことかどうか不明だが、彼はケンブリッジ大学にあるラザフォードのキャヴェンディッシュ研究所やコペンハーゲンのボーア研究所にならって、バークレイに理論物理学科を創設した。最先端の物理学施設とオッペンハイマーへの個人的崇拝が合わさった物理学科であった。1930年代、アメリカには優れた物理学部がないと言われたパウリは、「おや、オッピーとそのニムニムニム・ボーイズの噂を聞いたことがないのかい？」と返したという。[※8]

オッペンハイマーは、デヴィッド・ボームが学生だったわずかな期間に二つの理論を彼に教えている。

一つめは、ボーアと教え子たちが発表した量子論で、オッペンハイマーの知的生活のすべてであった。1941年、ボームは量子論に深い疑念を抱く「筋金入りの古典主義者」[※9]としてカリフォルニア工科大学を去った。ボームとはバークレイ時代の友人であり、院生仲間であったジョセフ・ワインバーグは夜遅くまで彼と議論しあった。ワインバーグの量子論支持の立場は揺るがず、ボームは彼の数学重視の姿勢を「ピタゴラス神秘主義」[※10]とよんだ。「物事を説明し、物理的な描像を与える段になって、物理学は初期の形態から変わってしまった。今や本質は数学的だと考えられていて、公式の中に真実があるように感じられるのだ」[※11]。たとえ話好きのボームでも、自分がそのような理論に精通できるとは思えなかった。

だが、オッペンハイマーという人間は魅力にあふれていた。ボームは量子論をいったん受け入れたものの、のちにそれを拒絶した。その時間をかけたプロセスは、やがて彼の人生における最大の闘いとなる。ボームの闘いは物理学の歴史に影響を及ぼし、知らず知らずのうちにジョン・ベルの発見の基礎を築くことになるのである。

オッペンハイマーはそれまで政治に無関心だったが、1936年になると素朴でシニシズムや大恐慌にうんざりしていた学生たちに二つめの理論を教えた。それはのちに、彼自身から知的生活をほとんど奪い去るものであった。ボームがその理論を取り込むのに時間はかからず、バークレイに移って1年後の1942年11月、彼は物理学部の新しくできた友人に勧められて共産党に入党したのである。党の会合は退屈で、数ヵ月もすると足が遠のいたが、[※12]本来の思想に興奮は高まる一方であった。オッペンハイマーも自身が「旅の同行者」——共産党支持者の婉曲表現——であったと認めたが、独ソ不可侵条約が結ばれた「1939年以降は、ほとんど旅をしていないと言える」[※13]とやんわり報告したと言われている。そうだとしても、彼を崇拝する学生たちには、その変化ははっきりとはわからなかった。

やがて、オッペンハイマーは行方不明となった。政府機密の「マンハッタン計画」に関わっていたが、戦時中のバークレイ校の学生たちは取り残されるかたちとなっていた。大学院生もまた、まるで天国に召されたかのように姿を消しはじめた。ところが、この時期の彼らは間違いなく幸せだったのである。オッペンハイマーのもとに呼び寄せられ、この世のものとは思えない赤土のニューメキシコ高原で極秘の任務にあたっていたのだ。大学に残された者は、それが機密の研究で、オッピーが指揮を執っているということしか知らなかった（後年ボームは「我々は、彼らがウラン研究をしていたので、それが爆弾だと見当がついた」[※14]と述べている）。ボームの友人の多くは、オッピーの左寄りの学生たちのなかでも最左翼であったために呼ばれることはなかった。

オッペンハイマーは1943年3月、ボームをロスアラモスに配置するようレズリー・グローヴス将軍に求めた。マンハッタン計画を任されていたグローヴスは、ボームの親戚がナチス支配下のドイツにいるという下手な言い訳をして、彼が来るのは無理だ[※15]（オッペンハイマーによれば、そうした情報には「ちょっとした暗号」がつけられていた）[※16]と伝えた。オッペンハイマーにも学生にも知らないことは数多くあった。

カリフォルニア大学バークレイ校の理論と実験の物理学部長であったオッペンハイマーとアーネスト・O・ローレンスは、1942年初めに原子爆弾の初期計画に参加した。同時期に、陸軍は機密保持のために大学で調査を行った。[※17]1年後、オッペンハイマーがボームをロスアラモスに呼び寄せようとしていた頃、何者か（科学者X）が、地元の共産党指導者であったスティーヴ・ネルソン（オッペンハイマーの妻キティの友人でもあった）の自宅を訪れたことを陸軍調査官が突き止めた。科学者Xはネルソンに化学式を読み上げ、確かに金を受け取ったという。

サンフランシスコにある美しいプレシディオ軍事基地で対諜報活動を行っていたボリス・パッシュ大佐は当時を振り返り、「我々にはほとんど情報がなかった。わかっていたことと言えば、その男の名前がジョーで、妹たちがニューヨークに住んでいるということだけだった」[※18]と述べている。

彼らはバークレイ放射線研究所を詳しく調査しはじめた。血気盛んなジョヴァンニ・ロッシ・ロマニッツはオクラホマ出身で、おじが有名な労働組合主義者であったことから、真っ先に「科学者X」ではないかと疑われた。

対諜報部は、まもなくロッシがボーム、ジョセフ・ワインバーグ、マックス・フリードマンとめったに別行動をとらないことに気づいた。ほどなくしてボームたちは、講義や共産主義前線組織など、どこに行くにも後(あと)をつけられるようになった。

1943年6月には対諜報部は、調査の結果「科学者X」がバークレイ放射線研究所のジョセフ・ワインバーグだと突き止めたと報告した。※19 7月にはロッシ・ロマニッツは徴兵され、アーネスト・ローレンスの猛抗議にもかかわらず、ウラン分離の研究から新兵訓練キャンプに回された。

同年9月、オッペンハイマーがロスアラモスの警備員にバークレイの人たちがスパイに接触されていることは「物理学者の間では知られている」と軽い調子で話したところ、1週間後にワシントンに呼び出された。オッペンハイマーを尋問したのはバークレイの調査を率いていたジョン・ランズデール大佐であった。彼は原子爆弾計画全体の機密保持のトップであった。とはいえ、彼の人なつっこい健康的な顔は、陸軍の敏腕調査官というよりも幼い子供をもつ父親に見えた。ランズデールは誰が「接触された」のか、あるいは誰が「接触したのか」をオッペンハイマーが明かす気はないとすぐに見て取った。その理由として「『何も悪いことをしていないと』私が信じて疑わない人を巻き込むのは卑劣だからだ」とオッペンハイマーは語っている。

長時間にわたる不毛な尋問の最中に、ランズデールが言った。「ここにいる我々は、この場所から情報が毎日漏れていることを知っています……さて、どうしたらいいでしょう？　ゆったり腰かけて、その男が発言を取り消すかもしれないと期待をかけますか……？」

オッペンハイマーはこの問題に知的な興味を抱いて、眉間にしわを寄せたまま言った。「私が答えるのは難しいですね、私自身の個人的な傾向からして」。そして有名な青い目で、もちろんあなたはおわかりでしょうと言わんばかりにランズデールを見た。

「そうですね、あなたが私に話せる内容で、他に何か役立ちそうなものは？」ランズデールが訊いた。

「部屋の中を歩きながら考えさせてください」。オッペンハイマーは立ち上がって歩き、だしぬけに言った。「大変懸念していることがあります。ボームはよくわかりませんが、今までの話の流れで言えば、ワインバーグは何かをしでかすのではないかと疑っています」。つづけて彼は、年上のドイツ人学生、バーナード・ピーターズについて何やら話した。彼は、オッペンハイマーが自らサンフランシスコの観光地フィッシャーマンズ・ワーフの港湾労働者だったところを物理学部に連れてきた人物だった。のちにオッペンハイマーはピーターズの話しぶりから、この時期に彼が「秘密の戦争計画に関わる危険人物」であると考えるようになったと語っている。

会話は続いたが、こうした指摘以上の成果は得られなかった。

「大佐、あなたが望む内容を話せたらと思います。情報をもってはいます。話すことができたらよかったのですが」

「まあ、個人的にはあなたのことはとても好きですよ。それに――」とランズデールは恥ずかしそうに笑った。「堅苦しく大佐と呼ぶのをやめてもらいたいですね。まだ大佐になってから日が浅く、その呼び方に慣れていないもので」

「初めてお会いした頃は、確か大尉でしたね」オッペンハイマーは顔を上げ、パイプを半分開いた口にもっていった。

「陸軍中尉だったときからさほど時間が経っていません。私は陸軍を出て、法律家に戻れたらと思います。法律にこのような問題はないですからね」

オッペンハイマーは「ここはまったくつまらない仕事ですね」と事務的な口調で同情した。[※20]

オッペンハイマーがどれほどソ連に関与していたのかということについては、50年以上が経過しても議論がかまびすしく、なお混沌としている。2002年、ジェロルドとレオナのシェクター夫妻が『聖なる秘密：ソビエト諜報機関はいかにアメリカの歴史を変えたか』という本を出版した。この本は物理学者の間でスキャンダルを巻き起こし、すぐさま大勢が非難の声を上げた（おそらく過剰に反応したと思われるが、著者らはニューヨーク・タイムズ紙がこの本を推薦しつつも「間違い」に言及したことを引き合いに出し、「[訳註：真実を知る者が何も話さない]沈黙の共謀」によって著書が傷つけられたと感じたほどであった）。[※21] オッペンハイマーに関する情報源はスドプラトフという元KGBの諜報員で、他で必ずしも真実を告白していなかったことがわかっている。

混乱と矛盾する話だらけのシェクター夫妻の本には（誇張されている可能性が高いが）ＫＧＢ長官への報告書が付録として収録されており、その日付は１９４４年10月４日とある。「１９４２年、アメリカにおけるウランの科学研究の指導者の一人であるロバート・オッペンハイマー教授は、名前こそ挙がっていないが、アメリカ共産党元書記アール・ブラウダーの共産党組織の一員で、我々に研究開始の旨を知らせてきた……信頼できる情報提供者を数人紹介した」

１９４４年1月、オッペンハイマーはサンタフェに向かう列車に乗っていた。同じコンパートメントには、ロスアラモス警備担当のピアー・デ・シルヴァ少佐がいた。彼はオッペンハイマーのかつての教え子について問いただし、ボームと友人の中で誰が「真に危険[※22]」と思うか訊ねた。デ・シルヴァは次のように報告している。

「彼はデヴィッド・ボームとバーナード・ピーターズの名前を挙げた。しかし、ボームの気性や性格からしてなぜか危険人物とは思えないと述べ、彼が危険だとすればそれは他人から影響を受けた場合だとほのめかした。一方、ピーターズについては『頭のおかしい人間』で、何をしでかすかわからないと言った。ピーターズは『真っ赤な共産主義者』で、その背景は事件だらけだとオッペンハイマーは語った」。ピーターズはドイツで、ナチスと路上での銃撃戦になったこともある。その後ダッハウ強制収容所から脱走しており、「それが直接的行動に走る傾向を物語っているというのだ[※23]」。

１９４４年3月、オッペンハイマーは所用でバークレイに戻ってきた。ボームは彼に会いに行った。ボームとジョセフ・ワインバーグは、オッピー不在の間、伝説的な講義を彼に代わって受け持っていて、その苦労が並大抵のものではなかったであろうことは想像に難くない。ボームは、事情が変わってプロジェクトY（マンハッタン計画）に配置される可能性はあるのだろうかと考えた。足下の状況に「奇妙な不安感」[※24]があったからである。無意識のうちに言葉の選び方に皮肉がこもっていたが、いかにもボームらしく熱意をもってオッペンハイマーの前に立っていた。

オッペンハイマーは今後のことはあらためて連絡するとボームに伝えた。のちにオッペンハイマーは、デ・シルヴァ少佐——2ヵ月前にオッペンハイマーが、ボームは「真に危険」だと話した同じ人物——に、ボームをロスアラモスに連れて行くのに異論があるか訊ねた。「報告書の署名者はイエスと返答した」[※25]とデ・シルヴァはその出来事を正式に報告している。

それでも、ある意味でボームは戦時下の任務に参加したといえる。星やオーロラ、稲妻にセント・エルモの火、ピザ店のネオンの異質な輝きをもたらす物質＝プラズマについて陸軍が知りたがったためである。土・水・空気・火から成る古代ギリシャの宇宙観に似て、プラズマは固体・液体・気体に次ぐ物質の第四の状態である。熱い気体はプラズマとなり、そのとき原子の大部分が電離して陽イオンに変化し、電子は互いに自由に動き回る。ボームは金属内の電子——原子核の間で漂い、金属全体に属するが部分には属さない——もプラズマを形成することを発見した。

彼は、プラズマ状態で集合的にふるまう電子に魅せられていた。プラズマはたとえ話にうってつけであった。ボームにとってプラズマとは、完璧なマルクス主義の状態の象徴であった。[※26]彼は米国内で一流のプラズマ理論学者となり、プラズマ振動や、今日でも「ボーム拡散」とよばれる現象など、難解なテーマを専門分野とした。

第二次世界大戦が終わると、ボームはオッペンハイマーの推薦を受けてプリンストン大学の助教授となった。オッペンハイマー自身は、そこから森と野原をいくつか越えた先にあるプリンストン高等研究所にいた。オッペンハイマーが隠していた大きな秘密は広島と長崎における核兵器の使用によって明らかになったが、彼のもう一つの秘密をボームはまだ知らなかった。正当な行為かどうかはともかく、そのためにオッペンハイマーとボームと、その仲間たちは監視されるようになったのである。

ボームは、大学院の少人数クラスで長年の大敵である量子力学の講義を行いたいと物理学部に申し入れた。その準備のために彼は、オッペンハイマーの講義ノートを読み返したが、それは、オッペンハイマーが港湾労働からバークレイの象牙の塔に引き入れたボームの友人バーナード・ピーターズが何年も前に書き写したものであった。

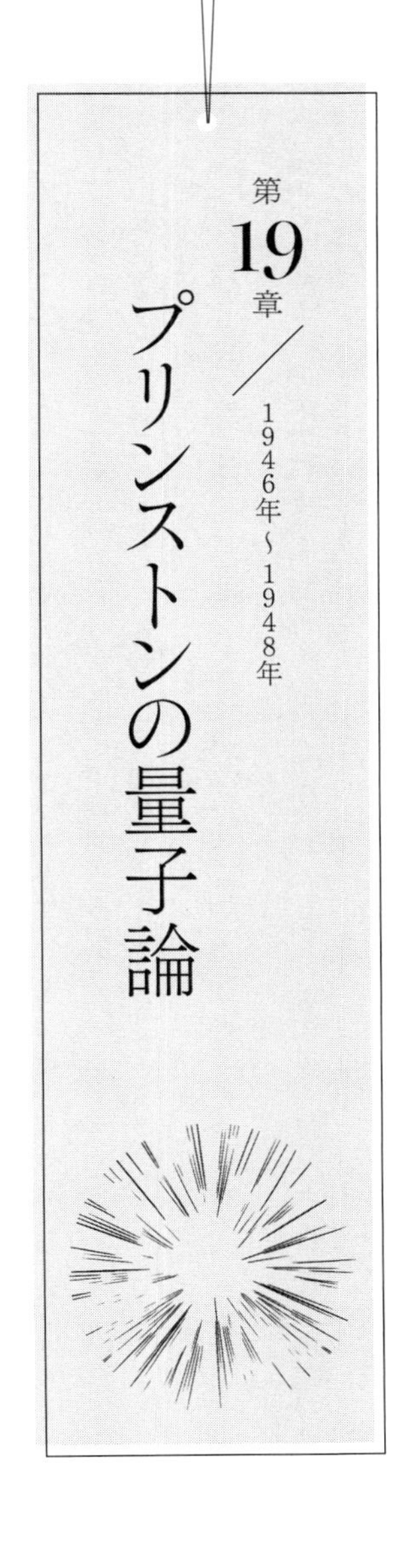

第19章　プリンストンの量子論

１９４６年〜１９４８年

「子供の頃に毎日唱えていたヘブライ語のお祈りに、全身全霊で神を愛する、という一節がありました。私は……この全体性という考えが必ずしも神に向けられたものではないにしても、自分の生き方としてとてつもなく大きな影響を受けたのです」ボームは、１９８７年のインタビューでこう回想している。

ピーターズのオッペンハイマー講義ノートをじっくり読み込み、ついにボームは、かつて量子論の中に感じたあの全体性の雰囲気をふたたび見出した。戦前に書かれたなかば哲学的なボーアの論文を何度も読み返すうちに、その霧の中から深い物理学的な感覚がしだいに浮かび上がってきた。ボームは『量子論』という教科書の執筆にとりかかった。

量子論というものは、古典的視点から少しずつ教えられて、段階的に量子まで進むのが普通である。だがボームは、最も異質で捉えどころのない、つまり最も古典的でない部分から始めて理論を理解した。「中でも、スピンの概念に私は魅了された。何かがある方向に回転する際に、別方向にも回転している可能性があるが、どうしたわけか二つの方向が合わさって3番めの方向に回転するという。それが、まるで精神活動の過程を説明しているように、私には感じられたのだ」。ボームは「自分の中に、そのときの自分の状況に応じた」スピンの「たとえをつくり出すことができた」。「明快な言葉では言い表せない。身体の緊張感に関係があったに違いない……」

量子力学に関しては——ボームは「量子化された運動」「統計学的因果関係」「分離不可能な一体性」の3部に分けて分析した——、彼は「自然に対する直観に近づくことができた」[※1]。

ボームは「運動の本質とは何かという難問、というよりも謎に、幼い頃から強く惹かれていた」[※2]と回想している。彼は学生に、知覚が実際にどのように働いているのかを考えさせた。「物体が所定の位置にある場合、そのときの速度を知ることはできません[※3]……スピードを出して走る車のぼやけた写真を見れば、車が動いているとわかります……ところが、高速カメラで撮影された鮮明な写真では、車が動いているようには見えません」[※4]。あまりに直観に反して奇妙に感じられる不確定性原理について、「実際には、このような写真とかなりの程度一致する」とボームは学生に語っている[※5]。

惑星の動きや大砲の弾の軌道から微分方程式が生まれました、とボームは語りかけた。現在ではごく当たり前となった「連続運動」という概念は18世紀の天文学と弾道学とともに誕生した。「古代ギリシャ人は連続運動という概念を理解できませんでした」とクラスに向かって話した。「ゼノンのパラドックスを学んだ人ならわかるでしょう。最も有名なものが、飛んでいる矢のパラドックスです。一瞬一瞬を切り取れば、矢は決まった位置を取りますから、その瞬間に動くことはできないのです[※6]」

因果律についても軌道の例と同じで、「日常の経験に回帰する、それほど高尚ではない概念に向かう一歩」だったとボームは言い切る。日常の経験においては「原因が結果を引き起こす厳密な関係を目にすることは少なく、むしろ原因は結果に対し、一定の方向への動きを生み出していると考えられる場合が多い[※7]」という。「一般的な見解とは裏腹に、量子論の哲学的な基礎は古典理論ほど数学的ではありません。すでに見たように、量子論は世界が正確に規定された数学的設計図によって構築されていると仮定しないからです[※8]」ボームはそう言って、学生たちを安心させた（あるいはショックを与えた）。

ボームは量子化された運動と統計学的な因果律という考えをすんなりと受け入れ、心の奥底で感じた「分離不可能な全体性」という概念に行き着いた。「古典的な限界においても、物体と環境の分離は抽象概念にすぎないと我々は認識しています[※9]」と指摘した。細菌を例に挙げ、「数時間のうちに細菌の中に元から存在した物質の大部分は、周囲の培地の物質によって追い出されて置き換えられてしまいます。その間に、細菌は胞子に変化してしまったかもしれません。どうやってこれを、最初に見たのと同一の連続した生命体と考えてよいのでしょうか？[※10]」。微視的には物体と環境の境界があいまいであっても、因果関係と連続性があれば正当性を証明できる。「ですが、少数の量子の移動でふるまいが決定的に左右される系では、世界をいくつかの部分に分けるような抽象化は許容できません。なぜなら、まさにその部分の本質（たとえば波や粒子）は、どちらかの部分に独特なものだとすることはできない要素、そして完全に制御することも予測することもままならない要素に左右されるからです[※11]」

1949年春にボームの量子論の夜間講義を受けた一人であるケン・フォードは、「ボームはすばらしい教師だった」と回想している（その夜間講義が、ボームの週3回の映画鑑賞の予定と重ならないように調整されていたのではないかとフォードは考えていた）。「彼は標準的な問題の解法を教えるだけではなく、方程式の背後にある意味を理解させようとしてくれました。研究室を訪ねた僕らに、ボームが『出て行ってくれないか』と言うことは決してありませんでした。だから学生は彼のことが好きでしたよ」とフォードは笑った。

ボームの教え子だったユージン・グロスは「指導者が独身というのは学生にとってはありがたかった。僕たちはとてつもなく長い時間を一緒に過ごしました」と述べている[※12]。「ボームは個人的な癒しを必要とせず、外見に無頓着でした」とフォードは言う。「社交生活はゼロ。存在すべてが物理学に向けられていたのです[※13]」

後年ボームは、「実在性を一貫性のある全体として理解すること」が、数学から哲学にいたるまで自分のあらゆる研究の目標だったと感じていたと語った。彼は、精神を全体の一部分として理解しようとした。[※14] ボームの著作『量子論』では、彼が熱を込めて「思考過程と量子過程に見られる、目を見張るような類似点の一つひとつ」[※15] とよんだものを3ページにわたってびっしり書き連ねている。「論理と思考の関係は、古典物理学と量子力学の関係である」[※16] など、彼が挙げたたとえ話のいくつかには思いもよらぬ軽妙さがあった。ディラックの義理の兄弟にあたるユージン・ヴィグナーが、この教科書は「饒舌すぎる」[※17] と批判したのは、おそらくそうした箇所を指しているのだろう。だがボームは、鮮烈なイメージのおかげで「量子論の『感触』がつかめることもある」[※18] と説明した。

彼はお気に入りのたとえ話を始めた。「仮に誰かがある主題について考えていたとして、まさにその瞬間に考えている内容を観察しようとしたとしましょう。その瞬間、その後の思考の方向に、予測も制御もできない変化がもたらされることになります」。学生たちはこの議論がどこへ向かうのか予想できなかっただろう。「もし私たちが①その瞬間の思考の状態と粒子の位置とを比較し、②思考の変化の一般的な方向性と粒子の運動量とを比較してみれば、そこには強い類似性が見られるのです」[※19]

単に類似性を指摘するにとどまらず、ボームはそのような可能性の思弁的な本質を強調しながら、量子力学的な制限が人間の思考に影響しているかもしれないとするボーアの考えを持ち出した。

「この仮説が間違っていたとしても、たとえ古典的理論だけで脳の機能を説明できたとしても、思考と量子の類似性はやはり重要な結果をもたらします。すなわち、量子論とよく似た古典的な系とよんでもおかしくないものをもつにいたるでしょう。少なくともこれは、理解するのに非常に役立ちます。たとえば、『隠れた変数』によって量子論の効果を記述する手段を与えてくれるかもしれません」[※20]

隠れた変数？　他の教師や教科書は、そんなことに触れもしないだろう。「しかし、そうした隠れた変数の存在を証明するものではない」[※21]と慎重に言い足したとはいえ、隠れた変数という概念は標準的なやり方から大きく外れていた。

1927年のソルヴェイ会議で、ド・ブロイは、量子力学を構成する確率がもたらした混乱を、その根底にある「隠れた因果構造」を用いて説明しようとした。いわば、なぜか動くけれども明らかに中身のない皮膚に、筋肉のついた骨格を与えようとしたのである。当時のド・ブロイの考えはコペンハーゲン精神にそぐわず、彼は見向きもされなかった。6年間無視された挙句、隠れた因果構造など存在しないとするノイマンの証明によってさらにその無視が正当化されたため、量子論という野獣の内部は神秘的で、言葉に表せないもののまま保たれたのである。フォン・ノイマンは20世紀を代表する偉大な人物であり、他のことに気をとられたアインシュタインや相手にされなかったグレーテ・ヘルマンを除けば、フォン・ノイマンが間違っているかもしれないと思う者はまずいなかった。ド・ブロイ本人は、フォン・ノイマンの証明を待たずにすでに持論を撤回していた。

教科書の冒頭でボームは、学生読者に向かって「あらゆる兆候が量子力学の成功の継続と、原子核と相対性理論問題への最終決着を示している」と述べている。「……したがって隠れた変数を求めるのは、正真正銘の崩壊の証拠が見つかるまでは無益であることはほぼ確実だと思われる」[※22]と結論づけた。

しかし彼は、著書全体を通して繰り返しその考えに立ち返り、そのたびになぜ隠れた変数が成功する見込みのない試みであるのかについて後述すると注意を促している。彼は、この約束した説明をやり過ごしたり脚注でお茶を濁したりすることなく、『量子論』の最大の見せ場にした。これだけでも十分に型破りといえるが、隠れた変数に対するボームの反論が、10年前のアインシュタイン（E）、ポドルスキー（P）、ローゼン（R）によるEPR問題を蒸し返していることに読者は驚かされるだろう。

EPR（ボームは「ERP」とよんだが）の今後のあらゆる議論にとって重要なのは、ボームがスピンの観点から思考実験をあらためて公式化したことである。ボームは思考実験を極限まで研ぎ澄ましたため、元のEPRの議論を昔からあるふしぎな事柄として片づけてしまった（各方向に上向きスピンと下向きスピンがあり、取りうる位置や運動量がほぼ無限にある場合に比べると議論は単純化される）。

ボームは、分子内で結合していた（したがって「スピンが明確な方向性を取りうるかぎり」[※23]反対向きのスピンをもつ）二つの原子を用いてEPR思考実験の議論を始めた。分子はきれいに「分解」され、原子は離れて動き回っている。原子をシュテルン＝ゲルラッハ磁石を通過させて、いずれの原子のどの方向（x、y、z――「ただしこれらのうち一つだけである」[※24]）のスピンも測定できるものとする。

それから議論はいつものように続く。一つめの原子を測定することで、我々は二つめの原子に影響を与えることなくどの方向であろうとそのスピンを自由に知ることができる。二つの原子が互いにどう分離するかにかかわらず、シュテルン＝ゲルラッハ磁石でどんな角度をとるかは予測できない。おそらく一つめの原子にどれを選んでも二つめの原子にとっては同じで、一つめの原子を測定すれば、たまたま測定されていない二つめの原子のそれまでの状態の一部がわかるにすぎない。最初の原子がどの方向でも測定される可能性があるため、測定されていない原子のほうは3つすべての次元で実際にスピンをもつことになる。「波動関数は完璧な正確さで、せいぜい一度にこれらの要素の一つだけを特定できるにすぎない。そのため波動関数は二つめの原子に存在する実在性のすべての要素を完全に記述することができないという結論に達する」[※25]とボームは説明する。

ボームはこれが、「量子力学の一般的解釈に対する厳しい批判」[※26]になると気づいたが、暗黙の前提があるために量子力学の息の根を止める攻撃にはならないと考えていた。それは、EPR論文では問題提起すらされなかったが、アインシュタイン自身は1909年から頭を悩ませ続けていた前提、すなわち、離れて別々に存在する「実在の要素」によって世界を正しく分析できる、という前提である。

ボームはとりわけ、この分離性というものを信じなかった。分離性を考えるから、隠れた変数が量子論と矛盾してしまうのだと説明した。因果律に従う分離した要素からなる系は、まさしく古典的な〝構築物〟である。それは、彼の本の中にある量子力学の「織り合わされた可能性[※27]」という記述の前では姿を消してしまうのである。

「そこで、力学的[注1]に決定される隠れた変数理論はどれも、量子力学の結果のすべてを導くことができないという結論にいたったのです[※28]」とボームは言った。

注1 「力学的」とは「因果律に従う分離可能な部分」のことである。ボームならではの特徴的な脚注に、「『量子力学』という用語は誤解を招きやすい名称であり、『量子非力学』とすべきだ」というものがある。[※29]

第20章 疑念——ふたたびプリンストン

1949年6月15日～12月

ボームは、ポケットの中の小銭をじゃらじゃら鳴らしながらホールを歩いていた。そこに大学院生がプラズマについて熱心に質問をしてきたために、彼は不意を突かれた。ボームが下院非米活動委員会で宣誓証言を行ってから5日後のことだった。「デイヴ、ちょっと——」と言いかけた院生は、そのことで頭がいっぱいのボームの打ちひしがれた顔に気づいた。「デイヴ？」

ボームはコインを鳴らすのを止めなかった。「うん？」数秒間が空いてからようやく答えた。

「どうかしましたか？」教室に向かう学生たちが行き交う真っ昼間の物理学部の建物ロビーで、教授に対してこんなことを聞くのは奇妙な気がした。

「バーナード・ピーターズを知ってるかい？」とボームは訊ねた。

院生は聞いたことのある話を思い出した。「オッペンハイマーが見つけたという港湾労働者だった男ですか？」

ボームは頷いた。「ダッハウ強制収容所から抜け出して、驚いたことに妻をサンフランシスコの医学部にやって卒業させた。バークレイ時代に僕らは友人だった」。ボームはだんだん早口になった。「彼は本当に頭がよくて、僕らの中で最年長で、いろんなことを体験してきていた。彼とオッペンハイマーは友人だったのに、今になってオッペンハイマーは——」。ボームの声がしぼんだ。「オッペンハイマーと下院非米活動委員会について聞いたことがあるかい？」

時計が鳴り授業が始まって、廊下は突然人気がなくなった。

院生は首を振った。

「僕にはわからないけれど」とボームはまくし立てた。「どうやらロチェスターのいろいろな新聞に載っていたらしい。[※1] バーナードは今ロチェスター大学の教授なんだが……委員会がオッピーに、バークレイ時代の友人であるジョセフ・ワインバーグとロッシについて訊ねたんだ。そしたら彼は——僕が期待したとおりに二人をかばってくれた」と説明した。じゃらじゃら。ボームが小銭を鳴らすのにはみな慣れっこだったが、静かな廊下で今日はいつにも増してやかましく響いた。「けれど、ずいぶん前にオッピーはバーナード・ピーターズは頭のおかしい共産主義者で監視すべきだとやつらに話していたようなんだ」。ボームはポケットから手を出すと硬貨をひとまとめにしてゆるく握り、そのこぶしを揺すりながら目を細めた。「それが新聞に載っていた」

「ひどいな——」と院生はいった。「彼は発言を撤回しなかったのですか？」

「いやいや、まったく――そこが問題なんだよ――彼は全部本当だと繰り返した。かわいそうなバーナード。長年オッピーのことを今まで出会った中で最高の教師と考え、友人と思い込んでいた。なのに、ずっとオッピーは彼を引き渡そうとしていた――連邦政府に。

……彼は僕のことも何か話したのかな」ボームは小さくつぶやいた。

1949年9月23日、ボームが下院非米活動委員会で宣誓証言をさせられた4ヵ月後、ハリー・S・トルーマン大統領はソ連が「原子装置」の試験を行ったと発表した。KGBとサンフランシスコ、ニューヨーク、ワシントンに散らばるその諜報員との間で交わされた電文の暗号を解読したところ、バークレイとロスアラモスがソ連のスパイ活動の主な標的であることが判明した。アメリカ空軍兵がシベリア上空でソ連のスパイの行った仕事を確かめ、爆弾の製造と爆発実験の成功を最初にアメリカに伝達した。

12月初旬のある夜、ボームは質問への回答を拒否したとして「議会侮辱罪」で逮捕された。保釈を得られるように、保安官は彼をニュージャージー州トレントンへ移送した。暗闇の中で流れ去る景色は、年の暮れの葉を落とした陰鬱な森だった。ボームは悲しげにネオン看板を目で追いながら、プラズマについて考えた。何百万という過熱させられたプラズマの一つひとつが完璧な一つの社会としてふるまい、彼にコカ・コーラを飲もうと告げていた。

保安官はくだけた調子で物理学について訊ねた。自分はハンガリー出身だが、今では忠実なアメ

リカ市民なのだとボームに語った。「君が国を裏切らなかったと思いたいものだ」[※2]

ボームがトレントンから戻ったその朝、彼は教職を停止され、キャンパスへの立ち入りを禁止された。数人の大学院生がプリンストン大学学長に掛け合ってこの決定を覆そうとした。その一人であるシルヴァン・シュヴェーバーはのちにこう回想している。「短いやり取りの後、僕たちは叱責され、『紳士諸君、戦争中なのだ！』と言われて退出を促された」[※3]

こうしてボームは、下院非米活動委員会のありがたい計らいで、有給とはいえ1年半もの間何もせずにすごす羽目になった。図書館に行き、プラズマについて検討し（正式な停職期間中に彼は、プリンストンの友人や学生とともに4本の論文を書いている）、量子論についてじっくり考えをめぐらす他にすることがなかったのである。

第21章 1951年 アインシュタインを説き伏せよ——量子論

1年半が過ぎたある夜のことだった。ボームはまだ、プリンストンの構内を歩いていた。今回の散歩の相手は物理学の新星マレー・ゲルマンだった。イェール大学の学士課程を早期修了し、マサチューセッツ工科大学の博士号を取得したばかりの22歳のゲルマンは、プリンストン高等研究所の研究員となっていた。

二人は小さな喫茶店に立ち寄った。ボームにとって事態はよくもあり悪くもあった。ようやく無罪判決が出た（1950年12月、黙秘権を認めた憲法修正第5条は、ボームのように自身に不利益なことを話さない者を保護すると最高裁判所は言い渡した）ものの、プリンストン大学はボームを再任しなかった。ともかく、今はその話はしなかった。ボームは舞い上がっていた。彼は『量子論』の教科書を書き上げ、その原稿を周囲に送って意見を求めていた。「アインシュタインが電話をくれたんだ！」興奮したボームが言う。「本について僕と議論したいと言ってくれた。ボーアからはまだ返事がないけれど、パウリは返事をくれた。とても熱心なんだ！」勝利の微笑みが顔いっぱいに広がった。

二人は外に出て、薄暮の中、オレンジ色の街灯の下を歩いた。ボームの興奮はゲルマンにも伝わっていた。彼は「アインシュタインを納得させられそうですか？」と訊ねた。

ボームはにっこり笑った。「どうだろうね」

2日後、ふたたび二人は喫茶店にいたが、その日のボームは気落ちしたようすだった。もうどこに行けばいいのかわからないと、散歩したがらなかった。

ゲルマンが沈黙を破った。「アインシュタインと会ってみてどうでしたか？」

ボームはコーヒーカップを置き、声を強めた。「やめたほうがいいと説得された」。ゲルマンが予想していたより、少しばかり悪い事態だった。

ボームはカップを見つめていた。「僕は本を書く前に逆戻りしてしまった[※1]」

「アインシュタインは何と？」とゲルマンは訊ねた。

「君はボーアの視点を最高にうまく説明したが、僕はまだ納得していないと[※2]」。ボームはコーヒーを一口すすり、高等研究所の研究室の窓際に立って煙草をふかしながら静かに話す年老いたアインシュタインの姿を思い浮かべた。光の中をゆらゆらと立ち上る煙草の煙のように、やすやすと自分を説得してみせる天才ならではの力を思い出していた。「はっきりしたのは、彼が理論を不完全だと感じたということだ。僕の理論が宇宙全体にかかわる最終的な真実ではなかったという意味ではなく、もし本質的な部品が欠けているとするならば時計が不完全だという意味でね[3]」

ボームは渋い顔でコーヒーを飲み終えた。二人はテーブルにお金を置いて立ち上がった。

やがてボームが言った。「アインシュタインが話した内容は、量子論で何が間違っているかという僕の――かつての――直観にとても近かった。[4] 量子論は外見を超えられない理論なんだ[5]」。彼は肩をすくめ、弱々しい笑みを浮かべた。「いいかい、僕はマルクス主義者だ。理論は決定論的なほうがいい[6]」ボームが見上げると、もやのかかったオレンジ色の街灯の光で星がぼんやりかすんでいた。

アルベルト・アインシュタインがマンチェスター大学のパトリック・ブラケットに宛てた手紙が残っている。

1951年4月17日

拝啓　ブラケット教授

プリンストン大学のデヴィッド・ボーム博士を、私は個人的にも彼の科学の業績からも存じておりますが、貴学の特別研究員に応募した旨を彼から聞きました。

ボーム氏は明晰な頭脳をもち、精力的に科学研究に取り組み、科学的判断を下すにおいても稀な独立性を保っております。彼なら、いかなる科学者集団においても戦力となるでしょう。ボーム博士を推薦するもう一つの理由は、アメリカ国外の職が望ましいことです。ボーム氏自身はいささかも政治的に活発ではありませんが、同僚に関する当局からの質問に対して回答を拒否しました。この賞賛すべき態度が原因となって当局に正式起訴され、その後プリンストン大学での役職を――非更新というかたちで――解かれるにいたりました。ボーム氏の応募を前向きに評価していただけるのであれば、心より感謝申し上げます。

敬具

アルベルト・アインシュタイン[※7]

「私は3年間、量子論の授業を担当していたが、この本を書いたのはもっぱらテーマ全体の理解を深めるため、特にボーアの非常に深淵で捉えにくいテーマの扱い方を学ぶためだった。だが執筆を終えて振り返ってみると、まだ不満が残った[※8]」とボームは述べている。

のちにボームが語ったところによれば、彼の心に最も重くのしかかった問題は「波動関数を実験や観察の結果の観点でしか議論できず、究極的にどのような言葉でも、それ以上はまったく分析も説明もできない一まとまりの現象として扱わなければならないことであった。そのため理論は、現象を超えることができなかった」[※9]。

そこでボームは、現象を超える理論の構築にたった一人で取りかかったのである。

第22章 「隠れた変数」と潜伏

1951年〜1952年

「量子力学は通常、自己完結した理論と解釈されるが、実験的に検証することはできないある前提を必要としている」という書き出しで、ボームはやがていわくつきとなる論文を書き始めた。「すなわち、個々の系の可能で最も完全な詳細は、実際の観測過程で得られる可能性の高い結果だけを決定する波動関数によって表されるという前提である」。1951年のことであった。ボームの『量子論』はまもなく書店に並ぶ予定だったが、これが印刷されている間に、著者であるボーム自身がこの本の趣旨を否定していたのである。彼は、この分野で最も権威ある『フィジカル・レビュー』誌に2部から成る長い論文を投稿する予定であった。

ボームは続けた。「この前提が真であるかどうかを調べるには、(現在のところ)『隠れた』変数によって量子論の別解釈を見つけ出す努力をするしか方法がない。この変数は、原則として個々の系の正確なふるまいを決定するものであるが、実際には、現在行いうる種類の測定から平均を求めるものである」。彼は軽く椅子の背にもたれると、いくぶん子供っぽい筆跡で数行書きなぐっただけのほとんど真っ白の紙を眺めた。これから書こうとする内容が、自分でも信じがたかったのだ。「本稿および次の稿で、まさにそうした『隠れた』変数による量子論の解釈を提示していきたい」これは新しい理論ではなく、〝再解釈〟なのだとボームは説明する。「数学的理論が現在の一般的な形式を保持するかぎり、通常の解釈と同様に、この解釈によってもあらゆる物理的過程できっちり同じ結果が導かれる。それでいて、この解釈を用いれば通常の解釈よりも大きな概念的枠組みが得られる。なぜなら、量子レベルにおいてもすべての過程を正確かつ連続性をもって記述できるためである」

これまで量子力学のあらゆる考え方を世界観に組み込んできた彼には、この解釈は大胆な方向転換だった。それでも、ボームは晴れやかな気分だった。「この幅広い概念的枠組みにより、通常の解釈以上に理論の一般的な数式化が可能となる」。彼はさらに続けて、量子力学は、小さな核の直径よりも短い距離の場合には破綻する可能性がある（当時はそのように思われた）という彼の見込みを述べた。

「いずれにせよ、そのような解釈の可能性があるというだけでも、個々の系を量子レベルの正確さで合理的、かつ客観的に詳述することを放棄する必要がないのは明らかである」[※1]

1951年の独立記念日を迎える直前にボームは、大きな反発を呼ぶことになる長い論文を『フィジカル・レビュー』誌に投稿した。[※2] こうしてコペンハーゲン学派を相手とするデヴィッド・ボームの長く孤独な闘いの幕が切って落とされ、最終的にはジョン・ベルの大発見へとつながっていくことになる。

ボームは、『フィジカル・レビュー』誌で4ページにわたって主に不確定性原理についてじっくりと説明したのちに、ようやく副題である「シュレーディンガー方程式の新たな物理的解釈」[※3] に従って自身の考えを述べ始めた。彼は他人の論文をさほど読まなかった。そのため、波動関数のこの「新たな物理的解釈」が、実は量子レベルの粒子を導くド・ブロイの「パイロット波」をずっと具体化して復活させたものだと気づいたのは論文を書き終えた後のことであった。[※4]

パイロット波はシュレーディンガー方程式を、測定行為中にたった一つの選択へとふしぎにも「収縮」する可能性の羅列であるとは考えない。そうではなく、流れ——奇妙に絡み合う、目には見えない流れであるが——のように、「何か形あるもの」として扱う。ボームやド・ブロイが思い描く量子レベルの粒子は、この見えない流れに浮かぶ小枝のようなもので、こちらで大きな流れに乗っているかと思えばあちらで葉っぱを集めながら渦を巻き、向こうでは水に沈む岩で流れが泡立つ下に追いやられている。普通の川が普通の小枝に及ぼす力は最終的には重力か電磁気力のいずれかだが、シュレーディンガー方程式という川に浮かぶ量子レベルの粒子についても同じことが言えると考えられる。とはいえ、シュレーディンガー方程式の効果がすべてこうした力によるものとは言い切れず、ボームは仮にその残りを「『量子力学的な』ポテンシャル」※5とよんだ。

この量子ポテンシャルと関連するのが「客観的に実在する場」であり、ボームはこれを「Ψ場」※6と名付けた。彼が論文の後半で大胆に述べているように、Ψ場から、EPRパラドックスの状況と同様の「離れた物体間の量子力学的な相関を生み出す原因に対するシンプルな説明」が得られる。「『量子力学的な』力は、Ψ場を介して瞬時に一つの粒子からもう一つの粒子に制御不能な影響を及ぼすと言えるだろう」※7。場を介していようといまいと、瞬時の効果が〝幽霊〟による遠隔作用であることに変わりはなく、アインシュタインが受け入れがたかったのはまさしくその点であった。「もちろん、粒子が重力場や電磁場、……もしくは未知の場だけでなくΨ場の影響を受けてはいけないと考える理由はない」※8とボームは言う。そのことを受け入れられれば、量子論の奇妙さのすべてが——不快で有害な主観性を除けば——〝見えない流れ〟にひそむこの未知の〝幽霊〟による力から生じている可能性があると考えることができる。

ボームは読者を安心させるように、論文の前半部分（瞬時に作用する場の観点からEPR問題を「シンプルに説明」※9している後半部分ではない）の初めと終わりで、彼の考えを劇的に変えたアインシュタインについて言及している。1ページめから「アインシュタイン……は、量子レベルにおいても正確に定義できる要素」——ボームが仮定する要素など——「がなければならず、それらが個々の系の可能性のあるふるまいにかぎらず、実際のふるまいを決定していると常々考えていた」とある。さらに「量子力学の現在の形態が不完全であるとするアインシュタインの立場に変わりはない」[※10]と言及し、「アインシュタイン博士の興味深く刺激的な議論」[※11]への感謝を述べて論文の前半部分をまとめている。

論文は、こうした議論の際に彼かアインシュタインが述べたであろう意見で締めくくられている。

理論の目的は、すでにやり方を知っている観測結果同士を相関させるのみならず、新たな観測方法の必要性を提示し、その結果を予測することである。実際、理論が新しい観測方法の必要性をうまく提示し、観測結果を正しく予測できれば、我々はこの理論が物質の実際の特性をうまく表現している可能性が高いとますます自信を深めるのだ。[※12]

「通常の解釈と同様に、あらゆる物理的過程できっちり同じ結果が導かれる」[※13]と読者を安心させて始めた論文にしては、奇妙な終わり方だった。

「僕がこれを見つけたなんて信じられないな」[※14]

新しい理論を説明し終えたボームは手をそわそわと動かし、ほとんど祈るような顔つきをしていた。彼は、ロングアイランドに住む旧友モート・ワイスの家の居間で窓を背にして座っていた。夜が訪れようとしていた。黄色のオープンカーが、夕闇の中を光って通り過ぎた。「新しく発見したんだ——30年間、誰もがたった一つしか方法がないと信じていたのに！」

ワイスは笑った。興奮したボームを見ていると、ペンシルヴェニア州立大学での日々がよみがえってきた——夜更けまで本を読み議論しあったこと、ワイスがアルバイト先の食堂から持ち帰った売れ残りの甘いパイをつつきながら、独学で現代物理学を学んだこと。[※15] ボームは、学生時代の野心的な夢を叶(かな)えようとしていた。

「当ててやろうか。歩きながら全部考えたんだろう」とワイスが言った。

ボームはにやっと笑った。「屋内で考えるなんて、僕には理解できないね」

学生時代のボームは「大量の酸素」を求めて散歩することで有名だった（昼食後に毎日2時間丘を歩き、夜もキャンパスを歩き回っていた）。[※16] 加えて、ボームは甘いものにも目がなく、ワイスは、お祝いに出したアイスクリームを彼が平らげるのを見て相変わらずだなと考えていた。

二人はさらに、かつてペンシルヴェニア州ウィルクスバレで過ごした子供時代の思い出をたどった。ボーイスカウトではユダヤ教の戒律に従った食事を出してくれないため、自分たちでキャンプに行けるようにボームの父親が買ってくれたテントで、一緒に旅をしたことがあった。[※17] 当時の友人の一人サム・サヴィットが今では馬の本の挿絵を描いていること、放課後に物理を一緒に勉強した別の友人は中退して鉱山で働いていることなど。だが、この炭鉱の町にあっても中流階級のユダヤ人を両親にもつボームとワイスには、そうした運命をたどるおそれはなかった。

二人はボームの著書についても話し合った。「この本が完成したとき、オッペンハイマーときたら、僕ができる最善策は穴を掘ってこの本を埋めることだとみんなに言ったんだ」[※18]。そのオッペンハイマーは、ボームの推薦状を書いてくれていた[※19]。アインシュタインからも推薦状を取りつけ、最終的にボームは、ブラジルのサンパウロで職を得ることになった。

「家のそばを黄色いオープンカーが通ってなかったかい？」[※20]とボームは唐突に訊ねた。

「ああ、見たけど」とワイスは驚いて答えた。「なんでだい？」

「つけ回されているんだ」とボームは言った。

その晩、ボームは夜の闇にまぎれてフロリダに向けて出発しようと決めた。ワイスが一緒に通勤電車に乗って、ペンシルヴェニア駅まで送ってくれた。ボームは頭上にある手すりにつかまり、上着が肩の回りにずり上がった格好で、時折そのよく動く手を離して身振りを交えて語った。

二人の向かいにいた男が新聞を読んでいた。ワイスの目に入ってきた面には、茶目っ気のある細い顔に愁いをおびたまなざしのボームの写真が載っていた。「彼から引き出せたのは、彼の名前だけだった」という見出しがついていた。ワイスは現実離れした光景に笑い出したくなった。「おい、デイヴ。『フィジカル・レビュー』誌の印刷を待つ必要はない。もう名前が活字になってるぞ！」[※21]

ボームは肩越しにちらりと見た。目を見開き、さっと目をそらした。

「勇敢な行為だったと思うよ」と静かにワイスが言った。

「そういえば、君の親父さんはいつも、僕が政治的にひどい結末を迎えると言ってたな」とボームがつぶやいた。

「ああ。君たち二人が共産主義対資本主義の議論を夜遅くまで戦わせている間に、僕は2階に上がって先に寝ていた」——ワイスは思い出して首を振った——「いつも車で送っていくと言うのに断っていたな。その頃から、夜でも必ず歩いていた」[※22]。そして、ボームの顔を見て突然、眉を寄せた。「デイヴ……その鼻……前と同じじゃないだろ?」

ボームは怪訝(けげん)そうに彼を見たが、ふと思い当たった。——ペンシルヴェニア州立大学の明るい窓の外で大雪が降っていた深夜の出来事だった。散歩から戻ってきた二人の吐く息は白く、ワイスは、そのときなぜか開いていた寮の窓に雪玉を投げ込んだのだ。その後、ボームが玄関の扉を開けたとたん、待ち構えていた雪玉の被害者の怒りの鉄拳を食らったのである。

ああ、とボームは鼻が折れた部分を触り[※23]、「違うね」と答えた。

「本当にすまない。大事な酸素の供給に支障がないといいが」とワイスは心から謝った。

ボームは笑った。「気にするなって」

「根にもたないやつだな[※24]」

二人はペンシルヴェニア駅で降りた。ボームはフロリダ行きの列車に乗り替え、実際の、あるいは想像上の監視の目から逃れたのである。

10月になると、ボームはサンパウロに向けて旅立った。機内で座っていると、雨が滑走路に激しく打ちつけ、風で雨粒が楕円形の二重窓ガラスに当たっていた。ボームは青色と茶色のチェック柄の座席に座り、離陸はまだかとやきもきしながら雨を眺めていた。

パスポート手続きの間中、彼は苦悶していた。普通より時間がかかってやしないか？　アインシュタインはオッペンハイマーとも相談したうえで、ボームが出国するのを止めようとする者はいないだろうと言ってくれた。「もしかするとオッペンハイマーがこの件を軽く考えているかもしれないが、私も何も深刻なことはないと思う[※25]」。二人の偉大な師から勇気づけられ、パスポートはこれといった問題もなく手元に届いたのである。

飛行機が動き始めた。ボームは窓の外を見やり、陰気な景色が流れていくのを眺めていた。そのとき、飛行機が止まった。機長のアナウンスが入る。「あるお客様のパスポートに問題が見つかったため、当機はターミナルに引き返します」

ボームは突然、電流が肺を突き抜けて胃を直撃したような衝撃を覚えた。思わずシートベルトを握りしめたこぶしは白くなっていた。彼は唾を飲み込もうとした。

客室乗務員が彼の方に向かって歩いてくる。まるで、オレンジジュースに氷を入れるかどうかを訊ねに来るような顔つきだ。心臓の鼓動が速くなりすぎて怖いほどだった。シートベルトが手のひらに食い込んで痛かったが、手を離すことはできなかった。もしかするとオ、ッ、ペ、ン、ハ、イ、マ、ー、が、こ、の、件、を、軽、く、考、え、て、い、る、か、も、し、れ、な、い……。

客室乗務員は、彼の横を通り過ぎた。

もしかすると——どうなってるんだ？

彼女はボームに見向きもせず、数列後ろで立ち止まると、一人の乗客のほうへ身をかがめた。あまり英語がわからない風の小柄なインド人男性が、彼女の後について飛行機を降りた。[※26]

飛行機はふたたび滑走路に向かって動き出した。ボームは崩れるように上体を折り曲げ、頭をひざにつけた。飛行機はまるで奇跡のように滑走路を飛び立ち、雨空の中へ入っていった。

「離陸ってほんとうに嫌ね」と隣にいた女性の優しい声がした。「でも姉が言うには、今は自動車を運転するより空の旅のほうが安全なんですってね。信じられます？」

ボームは体を起こし、彼女に向かって弱々しく頷いた。彼の胃はまだ、危機脱出の知らせを受け取っていないかのようだった。ごくりと唾を飲み込み、息を吸って心臓の鼓動を落ち着かせようとした。

「どうしてあの外国人の男性を降ろしたのかしらね」

隣席の女性がつぶやいた。

第23章　ブラジル

1952年

ブラジルはとんでもないところのようだ。ブラジルの空港に着いたとたん、誰も迎えに来ていないと知ったボームは、またもやパニックに襲われた。なんとか身振り手振りでホテルへたどり着くと、ベッドに腰を下ろして小さな本を開き、ポルトガル語を覚えようとした。

ボームは翌日、覚えたてのたどたどしいポルトガル語で、ジャイム・ティオムノと連絡を取った。ティオムノは数年前までプリンストン大学の大学院に留学しており、ボームが住むことになるアンジェリカ大通りのアパートに連れて行ってくれた。[※1] それからマリア・アントニア通りにある大学の大きな白い柱を通り抜けて、案内役の学生をボームに紹介してくれた。壁には学章が飾られ、下部に「科学によって勝利する（ヴエンセラス・ペラ・シエンシア）」[※2]と書かれていた。その学生は誇らしげに、その建物がどれほど「洗練されている」かを説明した。

「どういう意味ですか？　シエンシアは科学、ですよね？」とボームは訊ねた。

「そうです。真の科学、英語では何と言うのでしたっけ？　知識……かな？　この言葉は、『汝は知識によって勝利する』かな？」そう言いながら学生は歩き始め、「物理学部の建物を案内しましょう」と言った。

ボームは立ち止まったまま「ヴェンセラス・ペラ・シエンシア」という文字を眺めていた。数ヵ月後に『フィジカル・レビュー』誌に掲載されるはずの自身の論文を思いながら。

大学で教え始めてみると、そこでやるべき仕事は多く、ボームはそれに熱中した。[※3] 彼は、自分が必要とされていると感じていた。ティオムノとともに「隠れた変数」のスピンについて取り組んだ。これまでは物理学の学術誌を熱心に読んだためしがなかったが、地球を半周分南下してやってくる学術誌が今や、他の物理学者との数少ない接点となっていた。大学からアンジェリカ大通り沿いの家に帰宅すると、腐った食べ物の臭いで気分が悪くなった。眠るときも食べている間じゅうもつきまとう腐敗臭のため、ボームはたびたび嘔吐した。体重が落ち、顔にしわが刻まれ、やつれて浮世離れした風貌になった。

ある蒸し暑い夜、ボームはベッドに横たわってこう考えていた。ブラジルだけにあてはまる「熱力学の第6法則[※4]」を見つけた。動くべきものはすべて静止しており、静止すべきものはすべて動く。

あるとき、彼は海の中に横たわっていた。「浮き漂って波が砕けるのを見ていたい」とボームは友人ハンナ・ローウィに宛てた手紙に記している。「この暖かい海との一体感を覚えると、いっそこのまま海に溶けて、はるか遠い浜辺まで広がっていきたくなります」[※5]

またあるとき、彼は入院先のベッドで横たわっていた。おなかの不調に苦しみ、熱を出し、いらついていた。

ボームの教え子で共同研究者だったトッド・ステイヴァーが、ブラジルを離れてマサチューセッツへと移っていった。ボームはしばらくして、ステイヴァーがスキー事故で命を落としたと知らされた。ジャイム・ティオムノはリオデジャネイロに戻ってしまった。ボームは新しい友達もつくれず、料理もできず、「自分の研究の価値に対する確信が若干揺らいだ」[※6]ように感じていた。

ブラジルに渡って3ヵ月経った12月のことだった。ブラジル南東部のベロオリゾンテで開催されたブラジル科学アカデミーの学会で、ボームはファインマンの姿を見かけた。[※7]

リチャード・ファインマンは1年間の研究休暇を取り、サンパウロから大西洋沿岸を少し北に上がったところにあるリオで教えていた。ファインマンのなつかしい顔と陽気なふるまいを目にし、積もる話や笑い声を聞くのはすばらしい体験だった。ボームは、自分だけの個人的な宇宙が秩序を取り戻したように感じた。――ファインマンがここにいる。

学会が終わると、「デイヴ、飲みに行こう。どこかいいバーを知らないかい？」とファインマンが訊ねてきた。

ボームは知らなかった。「いいね、すばらしい！」ファインマンの言葉に皮肉な響きはまったくなかった。「じゃあ行こう！」

ファインマンは手を上げてタクシーを呼び止め、ポルトガル語で運転手に何やら問いかけた。人工皮革の座席にもたれたボームにも、ファインマンが話した内容の一部は理解できた（「何やらサンバがどこかで面白いとか何とかだ」）。運転手は頷き、前を見ていたがこちらに注意を向けており、メーターを倒してからようやく答えた。

「いいね（ベン・ボン）」ファインマンは言い、「面白そうだ」と座席にもたれた。「サヴァッシ地区に連れて行ってくれるそうだ。そこがいいらしい」

ボームは軽いめまいを覚えて、学生時代に戻ったように感じていた。ファインマンとボームのおでましだ。独身で30歳かそこらで、見た目もそう悪くない二人が町に繰り出す――今回はブラジルで。楽しいじゃないか？　悪くない。学会の後なので格好がフォーマルすぎないといいが、と思った。ファインマンはいつも古くさい服を着ているのに、彼がボンゴを演奏する店から物理学会、そしてナイトクラブまで、どこへでも自然体で出かけていく。それが場違いであるにもかかわらず、その場にふさわしい服よりも格好がいいときている。そういうところがアインシュタインに似ていた。ボームに言わせれば、アインシュタインは奇妙奇天烈な格好で靴下も履かずにプリンストン周辺を歩き回っているが、それで構わないのだ。構わないどころか、それこそが神秘的な雰囲気の一部をなしているのだ。ファインマンもまた、神秘性を作り出す達人になりつつあった。

「それで、サンパウロに来て調子はどうだい？」とファインマンが訊ねた。

ボームは困ったように眉を上げて頷いた。「ああ……いいよ……優秀な学生も何人かいるし……」[※8]

「なあボーム、学生たちが丸ごと暗記してるって気づいてたか？　リオの学生は何でもかんでも頭に叩き込む。だけど、頭の中では何一つ意味のある言葉に変換されていないんだ……[※9]ここじゃ仕事がいっぱいある。教えることだらけだ」

「僕たちはここで、物理学を確立する手伝いをしているんだからね」とボームは言った。「サンパウロは学部が設立されてから20年も経っていないから」

「ああ、わくわくするね。学生を教えないでいるなんて考えられない。プリンストンにいた頃、高等研究所の優秀なエリートの実態を見た。とてつもない頭脳の持ち主ということで特別に選ばれし者たちが、森の近くのこぎれいな建物に席を与えられている。授業で教えることもなければ、何の義務もない。だからかわいそうに奴らは、独りぼっちで座ってすっきり考えることができるってわけさ」[※10]そう言ってファインマンは笑った。「あれほど泣けてくるものはなかったね」

ボームも笑っていた。「プリンストン研究所（プリンスティチュート）らしいな。[※11]世紀の偉大な停滞した頭脳が集まる場所だ」

「邪魔してくれる奴が必要なんだ！　とにかく彼らには何もない。教える学生もない、実験物理学者との交流もない、彼らに与えられるものがない」。ファインマンはパチンと指を鳴らした。「アイデアのひらめきをね」

「だけどここじゃ……」とボームはぽつぽつと話し始めた。「僕自身が停滞しているんじゃないかって心配になる。英語がよくわからない学生に物理学を教えていると、想像力がそれほどかきたてられないんだ。言葉の壁が大部分の人との本当に親しい関係をかなり難しくするとわかって、ちょっと怖いくらいだ[※12]」

「言葉はわかるようになるさ」とファインマンが言う。「心配するほど時間はかからない」

タクシー運転手は車を止め、ボームが財布を探している間にファインマンに話しかけた。「オーケー、ありがとう」。ポルトガル語で何やらファインマンが支払いをすませた。「今夜はこのバーで、上手なサンバ・ダンサーが踊るらしい。なあボーム、サンバに夢中なんだよ。今スクール(エスコーラ)にも入ってる」

二人は高層ビルの立ち並ぶ通りから薄暗いバーへと入っていった。

「スクール——といってもプリンストンみたいなスクールじゃなくて、魚の群れの意味のスクールさ[※13]」とファインマンが説明した。

「へえ……じゃあドラムの演奏を?」

「まあ、サンバ・ダンサーの一群(スクール)と一緒に演奏したくて、フリジデイラっていうすばらしい楽器を練習してるところだ。おもちゃのフライパンにそっくりで、小さな金属のバチで叩くのさ[※14]」。ファインマンはバーのスツールに腰かけ、手を動かしてどんな楽器かを示した。「すごいんだ。リオのカーニバルのために新しい曲も準備した。本当に興奮するよ。仮装しなきゃならないから——メフ

ィストフェレスにでもなるかな」[※15]

そのとき突然、ボームは激しい嫉妬の念に駆られた。ファインマンに再会した瞬間から忍び寄っていた感情だった。ファインマンは、現にブラジルの生活を楽しんでいる。いいね、すばらしい！と思っている。だがボームにとっては、胃腸の不調、入院騒ぎ、交通マナーの悪さ、レストランの食べ物の恐怖、ポルトガル語をしゃべる人々への恐怖、そしてパスポートにまつわる新たな恐怖でしかなかった。ボームはファインマンの活発さが、どんな状況にも対応できる言語の流暢さが、そして万事順調に進むことがうらやましくてたまらず、自分が惨めに思えた。

「ファインマン、やつらは僕のパスポートを取り上げたんだ」

「やつらが何をしたって？　誰が？」

「アメリカ領事館だ。やつらは『パスポートの登録と点検』のために来いと僕に言ったんだ。出向いたらこんどは、アメリカに帰りたくなったら領事館に来ればパスポートを取得できると言い出した。帰国の予定がなければパスポートを預かる、と」

「そんなバカな……」ファインマンは顔をしかめた。「目的に心当たりは？」

「やつらは確実に僕にここに居させて、ソ連に大事な秘密をいっさい洩らさないようにしたいのさ。まるで僕が何か知ってるみたいに」

ファインマンは大笑いした。「ともかく向こうの望みはわかってるんだろ。共産党のやつらと付き合うなよ」

「パスポートを取り上げられた夜――、2日前のことだけど、車が家のまわりを1時間もぐるぐる回っていたのを僕のルームメイトが目撃してる[※16]」

「そんなバカな……」ファインマンはふたたびうなった。「単に誰かが道に迷ったって可能性は？　南米の都市はひどくわかりにくいからな、特に夜は」

ボームは肩をすくめて眉を上げた。「僕は監視されてるんだ。こんなところまで来てもね」と言ったが、ファインマンにはそれが事実なのか、彼の被害妄想なのかはわからなかった。

ファインマンは腕組みをして背をそらした。「でもよくわからないな……」

ボームは勢い込んで続けた。「僕はここにいても、完全にアメリカから離れていないとわかったんだ[※17]」

「帰国はしないんだろう？　その顔を見ればわかる。なあ、この手の話は本当に気が滅入る。それにそうだ、まだ話してくれてないじゃないか、噂によると『フィジカル・レビュー』誌に何やら面白いものを投稿したとか」

ボームの顔がぱっと輝いた。はっきり顔に出たのでファインマンも変化に気づいたほどだった。

「教えてくれよ」ファインマンは腕組みをしたまま身を乗り出して言った。

「僕は隠れた変数を使って量子力学を再公式化したんだ」とボームは言った。

ファインマンの眉が跳ね上がって、ぼさぼさの前髪に近づいた。

「いいかい、WKB近似[※18]がシュレーディンガー方程式」――有益な半古典的な手段――「に近似しているのを見ていて思ったんだ。どうして粒子は、実際に軌道をもたないんだろうって」。ファインマンは下まぶたを持ち上げるようにして目を細め、首を傾げた。「で、もし粒子に軌道があるなら、もし軌道に沿って決定論的に飛ぶとすれば、近似を量子論の結果を再現するものに変えるためには何をすればいいのだろうか、とね」

ファインマンはとうとう、信じられない気持ちを抑えきれなくなった。「デイヴ、決定論や量子飛躍を持ち出すなんてどうしたんだ。本当に頭がおかしくなってるぞ」

「そんなことはない。全部うまくいくんだよ。最後まで説明を聞いてくれ。大事なのはこの新しいポテンシャル・エネルギーってやつで、シュレーディンガー方程式からすんなりと出てきたんだ。僕は『量子ポテンシャル』という名前をつけた」

何杯かの酒を飲みながら手をせわしなく動かし、ナプキンに書き込みをしながら注意を要する問題の説明がすむと、ボームは、すべてに論理的一貫性があるとファインマンが納得したようすを見てとった。[※19]ボームは後日、ファインマンが「ひどく感銘を受けていた」[※20]と友人で数学者のミリアム・イェヴィックに書き送っている。

ファインマンの同意を得て勢いづいたボームは、一気に話した。「なあ、ファインマン。真に新しい理論ってものがどれほどわくわくするか覚えているだろう？　君は新しいアイデアを考えたり見つけ出したりするのに興味津々だったじゃないか。ベーテはコーネル大学みたいな気が滅入る場所で君をだまして、ただ延々と計算をするように仕向けたんだろう。ベーテは人間計算機だからな[21]」

ファインマンは真顔になった。「デイヴ、ハンス・ベーテは一流の科学者で偉大な人物だ。それに」――と言ってニカッと笑った――「俺の知っているかぎり最高の人間計算機なんだよ。ハンスと数学をやるのは楽しいぜ。二人で張り合ってさ。どっちが速いか、どっちがうまくやれるかって。ほんとに面白い。ただ、いつも向こうが勝ってるけどな[22]」

ボームはファインマンの寛容さを見て、彼を主流派の量子論から離れるよう説得できそうな気がした。ファインマン自身が好んで言っていたが、どうして頭のいい人間はバーではこんなにバカなんだろう[23]？

「なあボーム、この理論をまとめたと聞いて嬉しいよ。すごいじゃないか。だけど俺には合わない。俺のやり方じゃない。知ってのとおり、問題が大好きなんでね[24]。ここに問題があるようには見えない。量子力学はうまくいってるのに、なんでわざわざかき回すんだ？　まあいいけどな」。ボームがその修辞的な問いかけに答えようとすると、「何かが見えたんだな、すごいじゃないか[25]。それがやりたいことならやるべきだ」とファインマンは言った。

「ビールはいるか？　俺は飲む」そう言うと「ビールを二つ（ドゥアス・セルヴェージャス）」とバーテンダーに声をかけた。

「いや」と、慌ててボームは「ビールを一つだけ（ソー・ウマ・セルヴェージャ）」と言い直した。それからファインマンに訊ねた。「ところで、アメリカから何か便りはあったかい？」

「あまりないね。そっちは？」

「全然。なしのつぶてだ。アインシュタインから手紙が届いたのは嬉しかった。それからパウリが手紙をくれた。僕の考えが論理的だと認めてくれたようなものだ。※26　だけど手紙がここまで届くのにものすごく時間がかかるんだ」

「まったくだ」ファインマンも同意する。「このところフェルミと話し合ってたんだ。中間子※27」――1947年に発見されたばかりの神秘的な粒子――「について手紙でやりとりしてたね。でもいらいらする。いい考えが浮かんだと思っても、郵便だと延々と待たなくちゃならないからね」

そう言うとビールをぐびりと飲んだ。「ただ、一つだけすぐに連絡できる方法がある」と言って笑った。「カリフォルニア工科大学（カルテック）とアマチュア無線で話せるんだよ」

「何をしてるって？」

「目の不自由な友達がいるんだが、そいつがアマチュア無線家（ハム）でね。週に一度、僕に無線をさせてくれるってわけだ※28」

「アメリカにいる仲間とそんな風に物理学について話し合えるなんてすごいな――僕は――僕は切り離されたように感じている。論文が学術誌に掲載される頃には内容は古くなっていて、それがここまで届く頃には言わずもがなだ」

ファインマンは頷いてビールのジョッキの縁を指でなぞった。「なんだかなあ、寂しくなって、また結婚したほうがいいのかなと思ったりもするよ※29」

「そう、僕も同じだ。ここに来る前に結婚しておけばよかったと思うよ……」

「でも、ここの粋な女の子たちを見てみろよ！」きっぱりと言いながら、ファインマンはバー全体を手でぐるりと指した。

「ああ……」ボームは言った。「ただ話し相手がほしいだけじゃない。ここには科学を語れる相手がいないんだ……しばらくはティオムノがいてくれたけど、もう君のところに戻ってしまった」

「言いたいことはわかるよ。1週間に一度アマチュア無線でつながっても、ティオムノがいても、やっぱり寂しいさ」カウンターに肘をついて、ボームを見ながら笑うファインマンの表情は、悲しげだった。

ボームは、うらやましく感じた気持ちが消えていくのを感じた。ファインマンだって――、物理学者と話ができ、彼を崇拝する女の子たちに囲まれ、あのバイタリティーにあふれた自然体のファインマンだって、寂しいのだ。

夜が明ける頃、二人はバーの外の歩道の縁石の上に立っていた。ファインマンは冗談を言い、タクシーでない車に向かって手を上げ、ボームは3ヵ月ぶりに笑った。

帰宅したボームは「彼は生涯の友だと思う」[※30]と書き記した。

第24章　世界からの手紙
1952年

ベロオリゾンテからサンパウロに戻ったその日に、ボームはパウリからの1951年12月3日付の手紙を受け取った。

あなたが導き出した結果が、通常の波動力学の結果と完全に一致するのであれば、また装置と観測系の両方で「隠れた変数」の値を測定する術がない以上、論理的な矛盾がある可能性はもはや見出せません。

「観測系」という言葉を見てボームの頬がゆるんだ。いかにもパウリらしい表現で、ボームに大丈夫だと伝えているのだ！　それにあのパウリが問題を見つけられないのなら、他の誰も見つけられやしない。ボームは続きを読んだ。

「現在の状況を見るかぎり、あなたの『追加の波動力学的予測』は現金化できない小切手のままです」[※1]

ボームは椅子の背にもたれて手紙を読み直した。隠れた変数は現金化できない小切手である——パウリからの最大級の賛辞じゃないか。ファインマンから最高の反応が得られたのと同じだ。

ボームは「量子ポテンシャル」の「遠く離れた粒子間の瞬時の相互作用」[※2]、すなわち非局所性について臆せずに述べている。量子ポテンシャルは、個々の部分ではなく全体の状態に直接、左右される。「これがどれほど斬新な影響を与えるか……を強調したい。ボーアの微妙な言い回しではあいまいかつ間接的にしか示唆されなかった点である」とボームは書いている。ボーアがベールで覆い隠した部分にボームは光を当て、「直感的に理解できる同じ概念を用いて量子論と古典理論を表現し、両理論の相違点を明確に認識」できるようにした。「私はそのような洞察はそれだけで重要な意味をもつと考えている」[※3]。このことが正しく評価されるには、ベルの登場を待たなければならなかった。

一方、ボームはルイ・ド・ブロイにも論文を送っていたが、ド・ブロイは返事を寄こさず、それどころかフランスの学術誌で反対意見を表明した。その知らせがボームのもとに届くと、彼は困惑した。ボームは旧友ミリアム・イェヴィックに手紙を書いた。「[ド・ブロイは]僕の論文をちゃんと読まずに、ド・ブロイ自身が持論をあきらめる原因となったパウリの批判を繰り返すばかりで、こうした反対意見は有効でないという僕の結論にも言及しませんでした。だからちょっと滑稽なさまをさらすことになるでしょう。僕の論文が発表される5ヵ月も前に駆け込みで活字にするからこうなるのです[※4]」

他の物理学者からの反応を待ち、パウリからの手紙を何度も読み返しながら、ボームはいい加減なブラジルの郵便事情に疑いを抱き始めた。「物理学の大御所連中が共謀して、今回の論文を黙殺するのではないかと僕は恐れています。彼らは、僕の論文には目立って非論理的なところはないけれども、単に哲学的な問題にすぎず、実際的な面では興味をそそられないと、有力とはいえない連中にも触れ回っているのでしょう」とボームはミリアムに書いている。

1月がめぐってきて、1952年の『フィジカル・レビュー』誌が刊行されたはずだということを知った。「僕の論文の受け止められ方を予想するのは難しいですが、長期的には大きな影響を与えることができるはずだと思っています[※5]」とミリアムに期待を込めて述べている。

1月が過ぎていった。ボームは胃腸の調子が悪化し、ますます高価なレストランで食事をとるようになっていた[※6]。郵便が届く瞬間だけを楽しみに毎日を過ごし、どこに行ってもつきまとうアメリカの工作員に生活を脅かされていた。自分の論文に目を向けようとしない「物理学における形式主義と実用主義のこのあきれはてた精神と闘いたい衝動に駆られます」とボームはミリアムに書いた。「熱いナイフで心臓をえぐられるような苦痛です[※7]」

一方、ボームの旧友たち——かつてのオッピーの門下生——もそろって問題を抱えていた。ロッシ・ロマニッツは職が得られず、ジョセフ・ワインバーグは「科学者X」としてロシアに秘密を漏洩した容疑で公判中であった。バーナード・ピーターズはボンベイ（現在のムンバイ）の研究所で教えていたが、アメリカのパスポート更新の申請が認められず、アメリカ市民権を棄てて（す）ドイツ国籍に戻らざるを得なかった。[※8]

南米に冬がめぐってきた頃に1通の手紙が届いたが、コペンハーゲンからではなく、今はイギリスのマンチェスターにいるボーアの助手、ローゼンフェルトからであった。わずか2年後の1954年にパウリが言ったように、ローゼンフェルトは「ボーアの平方根にトロツキーをかけたよう」[※9]になっていた。パイスは彼を「相補性の信仰を自任する擁護者、かつ勤王派[※10]」と呼んだ。ボームとは異なり、彼が量子論と弁証法的な物質主義への確固たる考えとの間に矛盾を感じなかったのは明らかである。

1952年5月三十日　マンチェスターにて
［日付のつづり間違いに気づいたボームはふっと笑って読み始めた］

親愛なるボーム、
私はもとより相補性の問題についてあなたや他の誰かと論争をするつもりはありませんが、それは単純に議論の余地がまったくないためです。ですが親切な手紙を戴き、あなたが提起したいくつかの点について和やかに会話をする気持ちで返信いたします。

私がこの問題に関して頑なな態度を取っているのは行き過ぎだとあなたはきっとお思いでしょう。自分も、そしてボーアですら間違いを犯すということを失念していたかもしれません。ボーアとこの問題に取り組んだ体験をお話しすれば安堵されるでしょう。場の測定可能性の問題に取り組んだ際、最終的に確かな見地に到達するまでに我々はおそらく考えつくかぎりの誤りを犯しました。結果を過信するという間違いを経て、方法を洗練させてきたにすぎません。一つだけ例を挙げれば、私たちはマックスウェルの方程式の妥当性さえも躊躇せずに疑ったのです。ある議論でマックスウェル方程式が間違っている可能性が示唆されたからです（後にそれは間違いと判明しましたが）。我々の考え方が決して頑なではないこと——私たちが何やら魔法の呪文を唱えて相補性を信じ込もうとしているとあなたは疑っておられますが、そうではないこと——を示すためにお話ししているのです。パリにいる、あなたを崇拝する人たちにこそ、やや原始的な考え方の不穏な兆候が見られると反論したい気持ちになるのです。

あなたのおっしゃる相補性へのアプローチの難しさは、本質的に形而上学的なものの見方によるもので、それはほとんどの人が、幼い頃から宗教や理想的な教育哲学の支配的な影響力によって教え込まれたものなのです。この状況への対処法はもちろん問題を避けることではなく、形而上学を振り払い、弁証法的な視点を学ぶことです。

……大切なのは自然そのものの導きだけを受け入れることで、それ以外は受け入れてはなりません。

敬具

L・ローゼンフェルト※11

ボームはマリア・アントニア通りを見下ろす研究室に座っていたが、サンパウロを走る車のブレーキの音が下から聞こえてきて彼はいらつき、疲れていた。半年近く待った挙句、コペンハーゲン派から届いた唯一の反応がこの自ら卑下して見せる皮肉（「ボーアですら間違いを犯すことがある」）だったのだ。もしローゼンフェルトがド・ブロイに会っていたら、もはや「パリにいる、あなたを崇拝する人たち」などとは言わないだろうにと思った。

どうして僕はこんな湿った寒いところに来てしまって、自分の理論のために戦えないでいるのだろう？　ボームは惨めな気持ちでサンパウロ大学で見た言葉を思い出していた。まさしくその通りだ——汝は知識により勝利（ヴェンセラス・ペラ・シエンシア）する。

「私たちはどちらもデヴィット・ボームの友達です——ですからお互いに知り合うべきだと思うのです」※12ミリアム・イェヴィックは、ボームがブラジルに発った翌月にユージン・グロスに宛ててそう記した。グロスは、ボームが受け持った最初の大学院生で、ボームの初回の講義を受けて夢中になった。数十年後に「ボームは控え目に巨大なパノラマを広げてみせた」[※13]と回想している。グロスは最初の4本の論文をボームと共に著し、ボームがそのときの講義で扱ったプラズマの奥深い領域を開拓した。

1952年初頭、ミリアム・イェヴィックと夫ジョージは、マサチューセッツ工科大学へ車で向かった。ジョージは物理学者で、彼もまた、ボームの友人の一人だった。二人は同大学の博士研究員となっていたユージン・グロスと妻ソニア[※14]に会いに行ったのである。グロスが歩み寄ってきたとき、ミリアムは見覚えのある仕草に驚いた。プリンストンのすばらしく古風な建物ファイン・ホールで研究していた頃、彼女はグロスがポケットのコインをじゃらじゃら鳴らしながら行ったり来たりしているのをよく見かけていたのだ。その仕草がボームにそっくりで驚いたのだった。[※15]

2組の夫婦はすぐに打ち解けた――「私たちは3日間しゃべって過ごしました」と後にミリアムは回想している。ユージンとジョージは、ともにボームよりも地に足のついた現実的な物理学者だった。[※16]ソニアは化学者だったが、数学者のミリアムと共通する部分が多かった。ミリアムは昼間は吹きガラスを学び、夜は液体窒素の冷却タンクを相手に学生時代の一時期を過ごしていたからだ。

会話がとうとう『フィジカル・レビュー』誌の最新号の内容へと移った。

「ボームの理論が注目されて、反響を呼ぶのはいつ頃だと思う？　遠く離れてニュースから取り残されて、さぞ歯がゆいでしょうね」とミリアムが言った。温和だが皮肉屋のグロスの表情が険しくなった。「そもそも読者の反応を聞けるかどうかあやしいな」

「でも、みんなが知らんぷりするってことはないでしょう？　フォン・ノイマンが不可能だと言ったことを成し遂げたのよ――評価に値するわ」とミリアムが言った。「でも物理学は哲学じゃない」とジョージが早口で口を挟む。「普通のやり方で量子物理学をやってうまくいってるんだ。今になって他の解釈について考えるのは、あまりに大変な労力がいる」

「だけどそんなのバカげてる！　もしボームが正しかったら？」ミリアムが言う。

「物理学は数学みたいに純粋でもないし精神的でもないさ」

「これは理論なのよ、ユージン！　これ以上どうやって純粋で精神的になるって言うの？　ただの理論じゃない」

グロスは、ボームの「隠れた変数」理論にうんざりしていた。ボームの計算をすべて検証する羽目に陥りたくはなかった。数学的に美しくなかったし、今の量子力学に慣れきっていたのだ。彼が気持ちを切り替える理由があるとすればただ一つ――

「ボームは結果を出さなければいけないよ。結果を出さなければ！」グロスはテーブルを叩いて強調した。[※17]「誰もが決してやりたがらないことをボームはさせようとしている。つまり、日常生活に影響を与えないような哲学的な理由で、ある世界観から別の世界観へと切り替えさせようとしているんだ。だけど、もし彼が結果を出せるなら、それは好みの問題じゃなくなる。数学が面倒とかいう問題でもなくなり、誰もが世界の見方を変えるだろう。結果を出せなければ、正しかろうが間違っていようが、ボームは理論を棚上げして次に進まないといけなくなるだろうな」

「ユージンの言うとおりだ」とジョージが賛同する。「彼はスピンを理論に組み込めたのかな。そういう問題を無視するわけにはいかないからな」[※18]

グロスは笑って言った。「そういえば昔パーティーで、ボームがふざけて幽霊と悪魔は存在するという説得力たっぷりの複雑な理論を作り上げたことがあったっけ」グロスは思い出し笑いをしながら頭を振った。「ボームがどれほど説得力にあふれていたか、どれほど上手に一貫性のある知的な構造を構築していたか、信じられないくらいだった」[※19]

「だけどそれにも限界がある」とジョージが言った。「ボームの新しい理論は、幽霊と悪魔の存在を説得力たっぷりに証明した複雑な理論だとでも?」とミリアムは言った。

グロスは笑顔で歯を見せた。「そんな風に考えたことはなかったな……でも変だな――幽霊といえば、アインシュタインもボームと似たような理論で遊んでいたときに『ゲスペンシュテルフェルダー』という言葉を使った。粒子を導く幽霊波だと」

「でも、アインシュタインはその考えを発表することはなかったし、他人が自分の言うことに耳を傾けるかどうかなんて気にしなかった」とジョージは言った。

ミリアムは考え込んでいた。「ボームには、他人がどう思うかが重要だってことね――重要すぎるんだわ」

グロスが突然、真剣な表情に戻って言った。「徹底的に、落ち着いて、情熱をもって探究に没頭しているからこそ、他人の反応が重要なんだ――ボームは自分が発見したことを共有したいんだ。

競争心や打算のなさには驚かされるよ」そう言って眉根を寄せた。「僕はこの問題を考えていて、彼が僕に与えた影響力を説明するには古くさい言葉しか見当たらない。彼は俗世界の聖人だよ[20]」

その晩、ミリアムはグロスが話した内容をボーム宛ての手紙に書いていた。

ボームはその否定的な部分しか見なかった。「僕の親友が一人、僕に背を向けて多数派に従おうとしている[21]」。結果だって！　結果が出るのに何十年とかかることだってある。アインシュタインと相対性理論だってそうだ！　コペルニクスだってそうじゃないか！　近頃じゃ誰も些細な発見以外生み出していない。ファインマンやジュリアン・シュウィンガーなら量子電磁力学で「小さな成果」を生み出せたかもしれないが。「何千人という理論物理学者が20年間骨を折ってきたあげく、この子ネズミが結果のすべてなのです。僕は一人で1～2年の内にニュートンやアインシュタイン、シュレーディンガー、ディラックの業績を一つにまとめたくらいの科学的革命を起こすつもりです……パイスや他のプリンストンのつまらない連中がどう考えようと、僕には重要ではありません。この6年間というもの、あそこからはほとんど研究らしき研究が生まれていないのだから[22]」

ボームは風の噂で、ニールス・ボーアが偉業が見事に成し遂げられたという当初の驚き[23]から気を取り直すと「ひどくバカげた[24]」理論だと評したと聞いた。フォン・ノイマンはボームの理論に一貫性があり、「とても優雅」でさえあると、論文が出る前のパウリの評価よりも高く称賛していたとボームは聞かされた。だが、今やボームは称賛のおこぼれにあずかって満足する気にはならなかっ

た。ボームは、フォン・ノイマンの賛辞をミリアムに詳しく伝える際に「節操のない奴だ！」と書いている。[※25]

ボームは数学の抽象化にごまかされる場合があると説明した。「君の言うとおり、自分はだまされないという錯覚を覚えます……フォン・ノイマンは量子論に因果律の解釈はないと証明しようとしたけれども、測定装置に『隠れた変数』は存在しえないことを暗黙の前提にしていました。しかし、フォン・ノイマンの数学からこの前提に気づいた者は一人もいなかったはずです。僕がそれを発見できたのは、僕に反例」――つまりボーム自身の理論――「があったからで、だから僕はフォン・ノイマンが自身も含めてみんなを『だました』に違いないとわかったのです」

別の友人が疑問を投げかけたとき、ボームはふだんの辛口のユーモアを忘れてほとんど支離滅裂な言葉をミリアムにぶつけた。「人の背中を撃っておいて、弾丸が銃身に対して90度の角度で銃から飛び出すとされる定理を使っているから、本当は別人を狙ったんだと後で謝るようなものだ」[※26]

シュレーディンガーの反応についてはこう書いている。「本人が手紙を書いてくれたわけではありませんが、秘書を通してかの大先生は、力学的なモデルが存在するかどうかは量子論に無関係だと考えていると伝えてきました。なぜならこうしたモデルは、誰もが量子論の中核だと知っている数学的な変換理論」――ディラックとヨルダンの手による量子力学の一般化――「を包含できないためだと。もちろん大先生は、僕の論文を読む必要性などお感じにならなかった。でもその論文で、僕のモデルは変換理論の結果を説明するにとどまらず、この理論の限界までも指摘していたのです……ポルトガル語で僕は、シュレーディンガーを『ウン・ブッホ』と呼びましょう。どういう意味かは想像に任せます[※27]［ブッホとはロバ、転じてバカのこと］

ボームは、それでも「僕は正しい道を進んでいると確信しています[※28]」とミリアムに書いた。

第25章 オッペンハイマーに立ち向かう

1952年〜1957年

戦争が始まる直前、若きマックス・ドレスデンは[※1]アムステルダムを発ち、博士号を取るためにミシガン大学のあるアン・アーバーを目指した。パウリとハイゼンベルクの学生時代の旧友であるオットー・ラポルテや、「スピン」を発見したオランダ人のサムエル・ハウトスミット、ヘオルヘ・ウーレンベックらが手引きしたおかげで（彼らはみなナチスを恐れてアメリカに亡命していた）、アン・アーバーはまたたく間に若き物理学者の行き先となった。

ドレスデンのアメリカ移住は永住となり、のちに四半世紀にわたって、彼はニューヨーク州立大学ストーニー・ブルック校の愛すべき有名人となった。その地でドレスデンは、ボーアの「枢機卿」であったクラマースのすばらしい伝記を書き、量子物理学の黄金時代の壮大な物語を描いた。[※2]これは親友や同僚が大成功を収めるなか、主人公であるクラマースがたびたび挫折するという珍しい本だった（クラマースは行列力学、ディラック方程式、量子電磁力学を発見する一歩手前までいったが、そのたびにあと一歩の想像力が及ばず失敗に終わっていた）。

1952年にドレスデンがカンザス大学教授に就任したばかりの頃（すでに彼の冗談や、物理学や芸術・文学への幅広い熱意は高く評価されていた）、教え子たちがドレスデンにボームの論文を渡した。当初は「ああ、フォン・ノイマンが証明した……」とさほど興味を示さなかったが、学生たちがあまりに夢中になっているので彼も読んでみた。すると驚いたことに、致命的な欠点がすぐには見つからなかったのである。彼はフォン・ノイマンの著書を読み直し、その時点でフォン・ノイマンの証明はボームの「隠れた変数」理論にあてはまらないと気づき始めていた。

ドレスデンはオッペンハイマーに意見を求めた。[※3]「我々はこれを子供じみた逸脱だと考えている」とオッペンハイマーは答えたが、論文を読んでいたわけではなかった。「時間をムダにはできない」[※4]。だが、ドレスデンがこの問題で困っていると言うと、オッペンハイマーはプリンストン高等研究所のセミナーでボームの理論を取り上げようと提案した。

そのセミナーは異様な雰囲気の中で進行した。オッペンハイマーだけでなく、パイスもボームの研究を「子供じみた逸脱」[※5]とよび、「はた迷惑」[※6]と切り捨てた者もいた。参加者は、ボームの物理学よりも彼のシンパ活動に不満をこぼしていた。軽蔑に満ちた雰囲気の中で、ボームの解釈した物理についていくつか難しい質問をされると、彼には答えることができなかったと、ドレスデンは述べている。

オッペンハイマーが事態の収拾にあたった。「ボームの誤りを証明できないのであれば、無視せざるを得ないでしょう」[※7]

このオッペンハイマーの指示に対して物理学者からほとんど反対の声はあがらなかったが、一人の数学者が彼に立ち向かった。それが、悲劇の人ジョン・ナッシュであった（映画『ビューティフル・マインド』のモデル）。優れた洞察力によって、1949年後半にプリンストン大学で「ナッシュ均衡」とよばれるゲーム理論を築いた人物である。その頃ボームは、同じキャンパスを徘徊しながら量子論と格闘していた。この約10年後にプリンストン高等研究所でナッシュは、量子論をめぐってオッペンハイマーと議論を戦わせることになる。ナッシュはフォン・ノイマンの有名な著書を原書（ドイツ語）で読み、量子論を学んでいた。[※8]

この論争で残っているものといえば、ナッシュが1957年夏にオッペンハイマーに宛てた一通の手紙だけである。ナッシュは攻撃的な態度を取ったことを詫びたが、彼は「大半の物理学者（と量子論を研究する一部の数学者）」の「あまりに頑なな態度」に失望をあらわにした。彼らは「懐疑的な態度や『隠れた変数』を信じるそぶりを少しでも見せると……バカか、よくてせいぜい無知丸出しの者」として扱った。ナッシュは、ハイゼンベルクの行列力学に関する1925年の論文を読み、問題点をいくぶん理解した。「私にとってハイゼンベルクの論文で最も役立ったのは、観測可能量に制限があるという点です……。

観測不可能な実在について、これまでとは違う満足のいく下絵を見つけ出したいのです」[※9]

ナッシュの伝記作者シルヴィア・ナサーによれば、「ナッシュは、自身の精神疾患の引き金となったのはこの試みだったと、数十年経って精神科医向けの講義で述べた。1957年夏に量子論が抱える矛盾の解決に取りかかり、『おそらく行き過ぎて精神不安定』になってしまった」[※10]という。

1958年2月には、ナッシュのいつもの奇妙な言動が突然、悪い方向へ転じた。ナッシュはしだいに精神の安定を失い、長い年月をかけて少しずつそれを取り戻した。長く苦しい闘いを終えたとき、ノーベル賞が彼にもたらされた。1994年のノーベル賞授賞理由は、半世紀近く前のナッシュ均衡の発見であった。

量子論はナッシュだけでなくボームも打ちのめしたようだが、話はここで終わらなかった。ボームの理論は、ナッシュのゲーム理論のように劇的な復活を遂げたわけではなかったが、彼の理論をきっかけに、遠く離れた地で一人の無名の物理学者の手によって、不可思議な不等式の存在が明らかになったのである。そしてこの「ベルの定理」は、ナッシュ均衡よりも重要な考えであることが判明していく。

第26章　アインシュタインからの手紙

1952年～1954年

1952年5月初旬、マックス・ボルンはアインシュタインに手紙を書き、死について語った。二人はともに70代前半になっていたが、クラマースなど年下の友人がその頃、相次いで世を去っていた。「だから、我々のような年寄りはますます寂しくなります。まだ生きている同世代との数少ないつながりを守るために、君に手紙を書いています」[※1]。ボルンは妻がよろしくと言っていたと伝え、アインシュタインの義理の娘マーゴットにもくれぐれもよろしくと述べた。

アインシュタインの返事は早かった。

親愛なるボルン、

……おっしゃる通りです。誤って残された魚竜のような気分になります。親しい友人の多くがすでにこの世を去りましたが、ありがたいことにあまり親しくない者もいなくなりました……。知っていましたか？　ボームは（ド・ブロイも25年前にそうでしたが）量子論を決定論的な言葉を用いて解釈することが可能だと信じています。私には安易すぎるように思われますが、無論あなたのほうが私よりずっと正しく判断できるでしょう。

敬具

アインシュタイン※2

5月末にボルンの妻ヘディは返信している。

親愛なるアルベルト・アインシュタイン、

……苦痛が多くなければ、老齢というのはそれほど悪くないものです。魚竜であることのどが悪いでしょう？　結局のところ、魚竜はたくましい小獣で、長い人生で得た経験を振り返ることができるでしょう。いずれにせよ私たち老いた二人は、たとえもう再会が叶わなくなったとしても、これからも変わらず誠実にあなたとマーゴットを想い続けるでしょう。

心をこめて、

年老いたヘディより※3

ボルンは、亡くなる前の1969年に書簡集に注釈をつけていた。その中で、「今日、ボームのこの取り組みについて、あるいはド・ブロイの同様の試みについて耳にすることはほとんどない」[※4]と記している。

アインシュタインは1年半後にふたたびボームについて言及している。ボルンが70歳でエディンバラ大学退官を迎えるにあたり、祝賀会で彼に論文集を贈呈することになっていた。

1953年10月12日

親愛なるボルン、

……君に捧げる記念号に載せるために物理学について短い童謡を書きましたが、ボームとド・ブロイを少しばかり驚かせてしまったようです。量子論における君の統計的解釈の不可欠さを示すためでしたが、近頃はシュレーディンガーもそれを避けようとしています。面白いと思ってくださるでしょう。結局のところ、空論にふけったことに責任をもつしかないのでしょう。私が量子論学者ばかりか、無神論者の教会の信者からも深い憤りを向けられたのは、もしかするとあの「サイコロ遊びをしない神」の業かもしれません。

奥様にもどうぞよろしく。

A・アインシュタイン[※5]

アインシュタインの「童謡」には、ボルンの解釈が本当に最終的真実なのかという彼の疑念があらためて表明されていた。

1953年11月26日

親愛なるアインシュタイン、

昨日大学のささやかな祝賀会で記念号の贈呈が行われました。こんなに大勢の旧友や同僚たちが寄稿してくれて、この上ない喜びでした。取り急ぎ数本を読んだにすぎませんが、君の論文はもちろん最初に読みました。心からの感謝を一番に受け取ってください……。

ところで、パウリが（ド・ブロイの50歳の誕生日を祝する記念号で）ある考えを思いつきましたが、それが哲学的にも物理学的にもボームの息の根を止めてしまいました……。

心から感謝しています。ヘディもよろしくと言っています。

敬具

マックス・ボルン[※6]

1954年になるとボームは——哲学的にも物理学的にも息の根を止められたとボルンはぞんざいに述べているが——ますます切羽詰まってブラジルから脱出しようとしていた。友人という友人に苦悩に満ちた手紙を送り、新鮮でない食べ物のせいでいつも体調が悪く、近隣でひっきりなしに続く建設作業のために眠れず、知的でない雰囲気のために退屈でたまらないと訴えた。アメリカ（暴政の象徴）とブラジル（混沌の象徴）がボームの潜在意識に暗い影を落としていた。

ボームの息の根を止めたとされたパウリの批判は、ボームの論文が「人工的な形而上学」を象徴している、というだけの内容であった。理論が嫌われるあまり、弱い反対意見でさえ圧倒的と思われるのだ、とわかっていても、ボームのなぐさめにはならなかった。

ボームの惨状は、ついにアインシュタインの耳にまで届いた。1954年1月、アインシュタインは彼らしくムダのない、洞察に溢れる手紙をボームに書き送った。「親愛なるボーム、リリー・ローウィがあなたからの手紙をすべて見せてくれて、あなたが締め出されると同時に閉じ込められていることに不満を抱いていると聞きました。最も心に残ったのは胃腸の不調で、私自身も経験した問題です」※7

ボームは偉大な人物からの共感と父親のような語りかけに感激し、返信では子供が書いたような筆記体で5ページにもわたって惨めな現状を訴えた。ブラジル政府のひどい腐敗の話題で少し脱線してから、「そろそろ私自身の問題に戻りたいと思います」と悲しい調子から明るい調子の言葉で話題を転じた。ネイサン・ローゼンはボームに、イスラエルのハイファにあるイスラエル工科大学（テクニオン）で教えないかと「とりたててすばらしいとはいえない」申し出をしていた。ローゼンはテクニオンに赴任したばかりで、まもなくこの小規模の専門学校を卓越した物理学の拠点へと変貌させることになる。ボームは招聘に応じたが、ブラジルやアメリカが行かせてくれるかわからなかった。アインシュタインなら（イスラエル大統領就任の要請があったばかりだった）、イスラエル行きのビザが下りやすくなるよう手紙を書いてくれるだろうか？

ボームはやや明るい調子で手紙を結んでいる。「私は新しい方向性を考えています」[※8]。彼は量子論の基層をなす因果律を今も模索していたのである。

アインシュタインは変わらぬ思いやりと皮肉のこもった返事を書いた。彼が1年後にこの世を去ったことを考えれば、最後の段落がいっそう胸に迫ってくる。

1954年2月10日

親愛なるボーム、

あなたからいただいた手紙にとても感銘を受けています……ローゼンがあなたを招聘したと聞き心から嬉しく思い、彼に手紙を書きました。もちろん私も、喜んでこの計画の実現に向けて尽力いたします。この件で私にできることがあれば、遠慮なくいつでも手紙で知らせてください。

あなたの描く美しい量子力学像に鮮烈な印象を受けました。あなたの論文は、足りないところのない包括的なものだと思います。

現象の客観的記述を求めて深く没頭し、その課題を今まで以上にひどく困難に感じていらっしゃるとのことですが、それは喜ばしいことです。問題のとてつもない大きさに気落ちなさらぬように。神がこの世界を創造されたのなら、我々が世界を簡単に理解できることに神が心を砕いているのではないはずです。私は50年間、そのことを強く感じています。

敬具

アルベルト・アインシュタイン※9

1954年

ボームの物語のエピローグ

ボームがオッペンハイマーを許すまでには、長い時間を必要とした。オッペンハイマーが下院非米活動委員会で証言台に立ち、いくらか身を滅ぼすさまを見届けた後のことだったのは確かである。オッペンハイマーはぼろぼろになってしまったと誰もが口を揃えて言い、おそらくそれで許す気になったのだろう。

だが1954年、オッペンハイマーの受難は始まったばかりであった。ボームはミリアム・イェヴィックに手紙を書いた。

J・O［訳註：オッペンハイマー］がまもなく委員会に召喚されそうだと友人から聞いたばかりです（無論彼なら切り抜ける方法があるでしょうが）……彼ほどの偉大な人物であって

も［大変なことになりそうです］。無限の悲しみをたたえた彼の顔は、かつてタイム誌の表紙を飾りました。おそらく本当に悲しい理由もあるのでしょう。前にも話したことがありますが、彼は絵画に描かれたイエス・キリストに見えました。イエス・キリストとユダを線形結合したようなイメージです。あるいは、イエス・キリストに似せようとしたユダと言ったほうが近いかもしれません。間違った同一視の興味深い例だと思いませんか？※1

ボームはイスラエルで教鞭をとったがその職に満足できず、1957年にイギリスへ渡った。ハイファのイスラエル工科大学で目をかけていた優秀な大学院生ヤキール・アハラノフが彼の後を追った。アハラノフとの共著論文は物理学の理解の深まりを示しており評判が高かったが、ボームの関心は（共産主義とはついに縁を切り）神秘主義哲学の思索へと移っていた。

ボームは、導師ジッドゥ・クリシュナムルティの教えに傾倒し、彼の世界観は以前にもまして抽象的になった（そして一般人からの支持がますます高まった）。ボームは穏やかな手の動きと真剣な顔で、複雑な考えを提唱した。彼は幅広い考えを簡潔に美しい言葉で（いくぶんあいまいだったとしても）語ることができた。

彼はベストセラーとなった哲学・物理学の本『全体性と内蔵秩序』の序章でこう述べている。「科学および哲学を研究する中で私が何より関心を抱いたのは、一般としての実在性、とりわけ意識の本質を一貫性のある全体として理解することであった。それは決して静的でも完全なものでも

なく、終わりのない運動と展開の過程なのである」[※2]

ファインマンは、ボーム以上に広く人気を博した。

1964年11月、コーネル大学で毎年開かれる「メッセンジャー・レクチャー」で「物理法則の特徴」をテーマに一般向けの講義を行うため、ファインマンは懐かしいイサカの、雪の降る構内に戻ってきた。[※3]この講義は後に書籍化されている。ファインマンの明快な語り口、ユーモア、長年遠く離れて暮らしても消えないブルックリン訛りは健在で、講義室の教壇で彼が動き回る姿を見ようと詰めかけた聴衆を魅了し、刺激した。その講義には、自然そのものや物事の本当のしくみ、特別なもの、現実のもの、発見できるものに対する彼の愛がこめられており、当代の偉大な物理学者の一人であるファインマンがそのテーマについてどう考えているかを概説するものであった。

第6回講義のタイトルは「確率と不確定性」で、今こそ量子力学について話すときであった。ファインマンは聴衆に語りかけた。「我々の想像力は極限まで拡大しています——フィクションのように、本当はそこにないものを想像するためにではありません。ただそこにあるものを理解するためにです」

こうしたものは理解しづらいのです、と彼は聴衆にクギを刺した。「ですが、その困難さは、実は心理的なもので、『でもどうしてそうなるの?』と自問して果てしなく苦悩するために生じるのです。その問いは、何かなじみのある視点からそれを理解したいという実に卑小な、抑えがたい欲求の表れなのです」と述べて聴衆を安心させた。「私は、なじみのあるものにたとえて説明するつもりはありません。私は、ただ説明しようと思います。

あるとき新聞が、相対性理論を理解しているのはたった12人しかいない、と書いたことがありました。そんな時代はなかったと思います。初めはただ一人だけがそれを理解していたかもしれません。実のところ、論文を書く前、彼こそがそれを理解している唯一の人間だったのです（いかにもファインマンらしく自分以外の名前を出すのを避けた）。ですが、論文が出てからは多くの人が相対性理論についてそれなりに理解しました。12人より多かったのは間違いありません。一方、量子力学のほうは誰も理解していないと言って差し支えないでしょう。

ですから、今から私は量子力学について説明しますが、何かのモデルを使って理解すべきと考えて真剣にこの講義を聴いたりしないでください。ただ気を楽にして、みなさんに楽しんでいただきたいのです。自然がどんな風にふるまうかを今からお話しします。自然はこんな風にふるまうのかもしれないとただ受け入れられれば、自然とは愉快で心惹かれるものだとわかるでしょう。『でもどうしてそうなるの？』と問い続けるのはやめてください。その方向に進んでしまうと、誰も抜け出せない袋小路に入り込んでしまいますから。どうしてそうなるかなんて、誰にもわからないのです」

ファインマンは、有名な二重スリット実験について説明した。たとえば、電子の流れが二つのスリットの開いた壁を通り抜けるとする。壁の向こう側には検出器があり、電子が到達すればそれを記録する。電子は粒子として到達するが、波のように互いに干渉もする。たとえ一度に一つずつ電子を飛ばす場合でも、干渉するのだ。連続して多くの電子を飛ばすと、電子の一つ一つが二つのスリットの壁を通り抜けるが、反対側の検出器では粒子の場合の模様とならず（粒子であれば二つのスリットの少し先で幅の広い塊状になる）、波の特徴である回折を示す平行縞の模様が現れる。つまり個々の電子は、大半が通常の粒子の軌道では導かれない場所で検出される――まるで一つの電子が何らかの形で両方の穴を通ったか、あるいは波によって「導かれた」かのように。だが、ここで観察しようとして軌道を光で照らすと干渉は消え、電子は粒子として粒子らしいふるまいをするのだ。

「ここで問題なのは、実際にどうしてそうなるのかということです。いったいどのようなメカニズムで現実にこのような現象が起きるのでしょうか？　誰もメカニズムについてはわかりません。この現象について、今私が述べた以上に詳しく説明できる人はいません。誰もこの先の説明ができないのです……もし物理学の本来の目的が――みなさんが思っていらっしゃるように――十分に理解して一定の状況下で次に何が起こるかを予測することだとすれば、物理学をあきらめるべきです」

それでも予測を試みる理論があります、とファインマンは続けた。その理論では、電子の動きは「それを生み出す何か非常に複雑なものによって決定されると考えます。いわば内なる車輪、内なる歯車を備えていると考えるのです」（「全体性」を愛するボームなら「的はずれだ」と言うかもしれないが）。

「それが『隠れた変数』理論と呼ばれるものです」と言い、聴衆を眺めた。「その理論は正しいはずがありません。仮に電子がどちらのスリットを通るかがあらかじめわかっていれば、光をつけようと消そうと関係がなくなります。片方あるいはもう片方のスリットから電子が出てくる寄与率を合計しただけでは、干渉縞模様の説明がつかないのです」と彼は続けた。これは（ファインマンは言及しなかったが）ジョン・ベルが同年にすでに証明したことの帰結であった。

「自然界には確率が存在するように見えますが、それは我々がその内なる歯車を、内なる複雑さを知らないからではありません。どうやら確率は、自然に本来備わっているようなのです。ある人はこんな風に言いました。『当の自然でさえ、電子がどこに飛んでいくのかはわからないのだ』と」[※4]

ファインマンは、ベルが1964年に明らかにした事柄には触れなかった。ボームとベルの理論の重要な違いは、ボームの理論は粒子のふるまいが遠くのものに影響されることを許容していた点にある。ファインマンが講義を行い、ベルが定理を発表するわずか2年前に、ボームは「その理論は現在の不完全な形式においてさえも、そのような理論は不可能だと考える者の根本的な批判に見事に応えている」と述べている。

ボームは主張を続けた。「独断的な先入観を避けるために、今こそ『隠れた変数』の理論を考慮する必要があるように思われる。そうした先入観は思考を不当に制限するばかりか、今後行う実験の種類までも制限してしまうのである」[※5]

John F. Clauser with his machine inspired by John S. Bell, 1976

第 3 部

発見

*1952*年 ～ *1979*年

第27章 状況は変化する

1952年

赤毛で北アイルランド出身の23歳の大学院生ジョン・ベルは、彼が暮らすイギリス南部バークシャー・ダウンズにあるホステルの外で、オートバイの部品に囲まれて座っていた。オートバイの分解、修理、再組み立ては、ハーウェル原子力研究所の加速器設計グループの面々の主要な趣味だった。彼らは、粒子が壊れるくらい高速で衝突させるにはどうすればよいか、そのための理論を日がな一日考えていた※1（衝突時のエネルギーから新たな粒子が生まれ、物質の構成を理解できる新しいチャンスも生まれる）。ときには、オートバイが衝突することもあった。ベルの赤ひげは、そのときにできた口元の傷を隠すためであった※2。

1952年、ベルは高速衝突とは関係のない事柄にすっかり興奮していた。ボームの論文を読んだばかりだったのだ。ボームは、ベルが夢見ていた理論に到達していた——それは、実験者の行為に、、、関係なく実在する実体に関する理論でありながら、量子力学と同一の結果をもたらすものであった。

フォン・ノイマンがそのような「隠れた変数」理論は不可能だと宣言したとき、偉大なノイマンが「単純に間違えたに違いない」[※3]とベルは考えた。グレーテ・ヘルマンが17年ほど前に気づきながらも歴史に埋もれてしまっていた論理のほころびを、彼もまたすぐに見つけ出したのである。

「私の家系で聞いたことがある職業といえば、大工、鍛冶屋、農場労働者、馬商人でした。父の最初の職業も馬商人でした。父は8歳のときに学校に通うのをやめたのですが、父の両親はそのために罰金を払ったそうです」とベルは回想している。ベルの家系は代々、アイルランドに暮らしてきた。「けれどもプロテスタント系の一族だったので、生粋のアイルランド人からは入植者だと見なされていました」[※4]。しかし、ベルの母アニーはカトリックの友人が多かったうえに、編み物が上手で、友人の娘たちが初聖体拝領式で身に着ける華やかなドレスを編んでやっていたおかげで、立場が悪くならずにすんだのである。

子供時代のベルは大恐慌と戦争の間、大半の時間をベルファストの図書館で過ごした。家ではミドルネームの「スチュワート」、あるいは「教授」と呼ばれていた。アイルランドでは11歳になると金銭的理由で学校を中退する子供が多く、ベルの姉ルビー、二人の弟たちもその例にもれなかった。だが、ベルは11歳になったとき、母親に科学者になりたいと告げた。第二次世界大戦が始まったばかりであった。バトル・オブ・ブリテンの際には軍にいた父親が送金してくれ、何とか高校の学費を賄えた。16歳で高校を卒業した頃、戦争は激しさを増していた。ベルはベルファストのクイーンズ大学物理学科の実験助手として採用され、心優しい教授たちの計らいで専門書を読み、講義を受けることも許可された。ベルは翌年、クイーンズ大学に学生として入学し、戦争もようやく終結した。[※5]

ベルは「優秀な若者[※6]」だったとウィリアム・ウォーキンショーは言う。ハーウェル原子力研究所加速器設計グループのリーダーだった彼は「ジョンの頭脳明晰さに大きな感銘を受け、彼に追いつこうとする挑戦を大いに楽しんだ[※7]」と語った。その2年前に同研究所原子炉研究グループのリーダーであったクラウス・フックスが、マンハッタン計画の機密情報をソ連に漏らしたとして逮捕された。ウォーキンショーは、フックスの下で原子炉の研究をしていたこの21歳の新入りを引き抜いていた。彼はベルの独立心に感服しており、彼の研究グループにいた聡明なスコットランド人女性のメアリー・ロスも「ジョンのケルト民族の気性は気にならなかった[※8]」と振り返っている。ベルがとりわけ好んだ質点力学[※9]は、加速実験で粒子がどのように飛ぶかを計算する彼らの研究にきわめて重要だった。そのため、ベルはボームが考えたような、観測者が不在であっても粒子が明確な軌道を描くとする量子物理学を好むようになったのだろう。

メアリーはベルの親友となり、生涯にわたる共著者となった。バークシャー・ダウンズで出会ってから2年後に二人は結婚した。「彼は何であれ、理論を十分に理解することを大事にしていました」とメアリーは回想している。「子供のときに彼は『誰でも泳げる』という本を読んで書かれたとおりにやってみたのです」。社交ダンスもスキーも同じように実践した。ベルファストの高校では「彼は煉瓦積みの理論の授業を受けましたが、私の知るかぎり実地経験はなかったようです」。[※10]

ハーウェル原子力研究所の所長は、ナイトの爵位を授与されたばかりのジョン・コッククロフトであった。コッククロフトは、ベルが子供だった頃にキャヴェンディッシュ研究所の旧図書室でアーネスト・ウォルトンとともに原子核を崩壊させる実験に成功していた（煉瓦積みにも興味があったコッククロフトは、他のカレッジの改修工事に用いられた大量生産の派手な煉瓦を嫌い、日曜日にケンブリッジをドライブしては農家から古い煉瓦を譲り受けて、自分のカレッジの崩れかけた建物を修復していた）。[※11] ノーベル賞を得たコッククロフト・ウォルトン装置は、今やその何倍もの大きさと速さの機械に粒子を入射するための助走の回路にすぎなかった。

キャヴェンディッシュ研究所やバークレイ研究所のような居心地のよい物理学研究所が最先端の高エネルギー物理学を形づくっていた戦前の日々は過ぎ去っていた。今ではアメリカのロングアイランドにあるブルックヘヴン国立研究所が世界最速の粒子加速器を誇っており、同研究所は東海岸の9大学間コンソーシアムとして連邦政府から資金提供を受けていた。さらにスタンフォード線形加速器センター（SLAC）がすぐ後に続いていた。

どうにか戦後処理をすませ、希望に満ちた前向きな何かをしたいと願っていたヨーロッパの物理学者たちは、加速器施設建設をめぐる興奮に無関心でいられなかった。ヨーロッパは一致協力して素粒子物理学の拠点をもつべきだとド・ブロイは提唱した。ベルがボームの論文を初めて読んでいた頃、ヨーロッパ12ヵ国が協定に署名して欧州原子核研究理事会（のちに機構、CERN）を立ち上げた。加速器設計者がジュネーヴ空港のそばにあるCERN本部を訪れ、多国籍による史上最大かつ最速の加速器について助言を行った。1952年、設計者の中にウィリアム・ウォーキンショーとジョン・ベルの姿があった。[※12] 二人は、そのような加速器を可能にすることになる「強集束」という発見されたばかりの原理の専門家として加わっていた。

ベルはフォン・ノイマンの著書を読んでいなかった。20年前に書かれた同書には英語の翻訳がまだ出ておらず、必読資料というよりは記念碑的な作品となっていた。ベルは「ボルンの美しい著書『原因と偶然の自然哲学』」を読んで「隠れた変数」はないとするノイマンの定理について知っており、「実際私の物理学の教育で一つのハイライトであった」と回想している。マックス・ボルンはノイマンの証明結果を力強く主張したものの、その内容についてはは深く論じていなかった。

「私は、この本を読み終えるとその問題を頭の片隅に押しやり、もっと実際的な問題に取り組んだ」[※13] 30年後にベルはこう語ることになる。だが、当時のベルはフォン・ノイマンの証明を自ら理解する必要性を感じていた。この点で彼は幸運であった。[※14] 加速器設計グループの同僚フランツ・マンドルはドイツ語に堪能で、この話題に関心をもっていたのである。マンドルもまた、こんなに興味深い相手と議論ができて幸運だと考えていた。何ヵ月にもわたって、二人はフォン・ノイマンの証明とボームの論文について詳細に検討し、大声で議論しあった。

「どれほどジョンが興奮していたか、今でも思い出せます」と後年、妻のメアリーが述べている。

「彼自身の言葉で言うなら、『ボームの論文は僕にとって啓示だった』。ボームの論文を十分に理解したところで、ジョンはその内容について理論物理学の部会で発表しました。ジョンと激しく議論を戦わせていたフランツ・マンドルは、もちろん何度もジョンの話を遮っていました[※15]」

「フランツ……はフォン・ノイマンの主張について少し話してくれた。僕はすでに、フォン・ノイマンの公理の何が理屈に合わないのかわかったと感じていた[※16]」とベルは回想している。

ベルが理論物理学者であることは、彼の上司の目からみても明らかとなった。その後すぐに、ハーウェル原子力研究所のお偉方が彼に、有給のままイギリスの一流物理学者の下で大学院での研究に取り組んでみてはどうかと声をかけた。こうして、1953年にベルはバーミンガムへ向かい、ルドルフ（まもなくサー・ルドルフとなる）・パイエルスが教授を務めるバーミンガム大学の物理学部で研究に取りかかったのである。

パイエルスは物理学の新しいテーマをただちに理解し、鋭い質問で問題点を明らかにする優れた才能の持ち主であり、知的な探究や明るい社交生活にあふれた中で、学生たちが下宿できる環境を整えていた（彼の妻ゲニアは、親切で姐御肌のロシア人女性で、下宿する学生の生活をすべて管理していた）。

ベルがバーミンガム大学に移ってまもなく、パイエルスは彼に講演を依頼した。ボームの論文を読み、フォン・ノイマンの間違いに気づいて興奮冷めやらぬベルは、二つの演題を提案した。加速器についてか、もしくは量子力学の基礎についてである[※17]。パイエルスにとっては、ボーアやパウリと過ごした時代が研究生活の基調をなしていたので、今さら量子論の基礎について聞かされる必要を感じなかった。ベルは、今後のキャリアを考えるとボームの理論について話すのは得策ではないと判断し、加速器について講演した。

こうして、ベルがふたたびこの量子論の問題を取り上げるまで、実に10年の歳月が流れたのである。

第28章／1963年〜1964年
「不可能性の証明」が証明したもの

　1952年にジュネーヴ空港で計画されたプロトン・シンクロトロンは、スイスのメイランの近くで1959年に建設された。一周0・8kmの円形の地下トンネルの中で、プロトン（陽子）を加速して衝突させ、その結果を分析する。アメリカのブルックヘヴン国立研究所が翌年、自前のプロトン・シンクロトロンを建設してこれに続いた。1960年代はおおむねこの二つが、世界最大級の加速器であった。

　その頃になるとCERNは、地味な色の箱形の建物が立ち並ぶ巨大施設となっていた。黄褐色の建物の側面には、黒字で大きな番号が焼き印のようにつけられていた。これがなければ、特徴のない入り組んだ実験室・研究室を識別するのは不可能だった。ところが、この番号がすこぶる厄介で、建物が牛のように歩きまわっているのかと思うほど一貫性がない。たとえば、カフェテリアを含む500番台前半の建物群が60番台前半の建物と混在している。そうかと思えば、何百棟も離れた先に65号棟が604号棟を守るように立ち並び、いくら地図をにらんでも、隠れた秩序は見えてこない。もっとも、敷地内の込み入った道路にはおなじみの名前がつけられ、アインシュタイン通りはデモクリトス通りと並行して走り、パウリ通りに突き当たったその先はユカワ通りといった具合だ(原子核を強い力で結びつけている中間子の存在を1935年に予測した湯川秀樹にちなむ)。カフェテリアの前の広々とした芝生沿いの道はボーア通りと名づけられていた。

この支離滅裂につながったCERNの建物群の内部は、まさに迷宮であった。黄褐色の廊下から別の廊下へと延々と続き、そして行き止まる。廊下に沿って独房のように小さな研究室が配置され、プラスチック製のベネチアン・ブラインドが殺風景な眺めを遮っていた。

若い科学者が初めてCERNにやってくると、往々にして自分が孤立した、名もない存在になったように感じる。仕事をするためには自発的につくられた小さなグループのどれかに加わらなければならず、理論物理学者でさえも少人数チームで仕事をしていた。自身の技能と求められる仕事が合致せずに数ヵ月で去る者もいる。何とか残ったとしても快適な環境とは言いがたく、ベルもCERNでの最初の数年間はよくメアリーに、「たったの6ヵ月でもう、廊下ですれちがう人全員に元気に『おはよう』と言えるようになったよ」[※1]と冗談を言っていた。

とはいえ、ようやくCERNも食事面では快適になっていた。大きなカフェテリアには観葉植物が置かれ、大きな窓ガラスから太陽の光が差し込み、おしゃべりを楽しむ人が集まった。丸テーブルが並べられ、そのまわりをいくつかのラベンダー色または淡褐色のプラスチック製椅子が取り囲んでいた。大学、特にヨーロッパの大学とは違い、ここでは大御所であってもファーストネームで呼ばれ、どのような質問も公平に扱われた。

ジョン・ベルは、カフェテリアの椅子にもたれて座っていた。目を細めて丸テーブルの反対側の男性を見た。「私には、あなたが話した『不可能性の証明』が正しいとは信じられないのですが」。ベルの顔には、どこか面白がっているような表情が浮かんでいた。

ヨーゼフ・マリア・ヤウホは、侮辱されたように感じた。彼はCERNに近いジュネーヴ大学で尊敬を集める教授で、フォン・ノイマンの有名な「隠れた変数」理論の否定を強化するセミナーを行ったばかりだった。※2 50歳のヤウホに対して、ベルは35歳にすぎなかった。ヤウホは、ベルのことを量子場理論ですでに優れた業績を挙げた有望なCERNの物理学者だと知ってはいたが、10年前にフリッツ・ローリッヒと共著でこのテーマに関する評価の高い有名な著書を執筆していた自分と彼とが対等な立場にあるとはとうてい考えられなかった。しかも、ベルが他に取り組んでいた核物理学や加速器物理学といった研究テーマから、フォン・ノイマンの不可能性の証明の問題について特別な知見が得られるとは言い難かった。

ヤウホがこの問題を実際に取り上げてくれたおかげで、ベルは解放されたような気分になった。CERNの友人は誰も、ベルがこの話題に関心をもっているとは知らなかったし、仮にベルが話したところで興味を示さなかっただろう。ヤウホが返事をする前に、ベルは椅子から落ちそうな姿勢のまま言った。「この件について発言する人が多くないのは知っていますが、10年前にボームが不可能と言われたこの問題に取り組み、それをやり遂げたのです。隠れた変数理論ができあがったのです。ということは、単純にフォン・ノイマンの定理の何かが間違っているのです[※3]。ボームが描写したパイロット波の存在からそれがわかります」（ベルは、ド・ブロイが1927年に用いたパイロット波という言葉を用いて、ボームの隠れた変数理論に言及している。いずれも、実在する粒子が非局所的な量子波によって「導かれる（パイロッテッド）」とする）。「ですからその点がどうなっているかを突き止めなければ、フォン・ノイマンの定理を強化することもできないでしょう」

「ボームの理論とそれ以前のド・ブロイの理論というのは、どちらもきわめて独創的な問題解決の方法で、現象の『実在的』解釈を維持したいならその問題に直面せざるを得ません[※4]」とヤウホは答え、ベルに厳しい視線を向けながら続けた。「議論すべき重要な問題ではありますが、まず隠れた変数の模索が過去のイデオロギー——19世紀の物質主義の決定論——に端を発しているという事実をふまえなければ、議論が先に進まないでしょう。未来の理論へとつながるヴィジョンとは言いがたいうえに、その過去は新たな証拠の影響を受けて科学的思考の新たな形式に取って代わられ、ますます急速に後退しつつあるのです[※5]」

「まあそうですね。そう言われています」とベルは言った。

「パイロット波の描像は、量子現象を過去の〝古典的な理想〟にわずかにすり合わせただけなのですから、少しもふしぎではありません[※6]」ヤウホは用心した顔つきで、教師が授業中に無関係な質問を熱心に繰り返す生徒に接するようにベルを見た。

「ええ、でもそれのどこがいけないのでしょうか?」ベルは椅子に座り直すとヤウホに向き合い、身を乗り出して肘をついた。「ここに、一組の個々に独立した方程式があります。どちらの解も真剣に取り扱うべきで、都合が悪いからといって切り捨ててよいものではありません[※7]。(互いに独立した方程式は他の方程式からは何の影響も受けないため)『正統な』量子物理学の主観性、つまり『観測者』に言及する必要性は消えてしまうのです[※8]」。ベルはちょっと頭を振った。「ド・ブロイの理論を一笑に付した(そしてボームの理論を無視した)やり方は恥ずべきものだと思いますね[※9]」

「『一笑に付した』というのは、そのときの状況を説明するのにぴったりな言葉ではないでしょう」とヤウホは答えた。「優れた理論が出てくれば、劣った理論が除外されるのが科学というものです」

ベルの淡い色の眉が、額に向かって上がった。「実際に起こったことは、通常の科学なんかじゃありませんよ。彼らの議論は反論もされず、ただ踏みにじられたのです[※10]」

ヤウホは顔に手をやり、眼鏡の奥の目をこすった。「ド・ブロイがしたように、既知の事実と矛盾する予測をただ避けるだけの理論を考えて、因果律を成立させる構造がどのようなものかを推測するのは可能です。しかし、もちろん実験事実と対比できるような因果律の理論が構築されるまでは、この議論は決着しません。そしてもちろん、まだ誰もそれに成功していないわけですが[※11]」

「だからと言って、その理論を無視していいわけがない！」ベルは大声を出し、アイルランド訛りが強くなった。「どうして誰も問題提起しないのですか？　何かがおかしいと指摘するだけでもいいのに？　どうしてフォン・ノイマンは自分でこの問題を考えようとしなかったのです？　それより異常なのは、どうして『不可能性の証明』をいつまでも構築し続けるのですか？　いったい何のために？　パウリやハイゼンベルクはボームの説を『形而上学的だ』『イデオロギー的だ』と批判はしたけれど、それ以上に強烈な批判は出せなかった。それなのに、パイロット波の描像が無視されて教科書に載らないのはなぜなんです？　唯一の解釈としてではなく、蔓延するうぬぼれに対する〝解毒剤〟として教えられるべきではありませんか？　あいまいさ、主観性、非決定論が、実験事実ではなく、巧妙に選択された理論によって押しつけられているのだと示すために？」[※12]ベルの額にはしわが寄り、いらだちのあまり震えるほどであった。

ヤウホは教授らしく首を傾げたが、太陽の光が眼鏡に反射して鋭いまなざしは見えなかった。「ほぼいつの時代も、ある時点で知られている事実すべてに合致する理論は、二つ以上あるものです」[※13]と、スイスのドイツ語訛りの入った落ち着いた声で言った。「外部による確認だけが、理論の真実の唯一の基準ではないのです。アインシュタイン自身が『自伝ノート』で語っているように、第二の基準があるのです。それは内部からの完成への要求で、論理の単純さも含みます。この第二の基準を無視すれば、おかしくなってしまうのです」

「隠れた変数理論が興味深いと述べているのは、他でもないその『自伝ノート』なのですよ」[※14]とべルは答えた。

ベルの切り返しにもひるまずヤウホは続けた。「この状況は、プトレマイオス派とコペルニクスの対立とそっくりですね。当時も、今と同じように実験的根拠だけでは問題に決着はつかなかった。どちらの系も、観測された現象を正しく説明できたためにね」[※15]。地球を宇宙の中心に据えておこうとして、プトレマイオス体系はますます複雑で見苦しくなっていった。対するコペルニクスは、太陽を中心に据えることでそれらの歪みを一掃し、劇的な力強さと単純さで世界と夜空の成り立ちを説明したのである。ヤウホにとってボームの理論は、天動説のごとくあいまいで人工的なものに思われ、一方のコペンハーゲン解釈はコペルニクスの地動説のように明快だった。「今も当時も、まったく根拠のない理由を頼みに新しい視点に反対する場合が多々あるのです」[※16]

ベルは本気で少し怒っているようすで、一呼吸して言った。「僕が書きたいと思っている本の中で——」と言いかけて、皮肉な笑みを浮かべた。「数冊書きたいと思っていますが、そう言う人間にかぎって一冊も書かないのでしょう」彼はふたたび椅子の背にもたれた。「ですがもし書くとすれば、そのうちの一冊は隠れた変数問題、とりわけその問題に対する人々の異常な反応の背後にある心理がテーマになるでしょう。なぜ人々はド・ブロイやボームの探究にこれほど寛容でなかったのか？」前かがみになり、ベルははっきりとした声で言った。「25年間、隠れた変数理論は不可能だと言われ続けてきました。ところが、ボームがそれを可能にしたとたん、同じ人々がそんなものは取るに足らないと言い出したのです。まったく見事な変わり身の早さです。最初はありとあらゆる方法でそんな理論はありえないと自分を信じ込ませていたのに、こんどはその理論は『取るに足らない』と言うのですから」[17]困惑した表情で彼は両手を挙げた。

「ボームでさえ、自分の理論に固執しませんでした。[18]当の本人ですら、『量子ポテンシャル』という考えがいささか人工的だとわかっていたのです」とヤウホは冷静に言った。量子力学において、波動関数は無作為に遠くへ広がる可能性がある。波動関数がある場所で広がり、その影響が瞬時に伝わるとすれば、実験結果に関わるかもしれない遠く離れた要因は無限に存在することになる。ヤウホは続けた。「では、月の満ち欠けの力を考慮しないのはなぜですか？[19]太陽がどの星座にかかっているのかは？　実験を行う際の実験者の意識の状態は考えないのですか？　隠れた変数が原子レベルの事象を因果律にしたがわせるのに必要だと言うのなら、どうしてそこで止めず、超自然的な因果関係をすべて認めないのですか？[20]問題の扉は広く開け放たれているのです」[21]

ベルは遠くを見つめるような眼をして、かすかに頷いた。「ボームの理論にはひどいことが起きているのです」と考え込むような口調で言った。「誰かが宇宙のどこかで磁石を動かすと、基本的な粒子の軌道は瞬時に変化してしまう[22]」

ヤウホは、ベルが同調してほっとしたように見えた。「その通りです」

「思うのですが」とベルは続けた。「これはボームの粒子の描像の欠陥なのでしょうか？　それとも、この状況全体になんらかのしくみで内在しているものなのでしょうか？[23]」

「どうでしょう。ただ、ボームの理論に欠陥があり、しかもそれは、かなり重大な欠陥であると言って差し支えないでしょう」

「ですが、アインシュタイン＝ポドルスキー＝ローゼン論文を思い出してください」ベルは興奮気味に言ったが、ヤウホにはなぜ彼が興奮するのかわからなかった。「まあ、実際にボーアは、その考えのどこが間違っていたかを説明しました」とヤウホは言った。「本当に？」と笑みを浮かべながらベルは言った。

「もちろん説明しています。アインシュタインたちの間違った道筋を消したので、彼らにとって――そして我々にとっても――残された可能性は少なくなりました。我々はその中から、この物理的な宇宙全体にわたっている基本的な相補性の理解へつながる道を見つけられるかもしれないのです[※24]」

うーむ、とベルはつぶやいた。常日頃の彼によく見られるように、その表情はまるで心の底では笑っているようであった。「僕はEPR相関についてアインシュタインの立場を理解しているつもりですが、いくら熱心に精査しても、ボーアの立場はほとんど理解できないのです[※25]」

「私は相補性について語るとき、いつも慎ましさを忘れません[※26]」とヤウホは言った。一呼吸おいてからヤウホは持論を詳しく述べたが、ボーアのわかりにくいことで有名な説明を上回るとは言いがたかった。「相補性原理は、世界に実在する物体に複数の概念を同時に適用する可能性を排除していますが、我々はEPRの相関関係の中に、このすべてにわたっている相補性原理の一例を見出せませんか？　我々は実在性を概念的にとらえることの限界にいらだつべきではありません。そうではなく、理解しようとする我々の苦闘における弁証法的過程の非常に奥深く満足のいく結果を、正反対のものを統一する相補性の中に見つけ出せるのです[※27]」

「そうでした、そうでした」とベルは言った。「言い忘れていましたが、ボーアは原理的なあいまいさ――『量子系』と『古典的装置』を分ける境界線の変わりやすさ――には悩むことなく満足していたようなのです[※28]。彼は『相補性』の原理を提唱しましたが、こうした矛盾やあいまいさを解決するためではなく、むしろ我々の考えをそれらに一致させるためでした[※29]」

「それが我々が微視的物理学の現象を経験するうえで要となるのは確かです」とヤウホは言った。「相補性原理は、我々の理解力の限界を表しているのではなく」――と言ってベルを見た――「事実の立証にふさわしい、あいまいでない言葉で物理現象の客観的解釈を行うということの、まさに本質を表しているのです[※30]」

ベルは、相手が冗談を言っているのかわかりかねるといった表情でヤウホを見た。「相補性について疑問があるのです」とわずかに話題を変えるように言った。「ボーアが、通常とは逆の意味で言葉を使っているように思えるのですよ」ベルはにやりと笑って首を傾げた。「象を例にとりましょう。前から見ると頭、鼻、それに足が2本見えます。後ろからはお尻、尻尾、足が2本、横からはまた別に見え、上からと下からとではまた違って見えるでしょう。こうしたさまざまな見方を、言葉の普通の意味で『相補的』と言います。互いに補完し、互いに矛盾せず、これら全部が『象』という統一概念に含まれるからです」ベルは両手で示してみせた。彼の眉が下がった。

「けれどもボーアは、ボーアはどうしても——普通の意味でボーアがこの言葉を使ったと我々が考えれば、彼はそれを的外れで自分の考えを矮小化するものと見なしただろう、という印象を僕は受けるのです。彼はむしろ、足し合わせても全体にならない、あるいは全体からは生まれてこないような、互いに矛盾する要素を用いて分析しなければならない、と主張しているように思えるのです。ボーアは『相補性』という言葉を用いながら、その反対の意味、すなわち『矛盾性』を意味していたのではないかと感じるのです[※31]」

「深い真実の反対もまた深い真実である、というボーアの言葉を耳にしたことがあるでしょう」とヤウホが言った。「ええ、それに『真実と明瞭さは相補的である』という言葉も。ボーアはそういう警句が本当に好きでしたね。なじみのある言葉をその反対の意味で使うことで、何とも言えない満足感を覚えていたのでしょう[※32]。そうやって量子世界の奇妙な本質、つまり、日常的な考えや古典的概念の不十分さといったものを強調し、19世紀の素朴な物質主義をどれほど遠く置き去りにしたかを力説しているのです[※33]」とベルは言った。

「現代の量子物理学と過去の古典物理学の間には、あなたが思うほど大きな違いはありません」とヤウホは反論した。「自然界のいたるところに偶然は転がっていますし、いかなる科学分野においても、物事が確実に起こる証拠はありません。それはあなたも同じ意見でしょう。それにもかかわらず、いくつかの物事は非常に高い確率で起こるために、それらの物事が確かに起こると仮定するのは現実的な意味で合理的だと我々の意見は一致するのです。だとすれば、いかなる科学でも厳密に吟味すれば、事象の発生についてきわめて正確に予測できるようになるでしょう。私はこの視点が受け入れられれば、古典物理学と量子物理学の違いははるかに小さくなると思っています。以前は世界を二つの陣営に分けて、ほぼ調和不可能に思われたものが、これで同じ一つの対象の相補的な側面となるのですから」[※34]

「そうですね、ボーアが言いそうなことです。ですが、我々にはこんなに美しい数学があっても、世界のどの部分にそれを適用すべきかわかっていません。その事実に対して、彼は信じられないほど無頓着なようですね」[※35]。ヤウホはいらだちを抑えたようすをわずかに見せながら、「ボーアが装置を古典的と考えなければならないと主張したのは、誰もがよく知るところです」と答えた。

「ええ、自分は問題を解決したとボーアが確信していたのは間違いありません。そして、そうすることで原子物理学だけでなく、認識論、哲学、人類全体に貢献しました」とベルは微笑んで言った。「ところが、彼の著作の中には仰天するような文章が含まれているのですよ。読んだことがおありですか？　彼は、極東の哲学者を見下すように、彼らに解決できなかった問題を自分が解決したと言わんばかりなのです。このボーアの性格は思いがけないもので、僕はすっかり混乱してしまいました。どうやらボーアには、二つの顔があるようです。装置は古典的だと非常に実際的な考え方をする顔と、自分の功績を声高に主張するきわめて傲慢で尊大な顔です」[※36]

「まあ、本当のところボーアの功績はいくら評価しても足りないくらいです」ヤウホはいらだちを募らせながら答えた。「あなたの発言は行き過ぎだと思います。相補性原理は……科学のさまざま

なレベルで影響を与えており、おそらく人類の科学史上最大の発見の一つでしょう」[※37]

「ボーアの大きな名声が、彼にふさわしいものであることを否定するつもりは毛頭ありません。[※38]ですが、少し奇妙だと思いませんか？　少なくとも僕の知るかぎり、ボーアには、どこで彼の言う古典的装置と量子系の境界線が生じているのかという議論がまったく見当たらないのです。[※39]量子力学の驚くべき特性は、そうした境界線の不可欠さ、とりわけ境界線の変わりやすさだと僕は思うのです[※40]……そして、『隠れた変数』によるアプローチは、その境界をなくす一つの方法なのです。[※41]明確な特性——すなわち『隠れた変数』——を基本的な量子の粒子に与えれば、古典的装置が明確な特性をもつかどうかを気にする必要はなくなるのです。すべてのものは明確な特性を備えています。小さいものよりも大きいもののほうが、その特性を我々がうまくコントロールできているだけの話です[※42]」

「ほら、また隠れた変数の話だ」ヤウホは椅子にもたれかかり、後ろにあった鉢植え植物の葉が反り返った。「理論としての隠れた変数は、フランスの裁判所に似ているのかもしれません。検察側が満足のいくまで無罪を証明できなければ、被告側は有罪の疑いをかけられます。ある意味では検察側に甘い制度で、ちょうど隠れた変数が物理学者に甘いのと同じです。[※43]必死に有罪にしようとする検察官のように、ボームは不規則性をあたかも犯罪のごとく受け入れられないものと考え、犯人探しが必要だと言う。[※44]でも、犯人はそこら中にいる！　被告人席に座りきれなかったら混乱してしまいます」ヤウホは硬い笑みを浮かべた。「我々はたぶん、探究の決定的な点において、不規則性で我々を悩ませる広範な深謀のほんの一部しか明らかにしていないのでしょう[※45]」

ベルは、遠い眼差しを向けていた。「隠れた変数理論はどれも、うまく働くためには、そこまでひどく非局所的[※46]でなければならないのでしょうか？」。粒子がつねに、位置と実在の状態をもつとする量子力学を完成させるには、非局所性――アインシュタインが忌み嫌った〝幽霊〟による遠隔作用――に頼る必要があるのだろうか？

ベルはテーブルに身を乗り出し、光沢のある表面に何かの模様を指でなぞっていた。「アインシュタイン＝ポドルスキー＝ローゼン論文の設定は」――と彼にしか見えない模様を指でトントン叩きながら――「決定的だと思いませんか。だって、遠隔相関が導かれるのですから。アインシュタインたちは次のように述べて論文を締めくくっています。量子力学の記述をどうにかして完全なものにすると、非局所性がどうしても立ち現れてくると。根底にある理論は、ボームのものとは違って局所的となるでしょうが[※47]」

ヤウホはあきれたようにベルを見て、「そこまで頑固とは！」と頭を振った。耳を疑うといった顔で、半分げんなりした笑みを浮かべて言った。「まったく恐れ入ったよ[※48]」

その後の10年間に隠れた変数問題を考え続けたのは、ベルだけではなかった。ヤウホはこの議論と、コペルニクス説と地球中心のプトレマイオス説の対立をめぐる昔の議論との間に類似点を見出すのに余念がなかった。天動説が唱えた突拍子もない周転円――大きな円の円周上を回る小さな円

――という考えに立ったとしても、十分な数の周転円を追加すれば惑星軌道を予測することは可能だ。ガリレオが『天文対話』を著した1630年と状況が似ていると感じたヤウホは、「1970年秋のジュネーヴ湖岸の別荘」を舞台に設定して『量子は実在するか――ガリレイ式対話』と題した本を執筆した。

ヤウホは、『天文対話』の三人の登場人物――賢者フィリッポ・サルヴィアチ、探求者ジョヴァン・フランチェスコ・サグレド、愚者シムプリチオ――をふたたび舞台に登場させ、「重要性という意味では300年前に比肩する歴史の岐路に立つ我々が、彼らの英知の恩恵を受けられる」[※49]ようにした。サルヴィアチはボーアの「相補性」を説く賢者、シムプリチオは隠れた変数理論の何がそんなに悪いのかわからない人物として、現代によみがえったのである。

ヤウホは序文で、次のように述べた。「文章の多くは実際の会話、あるいは書簡および刊行物での発言を忠実に再現したものである。だが、この対話する三人は実在の人物を代表しているわけではない。合成された登場人物で、それぞれが現在の風潮を表している。存命中の方で『引用』されているとお気づきになられた方もおられると思うが、意見が正確に代弁されているかという点についてはご満足いただければと願っている」[※50]

ある段落でシムプリチオがレーニンを引き合いに出して「全体性」について話す箇所[※51]があり、ボームのことが描かれているのは見てとれるが、ベルを思わせる特徴はシムプリチオ――拙い議論をする弱い相手――のどこにも見られない。ヤウホがベルと会って、5年も経たないうちにこの本を執筆しはじめたにもかかわらず、である。その頃ベルは、ヤウホがこよなく愛した「相補性」という二元的世界に反対する勢力として頭角を現していた。

この本でシムプリチオが本当の意味で表していたのは、ベルの一元的世界の議論の力を、ヤウホがいかに理解していなかったかという事実である。

ヤウホ自身、説得力のある洞察に満ちた議論をしたかと思えば、あいまいで相補的な議論を始めるなど、その揺れ動くさまは彼の師であるパウリをうっすらと思い出させるものだった。だが、のちにそれは、パウリと同じ理由によるものだったと判明する。『量子は実在するか』は4日間の会話からなるが、初日の最後の部分で、つねに議論の最後から2番めのセリフを言うサルヴィアチが読者に対し、「人間精神の元型構造の象徴的表現」である「イデオロギーとその表象体系」の中に新たな科学的概念を求めるよう促している。探究者サグレドはつねにいちばん最後に意見を述べるが（サルヴィアチの英知の深さに敬意を払って、陳腐な言葉を並べる場合が多い）、この発言を「我々全員が熟考すべきである」と返答している。[※52]

このような強制に読者は困惑するかもしれないが、「C・G・ユングの心理学においては……」[※53]と、注釈で説明がされている。3日めにシムプリチオが二人に話す長い夢[※54]が、クライマックスとなっている理由もこれではっきりする。注釈はユングのアニマの囁きや「3から4への移行」の重要性を論じつつ、その夢が「まだ心構えのできていないシムプリチオが相補性原理を象徴的に受容する」ようすを表現したものだと説明している。

またこの注釈は、この夢がある教訓を示していると説明している。つまり、「もし自分の魂を失ってしまうのなら、世界全体を手に入れても何になるだろうか？　明らかに勝ち負けには二とおりの道が存在する……シムプリチオはまだ両者の区別がつけられないのである」[※55]『量子は実在するか』は、賢者サルヴィアチの壮大な宣言で結ばれている。最後から2番めの段落にはこうある。「かくして微視的物理学は、人間の道徳的および社会的行為も含む、あらゆる経験のより深い理解を期待できるような洞察に我々を導くのである」。サルヴィアチはそして、「私はこの言葉を、特にシムプリチオに向けている」と述べている（これに対してサグレドが「親愛なるサルヴィアチ、君の言葉はあまりに意味深く、その言葉の後では僕たちが何を言っても浅薄に思えてしまう」と答えている）[※56]。

これと同様に、ベルの論文「量子力学における隠れた変数の問題について」の第二段落も特定の一人の人間に向けて書かれているようである。

この問いかけ［量子力学における隠れた変数の問題］が本当に興味深いかどうかは議論の的となっているが、本稿ではその議論に立ち入らない。本稿はこの問題に関心を抱いた人、その中でもとりわけ「そのような隠れた変数の存在に関する問題は、フォン・ノイマンの量子力学におけるそのような変数の数学的な不可能性についての証明という形で以前からかなり決定的な解答が与えられている」と信じる人［ここでベルは脚注をつけてヤウホに言及している」に宛てて書かれたものである。フォン・ノイマンとその後に続いた研究者が実際に何を証明したかを明らかにする試みがなされる。

ベルは、いかにも彼らしく自らをバカにしておもしろがるような発言で序章を締めくくっている。「頼まれてもいないのに総説を書く者がみなそうであるように、筆者はこれまでのいっさいの議論をしのぐほどの明快さと簡潔さで主張を書き換えられると思っている」[※57]

事実、本当にそうなってしまうのだった。だが、その前にベル夫妻は、カリフォルニアへの旅に出かけた。

ジョンとメアリーのベル夫妻が1963年11月23日にスタンフォード大学に到着すると、衝撃冷めやらぬようすの人々が赤褐色の屋根と黄色い壁、ヤシ並木や列柱の間を行き交っていた。その前日に、ジョン・F・ケネディ大統領が暗殺されたのである。[※58]

メアリーはただちにスタンフォード線形加速器センターで加速器グループとの仕事を始めたが、ジョンはよく一人で鉛筆と紙きれを片手に時間をつぶしていた。何日も小さな図形を描き、ことさら手ごわいワード・パズルや難問クイズを解こうとしているかのようにずっと眺めていた。それまでの論文に書いた難解な粒子——核をつなぎとめるパイ中間子や、そのパイ中間子の崩壊から生まれるニュートリノ——は頭から抜け落ちていた。ヤウホの「不可能性の証明」とベル自身が抱く疑念で頭がいっぱいであった。後年述べているように、ベルは『不可能性の証明が立証したのは『想像力の欠如』[※59]』ではないかと疑っていたのである。

とうとうメアリーが訊ねた。「いったい何をやっているの、ジョン？」

「うん、まあ、すごく変なのさ」ジョンは何時間かぶりに机から顔を上げた。「二つのスピン1/2粒子（電子と同じく、スピンを開始してからふたたび元の状態に戻るのに2回回転しなければならないような〝おかしな〟粒子に与えられた名前で、1回転は2回転の半分であることから、スピン1/2という名前がつけられた）の単純な系で遊んでいただけなんだ。そんなに真剣というわけではないけど、量子相関を局所的に説明できるような入力と出力の単純な関係がないかなと思ってね」。

メアリーは驚いて彼を見た。量子相関の局所的な記述？　まさか！「でも、どうやってもうまくいかない。ボームの理論では非局所性が現れる。その前のド・ブロイの理論もそうだ。僕は不可能なんじゃないかって気がしてきてるんだ」とベルは言った。[※60]

「でもどうして？」メアリーは好奇心がわいて、ベルがなぐり書きしたメモを覗きこんだ。1枚のけて、その下にあった紙を見た。「どうして突然こんなことを始めたの？」

「ヨーゼフ・ヤウホが、隠れた変数を禁じるフォン・ノイマンの定理を実際に強化しようとし始めたからだよ。赤いものを見せられた闘牛のように、僕はカッとなったのさ[※61]」

ベルがにやっと笑ったのを見て、メアリーは吹き出した。「それで、フォン・ノイマンに戻ったわけね」

「ほら、これだよ。ちょっとこれを読んでみてくれないか？」ベルは紙の山のてっぺんより下に手を伸ばし、ところどころに注釈のある、美しい筆跡でていねいに清書された数式を取り出した。

「これがヤウホへの僕の答えだ」

メアリーは紙を受け取ると、机のそばの椅子を引き寄せて計算式を読み始めた。読み進めながらゆっくり頷いた。ウェーブのかかった短い髪が、顔のまわりにかかっていた。1枚めの紙を2枚めの後ろに回し、黙って読み続けた。ジョンは愛情と期待の入り混じった面もちで、メアリーを見つめていた。[※62]

「そうね、本当に」やがてメアリーは顔を上げた。「あなたがこう書くと、フォン・ノイマンの前提はかなりバカげて見えるわね」

ベルは、グレーテ・ヘルマンと同じ結論にたどりついていた。それは、アインシュタインがベルクマンとバーグマンに指摘した点と同じだった。アインシュタインはそれを公表せず、洞察力に優れたグレーテ・ヘルマンが無造作に指摘したのだったが、それが広く世に知られることはなかった。

「じゃあ、僕のやり方におかしいところはなかったんだね？」

「ええ、大丈夫そうだし明快だわ」微笑んで答えたメアリーは、紙を置いた。「で、そこに描いてあるのは……？」と机を指さした。

「ヤウホと僕がこの問題について議論していると繰り返し出てくるんだけれど、奇妙なのはボームの理論がいかに非局所的かってことなんだよ。ボームの理論では、EPRパラドックスはアインシュタインが最も好まないやり方で」――つまり〝幽霊〟による遠隔作用で――「解決されているんだ。[※63]ものすごく変なんだよ」

「あなたが考えているのは、量子力学の予測と一致するためには、隠れた変数理論が非局所的でなければならないかどうかってことね」

「そのとおり。だから、EPR思考実験を試していた――」

「アインシュタインが間違ってたと思うのね」とメアリーは言った。

「遠隔作用の問題はまだ決着がついていないんじゃないかと思う」とベルは答えた。

隠れた変数に関するフォン・ノイマンの誤った証明についての最初の論文を書き上げると、ベルはメアリーに内容をチェックしてもらい、『レビューズ・オブ・モダン・フィジックス』誌に送った。

そのときの査読者は、デヴィッド・ボームだったようである。[注1]査読者はベルに、測定の役割をさらに詳しく論じるよう指示した。[※64]測定は、ボームの教科書で50ページを割いて論じたテーマだった。そこでベルは、1段落を追加した。「隠れた変数の有無に関係なく、測定過程の分析には独特の困難が伴うため、我々はごく限られた我々の目的に厳密に必要とされる以上に立ち入るのを控える」。彼は書き直した論文を編集部に送り返した。

ここでフォン・ノイマンの亡霊が三たび現れ、自らの愚かな間違いが一般に知られるのを妨げた

――あるいは、少なくともふたたび遅らせた。ベルから返送された訂正ずみの論文が間違った場所に保管されてしまったのである。[※65] 後日、編集者がベルに催促の手紙をスタンフォード線形加速器センター宛てに送ったものの、その頃ベルは、長期研究休暇を取ってアメリカを横断し、マサチューセッツ州ブランダイスにいた。スタンフォードの人々はどうやら親切心に欠けていたらしく、誰もその手紙をベルの休暇先に転送しなかった。そのため、彼の論文は2年間も『レビューズ・オブ・モダン・フィジックス』誌編集部の書類の山のどこかに埋もれたまま放置されることになったのである。1966年にベルが論文について同誌に問い合わせたことで、ようやくその事実が発覚したのだった。

もちろん、1964年当時のベルにはそんなことは思いもよらず、その間に、隠れた変数理論に本質的な困難を生じさせているのは「局所性の前提条件」だと自信を深めていた。ある週末、ベルの考えは一つにまとまった。こんどはベルが「不可能性の証明」をつくり上げる番だった。――局所的な隠れた変数理論は存在しない。

彼が考え出した方程式は有名になり、「ベルの不等式[※66]」として知られるようになる。遠く離れた対の粒子（どれだけ遠く離れていても、二つの粒子は物理的に相関関係を保ったままで対になっている）は一定の相関を示すことがある。局所性と分離可能性の要件が合わさって相関度を一定水準以下に制限するが（これがベルの不等式）、相関がその制限を上回れば（ベルの不等式を破れば）、局所性か分離可能性のいずれかが破られる。

もつれた二つの粒子は、困惑させるほどの頻度でこの不等式を破る。これらの粒子は常識的な範囲をはるかに超えて相関しており、実在という基礎構造は何らかの形で非局所性または分離不可能性を必要とするのである。

したがって、実験結果がもし「ベルの不等式」を破るようであれば、二つの粒子の間の「分離不可能性」または「非局所性」が証明されたことになる。当時は大学院の学生だったフランスのアラン・アスペや他の研究者による実験結果はいずれも、完全に「ベルの不等式」を破っていることが判明した。これによって局所的な隠れた変数理論は否定され、量子力学は救われたが、そのとき、あれほど量子力学を嫌ったアインシュタインはすでにこの世を去っていた。

それまでの40年間にありとあらゆる思考実験(ゲダンケン)や、「形而上学」への批判がなされたが、信じられないことにベルは不等式について、「上記で検討した例は、実際に行う必要がある測定を思い描くのに、想像力をほとんど必要としなかったという利点があった」[※67]と述べている。

こうして1964年、先の論文と対をなす2本めの論文が『フィジックス』誌の第1号（そして最後から2番めの号）の誌面に大々的に掲載され世に問われることとなった。だが、今回はすでにつながりが生まれていた。ボームの論文が発表された年にベルがほぼ唯一その重要性を見抜いたように、ベルの論文もたちどころに目の高い読者の関心を引いたのである。驚いたことに、それはマサチューセッツ工科大学の哲学科にいた人物であった。

注1

今回のように論文が科学ジャーナルに投稿されると、そのジャーナルの編集者は論文を関連分野の専門家に送る。この「審判」とも言える査読者が論文を読み、(名前は伏せられたまま) 内容に関する提言を行う(これにより、フルタイムの編集者は、そのジャーナルが扱う各分野の厄介でつねに変化する専門知識に通じていなくても務まるのである)。

第29章　少しばかりの想像力　1969年

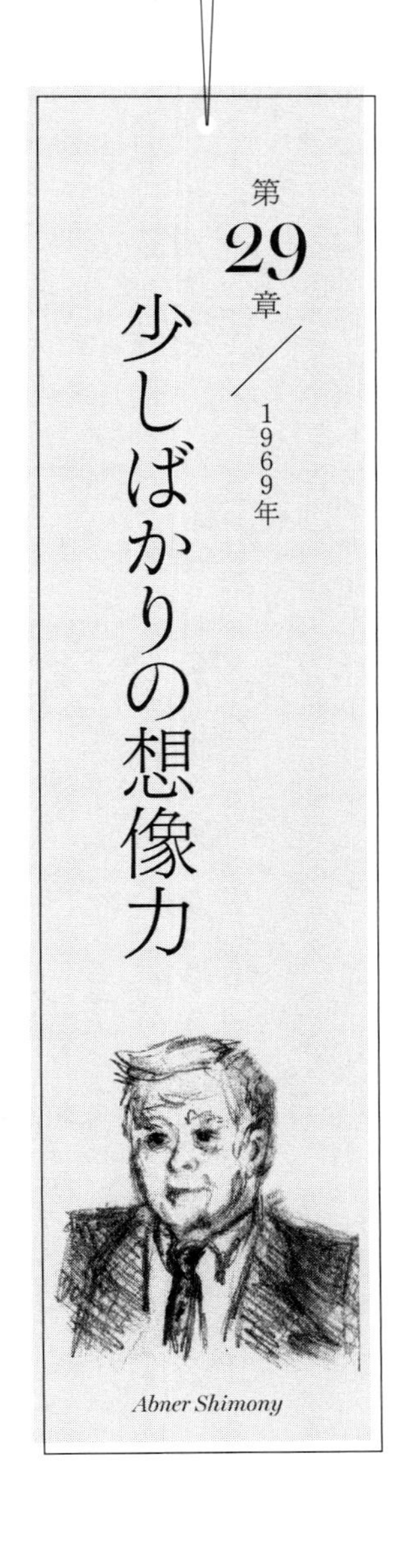

独断的な先入観を避けるために、今こそ「隠れた変数」の理論を考慮する必要があるように思われる。そうした先入観は思考を不当に制限するばかりか、今後行う実験の種類までも制限してしまうのである。[※1]

デヴィッド・ボーム、1962年

ひとくちに世界といっても、三つの種類がある。〈大きな世界〉と、〈中くらいの世界〉と、たくさんの〈小さな世界〉だ。〈大きな世界〉は大自然の世界で、星や太陽や、惑星や月や地球、それに地球上にあるものすべてを含む。〈中くらいの世界〉は人間の社会で、そのなかには国や政府や、軍隊や宗教、工場や農場や学校や家族など、人間がつくったものがある。たくさんの〈小さな世界〉は一人ひとりの人間だ。一人ひとりの男、女、子供が一つの世界なのだが、もちろん、人間社会という〈中くらいの世界〉に左右される。思いもよらないふしぎな影響を受けたりもする。これと同じように、大自然の〈大きな世界〉からも、誰も言い当てることができないような影響を受けることがある。[※2]

このような書き出しから、『ティバルドと消えた十日間』の物語は始まる。1582年、グレゴリウス法王がユリウス暦を改革した。ユリウス暦は太陽年よりも11分14秒長く、どうしても復活祭が夏にずれてしまうためである。これを回避するため、その年の10月の10日間が暦から削られてしまった。イタリア人の少年ティバルドは、大切な誕生日が「暦のはざま」から抜け落ちてしまったとわかると、それを取り戻す作戦に出る。イラスト入りの子供向け読み物で、科学と社会が少年の物語にうまく織り込まれた、美しい装幀の本だ。著者はボストン出身の理論物理学者アブナー・シモニーで、セピア調の挿絵はパリで活動する版画家である彼の息子が手がけている。

科学は真実を探求する営為であるが、研究者は〈中くらいの世界〉の網の目——ときにはそこにからめとられながらも——の中で営む個々の人間である。暦に限らず、科学にまつわるものならどのような物語でも、この冒頭の言葉を用いてうまく語り始められるだろう。以下の物語もその一つである。

どういう経緯で自分がベルの論文の見本刷り(プレプリント)を受け取ったのか、アブナー・シモニーには定かではなかったが、とりあえず彼は研究室で論文を読み始めた。見本刷り用の紫色の印刷インクで、彼の手は汚れた。この論文との出会いを、すぐには幸運だと思わなかった。ブランダイス大学――ベルが論文の初期の草稿を書き、[※3]内容について発表を行った場所である――の友人が、見本刷りの送付先リストに彼の名前を入れたに違いない。シモニーはこれ以前にCERNのJ・S・ベルの名前を耳にしたことがなく、早々に計算ミスを見つけて、「また変わり者の論文」ではないかと思った。ところが、どうやら単なる変わり者ではなさそうだ。[※4]どこか気になるところがあって、彼は続きを読んだ。

2年前の1962年春、シモニーはプリンストン大学で二つめとなる博士号を物理学で取得した(同時に、最初の博士号である哲学をマサチューセッツ工科大学で教えていた)。物理学の研究を再開したとき、指導教授がEPR論文をシモニーに手渡して「これを読んでどこが間違っているかを理解するように」と言った。シモニーは意欲的な物理学者らしく現実的に、かつ哲学者らしく細部にまで注意を払って論文を読んだ。さらにもう一度読み返したが、致命的な欠点は浮かび上がってこなかった。「教授は私に、免疫をつけさせるつもりでした。でも、ワクチン接種で本当に病気にかかってしまうことだってあるのですよ」[※5]のちにシモニーは、おかしそうにこう話した。

ベルの見本刷りを読み進めるうちに、シモニーはその病気の〝合併症〟を起こした。先のちょっとした計算ミスなど、取るに足らない問題だった。背丈の高い草むらに身を潜めていたトラが姿を現すように、ベルが導き出した信じがたい結果は美しく、そして力強くページから立ち現れてきたのである。ＥＰＲ論文は、「世界は〝幽霊〟にとらわれているのではなく、局所的な因果関係がある」、また「世界はもつれてはおらず、客観的に実在する、結びつきのない断片に分けられる」という前提に立っている。この、当然だと思われる前提のどちらか一方が、恐ろしく完成度の高い量子論と矛盾することがついに判明したのである。シモニーは考えた。もし矛盾があるのなら、実験すべきだ[※6]、と。

胸の鼓動が早くなった。シモニーは座ったまま前かがみになって、ページにザッと目を通した。心の中で、トラが尾を振りながら歩き回っている。少しばかりの想像力があれば、著者のベルが示唆したこの実験を理解できる。どうすれば可能だろうか？

彼は、７年前に発表されたボームの論文を思い出した。ボームは、優秀な教え子のヤキール・アハラノフと共著で[※7]、かつて１９３５年にシュレーディンガーの心をとらえたもつれの問題について考察していた。ヘリウム原子の二つの電子や、ローゼンの水素分子の二つの原子など、粒子がすぐそばにある場合は当然、もつれが存在する。だが、量子論に一石を投じるための思考実験において、アインシュタイン、ポドルスキー、ローゼンは、無限に離れていても粒子はもつれた状態であることを仮定していた。量子論にしたがえばそうなると思われたからだが、誰もこれが可能だと証明できなかった。実際、粒子が関係を失ってただちに互いの記憶をすべて失えば、無味乾燥な単なる「積状態」に分解されるため、ＥＰＲの言い分は何も証拠が残らない。一方、もつれた状態というのは二つの個々の状態の積とならない――もつれあう二つの粒子は、個々の状態をもたないのだ。

ボームとアハラノフは、この長らく棚上げされていた問題に独創的な切り口で取り組んでおり、二人の論文は、シモニーの心に刻み込まれていた。彼らはその7年前に『フィジカル・レビュー』誌に掲載された、コロンビア大学の呉健雄（ごけんゆう）（ウー・チェンシュン）、通称「ウー夫人」が編集者に宛てた短いレターを思い出した。彼女は、教え子の大学院生アーヴィング・シャクノフ[※8]（のちに朝鮮戦争で命を落とした）とともにポジトロニウム研究に取り組んでいた。ポジトロニウムは電子と陽電子が対になった奇妙な物質で、ウーとシャクノフは、ポジトロニウムの消滅時に必ず生成される二つの高エネルギー光子（X線よりさらに高エネルギーのγ線）を用いて、取り扱いの難しい実験を行っていた。

ボームとアハラノフはもつれを念頭に置きながらウーの実験結果を精査し、分析し直してみた。すると二人の理論では、この二つのγ線がもつれていることが示唆されたのである。「ボームとアハラノフは、まったく異なる目的で行われた実験結果を見事に再利用して、新しい実験を行わずにすませた――まさに量子考古学の模範例だ！」[※9]とシモニーは言う。

γ線が確かにもつれの様相を呈していることを、ボームとアハラノフは示した。とはいえ、局所的で分離した粒子（それぞれが実在の状態を有する）と量子論が、直接的で避けられない矛盾を抱えている状況は、本当にベルの定理が示唆するほど極端なものだったのだろうか？

シモニーは、彼の知る実験物理学者のうち誰か、さらなる正確さと一般性を追究してウーとシャクノフの再実験を行うのにやぶさかではない者がいないだろうかと考え始めていた。目指すはベルの不等式の証明であり、そのためにはまさしく劇的な非局所相関が必要だったのである。アハラノフがマサチューセッツ工科大学を訪れた際に[※10]、シモニーは遠慮がちにその話題を持ち出したが、長身で細く、ハンサムできっぱりした態度のアハラノフは、証明に必要なことはすべて自分とボームが証明ずみだと語った。その後しばらく、シモニーはその話題を控えた。

数年後、1960年代後半のマンハッタンでのことだった。コロンビア大学で天文物理学を専攻していたジョン・クラウザーという大学院生が、ゴダード宇宙科学研究所の図書館で偶然、ベルの論文を見つけた。「その時期に大勢の人に起こったのと同じことが僕にも起こった」のちにクラウザーはこう語っている。「信じられない思いだった。論文を理解できなかった、というか信じられなかった」[※11]。また新たな探究好きな者の心に、トラが飛び込んだのである。その晩クラウザーは、フラッシング湾に係留する、自宅を兼ねた競技ヨットに帰宅した。ラガーディア空港を離着陸する飛行機が、轟音を立てて頭上を通り過ぎていた。ベルの考えが、どうしても頭から離れなかった。「もし信じられないなら反例を挙げるべきだと僕は思った。けれども反例が見つからない。そのとき、これこそ人生で最も驚くべき結果だと悟ったんだ」[※12]

ひょっとすると驚きが大きすぎたのかもしれない。「僕はそれでもまだ、この論文が及ぼす絶大な影響を受け入れられなかった。大きく異なる二つの予測――『もつれ』と『局所実在性』――のどちらかに決める実験的証拠を見るまではね」。局所性や分離可能性というとき、粒子は互いに依存しない状態にある。「ベルの論文は、予測される実験状態についてはあいまいな記述で、かえってそれが目を引いた（ただし、他の部分はすべて明快であった）ので、ベルが虚勢を張っているのではないかと疑ったほどだった」[※13]。クラウザーは、実験について本で調べながら、自分ならどう実験するだろうかと考え始めた。思考実験ではなく、不完全でも本物の実験装置を用いて、より一般的な方法でベルと同じ結果にたどり着くことはできないかと模索しはじめたのである。

「僕の論文指導教官は」――クラウザーの専門外の研究にいらだちを募らせ――「『時間をムダにしている』と言った。彼は僕に、本物の天文学者になってほしいと思っていたからね」[※14]。だがクラウザーは、ついに天文学者になることはなかった。

ちょうどその頃、シモニーはマサチューセッツ工科大学哲学科の終身ポストを捨てて、ボストン大学で哲学と物理学を教える道を選んでいた。博士号で専攻した物理分野は統計力学であったので、シモニーがボストンに着くとすぐに、ボストン大学の友人が「一緒に研究するにはうってつけの統計力学の大学院生がいる」と紹介してくれた。

その大学院生はマイケル・ホーンといい、ほどなくして彼のもとを訪れた。「私はもう統計力学をしていないのだが」[※15]とシモニーは伝えた。シモニーの関心は紫インクのガリ版刷りのベルの論文に移っていたが、長身で穏やかな話し口のミシシッピ出身の青年に何か感じるところがあったに違いない。「シモニーの研究室に入ってきっかり5分経ったところで、彼は僕にベルの論文を見せてくれた」[※16]とホーンは回想している。

「君に実験計画が立てられるかな」とシモニーは言った。「EPR論文の前提には非常に現実味があるから、ひょっとすると何かが起こるかもしれない」[※17]

ホーンは、ウーとシャクノフの実験結果を説明できるような局所的な隠れた変数理論は構築可能であり、その点で再現実験は行う意味がないことに気づいた。γ線の光子間の相関が、あまりに弱かったからだ。「最初にシモニーに報告したのがそのことで、彼は関心をもった」[※18]。ベルの定理にはもつれを詳細に見られる実験手順が必要だった。

一方、クラウザーはシモニーとホーンの研究など知る由もなく、同じ目標に向かって邁進していた。ウー夫人に相談してみたが収穫はなかった。そうこうするうちに、マサチューセッツ工科大学のデヴィッド・プリチャードが彼の目的に適いそうな金属原子の散乱実験をしていると耳にした。クラウザーは彼に会いに行き、自分のやりたい実験を説明した。話を聞いたプリチャードは、カリフォルニア大学バークレイ校から来たばかりのカール・コッハーに向き直って「カール、君の実験はこれを検証するはずなんだろう？」と訊ねた。

「もちろん！　そのためにやったのだから」[※19]とコッハーが答えた。

クラウザーはコロンビア大学に戻ると図書館に走り、『フィジカル・レビュー・レターズ』[注1]の最近の論文を調べた。そこには、コッハーがカリフォルニア大学バークレイ校の高名なユージン・カミンズ教授の指導のもとで行った実験の詳細が記されていた。[※20]

ＥＰＲ思考実験が問題を明らかにするために使った設定と同じく、コッハーとカミンズが行ったもつれた粒子の測定も、解析装置[注2]が互いに平行な場合と垂直な場合に限られていたことにクラウザーは気づいた。ところが、局所性と分離可能性を前提とするすべての解が成立しないことをベルの不等式が示すのは、中間の場合、つまり解析装置の配置が平行でも垂直でもないときだけなのだ。

だが、コッハーとカミンズが用いたもつれの供給源——「原子カスケード」とよばれる過程でカルシウム原子から一つずつ放出される二つのもつれた可視光の光子——は、クラウザーにはうってつけに思われた。原子が高エネルギー光（バークレイの実験では紫外線の光子を用いた）から刺激を受けると、エネルギーを吸収して励起される。励起状態は不安定であるため、原子は光子の放出という形で不連続的にふたたびエネルギーを失う。原子カスケードは、原子がエネルギーを2段階で失う際に起こる。低エネルギーの一つめの光子を放出するときと、その光子ともつれた二つめの光子を放出するときである。

コッハーとカミンズは、原子カスケードで生成される光子のもつれを偏光測定により確かめた。偏光はすでに17世紀に発見されていたものの、１８１１年まで名づけられなかった現象で、電磁波の傾斜あるいは「傾き」の尺度である。水の波や音波とは異なり、電磁波は上下に振動する電気成分と、左右に振動する磁気成分の2方向があり、波は両成分に対して垂直方向に進む（この関係は、魚を思い浮かべるとイメージしやすい。背びれが電場、胸びれが磁場に相当する。波が電場と磁場の関係や進行方向を変えずに傾斜できるのも魚と似ており、傾いた角度が偏光である）。

偏光は波に関わる概念だが、粒子の概念であるスピンとも共通点がある。スピンは上向きと下向きの2方向で表されるが、偏光もこれと同じく水平と垂直の二つに分かれる。[注3]この水平と垂直の成分はそれぞれ、グラフの x 軸と y 軸の長さ、偏光はグラフの傾きに相当する。

この傾きを直接見ることはできないが、「偏光子」とよばれる器具を使うことで、光の水平成分か垂直成分のどちらかを除去できる。コッハーとカミンズは偏光板を用いた。偏光板は半透明素材で、延伸・染色した有機分子を固定して平行に整列させている。もし分子が垂直方向に並んでいれば、垂直な偏光を吸収する（雪や水の反射光や輝きの大半は垂直に偏光しているため、偏光サングラスは光を吸収するように分子が垂直に並んでいる）。もし横に傾いていれば、水平に偏光した光を吸収する。どちらの場合も、向きの異なる偏光は通過する。

原子カスケードで生成される一対の光子は揃って同じ向き、すなわち両方とも垂直か、両方とも水平に偏光することをコッハーとカミンズは発見した。クラウザーは考えをめぐらせた。はたしてこの実験装置で、ベルの不等式を検証できるだろうか？

そんなクラウザーを天文物理学の論文指導教官は辛抱強く待っていたが、熱意に根負けして言った。「それなら手紙で本人に訊ねてみたらどうだね？」[※21]そこでクラウザーは、ベルはもちろんボームとド・ブロイにも手紙を送り、意見を求めた。三人ともクラウザーの案が実行可能に思われたし、その問題をすでに別の誰かが解決したという話も耳にしていなかった。

とりわけベルにとっては、この「クレイジーなアメリカ人学生」[※22]が自分の論文に真剣に応えた最初の人間であった。そこで、次のような返事を書いた。「量子力学の全般的な成功に鑑みれば、このような実験の結果はほとんどわかり切っているように思われます。それでも、きわめて重要な概念を直接的に確かめるこうした実験を行い、結果を記録するほうがよいと私は思います。それに、思いもよらない結果が得られないとも限りません。それが世界を揺るがすかもしれないのです！」[※23]

局所的な隠れた変数を十分に予想していたクラウザーにしてみれば、これほど胸躍る手紙はなかった。「マッカーシー時代は遠い過去となり、代わってベトナム戦争が僕の世代の政治思想の中心だった。この革命思想の時代に生きる若者として、僕は自然と『世界を揺るがし』たいと思うようになった」[※24]とクラウザーは振り返る。量子力学という〝体制〟を覆してしまえばよいのだ。

ところ変わってマサチューセッツ州のハーバード大学では、ぼさぼさの髪にもじゃもじゃの顎ひげを生やしたリチャード・ホルトという大学院生がいた。もうすぐ自分がどんなことに巻き込まれるのか何も知らぬまま、１９６７年のワールド・シリーズでレッド・ソックスが敗れるのをラジオで聴きながら、棚にペンキを塗っていた。自身の論文執筆のために必要な実験スペースを確保しようと、指導教官であるフランク・ピプキン教授の地下実験室の奥にある小さな部屋を片付けていたのである。

使われていない機器だらけのこの小部屋は、以前はコウモリの音波探知研究に使われており、壁は防音コルクで覆われ、目隠しされたコウモリが進路に配置された障害物の回りを飛び回っていた。ホルトがこの通称〝コウモリの洞窟[25]〟に運び込もうとしていたのは、水銀の励起状態の寿命を測定する装置だった。原子カスケードによって生まれた可視光の二つの光子のうち、一つは水銀原子が中間状態になると放出され、もう一つはふたたびエネルギーを失ったときに放出されるため、両者の時間差を計測して寿命を測定するしくみだ。「単純な物理学だよ[26]」とホルトは語った。

ある日、べっこう縁の眼鏡をかけた、小柄で優しそうなボストン大学の教授がにぎやかなコウモリの洞窟にやってきた。一緒にいたのは見上げるような長身の大学院生で、ひげの奥で愛想よくハミングしていた。「周囲に煙たがられながら相関する低エネルギー光子を探した[27]」とシモニーが述懐した、シモニーとホーンの1年がかりの研究は終わっていた。二人は、ホルトに単純な物理学をやめさせようと決意していた。

ベルの論文を「大したことはない」と感じた教授に薦められ、ホルトはすでにそれを読んでいた。「図書館に足を運んだが、その重要性がさっぱりわからなかった」と話した。ところが、今やってきたシモニーはベルの論文の重要性を訴え、ホーンもまた面白いと語るのを見て、ホルトは「そのことが頭から離れなくなった[28]」。

「なんとなく興味をそそられた。けれど僕は、それを研究する価値があると論文指導教官を説得しなくちゃならない。そこでこう提案した。『これを半年間で素早く終わらせて、まともな物理学に戻るっていうのはどうでしょう？[29]』」

ところがその実験には4年以上も要したのである。

準備はすべて整ったように思われた。ところがアメリカン・フィジカル・ソサイエティ紀要がシモニーの元に届くと、コロンビア大学の誰かがまったく同じ実験を行う予定であるという、聞いたことのないニュースが載っていたのである。シモニーは実験に没頭しているホーンに電話をかけ、「先を越されたかもしれない」[※30]と悪いニュースを伝えた。それから前の指導教官で、ディラックの義兄弟にあたるユージン・ヴィグナーに電話をした。「するとヴィグナーが言ったんだ。『だったら電話するんだ！　そいつはまだ書き上げていない。お前たちも書き上げてない。わからないじゃないか、もしかしたらこっち側に参加するかもしれないぞ』」[※31]。まだ動揺していたが、ともかくシモニーは電話をかけた。彼が受話器を置いたときには、クラウザーはシモニーのチームに加わっていた。ホーンが知るかぎり、クラウザーは「興味をもってくれた者がいたことに興奮」[※32]すらしていたという。

平和主義者のシモニーは、「〝できちゃった結婚〟の雰囲気があった」[※33]事実を40年近くホーンに伝えなかった。クラウザーがシモニーとホーンに加わる決め手となったのは、コウモリの洞窟の実験装置だった。彼は自身の機器をもっておらず、とにかく実験がしたくてたまらなかった。とはいえ「これはクラウザーの博士論文の研究ではなかった」とホーンは言う。「彼は隠す必要があった。もしコロンビア大学の誰かに漏らせば、『でも君は天文学をしているはずだろう？』と言われてしまうからね」[※34]

クラウザーが自分の博士論文の研究を終えてから天文学の博士号取得のための口頭試問を受けるまでに、2週間の準備期間があった。そこでクラウザーは、ホーンとシモニーの論文に専念し、ホルトはクラウザーに装置全体を見せて回った。「全員が揃って取りかかれてすばらしかった。あれこれ議論を重ね、細かい点を洗い出しては改良していった」[※35]とシモニーは振り返る。たとえば、実験物理学者であるホルトがある問題解決の助けとなった。シモニーらは、自分たちが、光子がつねにきっちり正反対の方向に原子から出て行くものとして計算していたことに気づいた。ところがシモニーが明らかにしたように、光子はどの方向をとってもおかしくない。ホルトはホーンが数学的「重機」[※36]とよんだ、現実的だが複雑な計算の扱いを心得ていたのである。

一方、機器を手に入れるというクラウザーの夢は、願ってもない形で現実になりつつあった。彼は、カリフォルニア大学バークレイ校の職の申し出を受けた。カール・コッハーがEPRパラドックスの実地テストに用いた装置がまだ、ユージン・カミンズの研究室のどこかに眠っていた。バークレイ校での職は、もちろんベルの不等式の研究ではない。レーザー開発の卓越した業績によって5年前にノーベル賞を受賞したチャーリー・タウンズが、初期の宇宙を研究する電波天文学の職を提示してくれたのである。

そこで草稿を書き上げて博士論文の口頭試問を終えると、クラウザーはフラッシング湾に係留中のヨット、シナジー号[※37]の錨(いかり)を上げ、期待に胸をふくらませてバークレイに向かった。テキサス州ガルヴェストンまで航海し、南西部はトラックで運搬し、ロサンゼルス南部でふたたびヨットを海に戻して伝説的なカリフォルニア沿岸を北上する予定だった。

一方、シモニーは事態の展開にも動じなかった（「少なくとも我々は波を起こしている」[※38]）。時折ホルトの助けも借りつつ、彼はボストンで、ホーンと二人で実験を進めた。同時にクラウザーに論文の草稿を郵送し、たえず最新の情報を伝え続けた。東海岸各地のマリーナで、長身で金髪のヨットト乗りが公衆電話に身をかがめて「ゼロ以外の立体角」などと難解な内容を議論している姿が見られた。ところが、記録的なハリケーンがフロリダを襲い、沿岸都市フォートローダデールでシナジー号を陸に上げざるを得なくなった。ロサンゼルスまでトラックで運んでヴェニス・ビーチで再度、海に浮かべたが、「僕がバークレイにたどり着いた頃には論文は完成していた」[※39]。

論文は「局所的な隠れた変数理論の証明実験の提案」[※40]というタイトルで、10月半ばに『フィジカル・レビュー・レターズ』誌に掲載された。ベルの定理を一般化して「実現可能な実験に応用する」という内容で、「コッハー＝カミンズ実験を修正すれば、決定的な検証を行うことができる」と4人の著者は宣言した。

ところがカミンズは、コッハーと行った自身の実験を修正の出発点とは考えなかった。カミンズは「学部生向けの量子力学の授業にちょうどいい実験」[※41]程度に考えており、コッハーは授業で使えるよう台車の上に実験装置を作り始めたほどであった。[※42]「学部生向けよりはもう少し難しい内容だったが、それほどでもなかった」[※43]とカミンズは語った。それに、得られた結果に驚きもなかった。クラウザーがカミンズはクラウザーに負けず劣らずの長身で、並ぶと目の高さが変わらなかった。クラウザーがさらに研究を進める必要があると熱っぽく説明しても、彼は自信たっぷりに平然と「そんなことをしても何もない、私の時間をムダにしないでくれ[※44]」と言い放った。

そのとき、思いがけないところから救いの手が差し伸べられた。隠れた変数理論ではなく、ビッグバンの宇宙マイクロ波背景放射研究のためにクラウザーを雇ったチャーリー・タウンズである。

「ユージン・カミンズはまだこんなバカバカしいものを、とぶつくさ言っていたけれど、チャーリーはこの計画を容認するよう彼を説得してくれた[※45]」とクラウザーは感謝の言葉を述べた。

「私は世界中が大騒ぎするのを見て、本当に驚いた。心底驚いたよ。あの実験はもつれた状態を表していただけだ。もつれた状態なんて量子力学の最初から存在していた。ヘリウム原子の二つの電子はもつれの状態にある。騒ぐほどのことじゃない[※46]」とカミンズは語った。

クラウザーが確かめたかったのはもちろん、ヘリウム原子の直径の450億倍離れた距離でももつれが持続するのかということだ。ベルが予測したように、不可能とされていた長距離の量子のもつれは取るに足らない問題となりつつあった。カミンズは、物理学について最初に一つ学んだことがあったが、それにはある人物の存在が関わっていた。その人物は、離れた系のもつれは大きな問題どころか、論理を覆すほどの問題であると考えていた。その人物とは、アインシュタインである。カミンズの家族がアインシュタイン一家と親しくなったとき、彼は16歳であった。その後、アインシュタインが亡くなるまでの7年間、カミンズ家は毎月マーサー通りのアインシュタイン家を訪問し、アインシュタインの堂々たるバイオリンの音色に合わせてカミンズ夫人がピアノを弾いた。「アインシュタインは私たちによくしてくれた。姉と私にとって祖父のような存在だった。けれども量子力学のこととなると感情的になり、量子力学は正しいはずがないと考えていた。だから何かにつけてケチをつけていたし、1930年代のEPRパラドックスはアインシュタインのそうした取り組みの一環だった。言うまでもなく、ボーアが彼の間違いを証明した。それで終わりにすべきだった[※47]」

こうした発言は多くの物理学者にとって重みがあり、ボーアが証明した内容を説明するとなると困難であってもそれは変わらなかった。だが、チャーリー・タウンズは普通ではない経験をしており、権威ある人物の発言として一般に受け入れられた知恵であっても鵜呑みにすることはなかった節がある。ボームが隠れた変数理論をめぐってフォン・ノイマンやボーアと論争していた頃、タウンズはのちのレーザーの初期開発に取り組んでいた。その論争とは別に、フォン・ノイマンとボーアは、タウンズの研究はうまくいかないと断言していた。ハイゼンベルクの不確定性原理により、レーザーに必要な光子が完全に整列できないというのがその理由だった。自伝『レーザーはこうして生まれた』の中で、タウンズは「一度でもボーアを説得できたか心もとない」と述べている[※48]。

タウンズの賛成と支持を取りつけ、また論文の研究課題を探していた大学院生スチュアート・フリードマンの助けも借りて、クラウザーはコッハーの古い装置の分解に取りかかった。「コロンビア大学から来た男がコッハー＝カミンズ実験に興味があると連絡してきたと、カミンズが教えてくれたんだ」フリードマンは当時を振り返った。「クラウザーは正確に実験をやりたがった。カミンズは『まったく、まともじゃない』と僕にこぼしていたよ[※49]」

それにもかかわらず、おおらかなフリードマンはクラウザーの研究に加わった。「僕はそれまで、このテーマについてあまり聞いたことがなかったけれど、すごく面白いと思った。それに僕も思ったんだ、そうさ、可能だって」当時のありとあらゆる苦労を振り返って、フリードマンは笑顔で言った。「クラウザーは昔から楽観的で、コッハーが作った古い装置をもってきてちょっと修理すればいいと考えていた。そうじゃなかったと後でわかったけどね[※50]」

もつれはまず、シュレーディンガーの波動方程式に抽象的な形で含まれていた。次に、アインシュタインがもつれの意味するところを想像してEPRパラドックスを提起した。それをベルが入念に吟味し、実証可能な矛盾を見出した。そしてホーン、シモニー、クラウザー、ホルトが思い描いた計画によって、その矛盾がいよいよ実験室へと持ち込まれることになった。このように、もつれは具体化に向けて一歩前進するたびにその形を大きく変えたが、これまではもっぱら理論物理学者の手に委ねられていた。１９６９年になって、実験物理学者が「もつれの時代」の指揮を執ることになったのである。

それから30年余りが経った。クラウザーはカリフォルニア北部の砂漠地域にある、ヨットレースのトロフィーと記念額が並ぶ自宅で、「理論物理学者と実験物理学者をどうやって区別するかわかるかい？」と問いかけた。そして、分厚い教科書の背を指でなぞりながら、その質問に答え始めた。「理論物理学者がもっているもの、それはたくさんの教科書だ（実験物理学者なら、工学の教科書ももっているだろう）」そう言って教科書を指でトントン叩く。「大量の『フィジカル・レビュー・レターズ』誌もだ」壁全体を覆う本棚には、薄緑色のジャーナルがぎっしり並んでいた。「偉人の伝記、それから偉人の著書」クラウザーは板張りの書斎のドアの奥を指さし、「でも実験物理学者がもっているのは」と言いかけて体の向きを変えた。台所のドアの脇の廊下にも天井まで届く本棚があって、薄い光沢のある派手な蛍光色の並製本の背が何段も並んでいた。「カタログだ」そう言うとクラウザーはニッと笑って歯を見せた。「何かを作ろうとして部品が揃ってなければ、ここを探してみる。なんだって作れる[※51]」

とはいえ、通信販売の出番はそう多くない。彼のだだっ広いガレージ兼機械組立工場の外に物置小屋があり、電子機器、さまざまな太さのケーブル、回路基板、真空管、コネクタ、磁石、歯車、角度定規、廃棄された機械の残骸など、がらくたの詰まった段ボールであふれていた。「何でももってくれないと実験物理学者はつとまらない。フライス盤や旋盤が必要だ。でも何よりも、実験科学者になりたければがらくた置き場が必要なんだ」

その理由は、「どこの物理学部でも、最も貴重なものは作業スペース」だからだ。「みんなやりたい実験があるから一人ひとりにスペースが必要となる。だから一つの実験が終わると、いきおい大急ぎでたくさん捨てることになる。実験に使った何の部品かを書いておかないから、片づけている人が今捨てているものにどれだけの価値があるか知らないことも多い。もしそれが貴重なものとわかっていたら！　もちろん、がらくた置き場さえあればいいわけじゃない。どこに何があるかがわかっていないとね。がらくた置き場の持ち主は、ものの置き場所を全部把握している。1932年製のフォードのエンジン2個はあそこ、1957年製のポンティアックならここって具合に……」※52

木挽き台に載せられて胸の高さまである、ガタガタと音を立てる長さ5mほどの機械について、当時のクラウザーとフリードマンに説明してもらおう。バークレイ校のキャンパスではベトナム戦争への反対デモが連日行われ、州兵が催涙ガスを浴びせていた。ヒッピーは花を手に集い、活動家は投石した。学生会館の階段に立ち、品のないスピーチで声高に権利を主張する者もいた。物理学部の新校舎はバージ棟とよばれ、フリードマンとクラウザーの研究室は窓のない地下2階にあり、地上の喧騒とは無縁だった。

実験はまるで、マザーグースの「ジャックの建てた家」のようだった。

これは光子を捕まえる光電管
これは光子を捕まえる光電管内を飛んで
偏光子を通過して計測される光子
これは光子を捕まえる光電管内を飛んで
偏光子を通過して計測される光子を

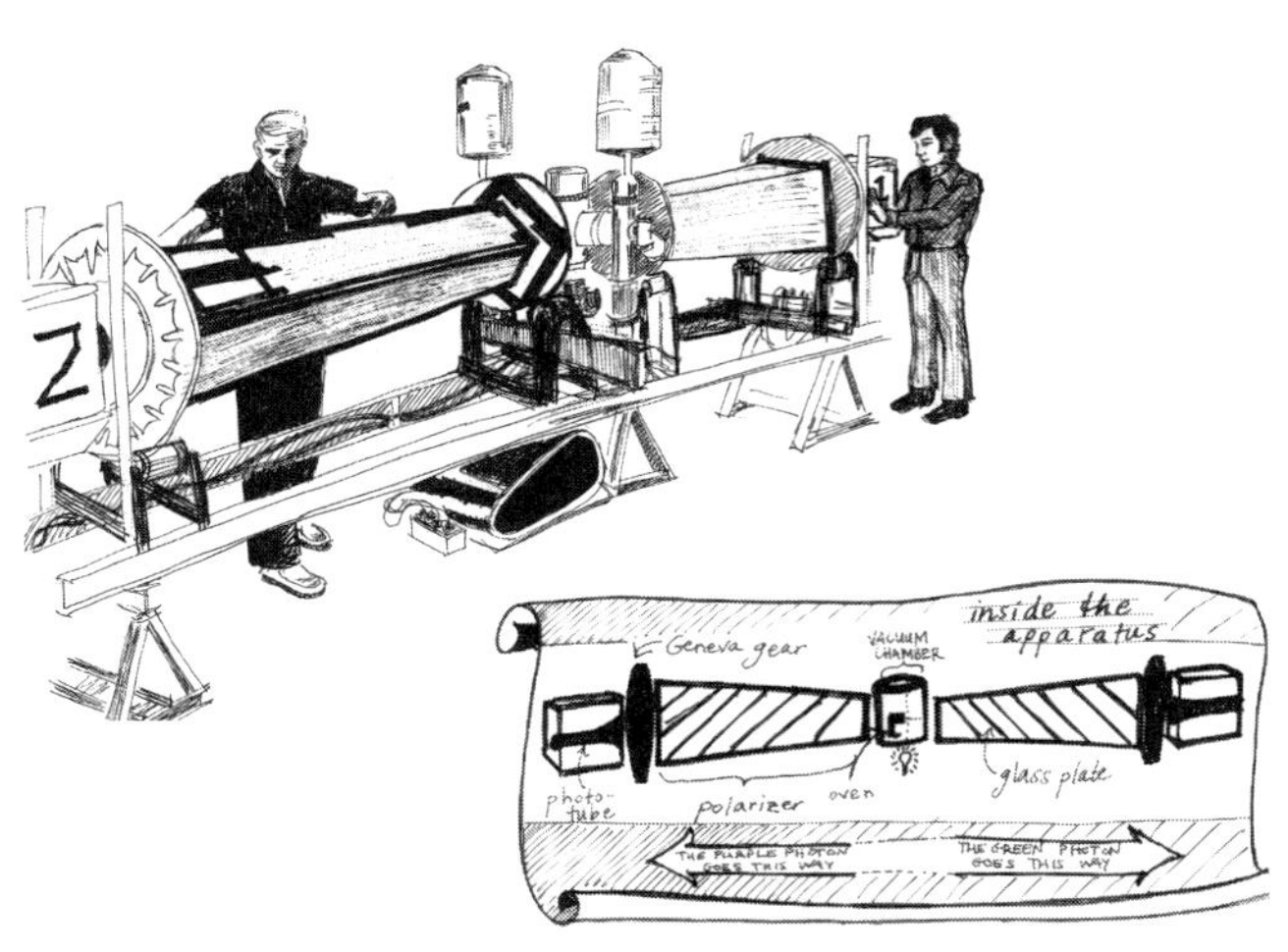

ジョン・F・クラウザーとスチュアート・J・フリードマン、実験装置（時計回りに）：真空チャンバー、装置の内部、ガラス板、緑色の光子の進む方向、オーブン、紫色の光子の進む方向、偏光子、光電管、ゼネバ歯車

放出する原子
これは光子を捕まえる光電管内を
飛んで
偏光子を通過して計測される光
子を
放出する原子を
励起するランプ
これは光子を捕まえる光電管内を
飛んで
偏光子を通過して計測される光
子を
放出する原子を
励起するランプを
入れる真空チャンバー

クラウザーは問題の核心から話し始める。「原子ビーム、これはかっこいい名前

がついているが、実際にはごく単純なものだ。コンロの上で湯を沸かせば蒸気が立ち上るように、金属も十分に熱すれば蒸発する。さて、同じことを真空で行うとどうなるか？　とうてい信じられないような光景を目にする。完全な真空状態でなくても、金属原子の平均自由行程――つまり衝突せずに進む距離――はすぐにチャンバーより長くなる。水を沸騰させると水分子が生じて空気中に混じり、雲をつくる。ところが、真空だと邪魔をする空気がないから、原子は壁にぶつかるまでどんどん進んでいく。

そこで最も簡単なのが、タンタル箔[注4]を用いた実験だ。タンタル箔を半分に折ってしわをつけたまま開き、そこに何か小さな粒をのせてガラス鐘（真空状態）に入れる。ガラス鐘に電流を流すと、タンタル箔は高温になる。銅、アルミニウム、カルシウムなど融点の低い物質を入れてしばらくすると、すべて蒸発してチャンバーの壁じゅうに広がっているのが見える。穴の開いたシートを「オーブンの開け口の前に」置き、もう1枚穴の開いたシートを「最初のシートの前に」置けば、原子ビームのでき上がりだ！」チャンバー内の気体は、四方の壁に拡散せずに狭まってビームとなる。

「単純なつくりさ[※53]」

「当然オーブンは頑丈なものを使う」そう言ってフリードマンは石鹸より一回り大きいタンタル塊を見せてくれた。ヒーターコイルが張り巡らされたタンタルはてっぺんに円筒状の穴があけられ、蒸発してビームとなる物質（このときはカルシウム）が置かれると電気が流れるしくみだ。気体になったカルシウムは、正面に開けられたごく小さな穴からビームとなって放射される。クラウザーとフリードマンは、カルシウムを約14gの「小さな円筒状の塊[※54]」に切って、手を触れずにオーブン内に落とす。円筒形の真鍮（しんちゅう）製真空チャンバーに密閉されると、3時間から5時間でカルシウムは蒸発点まで加熱される。

熱されたオーブンの穴から、カルシウム原子が1㎤あたり100億個（固体カルシウムの1兆分の1の密度）の十分なビームとなって（平均時速約3200㎞で）出てくると、装置の中心に向かってまっすぐ飛んでいく。ここで、二つめの円筒形真鍮製真空チャンバーの底面にはレンズが取り付けられており、そのレンズを通過した光線が、飛んでくる原子ビームを待ち受けている。こうして原子の一つ一つが励起され、薄緑色と紫色のもつれた光子を放出するのである。励起を引き起こす光源を探すのは容易ではない。「おかげですっかりランプに詳しくなったけれど、ありがたいことに忘れてしまった。今はレーザーを使うからね[※55]」。しかし、狭い面積に高い密度で集中し、完璧に波長を変えられるレーザー光線を実験に使えるようになったのは数年後の話である。

フリードマンは、原子を励起して狙いどおりに2光子カスケードを起こすように、きっかりのエネルギー量をもつ光をフィルターを通して照射する。近紫外線を入射すると、薄緑色と紫色の光子が出てくる。完璧なランプ、レンズ、偏光子、光電管を見つけるのにかなりの労力を要したが、2275Å（オングストローム）[注5]、5513Å、4227Åという波長数[※56]は、その後の30年間にわたってフリードマンの心にひっかかることになる。

「何もかもが大型にならざるを得なかった」とフリードマンは言う。「根本的な問題は、ランプから多くの光が必要なことだった。つまり巨大な偏光子、というか性能のよい巨大な偏光子が必要だったけれど、それがなかったんだ」[※57]。クラウザーはすでに、ポラロイド偏光板ではベルの定理の検証に不十分だと判断していた。一方、ハーバードのホルトは「方解石」を偏光子として用いていた。方解石は自然界に存在する美しい結晶で、物体を二重に映し出す性質がある。像が二重に見えるのは、方解石に入射した光が平行に反対方向に偏光された2筋の光に分かれるためだ。だが、あいにくフリードマンとクラウザーが必要としているような巨大な方解石は売っていなかった。

パイル型偏光子は基本的に普通のガラスを重ねたもので、フリードマンは論文中で「割れやすくかさばるため、通常はもっと使い勝手のよい偏光子の材料を使えない場合に限られる」[※58]と説明している。ガラス板を60度よりわずかに小さい角度（万華鏡の考案者にちなみ、「ブリュースター角」とよばれる）に傾けると、その表面と平行に偏光された光だけを反射する。これを通過した光は、反射光に対して直角に偏光する傾向がある。続くガラス板もこの光の中から垂直な偏光のみを透過し、他の光を取り除いてゆく。このようなガラス板を十分な数だけ重ねて1枚ごとに反射を繰り返すと、最終的には垂直偏光だけからなる光線ができあがる。

顕微鏡のスライドグラスに使われる極薄のガラスも、貴重な光子をほとんど吸収しないため、うまくいくようである。非常に薄いためにどうしても波状にひどく歪んでしまうが、切断研削機で慎重に作業すれば、波打っていない部分から、小さいものから30㎝四方ほどの大きいものまで、光線が進むにつれて広がる幅に合わせて20枚の平たい板を切り出せる。

さまざまな角度で偏光を測定するためには（EPR論文のやり方にならって位置か運動量のどちらか一方を測定するかもしれないし、ボームやベルの実験のようにx方向のスピンとy方向のスピンのどちらかを測定するかもしれない）、偏光子を移動させる必要がある。フリードマンとクラウザーは、長身でひげを生やした、同年代の無口な機械工、デヴィッド・レーダーに相談した。彼は一度の航海で1ヵ月もの間、陸から数百km離れた海軍のレーダー船で機器を直しながら発明の才に磨きをかけた人物である。[※59] レーダーは、タンタルを加熱するオーブンのような小さな実験装置から、ブリュースター角に傾けたガラス板を固定しながら、それを支える青くて長い合板の箱（クラウザーは「棺」と呼んでいた）を傾ける大型機械までつくり上げた。

その機械は、「棺」を回転串焼き器のように連続回転させるわけではない。ゼネバ歯車とよばれる工具を用いて、1回転につき16回（つまり22・5度進むごとに1回）休止しながら、100秒で1回の実験が行われるように設定されている。「大きな時計のようなものだ。工業化時代の工学問題の解決策が満載の『インジニアス・メカニズム』という本を読んで、ゼネバ歯車を使おうと思いついた」[※60]とフリードマンは言う。数百年の伝統を誇る時計メーカーが発明したゼネバ歯車は、簡単な回転運動を、正確な目盛りつきの進行と休止の繰り返し運動に変換する（現在も映写機に使用されている）。溝つきの回転盤が連続回転し、小さい回転盤のピンを捕まえたり離したりして、催眠にかかったタンゴのような面白い動きを見せる。

それぞれの「棺」の内部にはゼネバ歯車を取り付けた枠があり、ぴんと張ったループワイヤーで吊り下げた偏光板を支えている。レーダーが週末のアルバイトで漁船に乗っており、[※61]鮭の釣り糸（編組ステンレス線）と、釣り竿に糸を通すガイドをつくっていたのだ。

「単一光子計数法が開発されたばかりの時期に、単一光子計数法で測定しなければならなかった」とフリードマンは回想する。「ラジオ・コーポレーション・オブ・アメリカ（電子機器メーカー）がちょうどクアンティコンとよばれる真空管を開発した頃だった。僕も彼らと組み、光電管についても相当学んだよ。僕が光電管に精通しているからと、仕事までオファーしてくれた[※62]」

パイル型偏光子の両端につけられた2本の光電管が光子を捕まえる。光子は、光電管の内側に蒸着させたアルカリ金属に当たって電子を放出させる。セシウム（その美しい青いスペクトル線は、1世紀前にブンゼンによって発見された）は元素周期表1族6周期にあるが、全元素の中で最も大きな原子をもつ。リチウムやナトリウムといった他のアルカリ金属も、周期表で周囲に並ぶ原子に比べてはるかに大きい。アルカリ金属の原子が大きいのは、電子が原子核から離れて単独で最外殻の軌道を飛び、核の引力をわずかしか感じないためである。

光子はごくわずかなエネルギーで（「仕事関数」とよばれる。電子1個を金属などから外界に取り出すために必要なエネルギー量）、この広範に動き回る電子を原子から分離し、光電子増倍管に向かって素早くケーブルで送る。光電子増倍管は5つの電子を記録用コンピュータに送る。この電子光学的操作をうまくやれば「5ナノ秒や10ナノ秒の小気味よいパルス[※63]」が計数機器に光子の到達を知らせてくれる。

けれども光電管を冷却し、暗電流を抑制する必要がある。

暗電流？

クラウザーは口の端を上げた。「そう、理想的な状態なら存在しないはずのものだ。学生や理論物理学者は、光電子増倍管というとこんな想像をする。『光子を入れる。するとパルスが出る。そこに計数機器を置き、ごくわずかなパルスをつかまえて数える。そうすれば光子の数がわかるっていうしくみだ。そうだろう？』ってね」そう言ってにやにやしている。

「現実はこうだ。たくさんの光子を入れてもパルスはたくさん出てこない。ところが、光子を一つも入れなくても、パルスは生じるんだ。後者のパルスは『ダーク・レート』とよばれる。実験物理学は人生に劣らず厄介なのだ。『光電陰極』——光電管内部でアルカリ金属を蒸着させた部分——が大きいと、それだけ暗電流も大きくなる。だから、光電陰極は小さくするのが理想的だ。また、管が温まっても暗電流が大きくなる。内部で電子エネルギーが分布しているためだ。一部の電子は高いエネルギーを帯びていて、分布の端のほうでは電子が仕事関数より高いエネルギーをもつこともある。すると電子は単独でどこかへ行ってしまう。光子によって放出された電子とこれをどうやって区別すればいいのか？　どちらも電子に変わりはないし、暗電流をつくり出すのにそれほど多くの逃げ出した電子は必要ないんだ。

他にも『熱電子放出』という問題がある。熱によって原子から引き離された電子が、ちょうど避雷針に雷が落ちるのと同じ原理で、光電管内の尖った箇所から飛び出してくる。あるいは、アルカリ金属でカリウムを使うとすると、その中のカリウム41は放射能をもつので、崩壊すると電子を放出する。これらはすべて、暗電流をつくり出す。〝すべて〟がね。この厄介な光電管の内部で、たくさんのふしぎな現象が起こっているんだ[※64]」

そこで彼らは、真鍮の槽に水平にハンダづけされたパイプ内に小さな光電管を置いた。真鍮の槽は氷で満たし、発泡スチレンで絶縁してある。クラウザーの言う「赤い[※65]」光子（この場合「赤」というのは俗に言う「長波長」のことである）を捕える光電管は、マイナス78度まで冷却しなければならず、そこまで下げるには攪拌（かくはん）したドライアイスとアルコールが必要だ。「冬場のボストンで車道に下りたときのぐちゃぐちゃの雪、ちょうどあんな感じだったよ」と言ってクラウザーは笑う。「けれど今思うと……まったく、そこに指を入れる気はしなかったね。でも実験できるレベルまで暗電流を抑えるにはそうする必要があった[※66]」

各部分を観察し、実証し、再考し、再構築し、一つひとつの手順をゆっくり進めていく。「すべてを実証する時間などないと思われがちだ。でも、本当は時間がないいんじゃない。全部やるほうが時間の節約になるんだ。自然の働きを知りたいときは大変だ。機械を組み立てながら好奇心を抑える訓練をしているようなものだ。誰だって、適当に機械をつくって電源を入れ、どうなるかを観察したくなる。けれども、機械を動かしてみて、いきなり正しく作動することはまずないと言っていい。実験物理学をやっていて簡単なことなんて一つもない。旧式の装置を使用し、手元にある機械を能力の限界まで使っている場合はなおさらだ[※67]」

　こうして、装置の組み立てと試験運転に2年間を費やした。その後の実験は2ヵ月を超え、280時間を要した。「ようやく装置が完成したとき、液体窒素トラップに液体窒素さえ手動で注入すれば、あとはすべて自動的に作動した」※68とフリードマンは振り返る。液体窒素トラップとは、凝縮物を除去し、爆発しやすい「コンデンサー注6が爆発しないように」真空状態を維持するためのものである。100秒周期の計測が終わるたびに機械は自動的に休止し、（クラウザーががらくたから救い出した旧式の電話中継器の）シーケンサーが、耳障りなドミノの牌（パイ）がぶつかるような音と動きで片方の偏光子を22・5度回転させる。そのようすは、30年経ってもクラウザーの心に鮮やかに残っている。「この巨大な2馬力のモーターが棺の上部で作動しながら回転し、テレタイプはカタカタと音を立てて」紙テープが蛇腹状に折れながら、パンチくずを床にまき散らし、果物かごの中に落ちていく。カルシウム・ビームをモニタリングする水晶振動子をモニタリングするシリアル・プリンターでは、ガチャンとヘッドが戻る音を立てている。※69

　そうやって装置が記録を終えて再調整されると、次の運転が始まる。さっきと同じようにランプは原子ビームを励起し、もつれた一対の光子を両方向に、角度をつけて積まれたガラス板を通って光電管まで飛ばす。光電管は電子を、黒地に白い数字が回転するカウンターのついた計数器へと送る。計数器は大量のコードにつながれ、前面からも背面からも蛇のようにコードを伸ばしている。

　一方、クラウザーは時折、タウンズから電話を受けた（「ジョン、天文学の仕事をまだまったくしていないようだが」)。「でも、タウンズが予算をこちらに回すよう取り計らってくれたので、僕は給料をもらえたんだ」[※70] クラウザーは感謝しながらこう語った。彼の実験を手伝った大学院生のフリードマンは、クラウザーと自分との間で「バトル」があったと言う。「どうやるべきか、何が必要かについて意見が大きく食い違ったんだ」[※71]

フリードマンがクラウザーと初めて出会ったとき、彼が最初にしてくれたのは、『サイエンティフィック・アメリカン』誌主催の紙飛行機コンテストに応募したときの話だった。使用する紙やのりの量は厳格に規定されており、「クラウザーは規定どおりにグライダーを製作し、それが本当にいちばん遠くまで飛びそうだった。もっとも、それは野球ボールにそっくりな形状だったらしい。クラウザーは紙を重ねてのりづけして塊をつくり、旋盤で球体に削った。ごていねいにステッチまで描き込み、それをピッチャーに投げさせるつもりだった」と言って笑い、フリードマンは首を振った。「主催者側は、野球ボールがはたして『飛行する』のか長く議論した結果、失格を言い渡した。まったくジョンらしい話だよ」[※72]

カミンズは後年、次のように語っている。「クラウザーは頭のいい青年だったが、頑固だった。因習に囚われず、負けん気が強くて何でも自分のやり方にこだわったから、気の毒なフリードマンに苦労をかけたはずだ。それにクラウザーは体がバカでかく、フリードマンは小柄なほうだったから、いくらか威圧感を感じただろうね」[※73]

物理学部のあるバージ研究棟の地下室の外では、気楽な生活だった。「僕らは暇さえあればセーリングに出かけた」とフリードマンは回想する。「ヨットを走らせていればすべてうまくいった。セーリングで楽しい時間をたくさんすごしたよ」※74

注1　戦後は物理学者の数が爆発的に増え、物理学分野の論文も激増した。そのため1958年、『フィジカル・レビュー』誌は「レター」（重要な短い論文）を発表する場として、新たに『フィジカル・レビュー・レターズ』誌を創刊した。

注2　「解析装置」は、EPR実験装置の両端につけられた二つの実験装置の一般名称である。ボームの実験でもベルの実験でも、1/2のスピンをもつ粒子は「シュテルン＝ゲルラッハ磁石」でそのスピンが上向きか下向きかを測定・解析された。コッハーとカミンズは、スピン1/2の粒子を用いなかったために異なる解析装置を必要としたが、原理は同じである。

注3　実際、スピンと偏光は同じ基本的な物理的状態を2通りに記述したものだと言うこともできるだろう。たとえば、光子の運動する方向における「上向きスピン」は、光波における右円偏光を粒子の性質として表したものである（円偏光は、垂直成分と水平成分が複雑に足し合わされることで生じる）。

注4　タンタルは耐熱金属できわめて蒸発しにくいため、高温に熱することが可能である。

注5　オングストローム（Å）は長さの単位。0・1ナノメートル（1メートルの100億分の1）。

注6　コンデンサーは、電荷を蓄積する電子回路の基本的構成要素である。

第30章

1971年～1975年

実験物理学は単純ではない

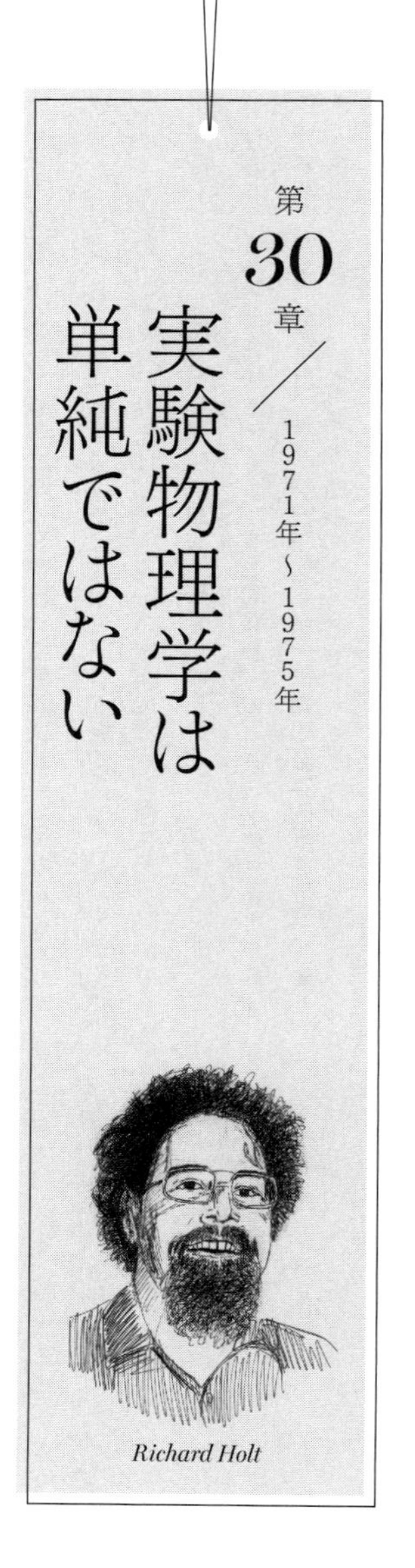

Richard Holt

こうして初回の運転が終わった。スチュアート・フリードマンとジョン・クラウザーがいた部屋から少し廊下を下った先に部屋があり、大型汎用コンピュータ「IBM1620」[※1]が占領していた。どこかの会社が廃棄した電子機器、プリンター、ケーブルを原子ビーム科のハワード・シュガートが拾ってきてコンピュータに複雑につないでいた。

クラウザーはコンピュータにプログラムをロードし、機器からパンチ穴の開いた紙テープで出てくる実験結果を読み取ろうとしていた。プログラムのほうも1枚にコードが1行ずつ入力されており、積み上げると180cmもの高さになった。

カード・リーダーの長い傾斜のついた差し込み口の中に、カード束が1枚ずつパタパタと音を立てて吸い込まれていく。フリードマンが紙テープでいっぱいのバスケット（テレタイプから急速に吐き出されたためにからまっていた）を手にドアを開けて入ってくると、「おい、フリードマン」とクラウザーは話しかけた。「いまカミンズのことですごい話を聞いたんだ」

「へえ、どんな？」フリードマンはやかましいプリンターと、それ自体がコンピュータでもある大きな電子機器の棚との間にある椅子に腰を下ろして、紙テープのもつれをなおし始めた。

「カミンズが夜中に、ヘリウム漏れ検出器を抱えてこの建物の屋根にのぼったって話」

フリードマンはもつれた紙テープの山から顔を上げた。

「えっとだな、カミンズは実験許可を取ろうとしたんだよ。ちょっと高くなった所で、サイクロトロンのターゲットから出る放射能ガスを細い管に通す実験だったから。なのに、待てど暮らせど大学側から返事が来ないことにしびれをきらして決行することにした。15mの高さにこの管を設置して、準備万端ととのったところで——ガスが漏れたんだ」そうやって話しながら、クラウザーは制御卓（コンソール）とカード・リーダーとの間を行き来していた。「しまった、これが見つかったらまずい、とカミンズは思った。それで夜に漏れを直しに行く羽目になったってわけだ」

最後のカードがカード・リーダーに吸い込まれると、クラウザーは素早く制御卓に戻った。「カミンズは漏れを直して、実験は終了。それでもまだ、責任者から返事がない。ちょっとしたいいデータが得られたので彼は発表した。その頃になってようやく連絡が来た」——そういってにやっと笑った——「『貴殿の申請は却下されました』ってね[※2]」

フリードマンも笑った。「カミンズが委員会を無視するつもりなら[※3]、まったくバカげた話だな……よし、紙テープの準備はできた」「ロードしてくれ」とクラウザーが言った。おもむろに紙テープの読み取り機が回りはじめ、パンチカードを吐き出した。

パンチカードには数字が印刷されていて、読み取り機を通すと該当する数字の部分に穴が開けられる。二人は部屋に戻ると、整然と並ぶ穴の行列を見ながら、実験結果を解読しはじめた。クラウザーは光子が〝一致する〟[※4]数の変化をグラフに描いた。一致とは、片方の光電管の緑色の光子（原子カスケードで放出される最初の光子）ともう一方の光電管の紫色の光子を同時に検出することである。その数は、二つの偏光子の配置によって増減する。偏光子が平行のとき、一致は多くなる。少しずつ傾斜させると減少し、直角になるとほぼゼロになる。

量子力学では、この関係はグラフに表すと滑らかで蛇のようなうねり――正弦波（サインカーブ）――を描くとされる。つまり、偏光子が平行となる最初になだらかなピークがきて、45度を過ぎると急速に落ち込み、90度で底を打つ。それから上昇し、偏光子がふたたび平行となる180度でもう一度ピークを迎える。光子は距離に関係なく相関しており、偏光子が平行な場合、片方の位置さえわかればもう片方の偏光を特定できる。

だが、クラウザーの鉛筆が描く曲線はホタテ貝の貝殻の縁のような波形で、モスクで見られる窓のような形をしていた――局所的な「隠れた変数」があるとするならば、もつれがないとするならば、量子力学が間違っているとするならば、まさに予想される形だ。[※5]光子は、別々のパターンを描いているように見えた。決定的な結果であれば現れる、完全に直線のジグザグ線ではないものの、きわめて示唆的な形であった。

「すごいぞ」グラフが示すカーブの尖った部分を見て、クラウザーは声を上げた。のちに彼は、当時を振り返ってこう述べている。「あの時点では、他人が考えた場当たり的な隠れた変数理論の予想の数々をもとに、僕は計算していただけだった。自分が計算した結果にも似ていたから、もしかしたら見つけたかもしれないぞ！　って[※6]」

「わかった。確かめてみよう」フリードマンが眉根を寄せて、パンチカードの番号とグラフ上の点を見比べながら言った。

「『いつでも世界を揺るがす可能性がある』」クラウザーは1969年の昔にもらったベルの手紙を引用して言った（彼はよくこの言葉を引用していた）。

フリードマンは笑って眉を上げた。「まあどうだろうな」首を振り、ふたたびパンチカードに目を落とし、それからグラフに目をやった。

ちょうどそのとき、カミンズが部屋に入ってきた。「調子はどうだい、スチュアート……ジョン？　1回めの結果にもう目を通したのかい？[※7]」

フリードマンはクラウザーを見やり、クラウザーはフリードマンを見た。そしてフリードマンは、クラウザーが描いたグラフを取り上げて言った。「ちょっとこれを」

カミンズは難しい顔で考え込んだ。「しっかり調べたのかい？」

「ええ、2回確かめました」とクラウザーが答えた。「もちろん、もっとデータが必要ですが[※8]」とフリードマンが補足する。「そのとおりだ」と答えて、カミンズはグラフをテーブルに置いた。クラウザーはそれをもう一度手に取った。「すれすれですが、誤差の範囲内です[9]」

カミンズは興奮していなかった。「うーむ、もう一度やり直してみて、その結果と今回の結果を比べてみてはどうだろう？」そう言って親指を立てると、背後にある今は静かな機械のほうを指した。「またすぐに来るから、これについて話そう」「もちろん」と、カミンズの立ち去り際にクラウザーは答えた。「もっと実験しないといけないのは十分に承知しています。[10]でもこのグラフは！」

フリードマンはクラウザーを見やってにやにやした。「心配するなって、ジョン。その結果が本当なら、実験を続ければおのずとわかってくるさ[11]」

二人は、慎重に新たなカルシウム塊をオーブン内に滑り込ませた。ドライアイスを入れると、赤い光電子増倍管のまわりにどろっとした泡が立った。再度トラップに液体窒素を満たし、テレタイプに紙テープを補充する。部屋の照明を消し、二人はもう一度、実験を始めた。

モーターがうなりを上げ、テレタイプがカタカタ音を立て、大きな棺がゆっくりと16分の1ごとの回転を始めた。ときどき機械から耳障りな異音がしていたが、二人とも慣れっこになっていたので気に留めなかった。1分半ほど経ったとき、おなじみのやかましさの中に、ガラスとガラスが当たる聞きなれない音が混じり、やがてガラスが金属に当たる音が聞こえてきた。

「今の聞いたか？」

「ああ、よくない音だな[12]」

クラウザーは機械を止め、フリードマンは明かりをつけた。二人で棺の大きな青い合板のふたを開けた。中には薄いガラス板が、巨大で透明な背骨のように整然と並んでいた——ただ1枚を除いては。一目でわかるほどに傾いたその金属の枠が、光子の進路を直接邪魔していたのである。

クラウザーは切れた釣り糸を棺の中から引っ張り出しながら、「くそっ」と毒づいた。「ワイヤーが切れてやがる」。そのために偏光板が内部でゆらゆら揺れ、光子を遮ったり遮らなかったりしたことで、何時間分ものデータをおかしくしてしまっていたのだ。フリードマンはゆるんだガラス板をゆっくりと外した。「どうりであんな変な曲線になったはずだ[※13]」

「振り出しに戻ったってわけか。でも、量子力学の予測どおりの結果が出たら、物理学を辞めてやるよ[※14]」クラウザーは歯を見せて笑った。

「量子力学の予測する結果が得られないと僕は困る」ボストンのホルトは、シモニーにこう冗談を言った。「僕の実験で局所的な隠れた変数の結果が出たら、ノーベル賞はもらえるだろうけどハーバード大学は博士号をくれないだろうからね[※15]」

ハーバード大学がそこまで狭量かどうかはともかく、少なくともホルトの論文指導教官であるフランク・ピプキンは狭量ではなかった。他の人が深刻に受け止めすぎるようなことに対してもおどけた態度を取り、彼の熱意は学生に刺激を与えた（講義は下手で、物理学科の真面目な学生たちしか出席していなかったが、彼の熱意はそれを補ってあまりあるものだった）。「ピプキンは、こうした根本的な問題は理解しえないとする立場だった。問題が持ち上がると実験するほうを選ぶ。あれこれ悩んで時間をムダにすることはなかった」とホルトは振り返る。ピプキンは15人の大学院生を指導していたが、その実験分野は素粒子から核物理学、原子物理学まで多岐にわたっていた。それでも「1週間ぶりに実験室に入ってくると、きっちり前回の続きから始めていた。とにかく頭の切れる人だった」[※16]。

公民権運動に刺激されたホルトは、ノースカロライナ州の黒人専用の学校で数学と物理を教えていた。そのときにピプキンから電話があり、最近学生が設計して残していった水銀カスケードの装置があるのだが、と告げた。「僕は卓上の物理学が好きなんだ」と語っていたホルトなら、こぢんまりとした精巧な装置に興味をもつとピプキンは知っていたのだ。「当時、著者を100人も並べたような論文がわんさかとあったけど、そんな実験はしたくなかった」[※17]。そして、西海岸で使われているよく似た機械とは対照的に、ホルトがつくった装置は縦・横・高さがそれぞれ30㎝にも満たない小ぶりなものであった。

ホルトは、紫外線ランプを使って大型真空チャンバー内で原子ビームを励起させたりはしなかった。ホルトの実験そのものがランプだったのだ。水銀の蒸気を充満させたガラス管の中に電子銃を入れて密閉し、ネオンサインのように蒸気を励起する。すると、ランプが放出する光子は――バークレイ校の実験の光子よりわずかに緑色は薄く、逆に紫色は濃いが――もつれている（バークレイ校の実験とは異なるが、ベルトマンの靴下に似て、緑と紫の両端の偏光は相関している）。バークレイへ発つ前にホルトの作業風景を見ていたクラウザーは、このガラス管は「そうそう真似できない吹きガラスの技[※18]」だったと回想している。

水銀は、カルシウムよりも複雑な物質である。5倍の重さがあり、質量数が196から204までの多くの同位体（原子番号は同じだが質量が異なる）をもつ。ホルトが用いたのは、比較的珍しい水銀同位体198であった。そのため「この超高純度の水銀同位体をガラス管に蒸留しなければならない。目で見ることさえできない。存在を確認する唯一の方法は高周波放電[※19]」で、分光器でそのスペクトル線を見ることができるという。

イギリスのキャヴェンディッシュ研究所のやり方にならい、ハーバード大学のライマン研究所でも、あり合わせの材料で実験道具をつくる方法が推奨されていた。「機械工場でつくってもらわなければ無理なものもあったが、できるかぎり自作がよいとされていた[※20]」。ピプキンは締まり屋であったが、倹約の手本ともいえるのが華奢な体つきのケネス・ベインブリッジであった。ベインブリッジはすでに70歳に近かったが、最初の原子爆弾の爆発実験当時の責任者として知られていた。あるとき彼は放射性物質がこぼれたために指の一部を切断せざるを得なかった。それでも彼はハーバード・スクウェアで安いスープ鍋を買い込んで実験に使っていたという。

ホルトの装置の両端には、フリードマンとクラウザーの実験装置と同じように光電管がついていたが、「ある悲しむべき日、一つが滑り落ちて壊れてしまった」。ピプキンは、高エネルギー物理学の研究グループが研究している2階にホルトを連れて行った。この場所では倹約は無用だった。

「光電子増倍管がいくらでもあったんだ！　『どれでもいちばん性能のいい光電管を選ぶといい』とピプキンは勧めてくれた[※21]」

ホルトは実験仲間が欲しいと思うときもあったが、問題にぶつかって地下の「コウモリの洞窟」を出れば、まわりには面白い実験をしていて実際的な助言をしてくれる研究者がたくさんいた。この装置のもっと古い型でホルトの前に実験をしていた大学院生は「寝袋を研究室に持ち込んでいたが、僕はそこまでやる気はさらさらなかった」。その代わり、朝遅くまで寝て長時間研究をするスタイルをとった。

「みんな僕のことを『隠れた変数』と呼んでいたよ[※22]」

フリードマンは、暗いバークレイの地下研究室のドアをゆっくり開けた。クラウザーと一緒に鮭の釣り糸をつけ直し、装置を再調整してスムーズに作動するようにした。装置をもう一度作動させる準備が整った。「明かりは気にしなくて大丈夫」とクラウザーが機械の後ろから声をかけた。「赤い光子の計数器[注1]の調子がまた悪くなったから、いったん全部停めておいた[※23]」。フリードマンが電気をつけると、過熱した困りものの光電管の上にクラウザーがかがみこんでいた。故障を調べているその顔は不安そうだが興味津々といったようすで、まるでつかまえたカエルが手の上で暴れるのも構わずいじくり回している農場の少年のようだった。「どれも熱くなりすぎだ。休みどきだな」

フリードマンは頷いた。「あの赤い光電管はまったく厄介だな」「ああ。ホルトとピプキンに先を越されたら、こいつのせいだ」とクラウザーは言った。「そうだな、でもまあ、この世の終わりってわけじゃないし。科学は他の研究者と協力してやるものだろう？　みんなどうなってるのか知りたいだけなんだ」「ああ、そうだよ。でもハーバードより先に見つけたいんだ！」クラウザーは笑顔を浮かべたが、心の中ではこう考えていた。――競争相手がいなかったら、あせらなくてよければ、どんなにいいか。※24 彼は視線を落とした。役立たずの光電管め。「今日イタリアから電話があって、シモニーがもう結果は出たかってさ」※25

アブナー・シモニーは、ヴァレンナの学会に出かけていた。

「ああ、そうだ。僕たちの実験について話す予定じゃなかったかい？」とフリードマンは訊ねた。

「話したさ。それに、ベルがもっと一般的な不等式について新たに話したから、※26 シモニーは僕たちの実験が局所的な隠れた変数に限らず、局所性と実在性に基づく理論であればどんなものでも検証できることを示せたようだ」※27。ここで言う実在性とは、客観性（実験者の意識とは独立した存在）、そして分離可能性（離れた物とは独立した存在）とおおむね同義である。「大胆な発言だ」フリードマンは興味深げに頷いた。「僕の論文にこの内容を含められるといいけれど」

「ああ。シモニーがベルのスピーチはすばらしかったと言っていた。『理論物理学者は古典的世界に住みながら、量子力学的世界を眺めている』と言って始めたそうだ」。二人とも巨大な機械を眺めていた。「実験物理学者だってそうだ」とフリードマンがつぶやいた。クラウザーは吹き出した。「そうだ。どこにその境界があるかわからないから、量子論は少し暫定的な感じがするのだとベルは言った。『理論がどのように進化するのかを考えるのは妥当だろう。だが言うまでもなく、誰もそうした議論に加わる義務はない』[※28]と」

フリードマンは声を出して笑った。「ベルが話すところを聞いてみたいよ」

「ああ。大物すぎて背丈が3mはあるんじゃないか」[※29]

「ところでジョン、ちょっと思いついたことがあるんだ」[※30]フリードマンはニール・ヤングばりのぼさぼさの髪の下から真剣な目をのぞかせた。

「何だい?」クラウザーは、興味があるのにそれほど関心がなさそうな声で訊ねた。

「実は、不等式が最も大きく破れるのは22・5度と67・5度のときなんだ」。二つの偏光子がこの角度をとるとき、量子力学的な正弦波は隠れた変数の描くジグザグ線から最も遠くなる。「偏光子だけを使う実験に応用できるから、もっと単純な不等式が作れる」フリードマンは走り書きした紙切れをクラウザーに手渡した。クラウザーはメモにちらりと目をやると頷いた。

「重要な角度のようだから、この二つの角度だけでもう一度やってみようか」とフリードマンが提案した。「いいね」

「もう一つ考えていたのは」[※31]とフリードマンがゆっくり話した。「リチャード・ホルトの実験の計数率があまりよくないらしい──こないだ電話で話したんだが、僕らみたいな装置をもっていなかったり、彼の論文指導教官が本当にしみったれた奴だったり、知ってるだろう? それで僕の新しい不等式のことを話したほうがいいのかなと思い始めた。そうしたら彼の助けになるかもしれない」

クラウザーは、まるでロシア語で話されたような顔つきでフリードマンを見つめ、肩をすくめた。「まあ、あちら側に秘密を教えて僕たちが勝てるかどうかわからないけど」

その頃、クラウザー、ホーン、シモニー、ホルト以外にも、もつれに取り組む実験物理学者が増えつつあった。1969年後半、堅苦しくはないが立派な名前のブラゾス・ヴァレー哲学クラブという集まりがテキサス南東部で開かれ、そこでクラウザーらの論文について議論が交わされた。それが、実験物理学者でテキサス農工大に就任したばかりの温厚なエド・フライ教授の関心を引いた。

35年経ってフライが語ったところによれば、「その晩ただちに」自分が何を研究したいのかわかったと言う。ちょうどレーザー光が実用化された頃で、5461Å前後の明るいエメラルド・グリーン色に波長を調節することが可能になった。偶然にも、水銀の原子カスケードを引き起こす色であった。青紫色の光子が現れ、その後に紫外線の光子がもつれて現れた。混じりけのないレーザー光線によって実験が劇的に手際よく進み、簡単にもつれをつくり出せるようになったのである。

その晩、フライを哲学クラブに連れて行ったのはジム・マクガイアという神学者だったが、二人ともその考えに夢中になった。どちらも、このテーマがどれほど流行に逆らっているか知らなかった。「お互いに興奮と熱意を与え合った」とフライは回想している。[※32]

だが、誰も彼の美しい実験に資金を出したがらないとわかると、興奮と熱意は急速にしぼんだ。フライの助成金申請が却下されたのは、「カルチャーをよく映し出す一例」だったと彼は言う。「却下理由として、バークレイとハーバードですでにムダに費やされた時間と資金について、具体的に言及されていた」

新たな実験を行って、もつれをさらに検討する見込みはなさそうだった。「僕は打ちのめされた」※33

「リチャード・ホルトとピプキンのほうは実験結果を誰にも口外しなかったから、どんな実験をしているのか皆目見当がつかなかった。だから、つまずきながらも自分たちの実験を進めるしかなかった。ようやく実験を終えて、1972年に発表した」※34 クラウザーはそう語る。『フィジカル・レビュー・レターズ』誌に発表したが、「とても面白い結果が得られた。隠れた変数の存在を大きく否定する結果で、かなり決定的だった」※35 とフリードマンが言う。クラウザーとフリードマンが入念に調整した古典的なしくみの装置から、完全にもつれた〝幽霊〟による結果が生まれたのである。

論文を書き終えた1972年5月（「この研究室から出た最大の論文」で、「この研究計画は何もかもが大きかった」と彼は回想している）※36、フリードマンはプリンストン大学からの職の申し出を受け入れ、ハーバードへ立ち寄って、ついにホルトとの面会を果たした。地下のコウモリ洞窟より数階上にあるピプキンの研究室への行き方が先にわかったが、研究室には誰もおらず、フリードマンは座って待つことにした。机の上にホルトの論文が置かれているのが目にとまり、薄手の厚紙の

表紙にきれいにホッチキス留めされたその論文を読み始めた。[※37]

論文の要約は「クラウザーらの論文によって提唱された直線偏光の相関の測定」[※38]を行ったという書き出しで始まっていた。次に、（フリードマン自身の論文と同じように）ベルの不等式をフリードマンのやり方で検討し、それからホルトは、それと比較する形で自分の結果を述べていた。フリードマンは、その数字を2度見て眉を上げた。ホルトは、彼とは少し異なる方法で不等式を立てていたが、ホルトが導き出した結果は、フリードマンの結果が不等式を破っていたのとほぼ同じくらいはっきりと不等式の範囲内に収まっていた。ホルトの結果はベルの不等式を破っていなかったのだ。「この値は、量子力学の予測と著しく異なる」[※39]とホルトは結論づけている。バークレイの結果とは正反対に、もつれは成立しなかったのである。

夢中になって読み進めるうちに、フリードマンの上がっていた眉が下がった。いったいどうなってるんだ？　計数率の問題ではない。フリードマンの不等式が求める二つの角度で測定して、統計的に有意な結果が出ているのだ。[※40]

二つの角度。フリードマンはあのときの電話を思い出した。親切心から、ホルトに単純化した不等式を教えたのだった。ホルトはその後、実際に22・5度と67・5度だけで光子の一致を測定する、「一種のループ・ゴールドバーグ・マシン」[※41]（簡単な作業をあえて連鎖的な複雑なしくみにした装置）を作り上げていたのだ。研究室の技術者が（バークレイが使っている）ゼネバ歯車を使うよう強く勧めたが、ホルトはおとなしく聞いていただけで、従わなかった。「若気の至りで頑固だったから、もっと単純にできると思ったんだ[※42]」と、ずっと後になって彼は笑って言った。

ピプキンの研究室に座ってフリードマンは考えた。ホルトはクラウザーの『世界を揺るがす結果』を得たのだろうか……それとも、僕のせいで彼はとてつもない被害を受けてしまったのだろうか[※43]。二つの角度でしか測定しなければ、一定の誤差があったとしてもそれを見つけるのは困難になる。


ピプキンが部屋に入ってきた。フリードマンは立ち上がって握手したが、なんだか少し奇妙な感覚だった。「ホルトの論文を見つけたようですね」とピプキンが言った。フリードマンは頷いた。「論文を発表すべきかどうか、ずっと議論をしているのですよ[※44]。誰も、何かが間違っていたのではないかという疑問に対して、満足のいく意見を出してくれないのです[※45]。でもホルトが発表したいと言うと、決まって私は慎重になれと助言します。逆に発表するべきだと私が考えると、彼は心配になるのです。これが最新の見本刷りです」そう言ってフリードマンに論文を手渡した。著者名の欄には「F・M・ピプキン、W・C・フィールズ[※46]（チャップリンと並び喜劇王と呼ばれた伝説的コメディアン）、ハーバード大学」とあった。ホルトの名前がコメディアンの名前に変えられているのを見て、フリードマンは吹き出した。

ちょうどそのとき、ホルトが部屋に入ってきた。「そら、W・Cが来た！」ピプキンがにやにやしながら声をかけた。「スチュアート・フリードマンを紹介しよう」

「やあ、ようやく会えましたね」と言って、ホルトは手を差し出した。

「こちらこそ、今プリンストンで研究していて、ちょっと立ち寄ってみようと思ったもので」

「見つかってしまったようだ」ホルトは、フリードマンがもっている真っ赤な表紙の論文を指しながら言った。「どうしたものかわからなくてね。先日廊下で、ここの教授のボブ・パウンドにばったり会ってね。『それであれを発表する気かね？』と彼が聞くから、『まあ、ちょっと考えてはいますが』と答えた。そしたらボブは、遠くを見る目をして言うんだよ。『ああ、ホルトは将来を嘱望されていた物理学者だったのに……[※47]』」

ピプキンは声を出して笑い、ホルトも笑ったが、フリードマンは少し気まずかった。

「では、誰も間違いを見つけられないのですね？」と彼は訊いた。

「ええ。フィールズ、君は今日は論文発表に前向きでないようだな」とピプキンがホルトに聞く。

「うんまあ、何というか、初めのうちは失敗しても何度でも挑戦する。それでもダメならあきらめる。いつまでも頑固にしがみついても仕方ないからね」とホルトは笑って肩をすくめた。

「君がW・C・フィールズじゃなく、W・C・パウリだったらもっとどうにかなったかもしれないな」とピプキンが言った。

「パウリでも、今僕が言ったような不滅の名言は言えなかったでしょう？」とホルトが言った。

ホルトは2年間かけて実験の間違いを探したが、ムダに終わっていた。彼は「奇妙な事態が起きている可能性を考えるのがすっかりうまくなった[※48]」と回想している。はっきりとした原因は見つからなかった。問題をさらにややこしくしたのは、翌1974年にベルの不等式の検証に取り組んでいたシチリアの研究グループ[※49]が、ホルトと一致する実験結果を発表したことだった。この結果は、量子力学的な予測とはっきり食い違っていたのである。

シチリアの実験は、実際にはウーとシャクノフの実験の一種で、マイケル・ホーンが1968年当時に考えていたものだった。「その実験を今さら考えても何の意味もない。十分ではなかったのだ。隠れた変数の方法を使って再現できるだろう[※50]」(つまり、ウーの実験が示したもつれは非常に弱いため、〝幽霊〟によらない局所的な隠れた変数を使って非量子的なやり方でも説明できたのだ)。クラウザーも似たような結論に達しており、ウーの教え子レオナルド・カスディは仮定が二つ追加されたおかげで強いもつれを実験で示したと主張したけれども、シモニーの眼には明らかに不十分に映った[※51]。

テキサスのフライは、この混乱で「すっかり元気づけられた[※52]」。彼の実験はカネと時間のムダ遣いだと見なされることもなくなり、1974年に「レーザーを購入する十分な資金[※53]」を得た。クラウザーからも励まされたフライは、研究に取りかかった。当初は、教え子のランドール・トンプソンの助けを借りずに行った。フライは、トンプソンのキャリアにとってマイナスにしかならないと思われたプロジェクトに関わらせないようにしていたのだ。

一方のクラウザーは、「この結果を出したのは僕たちだけで、他に同じ結果を出した研究はなかった」と、自分とフリードマンについて回想した。「奇妙な立場だった。だって僕は、正反対の結果が正しいと考えていたのだから。その状況にとても困惑していた」[※54]。状況を、すなわちジョン・ベルの言葉によれば、「量子力学によって明らかにされ、あるいは隠されている」[※55]状況を、深く理解しようと挑戦を続ける多くの者が口にする言葉で、クラウザーは四半世紀経った今も続ける。「相変わらずそうだ。いまだに理解できない」[※56]

ホーンとシモニーも、実験からどのような教訓を学ぶべきか、考えあぐねていた。ホーンはボストン郊外のストーンヒルという小さな大学の教授となり、「僕はシモニーといつも一緒にいた」と当時について語る。「僕たちは議論に議論を重ね、さらに議論した。クラウザーとはたいてい電話で議論して、また議論して」、ベルの不等式に対する彼らの解釈の論理的裏づけや、あるいは自分たちが実際に何を証明したかについて「なんとか意見を合わせようとした」。「1972年、1973年、1974年と三人全員で議論し、永遠に感じられた論文だった」[※57]

「アインシュタインは特殊相対性理論を組み立てる際、まず根源的な『時間』と『距離』という実在を定義しなければ、正確に『いつ?』『どこで?』という普遍的な問いかけをすることができないと述べた」[※58]。最もよい定義は、その両者をどのように測定するのかという「操作」の定義だとアインシュタインが語ったのは有名な話だ。つまり、時間とは時計で測れるもの、距離とは定規で測れるものだと。

量子力学に客観性を回復させようと試みたアインシュタイン＝ポドルスキー＝ローゼン論文は、

同様に「何が（実在するのか）？」の問いに答えようとした。EPR論文によれば、「もしまったく系に影響を与えることなく物理量の値を確実に予測できれば、その量に対応する実在の要素が存在する」。

しかしベルの分析により、このEPRの「実在の要素」という定義が不十分であることが証明された。もつれは存在し、「何が？」という問いに対する新たな答えへの指針が必要とされているのだ。クラウザーは、自分やホーンは以下のようなやり方で考えていたと振り返る。「椅子は見ていないときにも存在するだろうか？　この場合『何が』はおそらく、椅子らしさを測れる『とても大きな箱に入れられるもの』として定義できるだろう……ニスが塗ってある椅子など、どのような特徴を備えていたとしても」。特徴を定義すればその物体を理解できるはずだ。

「それに対して量子力学は『ノー！』と答える。我々は特徴を測定できないし、特徴が実際の物体について何かを語ることも期待できない。それがしゃくに触って仕方がない」とクラウザーは言う（ホーンの見方は「まあ仕方がない」[※60]だ）。「『森の中で倒れる木は、その音を聞く者が誰もいなかったとしても音を立てるだろうか？』と問いかけるジョージ・バークレイの問題だよ。量子力学の答えは『ノー』だ。[※59]

箱のふたを閉じても椅子はまだあるだろうか？　靴はどうだろう？　もし靴屋で買った靴が、帰宅する間に箱の中で色が変わっていたら、きっと仰天するはずだ。イオンならどうか？　原子から電子を削り落としてイオンを生成する。イオンは〝物〟だと我々は考える。1個のイオンを見ることだってできる。ポテンシャル井戸――電子トラップ――に入れて光を当てれば、蛍光を発する。そこにもう一つイオンを加えれば、蛍光は2倍になる。では、もし箱にイオンを一つ入れてふたを閉めたら、箱の中にイオンは入っているだろうか？」

クラウザーは眉を上げて笑顔で話した。「もつれた状態にある二つの光子の場合は？　君がもつ箱の中に一つ、僕がもつ箱の中にもう一つを入れたとしよう。二つはあるだろうか？　一つの光子が物体に与える影響を測定することは可能だ。光子は物であるようだ。ふたを閉めると箱の中にそれはあるだろうか？

これが椅子なら、あるいは靴なら、話は簡単だ。イオンでも自信たっぷりだろう。ところが光子となると難しくなる。光子は物だろうか？　科学者なら、定義は正確でなければならない。

椅子にはニスが塗ってある。測定してもしなくても、あるいはニスの測定が上手であっても下手であっても関係ない。自分が測定したものを知っているかもしれないし知らないかもしれない……(ちなみに『私はこの電子のスピンを測定した』などと、自分が実際に知っているかのように言うのは傲慢だ。シュテルン＝ゲルラッハ装置である結果が得られたというだけで、何を実際に測定したのかはわからないのだ)。

さて光子の場合、光子の偏光は測定方法と実験者の目的によって決まる。けれども、これらで一つでも間違っているなら、椅子や靴で正しいと言えるだろうか？

椅子や靴について安心させるために、物理学者は『あいまいさを心配しなくていい――あまりにも微小なので巨視的な世界に影響を与えない』と言いがちだ。けれども、そんなものは数字のごまかしだ！　原子は紛れもなくそこにあるのだから。［1990年に］IBMはシリコン基板に原子をのり付けして、『IBM』の文字をはっきりと浮かび上がらせた。1930年代の研究者にそれが見えなかったからといって、原子が存在しなかった理由にはならない」[※61]

1974年、4800km離れたクラウザーとホーンが電話で議論していた頃、クラウザーはシモニーが「きわめて重要な」[※62]と位置づける新しい実験を行っていた。[※63]光子の客観性について熟考するうち（「ベルの定理を完璧にするためにはこの答えが必要だ」[※64]）、クラウザーは、光子が半分銀塗装された鏡に反射するかそれを透過するかのどちらかで、波のように半分には分かれないことから、光子が実際に粒子としてふるまうことを確認した。

だが、もつれた状態のとき、この存在しているように見える物体は、定義可能な独自の特徴をもたないのだ。「ニスが松の木からできているのか？　といった問いかけではない。それはニスなのか？　ニスとは何なのか？　ニスは存在するのか？　木は存在するのか？　という問題なんだ」クラウザーは両手を空に投げ出した。わからない！

「だから『何が？』を定義する段になって、困り果ててしまったんだよ」[※65]クラウザーはそう言って、自分とホーンの論文のはっきりしない結果を説明した。彼らは1974年に論文を書き上げ、「A・シモニーとの貴重な議論の数々」[※66]に感謝する謝辞を述べた。このクラウザー＝ホーン版のベルの不等式は今なお、最高の判断基準とされている。ところが、これを検証した実験はまだない。

実に奇妙なことだが、最近20年におけるこの種の実験は、フリードマン＝クラウザー実験と比べて見た目もスピードも大幅に進歩したが、この不等式の検証に関して言えば、今はバークレイ校オールド・ルコント・ホールの屋根裏「がらくた置き場[※67]」に放置されている、あの巨大で重々しい機械にまだまだ及ばないのである。[※68]

ホルトの実験はどうなのだろうか？「寄せ集めの装置[※69]」を使ってクラウザーは同じ実験を行い、水銀の遷移はカルシウムに比べて扱いがはるかに困難だとわかった。「厳しかった。結局40時間くらい計測したと思う。それくらいひどいものだった」。フリードマン＝クラウザーの実験、あるいはホルトの実験の2倍もの時間であった。「だから何週間も何週間も続いた[※70]」

だが1976年、ついに彼はもつれの存在を明らかにして量子力学を支持する結果を得た。数ヵ月後、エド・フライは自身の念願の実験の論文を発表し、もつれの存在を証明し、局所的で実在的な説明は不可能であることを示した。クラウザーは「安堵のため息をついた[※71]」。フライと教え子のトンプソンは[※72]、エメラルド・グリーンのレーザー光線を用いてデータを集めたが、実験に1時間半弱しかかからず、厳しい実験とは正反対であった。

こうして実験物理学者たちは、しだいにもつれを理解しはじめたのである。

注1　つまり、波長が長いほうの光子を数える計数器であり、この場合、光子は実際には緑色である。

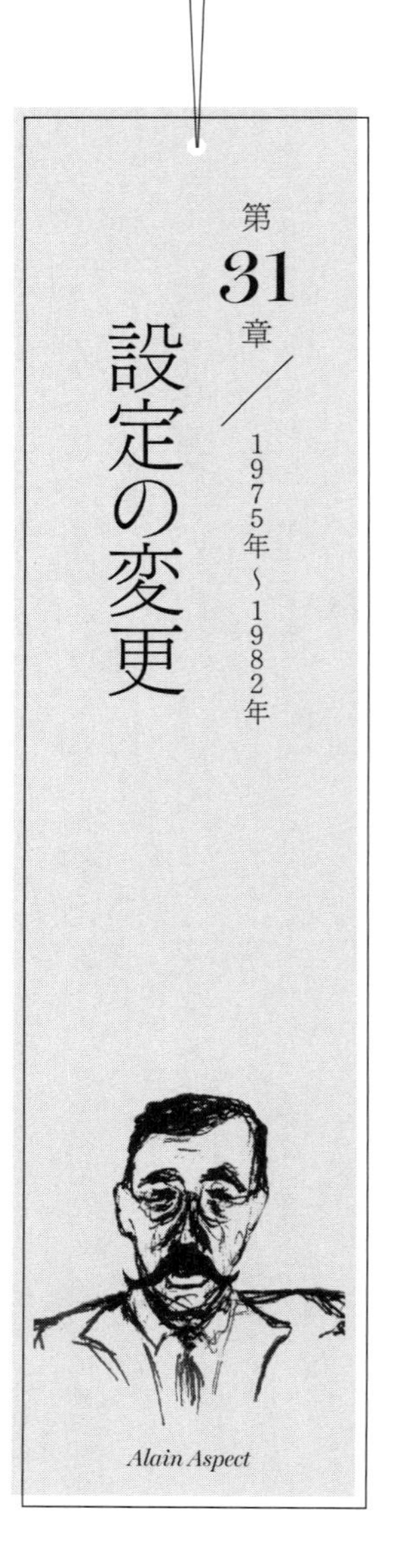

第31章 設定の変更

1975年〜1982年

Alain Aspect

CERNにあるベルの研究室のドアの横には、モディリアニが描いた帽子をかぶった首の長い女性のポスターが貼ってあった。その眼も、ベルの眼も、27歳のアラン・アスペを見つめていた。温厚でひげを生やした大学院生のアスペは、水を満たした箱について熱心にしゃべっていた。

1975年の初頭のことだった。アスペはフランスの「兵役義務」のために3年間、カメルーンで教鞭をとり、ヨーロッパに戻ってきたところだった。帰国するなり、彼は「一目惚れ」[※1]した。「1974年10月に『EPRパラドックス』について書かれたジョン・ベルの有名な論文を読んだとたん、僕はその虜になってしまったのである。[※2] 胸の躍る、まさに夢のようなテーマだった」[※3]。すぐさまベルの定理をオルセーにある母校、パリ第11大学の博士論文[※4]のテーマに選んだ。

一方、クラウザーは職探しに奔走していた。「10校以上は応募したけれど、どこにもまったく相手にされなかった」[※5]。大学側は、次世代の学生に量子論の根幹を疑うことを奨励するような教授の採用に及び腰だったのである。オークランド東部の丘に立つローレンス・リバモア国立研究所で、ようやくクラウザーはプラズマ研究（デヴィッド・ボームが最初に愛したテーマである）の職に空きを見つけた。

「プラズマ物理学について何一つ知りません」クラウザーは面接ではっきりとそう言った。「ですが、実験物理学には精通しています。実験物理学者としては非常に才能があります」

「プラズマ物理学を今から学んでいけばよいでしょう」[※6]という返答によって1976年に採用されたクラウザーは、同研究所で10年間過ごした。リバモアでは、自ら主張した実験物理学者としてのスキルは存分に活かされたが、主張されなかったもう一つの同じくらい価値のあるスキルのほうはほとんどムダとなった。クラウザーは複雑なテーマを明快に、いきいきと、そして辛抱強く学生に説明する――教職のプロにあってもまれな――才に長けていたのである。こうしたスキルをいかんなく発揮できる大学での研究生活は、最初に求職してから実に30年もの間、実現しなかった。

「1960～70年代当時、著名な物理学者が量子力学を疑うことはなかった」2000年にフライはこう述べている。「クラウザーが矢面に立たされたのは、彼が理論について語るだけでなく、実際に実験していたことが一つの理由だと思う」[※7]

フライ自身は、クラウザーより研究面で幸運に恵まれ、実験を行っている最中に終身在職権を得た。30年後、その頃にはテキサス農業工科大学の物理学部長となっていたが、当時の大学の寛容な決定が、ハーバード大学でホルトの指導教官であったフランク・ピプキンの口利きによるものと知った。終身在職権委員会がベルの不等式を扱う実験物理学者を拒否しようとしているのを知り、フライの友人の一人がピプキンに、テキサス州カレッジ・ステーションまで来てほしいと頼んだのである。

「フライのファイルを送ってきただけなら、即座に断っていたでしょう」とピプキンは委員会で述べた。「ですが、彼の研究室で一緒に一日を過ごしてみて、彼が将来有望であるとわかりました。彼はきっと成功するでしょう」[※8]。原子物理学におけるピプキンの名声が、委員会の疑念を払拭したのだった。

ベル本人も、自身の研究が発端となった実証実験が次々と異端視[※9]されるのをひしひしと感じていたが、アスペは気づいていなかった。1972年に西アフリカへ向かう前、「私は古典物理学では非常に優れた教育を受けましたが、量子力学に関してはすこぶるお粗末な教育しか受けていませんでした」[※10]とアスペは回想している。量子力学の授業は、物理学的な意味についての議論もろくにないまま方程式を解くばかりで、異端視されている理論を教えることももちろんなかった[※11]。

そのため、赤道直下の国カメルーンで過ごした3年間、アスペは偉大なフランス人物理学者クロード・コーエン゠タヌージが著した教科書を使って独学で量子力学を学んだ。この本には長所が二つあった。「一つは、それが本当の物理学だったこと、もう一つは、物理学の基本に関して中立的だったことです。読者を洗脳しようとせず、『ボーアがすべて解決した』という論調でもありませんでした」。そのため「方程式を解けるようになりましたが、誰も私を洗脳することはなかったのです。[12]私は、アインシュタインとベルの考えの正しさを心から確信するようになりました」[13]とアスペは語った。だが、どんな実験をすればよいのだろうか？

1964年のベルの論文を読み直すと、アスペは最終行が「まだやるべき重要な検証がある」[14]と語りかけているように感じた。彼は、ベルに自分の考えを伝えようとジュネーヴに飛んだ。

ベルは慎重な言い回しで、論文を結んでいた。もし光速の信号が粒子を相関させるのに十分な時間があるなら、もつれはその謎の大部分を失うだろう。「装置があらかじめ十分に設定」されて、光速での信号のやりとりによって粒子が「相互に関係できる」場合にかぎり、ひょっとすると量子力学でうまくいくかもしれないとベルは書いていた。「これに関して、［1957年に］ボームとアハラノフが提唱したような、粒子の飛行中に設定を変えられる実験はきわめて重要である」[15]

この実験の現実的な問題は、フリードマン＝クラウザー実験装置の両端に取りつけられた、巨大で壊れやすいパイル型偏光子の設定を迅速に変更できない点にあった。アスペは美しい（そして重要な点だが、お金のかからない）[16]代替案を考えついた。その主な成分は水であった。

アスペはベルに説明した。「それぞれの偏光子には、スイッチのついた設定装置に向きの異なる二つの偏光子を取りつけたものを使います。いつでもスイッチを切り替えて、一方の偏光子だけに光を通すことができます。スイッチは素早く入射光を切り替えるため、光速信号が装置の両端にいかなる『相互的な関係』も生じさせる時間を与えないのです」アスペは黒板に向かうと、そこに

「二つのスイッチがランダムに作動し、相関していない場合」の状況を表す適切な不等式を描いた[※17]。アスペの「スイッチ」は、水を満たしたガラス箱でできている。二つのスイッチは13m以上離れていて、光子の発生源となるカルシウムカスケードのビームの両側につけられている。水の入った箱には、人間の耳がとらえるよりもはるかに高域の音波を伝える（箱の両側につけられたトランスデューサーが電気信号を超音波に変換する）。

音波は、光波と違って空気や水などの「媒質」を必要とする。宇宙空間で音がしないのはそのためである。音波によって媒質は圧縮と膨張を繰り返す。アスペの超音波は、水面に濃淡の縞模様をつける高振動と、水面を揺らさない平らな低振動を繰り返すよう設定してある。縞模様は回折格子として作用し、光を屈折させて脇にある偏光子に送る。縞模様がなければ、光はまっすぐ透過して正面の偏光子に当たる。波は縞模様と平面の循環を素早く繰り返し、アスペは「二つの経路のスイッチの切り替えは10ナノ秒ごとに行われる[※18]」と説明した。これは、光速信号が、二つのスイッチを隔てる13mの距離を進む間にスイッチを4回切り替えられることを意味する。

これが理想的な計画ではなかったことは、アスペも認めていた。「切り替えは完全にランダムとはいえず、周期的に近いものです。それでも、両側の二つのスイッチは別個の発振器で異なる周波数で動くため」、二つの箱が違うペースで振動し、実際にはそのペースも段々ずれていた。「したがって、二つのスイッチは相関せずに作動していると仮定するのはごく自然なことでした[注1※19]」

熱のこもった概要説明を終えると、アスペは立ったまま静かに返答を待った。ベルはまず、皮肉のこもった質問をぶつけてきた。「常勤職に就いていますか？」[20]アスペは大学院生にすぎなかったが、アメリカとはひどく対照的なフランス独特の教育制度では、高等師範学校に入っているということは終身雇用に等しかった。その利点をもってしても容易なことではなかった。「容赦ない戦いが待ち受けている」とベルは警告した。だが、心配していたのは不名誉だけではなかった。「もてる時間すべてを思考に費やすべきではない。あなたは実験物理学者で、つねに地に足をつけているからそこまで危険は大きくないが、僕のような理論物理学者は、このテーマを趣味にとどめておかなければならない。もしすべてを考える時間に使ってしまえば、頭がおかしくなってしまいかねない」[21]

フリードマンはベルの定理から遠ざかっていたが、学位論文の実験は30年経ってもまだ頭から離れなかった。「ベルの実験はなんら新しい結果を生み出さない実験、つまり予測から逸脱していないことを測定する実験だ。ここで僕は、24ものそんな実験を行った。『そこにはない』と予想していたものが実際にそこにないことを確かめる。そうやって僕のキャリアは始まったんだ」フリードマンのキャリアにおける「不変のテーマ」は、本人が2000年に述べている。「あるべき正しい答えがわかっているということは本当にずいぶん助けになる。その答えにならない場合は装置に問題があるのかもしれないと考えられるからだ――そして、たいていの場合そのとおりなのだ。

僕はよくやってしまうんだ、何かわくわくすることがあるとその分野に手を出す、ともっぱらの評判でね」――そう言ってフリードマンは、にやっと笑った――「そして、まったく面白くなくして終わらせてしまうんだ」[※22]。だがこの問題に限っては、最終決定を下す時期にはほど遠かった。

ホルトもまた、ベルとEPRの問題から離れ、彼がかつて設計した装置のように、「単純な物理学」へと戻った。カスケード光子を用いた原子寿命の測定、レーザーを用いたスペクトラムの測定、量子力学では複雑すぎる原子（基本的に水素より大きい原子）のエネルギー準位の測定を研究した。当時を振り返り、「僕はCHSH［クラウザー＝ホーン＝シモニー＝ホルト］実験でそれほど大きな役割を果たしていたわけではない。でも」と言ってホルトは笑った。「間違った結果で世界の注目を集めたけどね」

フリードマンもそうであったように、ホルトはその体験から、科学がどのように発展していくのかを考えるようになった。「興味深い科学原理がある。それは、間違った答えのほうが、教科書の最後に載っているような答えをただ見つけるよりも、はるかにその分野に刺激を与えることがあるということだ。間違った結果に人は興奮するし、心配もする。無論、そんなことは実際に起きてほしくない――理論物理学者が推測で新しい理論を考え出して、それが批判されてダメになるぶんには構わない。けれども、実験物理学者は非常に慎重であることが求められ、測定誤差があったとしても現実的な間違いにとどまるべきとされるんだ。だが、残念ながらこの実験では、いくら強い相関を探したところで、まず測定誤差が相関を弱め、隠れた変数理論の予測範囲に押しやってしまう。大変な実験だった。いずれにせよ当時、僕がもっていたような装置で……うーん、何と言えばいいだろう？　実験を台無しにしてしまった」と、肩をすくめて笑った。

だが、どの実験が正しいかが明確であることと、実験が明らかにしようとした量子力学が明確であるかは別物である。「大事なのは、僕は科学者だってことだ。だから、自然が答えだと告げるものを信じたい。自分があらかじめわかっていると思っていることじゃないんだ。量子力学はただただすばらしいと思って僕は過ごしてきた。だって驚かされるんだ――こうした隠れた知識こそ、ある意味科学における高僧である我々が」――そう笑って――「見つけ出せる……」

「秘密にしておきたいわけではないけれど」ホルトはこう前置きして言った。「何もかもがわかりきっていたら、もし周囲を見回して宇宙のありさまを理解できたら、大して面白くもないだろう。量子力学はきわめて実態をとらえにくい。それが量子力学の魅力なんだ。僕にとって――そうだな、僕の物理学に対する関心はすべて、個人的にこうした問題の答えを見つけたかったからなんだ……」さらりと、そしてちょっと切なそうに言った。「僕にはまだ、答えがわからない……だからいらいらする……量子力学が意味するところを理解できるようになるには長い時間がかかるだろう。こうした新しい実験が行われて、観測されていないものの状態について、少なくとも一時的に量子力学的な考え方を受け入れざるを得ないことが明らかになった。しかも、まったく満足のいく考えでないときている。

量子力学をどう語るかという問題には、まだ決着がついていない。でも、僕はいつか思いがけない方向から何かが現れてくると思っている……そのときは、そもそも当初の問題を解決する必要はなくなるかもしれない——間違った問いかけをしていたとわかれば、いつかその問題は消えてなくなるだろう[※23]」

1975年、マイク・ホーンもまた、ベルの定理をやめようと考えていた。ホーンとシモニーは美しい新型実験装置に夢中になっていた。ウィーンのヘルムート・ラオホが考案した「中性子干渉計」である。クラウザーの実験が光の粒子の性質を示していたのとは反対に、ラオホの装置は物質の波の性質を劇的に示すものであった。

ホーンの説明によれば、19世紀初頭、偉大な物理学者トーマス・ヤングは「同じ明るさの二つの光線を合わせる［あるいは重ね合わせる］と暗い部分ができること、そしてわずかに異なる条件では、元の光線の4倍の明るさの光を作り出せることを実験で示した」。ホーンは微笑んで続けた。「つまり、1足す1が0に、そして条件が変われば同じ計算の答えが4になるってことだ[※24]」。「干渉」とよばれ、波の存在を表す現象である。

ところがラオホは、この波にしか見られない現象を物質の粒子で示してみせたのである。中性子は、原子炉の沸き立つ中心部で生成される粒子だが、中性子線は波のように干渉し合う。

中性子干渉計を使うと、中性子にはV字型の二つの道筋ができる。ちょうど子供が友だちにボールを投げるのに、床にワンバウンドさせるか、低い天井に当てるかして投げるようなものだ。干渉計の中を飛ぶ中性子が「床」と「天井」のどちらにぶつかろうとも最終地点は変わらず、同時に見える二つの道筋はダイヤモンドの形を描く。二つの中性子は同じ地点から出発して違う道を通り、ふたたび出合う。中性子が出合うと互いに干渉する。

　驚いたことに、干渉計内の中性子は、たった一つでも干渉し合う。これもまた量子力学の難題と同じで、想像のできない現象だった。一つの中性子が、同時に二つの道を進んだと言うようなものだからだ。

　ホーンとシモニーは10年にわたって、二つの粒子のもつれの謎の解明に打ち込んできたが、こんどは魔法のような一つの粒子のはたらきに夢中になっていた。「シモニーも僕も思ったんだ。これはとても貴重な装置だ、何年もこれで遊べる、とね」[※25]ホーンは当時をそう振り返る。たとえば、ホーンとシモニーは、この装置が中性子のようにスピン$\frac{1}{2}$の粒子が元の位置に戻るのは、その場で完全に2回転するときだけだと証明するのに使えるとわかった。胸が躍るようなこの機械の可能性は、量子力学の基礎に関心のある人々にとっても魅力的だった。シモニーとホーンが論文を発表する前に、二人のいるアムハーストからマサチューセッツ高速道路で少し下ったところに住むハーブ・バーンシュタインがすでにその実験を提唱していた。ラオホも早速、ホーンと同い年のアントン・ザイリンガーという若きオーストリア人物理学者とともにウィーンで実験を行った。

　ザイリンガーはその直後に、シチリア島のエリチェで行われたベルの物理学会に参加した。15人から20人程度の参加者がおり、ベルとシモニーの姿もあったとホーンは記憶している。「一人だけ、2粒子の話をせずに1粒子の話をした参加者がいた。それがアントンだった」

ホーンは、彼の言う一つの粒子にも関心を抱いた。「僕らはすぐに打ち解けた」。穏やかな話し方の南部人と、カリスマ性のあるオーストリア人、ともに長身でひげを生やした二人が、身を乗り出すようにして会話に没頭していた。「何日も話して過ごした。中性子干渉計について細部にいたるまで手ほどきしてくれた」とホーンは回想している。「それで僕は、当時の彼がほとんど知らなかった事柄について話したんだ[※26]……」

「本当の意味で国際的な科学者の集まりに参加したのは、このときが最初だった」とザイリンガーは語っている。「そこでベルの定理、EPRパラドックス、もつれといった問題を初めて耳にした。当然僕は、これがいったい何なのか、本当に理解していなかったが、とても重要な何かだという勘は働いた[※27]」。引き寄せられるように彼は、ホーンからもつれに関するあらゆることを知ろうとした[※28]。

帰国するとホーンは、マサチューセッツ工科大学のクリフォード・シャルの研究室に直行した。そこで中性子干渉計の実験をしているという噂を聞きつけたからである。ホーンと並ぶと子供のような背丈ながら、シャルは愛すべき著名な物理学者であった。彼は、粒子に見える中性子がもつ波の性質を利用する中性子回折分野を確立した立役者であった（1975年のこの研究でシャルがノーベル賞をもらうのは、20年後のことである。共同研究者のアーネスト・ウォランは、受賞時まで長生きできなかった）。

「あなたが中性子干渉計という基礎的な量子力学のおもちゃを作ったと聞き、私も遊んでみたいと思いまして！」ホーンはシャルにそう伝えた。「遊んでもいいですか？」

「いいとも。ちょうどそこにある机を使うといい」

「そこで机に座ったんだ。それ以降、ストーンヒル大学での講義がない毎週火曜日に通うようになった。週末にもよく行ったし、祝日はいつも、クリスマス休暇中も夏休みも毎年、12年くらい通っていた」。理論物理学者でもなく実験物理学者でもないホーンにとって、それは「楽しい12年間」だったという。[※29]「ちょうど仲介者みたいな感じだった――ただうろうろしていたんだ。だから、たとえば鉛の煉瓦を動かしたいと言われれば、僕も加わって手伝った」。[※30]しかし、研究室の誰かが実験の詳細を練る際、洞察力にすぐれた手助けを必要とすることがあれば、そんなとき、おおらかなホーンは非常にうまくやってのけた。


ホーンがシャルの研究室に店開きをしてまもなく、ザイリンガーも家族を伴ってやってきた。彼は中性子干渉計と、超大型のアメリカ車に執心していた。思い出し笑いをしながら、ホーンは語った。「手に入る最も大きなアメリカ車だよ――オールズモビルのランド・クルーザーで、ヨットほどの大きさのどでかいステーションワゴンを買いたがっていた」[※31]

その次にやってきたのは（実際は母校に戻ってきたのだが）、ダニエル・グリーンバーガーである。頭の回転が早く、がっちりした体格のブロンクス出身のニューヨーカーで、中性子干渉計が考案される数年前から中性子干渉を研究していた。重力が中性子の干渉に及ぼす影響を解明したいと考えていたが、中性子干渉計が使われるようになってすぐ同様の実験[注2]がミシガン大学で行われてしまった。

グリーンバーガーは中性子干渉に関する初期の学会でホーンとザイリンガーに出会っており、「すばらしくウマが合った。だから定期的にマサチューセッツ工科大学に出向くようになり、シャルが僕たち三人全員をサポートしてくれた」[※32]。シャルは「愛すべき人物」で、グリーンバーガーは彼の研究所に通った10年間を「すばらしい同僚と楽しみながら興味深い研究ができたという点で、僕の研究者人生の黄金期だった」と振り返る。[※33] この10年に及ぶ道のりの間に、三つの粒子のもつれは今までで最も奇妙であるという発見につながったのである。

注1 この実験（1982年12月に『フィジカル・レビュー・レターズ』誌に発表された）は困難をきわめ、アスペと教え子のジャン・ダリバールは機械製作を担当したジェラール・ロジェを著者に加えている。

注2 ミシガン大学アン・アーバー校のロベルト・コレラ、アルバート・オーバーハウザー、サミュエル・ワーナーによる実験である（三人の頭文字をとって「COW実験」と呼ばれる）。ワーナーはその後、ミズーリ大学に移り、同大学を美しい中性子実験の中心地へと押し上げた。

Clockwise from top:
Anton Zeilinger, Daniel Greenberger, and Michael Horne's hat

第4部 「もつれの時代」の到来

1981年～2005年

第32章／1987年 シュレーディンガー生誕100周年

John Bell's self-portrait

ベルは、世界有数の物理学の拠点で第一級の理論物理学者となっていた。「CERNの預言者とよばれ、彼にも研究室にも、ある種のオーラがあった」[※1]と、CERNの同僚ラインホルト・ベルトマンは言う。だが、その名声はベルの定理とはほとんど関係がなかった。「CERNで誰かを捕まえて、ベルの物理学への貢献について訊ねてみるといい。量子力学の基礎への業績はまず聞かれない」CERNにほど近いジュネーヴ大学で、1981年に量子力学で博士号を取得したばかりだったニコラス・ギシンはこう語った。

〝預言者〟のもとを訪れる人々は、研究室のぐらつく客用椅子に不安定に座りながら、あるいは4時きっかりにベルがCERNの「学生食堂」[※2]と呼ぶ場所で会ってレモンバーヴェナ（ハーブの一種）・ティー[※3]を飲みながら、「善意のかたまり」のようだと共同研究者の一人が評したベルと対面するのだ。だがベルは、単なる善意の人ではない。「ジョンには、ふだんは穏やかな外見の下に活力や強い意欲を感じた。物理学をやるというのは彼にとって根本的に重要な挑戦で、まれに何かのきっかけでベルが熱くなって、ちょっとした爆発のようになることがあった[※4]」

ベルトマンは、ベルが自分の横顔を描いたスケッチ——防寒用帽子、ひげ、眼鏡も描き込まれている——をもっている。引き締まった力強い線で的確に描かれている。「彼が書く文章もそんな調子だ」とベルトマンは言う。「完璧に、単刀直入に文章を組み立てる。ベルは恐れられていたよ——ものすごく激しくなることもあったからね。でも、僕にとっては父親みたいで、いつも二人で冗談ばかり言っていた。だけど、彼は量子力学の研究について一度も話さなかった。彼がちょっと量子力学をかじっているのを知っていたけれど、僕は典型的な物理学者だったから——興味がなかった（CERNの人たちは、彼が量子力学でちょっとおかしくなっていると思っていた）。話さなかったのは、ベルが強い意志を秘めていたからに違いない——適切な時期というのを本能的に理解していて、その時期がくるのを待っていたんだ」

1981年に「例の靴下の論文が出ると、突然僕は量子力学の専門家になってしまった」ベルトマンの言葉には、皮肉の色が混じっていた。「だから急いで読み込んで研究した」。すると、量子力学に熱を上げているのはジョン・ベルだけではないとわかった。「僕が驚いたのは、アインシュタインやシュレーディンガーの感じ方だった。『さまざまなモデルを試してみる』というのではないんだ。量子力学のあるべき姿を心の底で深く感じ取っていた。内なる真実を求めていたんだ。彼らの書簡を読んでいて心が揺さぶられた。当時は、正統派の量子力学に疑問を呈する行為は罪だと見なされていたからね」[※5]。このような傾向は、1980年代もCERNに根強く残っていた。

1987年のある夕方、ベル夫妻とベルトマン夫妻は、CERNのカフェテリア前に広がる、苗木の木立に囲まれた石畳のテラスに腰かけていた。「太陽が、ジュラ山脈とアルプス山脈の出会うあたりに沈みかけていた。すばらしい夕陽があたり一面を満たし、その長い波長がジョンの赤い髪に合っていた。美しい夕べだった」[※6]とベルトマンは語った。ジョン・ベルとその妻メアリーは夕食に帰宅するところだった。ラインホルトと妻レナーテは、レナーテのアート作品が心地よい一角に飾られたベルトマンの研究室に戻るところだった。穏やかで時が止まったようなひとときで、めいめいが気だるげに椅子の上で体を伸ばし、太陽の最後のぬくもりを肌に感じていた。

「ジョン、ノーベル賞委員会が最後にどう判断するかはわからないけれど、僕は君の量子力学への貢献はノーベル賞に値すると思うよ」[※7]

ベルは目を閉じたまま、身じろぎ一つしなかった。「いや、もらえないね」彼は淡々とこう答え、友人で華奢な体格の温厚な実験科学者であるジャック・シュタインバーガーが最近CERNで行った、高度な技術を要する実験について話した。「シュタインバーガーの実験のようなものだよ。とても美しい実験で、とても見事に行われたけれど、なんの新しい成果も生み出さない。そんな実験ではノーベル賞は取れない」そう言うと、黙ってシュタインバーガーのことを考えた。「彼の研究はすばらしい。ノーベル賞をもらうべきだし、実際にもらうだろう。でも僕の場合――それにノーベル賞のルールもある――僕の不等式で人類が恩恵を受けたとは主張しづらいからね」[※8]ベルは目を細めて、山にかかる太陽を見た。

「そんなことはないと思う」とベルトマンは言った。ベルは、面白そうにベルトマンのほうを見た。

「なんの成果も生み出さない実験じゃない。君は非局所性という新しいことを証明した。それがノーベル賞に値すると僕は思う」[※9]

ベルは額にしわを寄せ、うつむいた。ベルトマンが断言してくれたことを喜んでいるようだったが、夕陽に照らされて赤くなった腕を上げ、両足を広げて前に投げ出すと、肩をすくめて言った。

「非局所性なんて誰が気に留める？」[※10]

太陽が徐々に沈むにつれて山並みは暗さを増し、ついに日没が終わった。

シュタインバーガーは、ベルが予想してから1年も経たないうちにノーベル賞を受賞した。ただしそれは、彼の美しい、しかしなんら成果のない実験ではなく、30年近くも前の業績に対しての授与であった。しかし、それよりも早く、ベルは非局所性に対する物理学者の態度を大きく転換させる主役級の人物に出会うことになる。

1987年8月、シュレーディンガー生誕100周年を祝う学会が催されていた。ベルはウィーン大学の重厚な部屋で、これもまた魅力的で自信にあふれたオーストリア人、アントン・ザイリンガーとパネルディスカッションを行っていた。ザイリンガーとは12年前にシチリアの学会で会ったことがあった。ザイリンガーは当時、熱心に中性子を研究しており、初めてもつれというものを理解しはじめていた。

「物理学は事象がどのように起こるのかを説明すべきだ」とベルは主張し、量子力学には何か重要なものが欠けていると語った。それに対し、いつものように、相補性の立場から同意できないと儀礼的な反論がなされた。ザイリンガーは「量子力学によって我々の世界観は大転換を余儀なくされる」[※11]ことをはっきり理解していたアインシュタイン、シュレーディンガー、そして隣に座るベルに格別の敬意を払っていた。だが彼は、コペンハーゲン解釈の厳格さを気に入っていた。波動関数は知識（あるいはまもなく広く使われるようになる用語で言えば〝情報〟）を記述したものにすぎないと考えると、その時点でパラドックスはほとんど消えてしまい、情報処理というカーテンの裏で、どの実在性や原因を非局所性あるいは分離不可能性の中に求めるべきかは、理論物理学者にかかってくる。ザイリンガーはこの考え方に関心を寄せていた。彼自身は、量子力学がもたらした教訓は「認識論と存在論に違いはない、つまり存在することと知ることは絡み合っている」ということではないかと疑い始めていた。

「ベルはきわめて保守的で、慎重な姿勢を崩そうとしませんでした」とザイリンガーは言う。彼は、ベルのその考え方に敬意を抱いていた。「でも、僕はロマンチストで、ともかく急進的であろうとしたのです」[※12]。ボーアの死後に出てきた物理学者たちは、コペンハーゲン解釈の極端な特徴を抑えつけがちであったが、ザイリンガーはそうせず、コペンハーゲン解釈を認めて受け入れたのである。

ザイリンガーは個々の事象の説明が可能かどうか疑っていたが、それはベルにはとうてい許容できない考えであった。だがベルは、ザイリンガーの中に新世代の量子物理学者の姿を見た。波動関数がかくも数学的な正確さと物理学的なあいまいさとで描写した世界の実在性、あるいは言語による記述の不可能性に対してどのような考え方をもつにせよ、新世代の量子物理学者は、長年ないがしろにされてきたベルの非局所性を、メインテーマに掲げて堂々と楽しみながら研究できるのだ。ザイリンガーが最も必要としていたのは粒子のもつれを生み出す理想的な素材であり、1987年に彼はそれを発見することになる。

第33章 3まで数える

1985年〜1988年

Michael Horne

マイケル・ホーンはコントラバスを演奏する。それは、朝鮮戦争に出征して帰還することのなかった彼の兄が、かつて弾いていたものだった。コントラバスは、ネックの上で指を上下に動かして複雑なリズムを刻む。コントラバスを始める前、ミシシッピ大学で夏休みになるとトリオを組み、ドラムを叩いていたホーンは、ドラムのタイミングやシンコペーションの感覚を打楽器に近いコントラバスに応用していた。

アントン・ザイリンガーもコントラバスを弾くが、ホーンとは〝相補的〟とボーアならよんだかもしれない。子供のときにコントラバスを弓で弾くクラシックの奏法を学び、人間の声よりも深く響く声を出すことができた。ホーンがネックの上で指を歩かせてストライドやステップのリズムを体で覚えていた一方、ザイリンガーはコントラバスの〝声〟を理解していた。「ザイリンガーは、弾く前からどんな音になるか自分でわかっている。でも、タイミングがきっちりしすぎてジャズには向かない。僕は『歩く』ことはできるが、『話す』ことはできない」[※1]とホーンは言う（ダニエル・グリーンバーガーは音楽ではなく物理学におけるトリオの三人めのメンバーだが、第二次世界大戦期のスタンダード・ナンバーを好んでピアノを演奏する）。

ある冬の日、シュレーディンガー生誕100周年記念学会のパネルディスカッションで、ザイリンガーがベルと同席する数年前のことである。二人の相補的なベーシストがシャルの研究室で座っているとき、こんどの夏にソ連との国境近くで開かれる学会の案内ポスターが目に入った。

EPR論文50周年記念学会
ヨエンスー（フィンランド）にて
1985年7月開催

「おお。フィンランドに行ったことはあるかい？」とザイリンガーは訊ねた。

「いや、ない」ホーンが答える。

「じゃあ、フィンランドに行くとするか！」

だが、一つの粒子の美しい実験から10年が経ち、「二つの粒子について話せる内容がないぞ」とホーンは言った。「これが2粒子の学会だって知ってるよな？」

二人は黙り込んでしまった。

やがてザイリンガーがつぶやいた。「きっとつながりがあるって……」

ホーンは頷いた。「あるさ。二つの粒子の偏光相関と、中性子干渉計測の間に[※2]」

その日の午後、二人はダイヤモンド形の干渉計を二つつなげばベルの不等式を検証できることに気づいた。二つのもつれた粒子を、反対方向に飛ばすと両側にある干渉計に入り、クラウザー＝フリードマン実験と同様のもつれを示すはずである。

もしこの実験で干渉の有無を調べたければ、それぞれの粒子が自分自身と干渉しながら干渉計の両側を通るようすが見られるだろう。けれども、一つの粒子が干渉計のどちらの道筋（「床」か「天井」か）をたどるのかを測定する目的であれば、もう片方の粒子は測定せずとも、もう一つの干渉計で反対側の道筋をたどっているとわかるのだ。

このひらめきのおかげで、ホーンとザイリンガーはフィンランドへ、グリーンバーガーはニューヨークの世界貿易センターで行われた別の学会へと向かった。だがどちらの学会でも、二つのダイヤモンド形干渉計で測定するためには不可欠な、粒子をきっちり正反対の方向に飛ばす装置を誰も思いつかなかった。「中性子を作り出せなかった。中性子は原子炉の中でしか生成されず、対の中性子をつくる術がなかった。クラウザーやホルトが用いたようなカスケードも使えなかった。これだと光子を放出した後に原子が残ってしまうからだ」とホーンは語った。原子は光子から運動量を奪うため、光子は連続して放出されない。「そこで僕らは、昔ながらのポジトロニウムの対消滅に立ち戻って可能性を探った。ポジトロニウムなら、消滅する際に何も後に残さないからね」[※3]。ポジトロニウムが三つのγ線に崩壊する場合もあることを考えると、これはとりわけ興味深い現象であった。

「ベルの定理を三つの粒子で試そうとしたやつはいないのかい？」しばらく経ってからグリーンバーガーが訊ねた。

「知らないな。うん、誰もしてないはずだ」

「じゃあ僕がやってみよう」[※4]とグリーンバーガーは言った。

「いいね」変則的なポジトロニウムの崩壊に興味をそそられていたザイリンガーも同意した。[※5]

クリフォード・シャルは1987年に退官を控え、ザイリンガーに後を継いでほしいと願っていた。「だが、マサチューセッツ工科大学には別の考えがあった。研究室そのものを解体したかったんだ」とグリーンバーガーは言う。そのため、ザイリンガーはウィーンに戻ったが、グリーンバーガーのためにフルブライト奨学金申請の手はずを整えてくれた。彼こそ奨学金に「世界中で唯一ふさわしい人物」[※6]だった。

ある日、今では一人になってしまったホーンがシャル研究室を歩いていると、誰かの机の上に置いてあった最新の『フィジカル・レビュー・レターズ』誌が目に留まった。パラパラとページをめくり、自分たちが考えていた二つのダイヤモンド形の実験を見つけた。理論上の実験をルパマンジャリ・ゴッシュが実践していたのである。ゴッシュはニューヨーク州ロチェスター大学で、量子光学のパイオニアの一人であるレオナード・マンデルのもと、博士論文に取り組んでいた。
　ゴッシュとマンデル[※7]は、「自発的パラメトリック下方変換」という無骨な名称ながらも美しい方法で、光が結晶にぶつかるときにはもつれはまだ現れないことを発見した。この下方変換がホーン、ザイリンガー、グリーンバーガーが探し求めていた2粒子の干渉計測実験を行う理想的な装置になると判明したのである。光線がある種の結晶を通過するとき、理由は不明だがごくわずかの光子が二つに分裂し、それぞれが「親」にあたる光子の半分のエネルギーを有する。これが紫外線の場合、「娘」の光子は低エネルギーの虹色の光輪となって結晶の反対側から出て来る。マンデルとゴッシュは、「娘」の光子対では、色も飛ぶ方向ももつれていることを発見した。[注1]
　ホーンはザイリンガーに電話をかけた[※8]。「この論文を読んでみろ。僕らの実験を実践していて、君が調べたい内容のようだぞ」
　そのときまでザイリンガーは「レーザーを扱ったことがなかった」とホーンは証言する。だが、もつれをいともたやすくつくり出す装置に興奮を覚え、受話器を取り上げてロチェスターのマンデルに電話した。「あの下方変換を組み立てるのに必要な技術や企業秘密がたくさんあるのは間違いない。『フィジカル・レビュー・レターズ』誌をいくら眺めても、正確にどうやったかはわかりっこない」とホーンは言った。ザイリンガーはマンデルにあれこれ訊ねた。「どんなレーザーを買うべきでしょうか？　あの結晶を手に入れたのはどこで？　カットはどんな風に？　どうやって照射しましたか？[※9]」ザイリンガーはようやくもつれた粒子の供給源を見つけ、10年を待たずに物理学の世界を席巻することになる。

一方、グリーンバーガーは1987年春から夏にかけて、ウィーンにある原子研究所のザイリンガーの研究室を共有し、3粒子間のもつれを調べていた。「それはきわめて複雑だった[注2]」が、「徐々にわかるようになってきた」。グリーンバーガーはザイリンガーと戦略を練り、長距離電話でホーンからの助言を得て、「毎朝やって来ては『昨日よりはベルの定理がよくなっている』と言っていた[※10]」。

グリーンバーガーは新たな3粒子問題にとりつかれていたが、ホーンにはあまり興味がもてなかった。「1970〜80年代の大半は論文の査読に費やされたとシモニーから聞いたことがあるかな？　学術ジャーナルの編集部から山ほど論文が送られてくるんだ。不等式なら星の数ほど見たよ」。だから、グリーンバーガーが帰国して「互いに行き来すると、彼の家のキッチンか僕のキッチンで、彼は決まって『新しい不等式がある』と言ってきたけれど、うんざりしていた僕は半分聞き流していた[※11]」とホーンは言う。

ウィーンでのある朝、グリーンバーガーが難しい顔つきで研究室に入ってきた。「アントン、僕はどうにも頭が混乱してる――何も残らないんだ。ベルの定理がすばらしくなりすぎて、粒子に自由がまるでないんだよ[※12]」。もはや不等式は不要となり、残ったのはたった一つのイエスかノーを訊ねる質問になってしまったのだ。

ベルの不等式とは、おおざっぱに言えば、局所的な「隠れた変数」でもつれを説明するには、ある種の結果が実際よりも多く生じなければならないということを示している。ザイリンガーとホーンの助けを借りて、グリーンバーガーは、三つの粒子のもつれを局所的に、客観的に、分離可能な形で説明するためには、決して起こらない事象が必要となることを明らかにしたのである。二つの粒子を用いた通常のベルの定理の実験では、測定を数千回と繰り返すうちに、局所的な隠れた変数を否定する証拠がゆっくりと積み上がる。だが、三つの粒子になると1回きりの測定で客観的な局所的実在性が否定され、量子力学の予測と一致する。不等式は、消、え、て、な、く、な、っ、て、し、ま、う、のだ。

「まさか、そんなはずがない」とザイリンガーは唸った。

「この結果について考え始め、そのとき僕たちは初めて、自分たちがやってきたことを理解した。けれども、はっきりするまでわからなかった」[※13]とグリーンバーガーは回想した。

1989年、ハイゼンベルクの不確定性原理を記念するにふさわしく、「不確定性の62年」というテーマを掲げた学会がシチリアで開かれた。デヴィッド・マーミンは、グリーンバーガーが「二つの粒子が一対の粒子に崩壊し、それぞれがさらに一対の粒子に崩壊する現象がなぜ興味深いのか、わけのわからないことをしゃべっている」[※14]のを聞いていた。マーミンは数年前に、ベルの定理をきわめて明快に説明したことで、ファインマンに称賛されており、長年グリーンバーガーの友人であった（二人はともに「コーネル大学の英語科所属の妻をもつ夫」[※15]として出会っていた）。

「不確定性の62年」の学会で、グリーンバーガーはマーミンが「不可能と確信する」ことを示そうと言って話し始めた。「出てくるすべての確率が1か0となるベルの定理のある実験についてお見せしましょう」（確率が1というのはある出来事が必ず起きること、0というのは決して起こらないことを示す）。「そこで聞くのをやめてしまった。どこかが間違っているのだろうと思ったし、疲れてもいた。だからまったく注意を払わなかった」[※16]

その学会には、マイケル・レッドヘッドという数理哲学者もイギリスから参加していた。その頃レッドヘッドは、二人の同僚と共同で60ページの論文を書いていた[※17]。発表されないまま3年が経過したグリーンバーガー＝ホーン＝ザイリンガー実験結果の[※18]、数学的厳密性を改良するのが目的であった。この論文の見本刷りは、二つの点で効果的だった。一つは論文発表に向けて、グリーンバーガーを急かしたこと——それはドット・マトリックスの書体で3ページにまとめられ、「ベルの定理を超えて」というタイトルがつけられた。もう一つは見本刷りを読んだマーミンがいらだち、注意を向けたことだった。「数学的厳密性など、私にとっては議論と関係がないように思われた」と彼は言った。「要はグリーンバーガーが物理学的な視点をもっているか、もっていないかということだ。ベルの定理に関する議論はすべて、数学の観点から見れば単純きわまりないが、物理学の観点から見れば難解きわまりない」[※19]。そして60ページのどこかで、マーミンは、グリーンバーガー、ホーン、ザイリンガーが、ベルの定理の目を見張るほどの単純化に本当にたどりついたのだと、ようやく理解したのである。

マーミンはコーネル大学で低温物理学を教えており、物理学部や研究所には必ず置いてある『フィジックス・トゥデイ』誌にちょうど不定期コラムを執筆していた。1990年6月号で、「こうした実在の要素の何が間違っているのか」[20]というタイトルで、彼はグリーンバーガー、ホーン、ザイリンガーがEPRパラドックスに加えた「新たな美しいひとひねり」[21]について説明し、その不気味さをいっそう際立たせて示した。

EPRとの類推で言えば、二つの粒子を測定すると、三つめの粒子の測定結果が十分に予測可能となる情報が得られる。「〝幽霊〟による遠隔作用やニールス・ボーアの形而上学的なずるさがなければ、遠く離れた二つの……測定が、今から測定する粒子に『影響を与える』ことはできない」[22]。それゆえEPRは、「実在の要素」をこの測定の結果に認めるはずであるとマーミンは指摘する。

さて、粒子が三つの場合、それぞれ水平スピンと垂直スピンをもつため、計6つの実在の要素を扱うことになる。「6つの実在の要素すべてが存在していなければならない。なぜなら、6つの値のどれであれ、影響が及ばないほど遠くで他の値の測定が行われても、その測定から予測される値を実際に示す、つまり、前もって予測できるからだ」とマーミンは述べている。

そして、括弧に入れて次のように付け加えた。「この結論はきわめて非正統的な考えだ」[23]。同一粒子のスピンの二つの要素は、同時には存在しえないというのが量子力学の立場だから だ――同時に存在すると主張するのは、局所的な隠れた変数理論である。「非正統的な考えであろうとなかろうと、いずれの測定の結果も、遠く離れた場所で恣意的に測定された他の結果から確率は1」――つまり100パーセントの確率――「と予測できる。そのため、柔軟な考えの持ち主なら量子力学を

否定し、実在の要素とそこまで対立しない解釈を支持したいという激しい誘惑にかられるかもしれない」[※24]

しかしながら、EPRパラドックスのベルの解釈においてもそうであったように、実在の要素は「抽象的な設定をいっさい取り払った追加実験をした場合、単純な量子力学的な予測」に勝てない。GHZ（グリーンバーガー＝ホーン＝ザイリンガー）の例では、実在の要素の解体はひときわ鮮やかに示される。

「実在の要素よ、さらばだ！」とマーミンは声高に宣言する。「そして早く立ち去るがいい。実在の要素が存在するという魅惑的な仮説は、たった一度の測定で否定できるのだから」[※25]

グリーンバーガー＝ホーン＝ザイリンガーの主張を理解してマーミンがまずしたことは、それについてジョン・ベルに手紙を書くことだった。

ベルは返事を書いた。「感心しきりです」[※26]

注1　同時期にメリーランド大学でも、キャロル・アレイの指導下でヤンフア・シーが博士論文で同じ発見を発表している。[※27]

注2　その理由の一つに「三体問題」が挙げられる。地球と太陽など、軌道上にある二つの「物体」の道筋を予測することは可能であるが、月など三つめの物体を考慮するとなると、道筋を完全には予測できなくなる。

第34章

「測定」に反対して

1989年～1990年

「不確定性の62年」を祝う1989年の学会で、不確定性原理が発見された1年後に生まれたジョン・ベルは研究人生を振り返り、講演を行った。マーミンは「今まで聴いたなかで最高とも言える魅力的な講演」と評した（「それに比肩するのは、1964年にリチャード・ファインマンがコーネル大学で行ったメッセンジャー講演だけである[※1注1]」。全7回の講義でファインマンは、一般の聴衆に自然法則について説明した）。それは、「測定に反対して[※2]」というタイトルで、全人生をともに歩んだ「科学」に向けられたベルの別れの言葉だった。彼の考えでは、科学はその定式化において許しがたいほどあいまいであったし、物理学者は許しがたいほどそのあいまいさに無頓着であった。

その講演は1年後に『フィジックス・ワールド』誌に掲載されたが、マーミン曰く、「その記事から彼の才能とウィットが伝わってくるが、当然ながら音楽のような彼の声までは伝わってこない[※3]」。

「62年が経ったのですから、我々は量子力学の重要な部分を厳密に定式化すべきでしょう」と言って、ベルは話し始めた。

「厳密」というのは「厳密に正しい」という意味ではありません。理論は数学用語で完全に表されるべきで、理論物理学者に裁量の余地を残すべきではないと申し上げたいだけなのです——応用する段になって、近似が必要となるまでは。また「重要な」というのは、物理学の相当な部分を扱うべきだという意味です。非相対論的な「粒子」の量子力学……は十分に重要だと言えます。［ディラックが好んで言ったように］量子力学は「物理学の大部分と化学のすべて」を対象にしているからです。「重要な」とはまた、あたかも「装置」が原子でできておらず、量子力学の支配を受けていないかのごとく、残りの世界から切り離してブラック・ボックスに入れるべきではないという意味も含みます。

「我々は厳密に定式化すべきでないのか？」という問いに対しては、別の二つの問いのどちらかまたは両方が返ってくる場合が多いのです。なぜそんなことをする必要があるのです？良書にあたってみてはどうですか？と。私なりにこれらの問いに答えてみましょう。

「なぜそんなことをする必要があるのか」と主張した筆頭は、ディラックではないでしょうか。

ベルは、「第二級の難題」――可能なかぎり迅速に解決されるべきと彼が思う問題[注2]――と現在はまだ解決の時期がきていない「第一級の難題」[※4]とを区別するディラックのやり方を説明した。

ディラックは少なくとも、こうした問題に頭を悩ませる者を大いになぐさめました。彼は難題が存在し、それが解決困難だとわかっていました。ですが、他の名だたる物理学者たちはそれがわからない……普通に用いられる定式化にあいまいさがあると認めたとしても、通常の量子力学は「あらゆる実用的な目的」には十分であると言い張る可能性が高い。その点については私も同意見です。

（私の知るかぎりにおいて）通常の量子力学は実用的な目的には十分である。

私が最初にこの言葉を、わざわざ大文字で強調しておいても、議論していく中でまた繰り返し出てくるでしょう。ですから、最後の部分を略語化して簡便にしましょう。

実用的な目的には十分である（FOR ALL PRACTICAL PURPOSES）＝FAPP

ベルには、理論を「直観で理解した」物理学者たちのいらだちが見えるようだった。だが、

ＦＡＰＰに本当に必要でない場合でも、何の次に何が起こるかを知るのはよいことではありませんか？　たとえば、量子力学を正確に定式化しようとして、うまくいかないことがわかったとしましょう。ＦＡＰＰを超えて定式化を試みたとしましょう。すると調べているもの以外の何か、観測者の心、ヒンドゥー教の経典、神をじっと指し示す動かざる指を見出すか、あるいはただ重力だけを見出すとしたらどうでしょう。本当に、本当に興味深いことではありませんか？

良書にあたってみてはどうですか？

とはいえ、どの良書をあたればよいのでしょう？　実際、「問題などない」という人がよく考えたうえで、すでに文献に記載されたやり方を快く認めるということはまずありません。通常、問題がないとするうまい定式化はその人の頭の中にあり、その人は実際的な事柄に気を取られて論文にまとめられないのです。すでに良書に書かれた定式化に対するこうした留保は、十分な根拠があると私は思います。私の知る良書は、物理学的な正確さにさほど関心を払っておらず、使われている語彙からもそれは明らかです。

ベルは、物理学的に正確であろうとする定式化には入る余地のないものとして、物理学者がつねづね用いる「系」「装置」「環境」などの、人工的な世界の区分が可能であると示唆する言葉を列挙した。「観測」「情報」なども正確でないという点で同様である。

> かのアインシュタインは、「観測できる」ものを決めるのは理論だと述べました。私も、彼が正しいと思います。「観測」とは、複雑で理論にしばられた問題です。であれば、基礎理論の定式化にその考えが出てくるべきではありません。「情報」とは？　誰の情報でしょうか？　何についての情報でしょうか？　良書から挙げた悪い言葉の中でも、最悪なのが「測定」です。この言葉だけで、この講演の一節を費やす必要があるでしょう。

ベルはディラックの著書『量子力学』から何ヵ所か引用しており、「測定」の概念は理論の「基本的な解釈のルール」の中に出てくる。たとえば、「いかなるときも系は測定により、測定される変数［の具体的な状態］へと飛躍する」とディラックは述べている。

ここで言う「系」とは、粒子など、我々が測定している物体のことである。「変数」とは測定している属性のことで、たとえば粒子の位置を指す。量子力学界きっての実際派で真の実務家であったディラックのこの言葉は、量子力学の基本ルールの一つが、量子粒子の位置測定は、どこにあるかを調べることではなく、どこかに存在させることだという声明である。具体性への「飛躍」、すなわちあいまいなことで有名な「波動関数の収縮」は、ボーアの「量子飛躍」と関係がある。電子が原子のあるエネルギー準位から姿を消し、別のエネルギー準位に現れる量子飛躍は、量子論では説明されていない。ただ飛躍が起こり、我々は一時的に、自分たちの理解する世界の地図の外へ押しやられてしまうのだ。

ベルは結論を述べた。

理論はもっぱら、『測定の結果』に注目し、それ以外は何も語ろうとしないかのようです。物理学の系が「測定者」の役割を果たすことを何が決定するのでしょう？　世界の波動関数は、単細胞生物が登場するまで何十億年も飛躍せずに待ち続けていたのでしょうか？　それとも、もっと正当な系が現れるまで、さらにもう少し待っていたのでしょうか……博士号をもった系を？　もし理論を、きわめて理想に近い実験室の中でのこと以外に広げてあてはめれば、ある程度「測定的な」過程が、ある程度ひっきりなしに、ある程度どこででも進行していると認めざるを得ないのではないでしょうか？　そうなると飛躍ばかりになりませんか？

「測定」によって世界の変わりやすい切れ目［ベルはハイゼンベルクが切り口（シュニット）と呼んだものを指している］がそこに固定され、「系」と「装置」に分かれる。これが量子力学の基本公理における「測定」に対する最初の批判です。二つめの批判は、測定という言葉は日常語としての意味を――量子的な文脈ではまったく不適切な意味を――含んでしまうというものです。何かを「測定」すると言う場合、測定結果がその物体が初めからもつ特性について語っていないとは考えにくいのです……。

一般的で実用的な内容の文章でも、「測定（メジャメント）」という言葉を……「実験（エクスペリメント）」に替えたほうがよいと思うのです……［実験と呼ぶほうが］断然、誤解が少ないですから。そうは言っても、最も基本的な物理理論である量子力学は実験結果について完全に公平であるという考えは、今後も裏切られることになるでしょう。

初期の自然哲学者は、自分たちを取り巻く世界を理解しようと努めました。そのうちに関係する要素を最低限に減らした、人為的に単純化した状況をつくるという偉大な考えを思いつきました。いわゆる分割統治ですね。そうして実験科学が誕生しました。

ですが実験は道具にすぎず、大事なのはその目的です。「世界を理解する」ことです。量子力学をつまらない実験作業だけに限定してしまったのでは、その大きな取り組みに背くことになるのです。

だが、どのようにすれば、測定問題となると沈黙してしまうことで有名な量子力学の方程式と、測定を折り合わせられるだろうか？　ベルはその答えを求めて、3冊の「良書」にアプローチした。まずは、誰もが知っていて崇拝されているレフ・ランダウの『量子力学』から始めた。長年の共同研究者であったエフゲニー・リフシッツとともに著したものである。

この本を選んだ理由は三つあります。

①まさしく良書であること。
②解釈が折り紙つきであること。ランダウはボーアの門下で学びました。ボーア自身は理論について系統的に記述したことはないので、おそらくランダウとリフシッツの記述が最もボーアの考えに近いでしょう。
③このテーマで私が一語一語読んだ、唯一の本であること。

最後の点については、友人であるジョン・サイクスが本書を英語に翻訳した際に、テクニカル・アシスタントとして私に協力を求めたからです。ちなみにこの本を薦めるのは、売り上げの1パーセントが私の懐に入るという事実とは何の関係もありません。

ランダウとリフシッツは、「いかなるときも系は測定により飛躍して」具体的な状態に変化するという点でディラックと同意見であった。さらに、原子の特性を記述するためには「古典的な力学に従う物理的物体の……存在が必要となる」とも指摘している。これは、原子が小さすぎて他の方法では見えないからというだけではない。何か特性をもつ別のものと相互作用しないかぎり、原子が実際に具体的な特性をもたないこともその理由である。古典的な装置はつかの間、説明もなしに、明白性、記述可能性、具体性を量子に与え、それを我々は「測定」と呼んでいるのである。

だが、機械であれコンピュータであれ、装置そのものは不明確な量子の原子で構成されている。どのようにそれら原子のあいまいさが積み重なったら、機械の通常の「古典的な」ふるまいになるのだろうか？　ランダウの教科書では、量子論と、時代遅れだが必要な古典的物理学との関係は、「物理学の理論の中でもきわめて異常である」と述べられているのみで、それ以上の疑問には答えていない。

ランダウの「あいまいに規定された波動関数の収縮は、良識と分別を伴って用いればFAPP（あらゆる実用的な目的に十分）です」とベルは続けた。「厳密にいつ、どのように収縮が起こるか、何が巨視的で何が微視的なのか、何が量子的で何が古典的かといった点について、理論は原則として、あいまいなままなのです。したがって、こう問いかけることができるでしょう。そのようなあいまいさは実験から得られた事実が命じるものなのでしょうか？　それとも、理論物理学者がもっと頑張れば改善できる可能性はあるのでしょうか？」

ベルは2冊めの良書を挙げた。古くからのCERNの友人であるカート・ゴットフリートが著した『量子力学』である。

先ほどと同じように、この本を選んだ理由を三つ挙げてみましょう。
①まさしく良書であること。CERNの図書館には4冊ありますが、2冊は盗難に遭いました。これだけで良書であることがわかります。残る2冊は使い込まれてボロボロです。
②非常に由緒正しいこと。カート・ゴットフリートは、ディラックとパウリの研究に刺激を受けており、直接的には……ジュリアン・シュウィンガーやヴィクター・ワイスコフ……［など］の教えを受けています。
③私が部分的には2回以上読んだこと。

3番めはこういう理由です。私はヴィクター・ワイスコフ［ベルと同時期に所長としてCERNにやってきた］とこうした問題を議論するのを楽しんだのですが、彼は「君もカート・ゴットフリートを読むべきだ」といつも言っていました。「ゴットフリートは読みました」と答えていたのですが、ヴィクターは次に会うとまた「カート・ゴットフリートを読むべきだ」と言うのです。そこで私は、とうとう彼の著書を部分的にもう一度読み、また読み、また読み、また読み直したのです……。

粒子は、波動関数で数学的に記述される。波動関数はほぼ例外なく、明らかに矛盾した状態が数多く重なり合い、それらすべてが同時に真であり、常識を覆すような方法で互いに干渉し合う。ゴットフリートは著書の中で、これをどう理解すべきかについて説明している。巨視的な状態間の干渉に関しては、「直観的に解釈できない」数学的な用語は排除しなければならない、そうでなければ理論は、「空虚な数学的形式主義」に陥るだろうとゴットフリートは言う。最も奇妙な用語を排除して生まれるこの新たな重なり合いは、単純な選択肢の一覧として解釈できる。つまり、「その猫は生きてもいるし死んでもいる」、あるいは「粒子はここにもあそこにも存在する」といった不可解な主張を聞くと、聞き手は「猫は生きているか死んでいる」「粒子はここかあそこのどちらかに存在する」と理解できる形で読み取れるのである。

「けれども、それでは当初の理論、言い換えれば『空虚な数学的形式主義』は、ただ近似されるのでなく、捨てられて置き換えられるということです」懐疑的なベルはそう言い切った。

3冊めの「良書」を同じように紹介すると、ベルは、我々を「正確な量子力学へと」近づける二つの取り組みについて説明し、話を終えた。「変化する切り口」という考えを使わずに、この二つの理論では「系」と「装置」を同等に扱えるのだ、と。

第一の取り組みは、ド・ブロイ＝ボームの非局所的な隠れた変数理論で、実在する粒子の世界を仮定する。粒子は観測の有無にかかわらず、位置や運動量をもち、ふしぎでまるで〝幽霊〟のようなパイロット波によって導かれるとする。

第二の取り組みは、ジラルディ＝リミニ＝ウェーバー理論である。この理論によれば、波動関数の収縮は形而上学的な難問から数学的正確性に変わる。ジャンカルロ・ジラルディと同僚らは、シュレーディンガー方程式が自発的に「収縮」して具体的な状態になるように修正を加えた。いくつかの粒子にとっては効果は小さいが、このおかげで理論はより大きな世界を普通の量子力学よりもうまく扱えるようになる。「光子箱の針は素早く指し示し、(シュレーディンガーの)猫は非常に素早く殺されるか、助かるかのどちらかです」とベルは語った。

ベルは聴衆がこうした理論を反射的に拒否しないように、ファインマンの言葉で締めくくった。「何かをやってみないことにはどこに間違いがあるのかわからないのです」

少なくとも二人の物理学者は、「意気地なしになるな!」と励ますベルの温かい声が耳に残ったまま、「不確定性の62年」の学会を後にした。マーミンもレセプションのがやがやした音の向こう側からこの言葉を聞き、ベルのほうを見た。「ジョン・ベルが若い物理学者に対し、推論にすぎない研究でも、その範囲を年配者の知恵に過度に制約されないようにと励ましている[※5]」のを見たのだった。

翌1990年の6月、マサチューセッツ州西部の緑あふれる心地よい高台で、アムハースト・カレッジの教授二人、ジョージ・グリーンシュタインとアーサー・ザイオンスが量子力学の基礎に関心をもつ十数名の物理学者を連れて、1週間そこの友愛会館で(シェフつきで)過ごした。物理学者の父をもつグリーンシュタインは白いひげをたくわえた温厚な天文学者で、一般の人々に科学をかみくだいて伝える非凡な才能に恵まれていた。ザイオンスは思索的な物理学者で、世界を全体像でとらえることに関心を抱いていた。他にもベルやグリーンバーガー、ホーン、ザイリンガー、シモニー、マーミンらが参加していた。どの学会でも言えることだが、何といってもすばらしいのはコーヒーやビールを飲みながらの会話、たまたま出会った廊下での立ち話、夕食をともにしながらの議論である。そのため、グリーンシュタインとザイオンスは、今回の学会はこうしたイベントだけにしようと決めた。「用意された講演もスケジュールも、学会議事録もない、あるのはすばらしい会話だけ」[※6]だったとマーミンは振り返った。

牧歌的な1週間の間に、「正式な」なグリーンバーガー＝ホーン＝ザイリンガー（GHZ）論文の詳細が練り上げられた。今回は三人全員が揃ったうえに、共著者のシモニーの協力やマーミンの批評も得られた。マーミンはちょうど「こうした実在の要素の何が間違っているのか？」という論文を編集者に送ったところだった。学会も半ばにさしかかったころ、ザイオンスが『フィジックス・トゥデイ』誌の最新号を片手に昼食にやってきた。三つの粒子のもつれが演じるドラマを紹介したマーミンの掲載論文は大きな注目を浴び、国中の物理学者を驚かせたのである（ホーンが帰宅すると、クラウザーから葉書が届いていた。彼はGHZ論文について事前に何も承知しておらず、『フィジックス・トゥデイ』誌を読んで初めて知ったのである。論文が見本刷りの段階なのか抜き刷りになっているのかもわからなかった。「ずるいな！　見本刷りでも何でもいいからGHZの論文を送ってくれ。マーミンはすごいことだと考えているようじゃないか」[※7]）。

アムハーストの学会ではカート・ゴットフリートが、ベルが「測定に反対して」の講演で行った彼の本への「すばらしく辛辣な攻撃」に反論する機会を得た。「量子力学の創始者以来、この分野に最も造詣の深い研究者であり、CERNの旧友でもあるベルが、私の著書に関心を寄せてくれたことを喜ばしく思う。ただ、正統派理論に対する彼の批判は、壮大な言い回しの割にはやや勢いに欠ける」[※8]と述べた。

かくして、学会の中心的な議論が始まった。「量子力学は深いところで古典的理論がもつ自然さを欠いているとベルは主張していた」[※9]とマーミンは回想した。古典的な物理学の解釈には問題がない。たとえばゴットフリートは、ベルに対して「アインシュタインの方程式を見れば」方程式自体がその解釈を語りかけてくると認めている。[※10]「アインシュタインに耳元で囁いてもらう必要はない」。ところが量子力学では、一流の古典物理学者でさえ「助けが必要となるだろう。『ああ、言い忘れていましたが、20世紀初頭にゲッティンゲンで栄えたユダヤ人学校(イェシーバ)の偉大なる思想家ボルン師によれば「シュレーディンガー方程式の解の振幅の2乗」』」が、どれほど反対のことが強く指摘されようと、確率として解釈できると。ベルは、〝何か深遠なもの〟が量子力学から抜け落ちているのは明らかだと感じていた。だが「ゴットフリートはそれがピンと来なかった」[※11]とマーミンは言う。シモニーは「ベルは、ゴットフリートがFAPPと完全な理論的解決を混同している点について厳しく迫った」[※12]と証言する。CERNで一緒だった二人の昔からの友人ヴィクター・ワイスコフは、仲裁者の役割を果たした。ゴットフリートの回答はベルが求める基準のみならず、彼自身の基準にも満たなかったので、ゴットフリートはその後10年にわたってこの問題について考察を重ねることになった。その結果、彼の教科書は全面改訂され、改訂版はEPRパラドックスから始まっているのである。

「この分野の研究者の中で、ベルが最も頑固に譲らなかったように思う」とホーンは学会中のベルについて語った。「彼は量子力学にとうてい満足しておらず、客観的実在としての世界観は譲れないと考えていた。[※13]まさしく徹底的な論争だった。そして、ベルとゴットフリートが議論する内容は誰にとっても重要だった」とグリーンシュタインは回想した。とりわけベルの「非常に穏やかなふるまいの奥の、燃えるような激しさや真剣さ」に感銘を受けていた。「ほとんど浮世離れしていて、常人とはかけはなれていた[※14]」。表面的な見方にベルが怒るようすを、マーミンとゴットフリートは旧約聖書の預言者にたとえた。[※15]

学会中のある日の午後遅く、ピクニックに出かけた際に、シモニーが「クロッケーのゲーム・ルールと戦略を、量子力学研究と変わらぬ几帳面さで提案していた」とグリーンシュタインは回想している。マーミンとワイスコフは連弾でピアノを弾いていた。だがグリーンシュタインは、議論の当事者であるベルとゴットフリートが少し離れた場所にいるのをみかけた。気になって近づいてみると、二人は仲よく自分のカメラを見せ合っていただけであった。[※16]

マーミンとゴットフリートは帰途、コーネルまで長時間車を運転しながら、「ベルは人格の面でも、知性の面でも——科学者、哲学者、ヒューマニストとして——物理学の世界で類のない存在だという意見で一致した。ベルにとって深い思考はきわめて重要であった……ベルはどんなテーマであれ、講演するなら何km歩いてでも聴きに行きたいと思う数少ない物理学者の一人だった」[※17]。

それから3ヵ月が経った1990年10月1日のことだった。ベルはジュネーヴの自宅キッチンで脳卒中で倒れ、帰らぬ人となった。突然の訃報にベルトマンは葬儀に参列できなかったほどであった。ベルはまだ62歳で、妻メアリー以外の誰にも、生涯苦しんだひどい片頭痛のほんの兆しさえ、見せたことがなかった。

1964年から1990年の間に、ベルの定理は大きく変化した。知られざる成果であったのが、称賛を浴びるようになった。とはいえ、そのルーツは主流からはずれた、人々に受け入れられない考え方にあった。クラウザーとフリードマンが1972年に行った実験、あるいはフライの1976年の実験とは異なり、1980年代前半にアスペが行った実験はいくぶん評価され、有名となった。長距離のもつれに関しては、議論も実験もしつくされた感があった。

だが、ベルの死から10年後、新たな世紀を迎えた頃に、もつれを劇的に、遠隔で、潜在的に有益な形で利用する可能性が生まれ、インスブルック、ジュネーヴ、ロスアラモスなどいくつかの量子工学研究所は興奮に包まれていた。しかし、新たに大きな広がりを見せる分野で今まさに研究に従事する者にとって、ベルが存命で、聖書が定める70歳の天寿を全うしていたなら、自分が半分秘密にしていた趣味からすばらしいことが始まるようすを見届けられたはずだと思うと、腹立たしく胸の痛む皮肉が感じられるのであった。

そのベルは、亡くなる直前にオックスフォードを訪れ、博士課程を修了した一人の学生と出会っている。その学生のもつれに関する考えは——当時の二人には知る由もなかったが——大転換をもたらしたのである。

注1 のちに『物理法則はいかにして発見されたか』として書籍化された。

注2 ディラックが言う「第二級の難題」の中に、量子電磁力学の無限大の問題がある。

第35章 これを実用化できると？

1989年～1991年

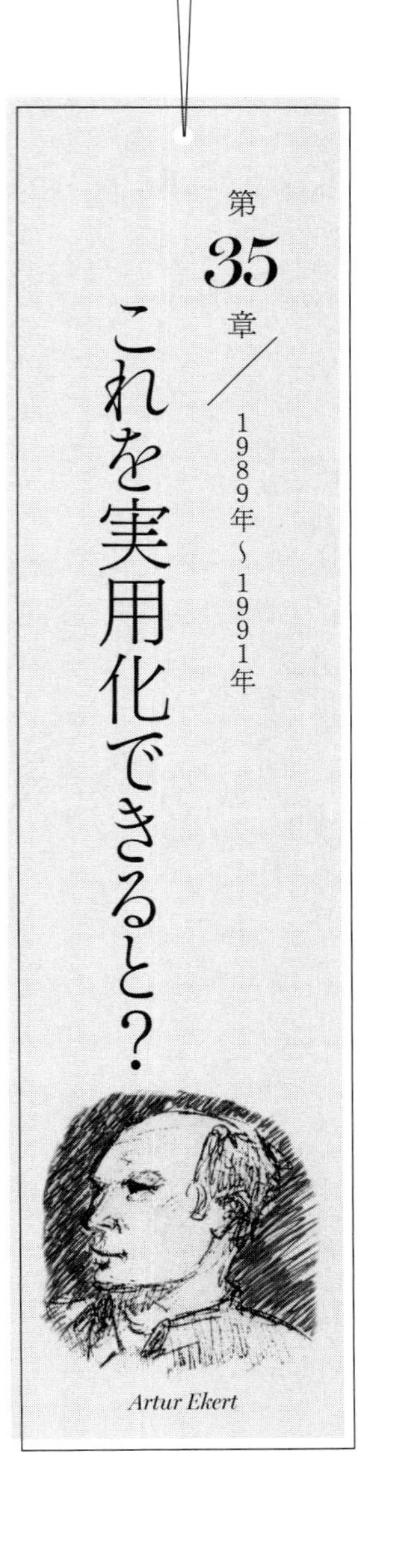
Artur Ekert

オックスフォード大学のクラレンドン研究所図書室で、ポスドクの研究者アルトゥール・エカートは、初めてEPR論文を読んでいた。[※1] 彼は（坊主頭になる前の）若きユル・ブリンナー（俳優）を彷彿させる風貌であった。エカートはポーランドに生まれ、ヨーロッパ全土に広がる家系の出身だった。彼は友人からある論文を手渡されたときから、どのカレッジに進みたいかを決めていた。それは、オックスフォード大学が誇る最も優秀な、めったに人前に姿を見せないことで有名な物理学者デヴィッド・ドイチュの１９８５年の論文であった。

「当時、量子計算に関心をもっていたのはおそらく世界でも二、三人だった」とエカートは振り返る。「ドイチュはその数少ない一人だった。そのころ、誰も真剣に読まないような論文を数本書いていた」[※2]。１９８０年、量子過程はどんな古典計算でもシミュレートが可能であることをポール・

ベニオフが示した。1年後、ベルについてのマーミンの記事を読んだファインマンが「コンピュータを用いて物理学をシミュレートする」――量子コンピュータしかもつれを捉えられないため、量子コンピュータだけが完全に自然を模倣できるとベルの不等式が明らかにしている――という講演で、コンピュータ科学者に闘いを挑んだのは有名な話である。

若き日のファインマンは、(扱いにくい乗算器と分類機で行われた)マンハッタン計画で、コンピュータに並行作業させて計算速度を劇的に速めたが、量子並列性(波動力学の重ね合わせの原理で、二つの波が合わさって一つの波を新たにつくり出す)と自らよんだ概念に固有の、それまで夢想だにしなかった計算速度を示し、量子コンピュータを実現への第三段階に進めたのはドイチュだった。これによって、多くの可能性を同時に探索できるようになるのである。

ドイチュは線の細い人物で、夜しか起きておらず、めったにオックスフォードを離れることがなかった。宇宙がたえず多世界に分裂していることを、量子力学、とりわけ量子コンピュータが証明すると考えていた。ドイチュにとって量子並列性とは、あらゆる並行世界で同時に計算できる機械の動力である。彼は快活で地に足の着いたエカートの友人となり、また助言者となった。

エカートの趣味は暗号学だった。「僕はただ、公開鍵暗号システムが好きで、すっかり魅せられていた」[※3]。1970年代には、ピエール・ド・フェルマーが17世紀に発展させた「整数論の愛すべき一節」[※4]がイギリスの秘密情報局によって暗号技術に取り入れられた。「この分野は純粋すぎて、実用化で汚されることなどないだろうと思っていた多くの数学者にとっては大きな驚きだった」[※5]とエカートは笑う。マサチューセッツ工科大学の三人の民間研究者の頭文字をとって命名された「RSA」とよばれるこのシステムは、（考案され、機密扱いされた数年後に）三人が同じものを考案し、盗聴の問題をあざやかに解決したのである。

破られない暗号とは、つまるところ鍵が安全であるから暗号が守られるということにすぎない。鍵は諜報員を通じて、または何らかの通信手段で配信される必要があり、その際に盗聴される危険性がある。RSAでは、メッセージを暗号化する数学関数（方程式の一部）を逆向きにたどるのが困難であるかぎり、その鍵が最高機密である必要はないという考えが根底にある。たとえば、二つの数をかけるのは簡単だ。この二つの数はできあがった大きな数の「因数」とよばれるが、できあがった大きな数を分解して、元の因数を割り出すのははるかに困難になる。

逆にたどるのがさらにもう少し困難な関数は、フェルマーが発見した素数とモジュラー演算間の整然とした関係から求められる（モジュラー演算とは基本的には割り算で、ある数をもう一つの数で割った場合に、答えとなる商ではなく余りが重要となる。たとえば「11モジュロ2＝1」となる。これは11を2で割ると商は5で、余りが1となるからである。同様に、「11モジュロ5」も1となる。11を5で割っても、余りは同じ1だからだ）。

RSAでは、たとえば送信者「アリス」が桁の大きい数の羅列でメッセージを符号化して「ボブ」に送る。1回につき一つの数を選び、アリスはその数をある暗号化指数で累乗し、そのできた数を非常に大きな数（二つの素数の積）で割る。指数も大きな数も秘密にしておく必要はない。割って生まれた余りが暗号となるからだ。暗号と公開鍵を与えられても、二つの素数の積を因数分解して元のメッセージにするのは不可能に近い。特にその積が200桁などの大数ともなれば、たくさんのコンピュータで処理しても、まずできないと言われる。ところが驚くべきことに、暗号を復号化指数（ボブだけが知っている秘密の鍵）で累乗し、その数をさきほどの大数で割ると、余りが元のメッセージになる。こうして盗聴を食い止めることができるのである。

しかし、どれほど困難であるとはいえ、大数を素数に分解するのは不可能ではない。既存のコンピュータでは、べらぼうに長い時間がかかるだけだ。悪意のある盗聴者が素早く因数分解する方法を見つければ、ＲＳＡ暗号は崩壊する。

エカートは有名なＥＰＲ論文の「実在の要素」の定義に偶然でくわし、衝撃を受けて静かなクラレンドンの研究所図書室の椅子にもたれていた。系にいっさい影響を与えることなく確実に物理量の値を予測できるならば、この物理量に対応する物理的実在の要素が存在する。「ちょうど頭の中でカチっとはまった。すごい、これぞまさしく盗聴のことじゃないか！」[※6]盗聴者は「系にいっさい影響を与えることなく」暗号の値だけを知りたいのだ。もし暗号に覗きこまれた形跡が残っていれば、アリスとボブはその暗号を使わず、盗聴者の苦労は水泡に帰す。

「局所実在性を使えば、完全な盗聴の定義をなんとか定式化に組み込める」エカートの頭の中でたくさんの考えがぐるぐる回っていた。「ほう！　でも僕は、それが否定されたとわかっている！」[※7]もつれを暗号に使えば、盗聴不可能な暗号となるはずだ。彼は跳ねるように立ち上がり、クラレンドンの研究所図書室で1964年のベルの論文を探し始めた。

もしアリスとボブが、一連のもつれた光子を共有すればどうなるだろう？「クラウザー＝ホーン＝シモニー＝ホルトの不等式が破られる場合（つまり、アリスとボブの光子がもつれた状態のままなら）、盗聴者が途中で粒子に触れた可能性はない」のだと、エカートは徐々に理解し始めた。少しでも覗かれると、もつれは壊れてしまうからだ。不等式は「粒子に触れられていない印」[※8]なのだ。

「僕はとても嬉しかった」と回想するエカートだが、彼の周囲では、知的な議論では恐れる者のないドイチュを除いて、「ほとんど誰もこのことを話したがらず、ただ頭から否定するだけだった」[※9]。

そんなとき、ベル本人が講演のためにオックスフォード大学を訪れた。講演が終わると、エカートは興奮しながらベルに近づき、クイーンズ・イングリッシュをはじめ数ヵ国のヨーロッパ言語の訛りが残る、感じのよい話し方で自分の考えを説明した。

ベルは、この若い研究者の嬉しそうな顔を見つめた。ベルは学生に対して、量子力学の基礎にのめり込まないよう説得するのがつねであった。あまりに難解なうえに流行らないテーマであるため、職が得られないからであった。だがエカートが話した内容に、ベルは意表を突かれた。ベルは言った。「君はこれを実用化できると言うのですか？」[※10]

「だから『ええ、できると思います』と僕は答えた。すると彼は『ふうん、信じられないな』と言ったんだ」

二人には長く話す余裕はなかった。「僕は一介の研究者にすぎず、ベルを向こうに連れて行こうとする人はたくさんいたからね」[※11]とエカートは述懐する。だがベルは、もつれの歴史の新たな一章が始まろうとしていることを知り、オックスフォードを去ったのである。

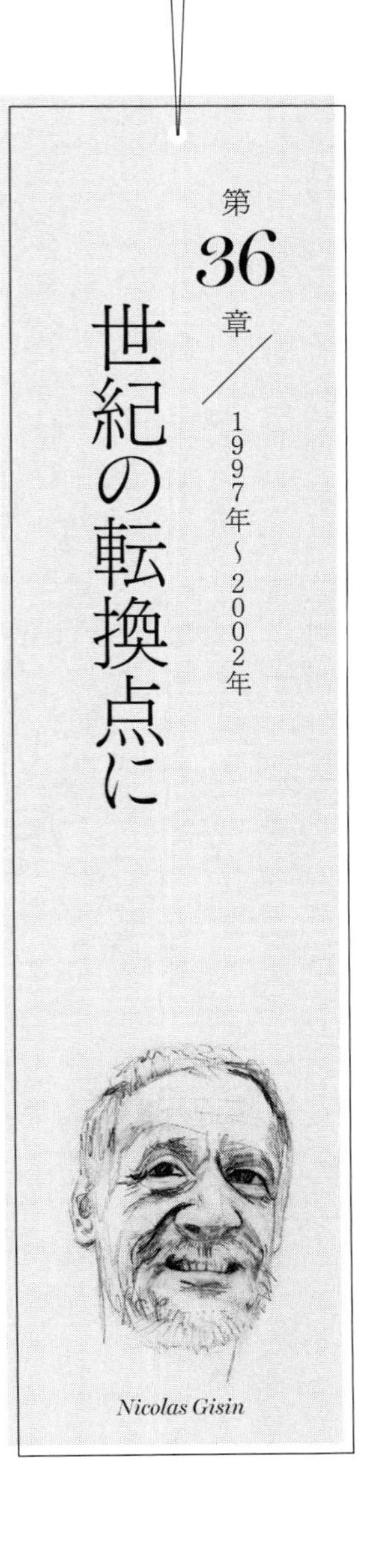

第36章 世紀の転換点に
1997年〜2002年

Nicolas Gisin

20世紀が終わって21世紀が始まった頃、ジュネーヴ湖を見下ろす場所からスイス製の高性能双眼鏡で街並みや郊外を見回してみれば、物理学者たちのなにやら興味深い動きを目にしたかもしれない。ある者は自転車で、またある者はフィアットで、電気通信事業会社スイスコムの中央局へと向かっていたのだ。これは厳密にはもつれ現象ではないが、確かに相関していた。数台の携帯電話で実現できる程度の相関とはいえ、疑わしい相関の出どころは何なのか、なぜ彼らがジュネーヴ市全域の電話回線にアクセスしようとしているのか、高台から見下ろしながらふしぎに思ったことだろう。

奇妙なことが起こっていたのは、ジュネーヴだけではなかった。オーストリアのインスブルックでは、世界で最初の影像とされる丸みのあるヴィレンドルフのヴィーナスの写真が、ふしぎな方法で完全に暗号化されて送信されていた。米国ロスアラモスでは、「不等式」とよばれる方程式を用いる物理学者たちが、「イヴ」という半神話的なコードネームでしか知られていない、姿をもたない悪質な盗聴者をたびたび捕捉していた。

明らかに奇妙な事態が進行中であった。

1990年代後半、アントン・ザイリンガーはもつれの理論を実験の世界に持ち込み、世界的なリーダーとして頭角を現していた。下方変換とよばれる手法によって、高エネルギーのレーザー光子を結晶に当てることで、低エネルギーのもつれた光子に分けられるようになったためである。もはや「仕事が見つからない」分野ではなくなり、もつれを研究しようと世界中から優秀な大学院生やポスドクの学生たちがオーストリア・アルプスに囲まれたインスブルックの研究所に集まっていた。「もつれた光子対を簡単に生成できるようになり、1990年代前半はいろいろな実験を考えることができた」ホーンは、彼らしく自身の役割を謙遜しながらこう説明した。「ザイリンガーが有名になったのは、自ら実際に実験を行ったからだ※1」。雪深い山間にある質素な建物の研究所からは毎年確実に一つか二つ、画期的な研究の知らせが聞こえてきた。

1997年、ザイリンガーと彼の研究チームはインスブルックで「量子テレポーテーション※2」を実現させたが、その実験は名前ほど華やかなものではなかった。送信者である「アリス」は光子をもっており、その状態をミルウォーキーにいる受信者「ボブ」に送りたいとする。アリスはその光子と、すでにもつれた状態にある光子対の片方をもつれさせる。するとボブの（すでにもつれていた）対のもう一方は望んでいた状態になる。控えめな量子力学では、この完璧な結果は4分の1の確率でしか起こらず、それ以外の場合、光子はささいなフリップや、完璧な状態からずれていく位相シフトを起こしてしまう（光子のフリップや位相シフトは、ボブの側でもたやすく行える操作である。たとえとして、アリスが何も印のない紙切れを郵便でボブに送ったとしよう。ボブは封筒を開けても紙切れが上向きなのか下向きなのか、あるいは表か裏かはわからない）。〝幽霊〟じみたところばかりの、この量子テレポーテーションの過程を完了させるには、アリスが最初にもっていた光子と同一となるように、ボブが得た状態をフリップすべきかどうかを伝える必要がある。「古典的な伝達手段」、つまり電話などをしない場合は何も得られない。

1998年には、次なる理論のマジック「量子もつれ交換」[※3]（ザイリンガーは「もつれのテレポーテーション」とよぶこともあった）を、ザイリンガーと彼の研究チームが具体化した。今回のアリスは二つの互いにもつれた光子をもち、ミルウォーキーのボブも同様に二つもっている。アリスとボブが一つだけ光子をもってインスブルックで出会い、それぞれがもっている光子をもつれ合わせたとする。そのとき、新たにもつれた状態に入った光子はそれまでの対であった光子の記憶をすべて失い、相手方の光子も同じくすべての記憶を失う。一方、アリスの家とミルウォーキーにそれぞれ残された光子同士は、一度も出会ったことがないにもかかわらず、互いにもつれた状態になる。

2000年にザイリンガーは、こんどは建物内にあるコンピュータ「アリス」から、数棟離れた建物内のコンピュータ「ボブ」にヴィレンドルフのヴィーナスの写真を暗号化して光ファイバーで送った。暗号化された写真は、派手な色合いの斑点がランダムに並んでいるだけだったが、ボブが復号するとふくよかな女神のほぼ完璧な像が、黒地に茶褐色の色合いで浮かび上がった。[※4]

一方、ニューメキシコ州のサングレ・デ・クリスト山脈の赤岩や松林の中に、ポール・クウィアトがいた。眼鏡姿にサスペンダーを着けた風貌はまるで鳥を思わせるが、底なしのエネルギーと百科事典並みの知識の持ち主だった。彼が自身のチームを率いて、アリスとボブに対してさまざまな盗聴攻撃を仕掛けたところ、クラウザー＝ホーン＝シモニー＝ホルトの不等式は、実に正確に、狡猾な「イヴ」の存在を知らせたのである。[※5]それは、1991年当時にエカートが想像していたとおりの結果であった。

「『私は量子技術者ですが、日曜日には決まってやることがあります』[※6]」と言って、ギシンは講演を始めた。ベルの死から10年が経ち、ベルトマンとザイリンガーがウィーンで、学会という形でベルの功績を祝う機会を設けたときの出来事である。ザイリンガーはインスブルックからウィーンに越してきたばかりだった。

「こんな風にジョン・ベルは、1983年3月に『地下講義』を始めました」と、ギシンは微笑みながらスイスのフランス語訛りのある英語で語りはじめた。

この言葉を私は決して忘れられないでしょう。ジョン・ベルは、偉大なるジョン・ベルは、自分を〝量子技術者〟だと言いました——機能を理解していなくても物事を動かす人間だ、と。一方、私はジョン・ベルを偉大な理論物理学者だと考えていました。

1983年3月、フランスの物理学協会がスキーと物理学を見事に組み合わせた、毎年恒例の量子力学の基礎を学ぶ1週間のコースをモンタナ州で主催しました。ベルは招待されながらも、発表の時間を割り当てられませんでした（基礎だけに関心がある人たち独特の理屈によるものでした）。そこで博士課程の学生や友人らとともに、夕食後にイブニング・レクチャーをしてもらえないかと頼み込みました。教授たちは地元のワインを楽しんでいましたが……。

講義は地下で行われました。天井が低かったので学生は床に座り込み、まさに地下らしい雰囲気でした。ベルが話し始めたとき、「沈黙が聞こえる」ほどでした。

「私は量子技術者ですが、日曜日には決まってやることがあります」

白髪で頬のこけた知的な顔つきのギシンは、まるで魔法使いが私服を着て現実世界にやってきたかのように見えた。彼は、ベルならやめたほうがいいと忠告したであろう仕事から手を着けた。物理学と数学の学位を得て1981年に博士論文を書いたが、そのテーマは、波動関数の「収縮」に観測者も装置も必要としないとするシュレーディンガー方程式の別解釈であった（この論文で彼は、量子論の定説を疑う研究を使命に掲げるド・ブロイ財団から賞を授与されている）。ギシンは家族を養うため、新たに設立された電気通信会社の職に就いた。シモニーは彼に、光学分野の職歴は産学連携に役立つ可能性があると助言していた。ギシンは、電気通信分野の光ファイバー革命の黎明期を楽しみながら、仕事のかたわら非正統的な論文を書き続けた。

かつて数学と量子力学を学んだ哲学的なギシンは、光ファイバーのハードウェア／ソフトウェア・インターフェイスの専門家となり、1988年にジュネーヴ大学から応用物理学グループの光学部門長の職をオファーされた。この部門は、実質的にはスイス電話会社の研究部門で、ギシンはこの研究室を量子暗号学の最先端の拠点に変えた。彼の目的は量子暗号を研究室の外へ広げることで、1997年には自身の研究グループで、直線距離で9・5km離れた光子の間にもつれが存在することを証明した。もつれた光子は、ジュネーヴ中心部にあるスイスコム中央局を出発点として、全長15kmにも及ぶ商用電話回線を進み[※7]、ジュネーヴの南西部にあるベルネの小さな支局にいる「アリス」、あるいはベルヴュー村の湖の北側にいる「ボブ」のどちらかにたどり着く。とうとう量子哲学と電気通信技術、原理と実用というギシンの人生の二つの側面が一体となったのである。

こうした実験では、古典的な通信は通常以上に重要な役割を果たした。「実験するにあたって、まず確かめなければならないことがある――向こう側に相手はいるのか？」とギシンは笑う。「自転車で向かっているかもしれない――遅刻しているのか、コーヒーを買いに行ったのか？　こうした些細な事柄まで取り決めて、一つの研究所内に全員が揃ってする場合よりも少し複雑な態勢を整える。それもまた楽しいものだよ」

規則もまた、施錠された通信会社中央局に入る唯一の方法として非量子的な役割を果たした。インターカムで「名前から何からすべてを30秒間で警備員に伝える必要がある。もしそれができなかったり、外に煙草を吸いに出てルールを守らずに戻ってきたりしようものなら、数分のうちに警備員がやってくる。それは当然だ、中央局に入れば光ファイバーであらゆるデータにアクセスできるのだから。つまらないデータもあるが……」と一瞬話を止め、それから続けた。「そうでないデータもあるのだから」[※8]

光ファイバーが20年とかからずに、研究所中心のおもちゃから世界を網羅するガラスと光のネットワークへと進歩するさまをギシンはつぶさに見守ってきた。もつれが、長年まとっていたあいまいさとマイナスのイメージというマントを脱ぎ捨てた今、ネットワークと同じ進化をたどるのではないかとギシンは期待している。

「量子力学が生まれてから85年ほど経ちましたが、主にパラドックス理論、数学的理論、直観に反する奇妙な考えと見なされてきました。そのため、実際にさまざまな否定的な視点でとらえられるようになったのです。つまり、『これとあれは同時に測定できない』『基本的な量子プロセスの描像を示すことはできない』『光子は複製できない』といった原則……これらはすべて、ネガティブな原則です[※9]」

ギシンは、もつれをベースとする量子暗号学が転換点となったと考えている。「1991年、アルトゥール・エカートの発見が……物理学者の世界を変えました。もつれと量子の非局所性がちゃんとしたものとして認められるようになったのです[※10]」。ネガティブだったものがポジティブにとらえられ、物理学者（もちろん実際にはごく少数の、主に若い世代の物理学者で、彼らはコンピュータ科学者でもあった）の間に一種の心理的な革命をもたらした。古典物理学とはかけ離れてはいるが、量子力学は劇的に新しい何かを実現する可能性をもっていると彼らは理解しはじめていた。

「私はこの、〝心理的な革命〟というものがきわめて重要だと思います。物理学者がおしなべて量子力学に対して抱いていた考えを変えつつあるからです[※11]」

「私は量子技術者ですが、日曜日には決まってやることがあります」

ベルのこの言葉は、博士号を取得したばかりのギシンに研究の広がりの可能性を与えてくれた。ギシンがベルに捧げたウィーン学会での講演のタイトルは「量子技術者の人生で日曜日が意味するもの」で、毎週安息日を取って全体像をつかもうとするある実験物理学者の横顔を伝えた。講演は「物理学者」と「技術者」が交わす会話形式で語られたが、この登場人物の原型となったのはギシン自身と彼の研究チーム、および型破りなスイス人認知科学者・哲学者・物理学者のアントワーヌ・スアレスであった。１９８８年にジョン・ベルに出会ってから、スアレスは「量子力学と相対性理論の緊張関係を深く掘り下げる[※12]」劇的な実験をしたいという考えに取りつかれていたのである。

相対性理論は、分離可能な実在する物体についての、頑固なまでに局所的な理論である。一方、もつれは、分離可能性や実在性などの特性が、自然界ですべて同時には存在しえないと否定しているように思われるが、完全な矛盾の証拠をとらえた者は誰もいない。量子力学の局所性（あるいはそれがないこと）は、このまだ底知れないふしぎな関係抜きには語れないのである。

ギシンは話しはじめた。心地よいある日曜日、「物理学者はアインシュタインの言う〝幽霊〟による遠隔作用の速度を証明できないかと考えていた！」つまり、非局所的な「波動関数の収縮」である。広大でおぼろげな量子波は、測定されるとまたたく間に具体的な場所の極小の粒子になる。もつれでは、一つの粒子を測定すると、もう一つの波動関数が収縮するかのように見える。原因が結果に必ず先立ち、アリスのもつれた粒子の測定が離れた場所にいるボブのもつれた粒子に影響を与えるとするならば、まさしく同時に二人の粒子を測定すれば両者の相関は消失するはずである。

だが、相対性理論においては「まさしく同時に」という言葉には多くの疑問が残る。アインシュタインの優れた洞察によれば、時間は「時計で測れるもの」にすぎず、我々が考えがちな「絶対的で、神のようで、不変なもの」ではない。さらに言えば、移動する時計は静止している時計よりも針がゆっくり進み、時計が早く移動すれば針の進み方は遅くなり、光速に達すると時間は止まる。観測者の運動状態や時計の針の進み方次第では、「静止している」[注1]観測者とは異なる順番で事象が報告される可能性がある。

物理学者は、観測者の運動状態がそれぞれ異なる場合、「基準座標系」が違っているとする。「走っている電車の基準座標系」と「駅のホームの基準座標系」の比較が典型的な例だ。二つの事柄が

「まさしく同時に」起こる同時性の概念は、同一基準座標系にいる観測者どうしにしか意味をなさないのである。

ギシンは続けた。

技術者は、両方の測定が「まさしく同時に」起こるように系を配列する課題を歓迎します。ところが、これがわかりにくいのです。なぜなら「ベルネの」アリスと「ベルヴューの」ボブは、直線距離で10㎞以上、20㎞近い光ファイバーでつながっているからです！　ですが、技術者は相対性理論を耳にしたことがあるので訊ねます。「どの座標系に実験を調整すべきですか？」

「ふうむ、そうですね、よくわかりません」と物理学者は答えます。「最もはっきりした例を選びましょう。たとえばスイスアルプスを基準系とするのです！　宇宙背景放射（宇宙の質量中心）も基準系にできます！」……

「いいでしょう」と技術者は答えます。「でも何を厳密に調整すべきですか？　ビーム・スプリッター[注2]ですか？　検出器ですか？　あるいはコンピュータ、それとも観測者ですか？」

物理学者は目を丸くします。収縮が実在すると仮定したとたんに疑問が次々と持ち上がり、それに対する仮説は原則としてすべて検証可能なのです！

次の日曜日、我らが物理学者はデヴィッド・ボームと散歩していました……二人は技術者が発した問いについて話していました。何を調整すべきだろうか？　収縮を引き起こすのが装置であることははっきりしています。ですが、どんなものが〝引き金として妥当〟と考えられるでしょうか？

数分間の沈黙を破って物理学者が答えます。「検出器でしょう！　そこで不可逆な事象が起こるのですから！」

ボームは答えます。「そうかもしれませんね。でも私は、ビーム・スプリッターだと思います」（実際に、ボームのパイロット波のモデルでは不可逆的な選択はビーム・スプリッターで起こり、このモデルでは検出器は単に選択された結果を表示するにすぎない……）。

この実験は実際に1999年にジュネーヴで行われました。すばらしいと絶賛するものから絶望的と酷評するものまで、査読者の興味深い報告がなされました……多くの物理学者にとって収縮がタブーであったのは間違いありません（だが、当然ジョン・ベルにとってはそうではなかった……）。

「実験結果からこの〝幽霊〟による作用の速度の驚くべき下限が確定し」、光速の何千倍もの速さだったことがわかったとギシンは語った。結局のところ、「長い間音速が最速の測定可能速度であり、光速は瞬時にどこにでも届くと考えられていたのです」と聴衆にあらためて強調した。

ふたたび晴れた日曜日がやってきました。物理学者は肘掛け椅子に腰かけて考えています。こうしたことすべてが実に刺激的だ！　けれども、相対性理論がもっと深く関与してくればどうなるだろうか？　検出器が相対的な運動状態にあり、それぞれの基準座標系でもう片方の検出器より先に光子を解析すればどうなるだろうか？　それぞれの光子—検出器ペアがもう片方より先に選択するということになるだろう！

「これでは量子物理学と相対性理論の緊張がふたたび高まってしまう」と物理学者は独り言を言います……ジョン・ベルの良き友人であったアブナー・シモニーは、この緊張関係を「平和的共存」と名づけました。緊張関係があっても、検証可能な対立に結びつかないからです。「しかしながら」と、物理学者は一人でいるのに大きな声で続けます。「収縮が実在の現象だと仮定すれば、具体的なモデルを考慮するならば、対立は実在のものとなり検証可能となる」……もし双方の測定がもう片方より先に行われれば、〝幽霊〟による作用がどれほど速くても、量子的な相関は消失してしまうはずだ！　すっかり興奮した物理学者は実験がどのくらいの規模になるのか細かく調べはじめました。

これは、スアレスの夢の実験であった。このために彼は資金を集め、1992年から実際に実験を行う物理学者を探し求めていた。彼はインスブルックにザイリンガーを訪ね、当時その地にいたクウィアトにも相談した。しかし、二人はその実験に必要な長距離の測定ができる装置を持ち合わせていなかった。ついにギシンを紹介されたのは、1997年のことだった。ギシンの「研究所」はジュネーヴ全市内の光ファイバー電話回線を網羅している。こうして実験が行われることになった。

スアレスは時速約180㎞でこの効果を見られることがわかった。「フェラーリで可能じゃないか！」と、当時思ったことを講演でまた語ってギシンは叫んだ。

「それでは親愛なる技術者よ、実験をやろうじゃないか！」

「でも本当にこの忌々しい検出器を動かしながら稼働させないといけませんか？　それには液体窒素が必要で、本当に厄介なんですよ！」と技術者はぶつぶつ言った。

技術面の準備が整うと、「この実験は、1999年春にジュネーヴでも行われました」とギシンは報告した。「2粒子干渉はそこでも見られたのです。アリスとボブの基準座標系の速度が相対的に異なっていることとは無関係でした」

アリスは彼女の基準座標系で自身の光子を先に測定し、ボブは彼の基準座標系で自分の光子を先に測定した。それでも——、相関は残っていたのである。

「ジョン・ベルなら、この結果をどう思ったでしょうか？[※13]」

のちにギシンは個人的に教えてくれた。「実際のところ、量子力学はこうした相関があることは予測しますが、どのように生じているかはうまく説明できません。一つの出来事がまず先に起こって、もう一方の出来事に影響を与えるという自然なイメージをもつ人が多いかもしれませんが（おそらく多くの物理学者がこうした相関のほうが都合がよいというだけでこんなあいまいな考えを抱いているのですが）、実験結果の前ではそんなおめでたい説明は通用しません。

したがって、こうした頭の中の描像を捨てなければならないのですが、その後にどんな描像をもつべきなのでしょうか？　私自身は、ふさわしい描像をもっていないと言わざるを得ません。理解しがたい結果ですが、描像をいっさい捨て去るべきだという考えにも違和感を覚えます。物理学者はいつでも、何らかの描像を思い描いて数学的ツールを補完しているのです[※14]」。困惑する結果を得たギシンは、さらに実験を行い、もつれを徹底的に調べ尽くすと決意したのである。

ギシンは、ベルに捧げたこの講演を次のように締めくくった。「ジョン・ベルから学んだいちばんの教えは、量子技術者でありつつ、同時に原則を忘れないということです。形而上学的な仮定が悪いわけではありません。ただ、優れた仮定とは、検証が可能なもののことなのです[※15]」

注1　だが「静止している」といっても、地球が太陽のまわりを公転しているために、実際はかなり速く動いている。

注2　ビーム・スプリッターは、もつれた光子を反対方向に（この例では一つはベルネへ、もう一つはベルヴューに）送り出す。

第37章　おそらくは、謎

1981年～2006年

量子計算の概念は、もつれの概念とただちに結びついた。1981年、マサチューセッツ工科大学で行われた「コンピュータの物理学」の学会でのことである。ファインマンは、集まったコンピュータ科学者たちを前に基調講演を行った。

「みなさんに私がどこまで話を進めるつもりか知っておいていただくために、最初に言わせていただきます。我々は——」と言いかけてやめ、冗談を言いたくてたまらないという表情で聴衆を見回した。「(しっ、秘密だからドアを閉めて!)——我々はずっと、量子力学の世界観を理解するのに大変な苦労をしてきました」。その表情に偽りはなかった。「少なくとも、私は今でもそうです。もういい年なのに、すっかり理解したと思ったことはまだありません。今もまだ、イライラさせられています……」ファインマンは因習に囚われないことでつとに有名だったが、ここまでとは聴衆も予想していなかった。アインシュタインとボーアの亡き後、量子論研究者がこのテーマについてここまであけすけに語ることはめったになかった。

「新しい考えというものに本質的な問題がないとわかるまでには、つねに1世代か2世代ほどの時間がかかることはご存じでしょう。本質的な問題がないかどうか、私にははっきりしません。本質的な問題を明確にできないので、本質的な問題はないのでしょう。ですが、本質的な問題がないとも言い切れません。だからこそ私は考えてみたいのです。コンピュータにまつわる問題、量子力学の世界観にまつわる謎なのかそうでないのかわからない問題を考えることで、私は何か得られるでしょうか?」

ともかく、古典的なコンピュータは量子系をシミュレートできるだろうか?「もし……インチキがなければ、答えは間違いなく『ノー!』です。これは隠れた変数問題とよばれています」。そしてファインマンは、ベルの定理に対する彼流の解釈を説明した。「私はいつも、量子力学の問題をどんどん小さく落とし込んで個別の問題だけに集中できるようにして楽しむのです。一方はもう一方より大きいという数の問題にまで絞り込めるなんて、バカバカしく感じられるほどです」

——すなわち、ベルの不等式である。

彼はコンピュータ科学者に向かって話しかけた。「私がやろうとしているのは、みなさんが量子力学の本当の答えをなるべく上手に咀嚼(そしゃく)し、物理学者がこれまで説明に用いたのとは異なる視点をもてないかを調べることです」

ファインマンは、眉にしわを寄せて聴衆を見た。「実際、物理学者にはよい視点がありません」人々の驚いた顔をみてにやりとした。「ですから、他に解決策がないか確かめたいのです……私にはわかりませんが、もしかすると物理学は、今のままでまったく問題ないのかもしれません」そう言って肩をすくめた。

彼は少しの間考え込んだ。ファインマンが知りたいのは「確実な」ことであって、「かもしれない」ではない。ファインマンはこのテーマについて、この学会の主催者で一流のコンピュータ科学者であるエドワード・フレドキンと事前に議論していた。「フレドキンが取り組んでいるコンピュータによる物理シミュレーションは、徹底的に追究すべき優秀なプログラムです。彼と私はきわめて真剣で、そして果てしない議論を交わしました」と、ファインマンはまた笑う。「私の主張は変わらず、コンピュータ・シミュレーションの本当の使い道は……量子力学的現象を説明するという難題に取り組むことなのです……」

ファインマンはあふれ出る言葉を紡いで、次のように締めくくった。

「古典的な理論としか調和しない分析は、どれも満足できません。なぜなら自然は古典的ではないからです。なんてこった！　自然をシミュレーションしたければ、量子力学を用いて行うべきでしょう。いやはや、すばらしい問題ですよ。一筋縄ではいかないのですから」[※1]

1993年、セス・ロイドというポスドクの学生がロスアラモス国立研究所にいた。長髪を束ねた登山愛好家の彼はマサチューセッツ州西部の出身で、マドリガル（無伴奏の合唱曲の一種）の歌い手や医師、室内楽演奏家、大学総長などを輩出した家系であった。彼は、現在の技術でも実際に製作可能な量子コンピュータの画期的な設計を提案した。[※2] 21世紀を迎えると、ロイドのかつての同僚で、将来ふたたび同僚となるアイザック・チャン（彼自身もロック・クライマーでバイオリニストであった）が量子計算の実験にこぎつけた。ロイドの機械の一つとして、小瓶に入った液体の分子を用いて量子計算を行ったのである（その分子は、15を3と5に正しく因数分解した）。[※3]

ベル研究所のピーター・ショアとロヴ・グローヴァーは、ともに口ひげを豊富にたくわえ、稀に見る洗練された文章の書き手であった。この二人が、従来の古典的コンピュータの処理速度をはるかに上回る量子コンピュータのアルゴリズムを考案した。1994年にショアが大数の因数分解の、1996年にはグローヴァーがデータベース検索のアルゴリズムをそれぞれ考案している。[※4] ショアは『サイエンス・ニュース』誌の詩作コンテストでこう説明している。「量子コンピュータが完成すれば／あらゆるスパイが手に入れたがる／暗号を破り、電子メールを盗み見る／僕らが量子暗号を手に入れて威圧するまで」

銀行やインターネット、重要性もさまざまなありとあらゆる日常業務が現代の暗号学に依存しており、その多くがＲＳＡ暗号である。ドイチュとエカートは次のように説明する。

「こんにちＲＳＡで暗号化されたメッセージは、最初の量子因数分解エンジンのスイッチが入ったらものの数秒で解読されてしまうでしょう……解読に非常に時間がかかるということがＲＳＡシステムの安全性の根拠のすべてですから……。古典的な手法では、1000桁ともなると因数分解する方法を思いつきません。計算すれば宇宙の推定年齢の何倍もの時間がかかるでしょう。ところが量子コンピュータを使えば、1000桁の数字を一瞬のうちに因数分解してしまうのです」

偉大な物理学者ジョン・ホイーラーが述べているように、もの（イット）が情報（ビット）からできているとすれば、宇宙はデータを蓄積・処理していることになり、それはコンピュータと同じである。セス・ロイドは著書『宇宙をプログラムする宇宙』で、「宇宙は量子のシステムであり、宇宙の断片のほぼすべてがもつれている」[※5]と読者に強調している。したがって、宇宙がコンピュータだとするなら、それは量子コンピュータなのである。[※6]不確定性は種をまき、[※7]そこから新たな細部や構造が立ち現れ、もつれによって「量子力学は古典的な力学とは違い、何もない状態から情報を作り出せる」[※8]。

量子コンピュータ科学者にとって、このもつれの蔓延はありがたくもあり、悩ましくもある。量子コンピュータがその環境ともつれるのなら、ランダムな結果が生じる（つまり、コンピュータプログラマーが望まない、制御できないものと相関している）。量子のエラー修正には、邪魔なもつれをさらなるもつれで撃退するという戦いもあるだろう。つまり、もつれた粒子が殻となり、その内部で重要な計算を行う粒子を保護しているような場合である。

「量子計算に本格的に取り組み始めた頃、もつれの性質について多くを学びました」と2005年にエカートは述べている。「この6年間に我々は、もつれの問題について、もつれの構造について、それまでの70年で学んだことよりはるかに多くを学びました。主に数学に関する進歩だったとはいえ、もつれの定量化、測定法の考案、もつれ検出方法などが大きく進歩したのです」

エカートは「もつれは何の役に立つのですか？」と聞かれたときの話をしてくれた。19世紀の偉大な理論物理学者であったジェームズ・クラーク・マックスウェル（現在のエカートと同様にケンブリッジ大学で研究生活を過ごした）は、かつて「電気が何の役に立つのですか？」と聞かれたことがあった。そのときにマックスウェルが答えた言葉をエカートは繰り返した。「私にはわかりませんが、女王陛下の政府がすぐに課税するのは確かです[※9]」

アイザック・チャンとともに初めてこのテーマについて著した大学院レベルの教科書『量子コンピュータと量子通信』の著者である理論物理学者のミカエル・ニールセンは、「量子情報科学によって、もつれがエネルギーなどと同じ定量可能な物理資源であることが明らかとなり、情報処理作業が可能になった。もつれの程度は系によって異なるが、もつれが多いほど量子情報処理に適している[※10]」と述べている。18世紀も今と同じような状況だったとニールセンは言う。蒸気エンジンなど新しい機械の発明によってエネルギーの理解が進み、エネルギーを司る熱力学の法則の発見につながった。今は量子コンピュータの登場によって、もう一つの資源であるもつれの理解が深まり、現時点では説明のつかない現象への洞察が得られると期待されている。

物理学の修士・博士号の重荷を背負っていない人は、答えのない問いかけに対して答えを求める

——そのためベルは、自らの著書に『量子力学で語れるものと語れないもの』という皮肉を効かせたタイトルをつけた。その昔、ラザフォードの友人が、彼の講義について読んで知った直後に投げかけた疑問を考えてみよう。「読後の私の心は、陽子一筋になってしまった——陽子について考えるとき、君は頭の中で——心の眼で——何を見ているのだろう。はたしてその内部を想像できる者がいるだろうか[※11]」。年月を経た現在、その問題には手っ取り早い、表面的にはいい正しい答えが見つかった。陽子あるいは中性子の「内部」はクォークである。だが、ラザフォードの友人の疑問に対しては、根本の部分で答えが出ていない。クォークを理解する方法はあるのだろうか？　クォークは粒子ではない。波でもない。完全に決定論的な部分があるかと思えば、まったくランダムな部分もあり、直観的に理解したくてもいつも混乱してしまう。

「『光量子とは何か？』と意識して考え続けた50年間だったが、問題の核心には近づけなかった。今では誰も彼もがわかっていると思っているが、それは間違いだ[※12]」アインシュタインは亡くなる4年前の1951年に、親友ベッソに宛ててこう書き送っている。ボーアは相補性、二重性、不確定性を理解することができたが、それでもラザフォードは——アインシュタインとの論争では決まってボーアの側についていた——ボーアに雷を落としたことがある。「ボーア、おまえは無知の上にあぐらをかきすぎだ[※13]」

卓越した実験物理学者のI・I・ラービは、ジェレミー・バーンシュタインとのインタビューでこの問題について語っている。「たとえば、電子と陽電子の対をつくるといった奇跡がある！[注1] 電子のようにすばらしいものを現実につくり出せるのは驚異的だが、電子がどのようにつくられるのか私にはわからない。ただ姿を現すだけだ。一種の具体化だ――おばけが現実に現れる。ぱっと出てくる。いくつの電子が、どれほどの確率で生まれてくるのかを計算することは可能だが、電子はどのように生成されるのか？ 何でできているのか？ 実験者としては、こういう疑問こそ答えを知りたいのだ。私をそもそも物理学の世界に導いたこうした疑問に対して、理論は答えを出してくれない。物事が本当はどうなっているのか、ぜひ知りたいという疑問に[※14]――」

それはベルも同じだった。粒子が「測定」にどう反応するかを知りたかったのではない。「粒子とはいったい何なのか」を知りたいと思っていたのだ。ベルは、隠れた変数の非局所性の論文を書き終えた後もスタンフォード大学に残り、１９６４年に同大教授のマイケル・ノーエンバーグとの共同研究論文をもう一本書きあげた。「量子力学の道徳的側面」と題されたその論文は、次のような深い響きの文章で締めくくられている。

全宇宙を表す「一つの巨大なシュレーディンガー方程式で記述される量子状態」を想像するのはたやすい。量子状態は、いつの時代も直線的な進化を静かに追求し、考えられる世界をすべて何らかの形で含んでいる。だが量子力学の通常的な解釈の原理が働くのは、ある系が別の系と相互作用するのが観測された場合に限られる。宇宙には他に何もなく、従来の量子力学は何も語ることがない。可能性の波からたった一つの歴史の糸を選び出す方法はなく、そうする意味もない。

　このように考えると、必然的に「量子力学はよくて不完全だ[注2]」という結論に行き着くように思われる。

　我々はある系の事象について、他の系による「観測」を必要とせずに意味のある説明ができる新たな理論を待ち望んでいる。今の結論が要求される重要なテストケースが、意識を含む系と宇宙を一つの全体として含む系である。実際、作家たちは意識が物理学に組み込まれることに対して物理学者と同様に困惑しており、宇宙を一つの全体ととらえる考え方が冒瀆とはいかないまでも、少なくとも慎みがないという普通の感覚を共有している。

　とはいえ、これらは論理的なテストケースにすぎない。物理学が意識を理解するよりずっと前に、より客観的な自然の記述をもう一度採用している可能性がある。また、一つの全体としての宇宙がこの展開に重要な役割を果たさない可能性も大いにある。論理的に考えれば、波束の収縮［言い換えれば「波動関数の収縮」］を起こす究極の原因は「意識の作用」である可能性が残されている。また、分離した系を筋道立てて記述するのはきわめて困難そうではあるが、量子力学の状態関数のようなものが事象の（可能な、ではなく）実際の経過を記述する変数によって補われつつ、影響を及ぼしつづけるという状況も考えられる――「隠れた変数」である。確かなのは、新たなものの見方には驚愕するほどの想像力の飛躍が必要となるだろうということである。

いずれにせよ、量子力学の記述は将来書き換えられるだろう。人類が作り上げた理論はすべてそうである。だが、こと量子力学に関しては、最終的な運命はその内部構造を見れば明らかだ。そこには、本質的に破壊の種が宿っているのだから。※15

注1　電子と陽電子は、衝突のエネルギーから生まれる物質と反物質である。

注2　「この少数意見は量子力学そのものと同じくらい昔からあり、新しい理論が待たれている……我々の考えは少数意見であるうえに、現在そうした問題への関心も小さいということを強調しておきたい。典型的な物理学者は、答えはとうの昔に出ており、20分もあれば完全に理解できると感じている」（ベルの原脚註）

エピローグ／ふたたびウィーンにて

2005年

　ウィーン大学で学会が開かれていた。ここはパウリとシュレーディンガーが生まれ育った街である。ザイリンガーはツイードのコートを羽織り、リュックを背負って歩いていた。隣には、ソフト帽をかぶったホーンとグリーンバーガーがいた。グリーンバーガーは「僕らは2次元の宇宙に住む知的なハエみたいじゃないか。でもその宇宙は、本当は酔っぱらいが書いた線なんだ」と話していた。

　シモニーとギシンは、ベンチに腰を下ろしていた。ギシンは、グリーンバーガーが「ミスター量子力学」とよんだシモニーに質問を投げかけていた。「一度も出会ったことのない二つの光子がもつれるというのは、今では珍しくも何ともありません。ジョン・ベルはこれを予想していたでしょうか？」

「可能だとは思っていなかったね」とシモニーが答える。

ベルトマンが足早に通り過ぎた。注意深く観察していれば、パンツの片方の裾の折り返しからのぞく緑と黒の縞模様の靴下と、もう片方の足の赤と黒の縞模様の靴下が目に入っただろう。

ギシンは、自分がこの世界に入るきっかけになったのは、1978年にシモニーがクラウザーとともに書いた総説だったと話した。「僕は、インドのホテルでお茶を飲みながら、この総説を読んでいたのです」。彼はプロのダイバーだった弟とスキューバダイビングに訪れていた。

1997年、クラウザーはシモニーの誕生日を祝って「小さい岩と生ウイルスのド・ブロイ波干渉」というタイトルの論文を書いた。彼はエド・フライの学生と共同で、原子干渉計を開発していた。その技術でいつか、量子の観点からすればウイルスのように〝大きな〟ものの量子的性質を明らかにできると彼は信じていた。クラウザーはこの構想について、中性子干渉計の実験者や基礎量子論の実験科学者に広く知らせ、ザイリンガーがそれを聞いていたのである。

彼のグループは、こぶ状のフッ素化フラーレン分子（炭素原子60個からなるサッカーボール状の構造で、それぞれのつなぎ目からフッ素原子が突き出している）を飛ばして二重スリット実験を行い、物質の波の性質を劇的に示した。ザイリンガーは、「小さい岩と生ウイルス」を干渉させるというクラウザーの夢を駆け足で追った。注意深く実験すれば、どんなものでも二つの場所に同時に存在することや、他の量子的な謎の性質をもつことを明らかに示すことが可能だと信じていた。当然、注意深く実験するには費用がかかり、物体は大きくなるほど量子のふるまいを見せにくくなる。「量子と古典の境界線は、単にお金の問題だ」というのがザイリンガーの合い言葉で、どうやらウィーン大学はこれに耳を傾けたようである。

ギシンも同様に、驚くべき実験を考えている。二つのもつれた光子を同時に発射する。一つは雑音の多い、相関していない光子でいっぱいの箱に入り、もう一つはその箱に入らずに進む。その場合でも、箱から出た光子は迂回した光子ともつれている。「今では様変わりしました」とギシンはシモニーに話しかけた。「かつては『もつれはとらえどころがなく、とても壊れやすいから研究してはいけない』と言われたものです。でも、もつれはたくましい。今ではもつれた光子を、光ファイバーで1km先まで日常的に送っているのですから！」

一人の学生が言った。「シュレーディンガーやド・ブロイなら、こういう研究を喜んだでしょうね！」

「ええ。でも、きっとこう訊ねるでしょう。境界はどこなのか？　いつ古典的になるのか？　ザイリンガーなら、僕らは量子だから境界はないと言うでしょう……どういう意味なのかはわからないけれど」ギシンは少し間をおいてから続けた。「僕たちが実験を続けていくうちに見えてくるはずです。僕が発見できるとは思わないけれど、僕の実験は――」

「役立っていますよ」と学生が言った。「役立っている」とギシンも言った。

ギシンは痛ましい水難事故で弟を失ってからはスキューバダイビングをやめてしまったが、エカートは数年前から本格的にスキューバダイビングを始めていた。シンガポールで過ごす時間が増え、同国で二つめの教授職に就いた。長くて幅の広い正面階段で撮影された学会の集合写真を見ると、エカートはいちばん後ろに立って写ってはいるものの、もつれについて学生と熱心に話し込んでいる。建物によじのぼり、最後尾の角柱に片手でぶらさがっているクウィアトの姿も見える（クウィアトはロスアラモスの高原や峡谷からイリノイ州の平原にやってきたばかりだった。彼の講演のタイトルは「もつれ山の登山、空間導関数がすべてゼロの場所に住んでいたらどうなるか？」であった）。クウィアトは振り返り、エカートに向かって言った。「隠れた変数として僕は見ている」※1

高くそびえる大学の建物のアーチ窓の下で、熱心に会話する二人の若者の姿があった。量子論の基礎を研究・議論する新しい世代の物理学者だった。量子情報理論学者で、量子暗号学や量子計算から得られる有意義な教訓に焦点を当てていた。

二人のうち年上のクリストファー・フックスは、魅力的で元気のいいテキサス出身の若者で、ベル研究所で研究している。彼はインターネットで長年公開していた自分の文章をまとめた『パウリ的思考ノート』を刊行したばかりであった。電子メールのやりとりをまとめた本で、洗練された文章で量子情報理論分野の相手と議論し、自分の意見をうまく通し、教え合っている。その本の題辞には、偉大なるパウリ本人の言葉が引用され、パウリ的思考を要約している。「新しい思考様式ではもはや、状況と切り離された観測者を前提としない……確定できない効果によって新たな状況をつくり出す観測者を前提とするのである」

この本は、マーミンによる美しい序文で始まる。数年前にベルの学会のために書いた原稿で説明したように、「ごく最近まで、私は知識と情報の問題に関しては完全にベルの側についていた」

——こうした言葉は、いかなる真面目な物理学の記述にも使われるべきではないとベルは述べた。「だが、そこで私は悪い連中の手に落ちた。量子計算を研究する仲間とつきあうようになると、彼らにとっての量子力学はすべて情報に関する問題であって、自明で何の問題もなかったのだ」[※2]。コペンハーゲン解釈を支持する旧世代と新世代——すなわち、彼の友人である旧世代派のゴットフリートと新世代派のフックス——との間で議論がなされたおかげで、マーミンはその教義に、以前よりずっと共感を寄せるようになった。

「過去10年間に、量子力学を情報処理に応用しようという関心が高まった。それは量子力学の知的な豊かさによるもので、秘密保持に取りつかれている我々の文化と、偶然とはいえ社会学的に有意義な形で共鳴している」とマーミンは序文で述べている。「クリストファー・フックスは、この分野の良心である。彼は取り組みの真の目的を見失わない。安全なデータ送信、RSA暗号の解読、高速検索、デコヒーレンスの抑制、独創的な方法の混合といったものが重要だと考えるなら、美しいアルゴリズムや正直な量子ビット［量子コンピュータで使われる量子のビット］からときには数時間離れ、彼の著書を読むべきである」[※3]

「量子力学は、触れられることに敏感な世界の思考法則である」[※4]というのがフックスのモットーで、彼の一貫した研究テーマであった。フックスが学会の講演で説明したように、系において触れられることへの敏感さがあるために、我々はシュレーディンガー方程式の解であるΨ以上のことが語れない。「これが系について言えることです。我々の課題は、その考えをうまく表現し、『世界を形づくり、動かすべく開かれている可能性』を理解することなのです」。フックスは「将来、我々が量子力学の中に存在論的な部分」——理論が扱う「知っていること」とは反対の「存在すること」についての内容——を「量子力学に見つけられる」かどうかは疑わしいと思っている。だが、「その存在論的な言葉は、世界そのものよりも、我々と世界とのインターフェース——世界について学びながら世界を変えていくこと——に大きく関係してくるだろう」と言って笑う。「それがどのような意味をもつにしても[※5]」

フックスと一緒に窓のそばに立っていたのは、テリー・ルドルフという彼の友人であった。長身で金髪を伸ばし、豪ロックバンドのAC/DCのTシャツを身に着けていた。オーストラリア出身で、現在はインペリアル・カレッジ・ロンドンの教授である。彼はパウリのような考えをもつフックスを相手に、自身の意見を主張することができた。

といっても、ハイゼンベルクに似た考えをもっていたわけではない。「僕は、アインシュタインが正しいと信じるクレイジーなグループに属していた」と彼は言う。大学4年生のとき、クイーンズランド大学で数学と物理学を専攻していた20歳の彼は物理学を生ぬるく感じていた。「この講義に出たのは、教授が試験について話すと思ったからだ。ところが教授は、ベルの不等式について書かれたマーミンの論文を渡した。僕は絶対にそれが間違っていると思っていたから、あやうく試験に落ちるところだった。2週間かけてどこが間違っているのかを探そうとした。現代物理学の何が最も重要で奥が深いかと言えば、これが世界のありようなのだということだ[※6]」

量子論の「存在論的な部分」というのは、量子力学が我々に反応することだと思う、[※7]とフックスが語ると、ルドルフは「それでも、根底には実在性があるかもしれない」と言う。「なぜかというと、波動関数が知識だとするなら、『何についての知識？』という疑問が残るからだ」[※8]

「知識よりも信念という言葉のほうが好きだね」とフックスは言う。「量子世界が独特なのは、みんなの考え方をそろえようとしないから、独立した実在性という結論に飛びつくことができる点だ。ほぼすべての測定について言える最も重要な部分が統計的言語でしか表現できないことからもわかる」[※9]

「わかった。じゃあ、独立した実在性でないのなら、何についての統計的言語だと？」ルドルフはさらに訊ねた。

「我々の問いに対する答えについての信念、何が我々の賭けに勝つかについての信念だ。誰が物理理論にそれ以上のものを望む？」とフックスは言う。それから口調を和らげた。「そう、君がもっと求めているのはわかってるよ……でも、それは得られないんじゃないかと思ってるんだ」[※10]いたずらっぽい笑みを浮かべた。

「そんな考え、人間を中心に据えすぎだ」とルドルフは言う。「それだと何もかも自分に関係があって、自分が世界をどう説明するかの問題になる。僕が本当に信じているのは」――オーストラリア訛りが強くなった――「たとえ人間が進化しなかったとしても、地球がもう少し太陽に近くて類人猿が出現しなかったとしても、それでも宇宙は存在しているだろうし、やはり何かが起こってい

るだろうということだ。そしてその理論が何であれ、偉そうなサルの〝賭けの手口〟に左右されないことは確かだ」[※11]

フックスとルドルフのやりとりは量子力学の中心的な問題であり、量子力学が登場したときから、さまざまな形をとりつつ議論されてきた。だが、二人の意見が一致した点はいっそう興味深いものだった。

「一般に受け入れられている量子論の構造はほとんどすべて……物理学について何も語っていない」とフックスは1998年に述べている。「量子論とは、我々が知っていることを記述する形式的なツールなのだ」[※12]。量子力学の奇妙さは、情報理論ときわめてよく似ている。情報理論は、情報伝達を説明するために計算理論とともに発達した強力な考え方であるが、量子論とよばれるものは実際は大部分が情報理論、つまり、量子の実体そのものよりむしろ実体に関する知識についての理論であるという点で、ルドルフとフックスの意見は一致しているのである。

もし量子力学から情報理論を切り離せば、何が残るだろうか？

「我々がやるべきは、世界の認識の仕方からくる情報理論の側面を量子力学から取り除き、僕がいなくても世界に適合する量子力学を見つけることだ」[※13]とルドルフは語った。

「そのうえで、残った純粋な部分、つまり情報理論的な重要性をいっさいもたない量子論となって初めて、『量子的実在』を垣間見ることができるだろう」[※14]とフックスは言う。

では、この課題にどう取り組めばよいのだろうか？

「古典的理論にごく単純な情報理論の制限をかけた場合に、そうやってできた理論がどのくらい量子力学になるかを見るというのが一つの方法だ」とルドルフは言う。かつてジョン・ベルがそうだったように、彼も隠れた変数モデルで遊び、隠れた変数が失敗するのを目にしている。「量子力学には、相対性理論のように根本となる原理がない。相対性理論では、あらゆる慣性系における観測者の物理法則はすべて同一で、ほら、そこからたくさんのものが得られる。ここに、情報理論的な制約をかけてみる。つまり、『観測者は決して粒子の位置と運動量を正確に知ることはできない』とするんだ。すると、ほら、その結果生まれた理論がどれほど制約を受けているか、どれほど量子力学と似通っているかがわかるはずだ[※15]」

フックスも同じ意見だ。

「我々がやるべきは、構造やら定義やら、SFのような想像やらを積み上げて量子論の公理を解明することではなく、いったん丸ごと捨てて、一から始めることだ。どの奥深い物理学的原理からこの精緻な数学的構造を導き出せるだろうかと、たえず問い続けるべきなのだ。このような法則は簡潔明瞭で、説得力がなければならない。魂を揺さぶるようなものでなければならない。

僕が中学生の頃、マーティン・ガードナーの『100万人の相対性理論』をじっくり読み、そのテーマを理解して今にいたっている。相対性理論の概念は日常世界からすれば奇妙だが、十分に明瞭で、算数をわずかに超える程度の知識しかなくとも理解することができた。量子の適切な基礎もそれくらいわかりやすくなければならない。中学生や高校生に理論の本質を——数学ではなく本質を——説明し、心に深く刻みつけることができなければ、我々が量子の基礎を理解したとはとても言えないだろう[※16]」

ベルの不等式に関するマーミンの論文を読んで1年が経った頃、ルドルフは物理学の卒業論文を仕上げ、物理学者となる大きな一歩を踏み出した。彼は、卒業記念に1年間、世界各地を旅することにした。——祖母と母がかつて暮らしていたアフリカを見てみたい。叔母と叔父がオーストリアのチロル地方の山間に居を構えたヨーロッパを訪れてみたい。自分が博士号を取得し、ベル研究所で研究し、クリストファー・フックスと出会うことになる北米も回ってみたい。この旅に向けて、いざオーストラリアを発とうというときに、母親が信じられない話を彼に聞かせたのだった。

ルドルフの母方の祖母は、無垢なアイルランド人カトリック教徒だった。彼女は、聡明で年の離れた男性とつきあい、26歳のときに身ごもった。赤ん坊の父親に頼まれ、産まれた女の子を引き渡した。だが、我が子を失って2年が経った頃、彼女はダブリンの公園で、乳母と一緒にいる我が子の姿を偶然目撃する。彼女は乳母車から娘を奪いとり、遠く南アフリカまで連れ去った——。

21歳のルドルフは、もつれの概念に出会ってわずか1年ながら、すでに物理学に身を捧げていた。そんなときに彼は聞かされたのだった。——自身の祖父が、シュレーディンガーだということを。

N.D.C.421.3　590p　18cm

ブルーバックス　B-1981

宇宙(うちゅう)は「もつれ」でできている

「量子論最大の難問」はどう解き明かされたか

2016年10月20日　第1刷発行
2024年3月8日　第8刷発行

著者　ルイーザ・ギルダー
監訳者　山田克哉(やまだかつや)
訳者　窪田恭子(くぼたきょうこ)
発行者　森田浩章
発行所　株式会社講談社
〒112-8001 東京都文京区音羽2-12-21
電話　出版　03-5395-3524
販売　03-5395-4415
業務　03-5395-3615
印刷所　（本文印刷）株式会社新藤慶昌堂
（カバー表紙印刷）信毎書籍印刷株式会社
製本所　株式会社国宝社

ISBN978-4-06-257981-0

発刊のことば

科学をあなたのポケットに

二十世紀最大の特色は、それが科学時代であるということです。科学は日に日に進歩を続け、止まるところを知りません。ひと昔前の夢物語もどんどん現実化しており、今やわれわれの生活のすべてが、科学によってゆり動かされているといっても過言ではないでしょう。

そのような背景を考えれば、学者や学生はもちろん、産業人も、セールスマンも、ジャーナリストも、家庭の主婦も、みんなが科学を知らなければ、時代の流れに逆らうことになるでしょう。

ブルーバックス発刊の意義と必然性はそこにあります。このシリーズは、読む人に科学的に物を考える習慣と、科学的に物を見る目を養っていただくことを最大の目標にしています。そのためには、単に原理や法則の解説に終始するのではなくて、政治や経済など、社会科学や人文科学にも関連させて、広い視野から問題を追究していきます。科学はむずかしいという先入観を改める表現と構成、それも類書にないブルーバックスの特色であると信じます。

一九六三年九月

野間省一